Gallery

本书精彩实例

第2章实例 厨房的墙体

第2章实例 花蕊

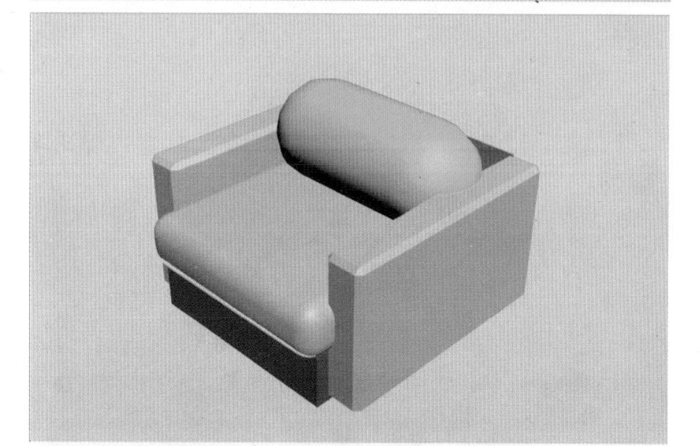

第3章实例 沙发

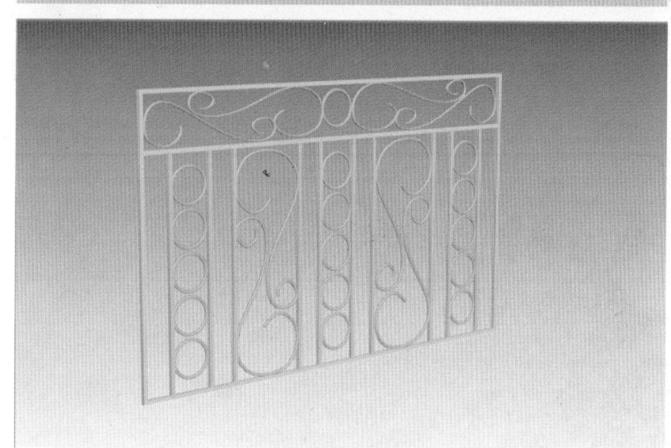

第4章实例 铁艺窗

第5章实例 倒角"MAX"

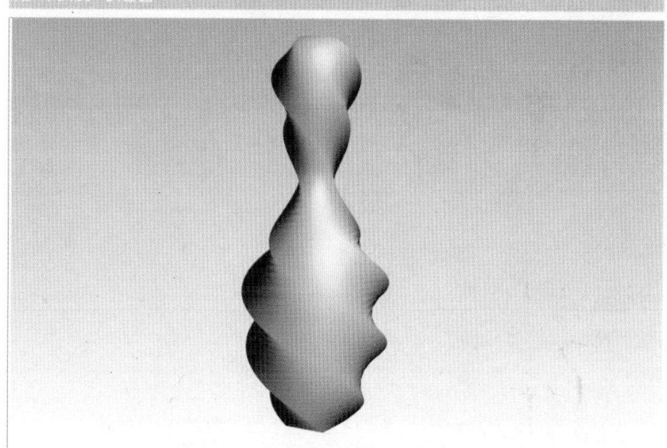

第5章实例 扭曲的保龄球

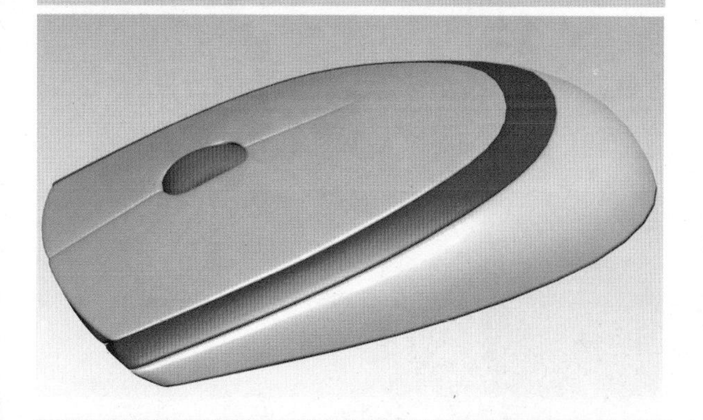

第5章实例 鼠标

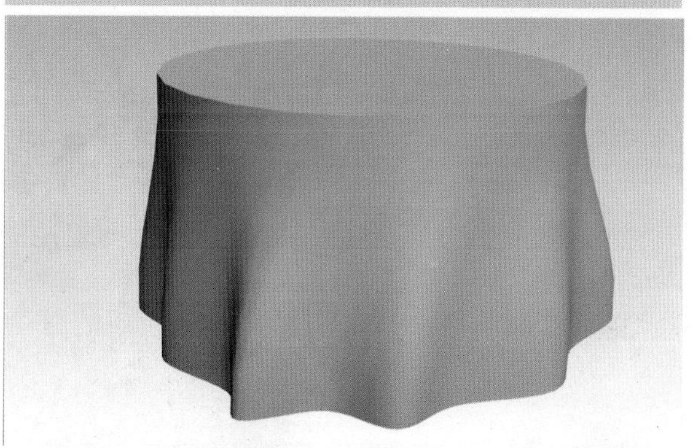

第5章实例 桌布

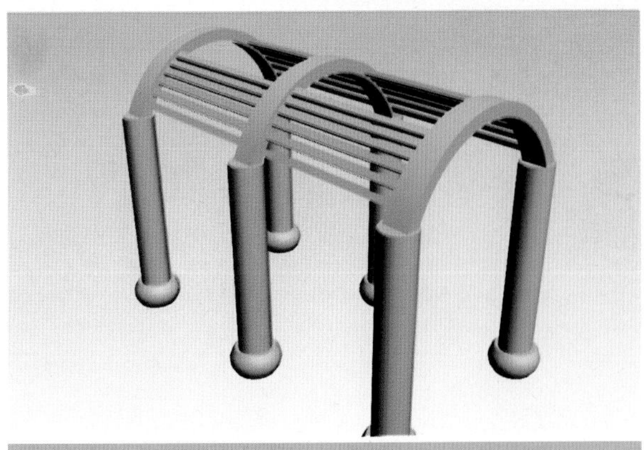

第6章实例 长廊

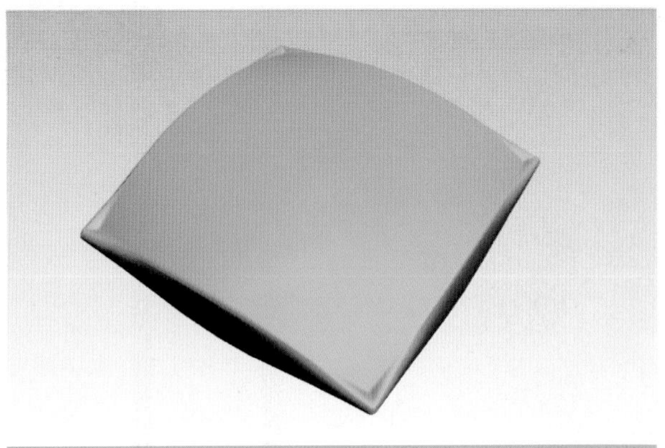

第6章实例 靠垫

第7章实例 哆啦A梦

第7章实例 苹果

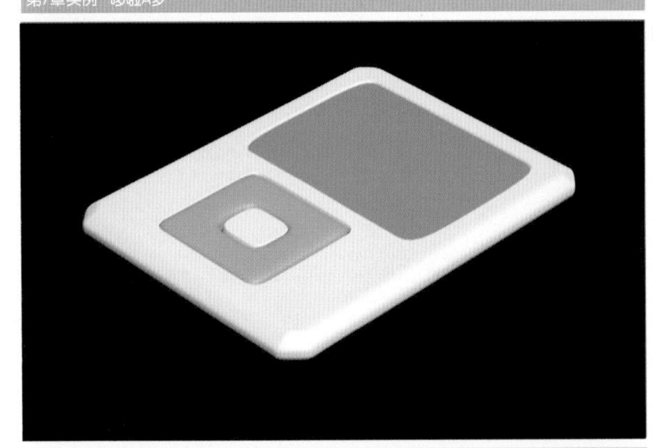

第7章实例 mp3

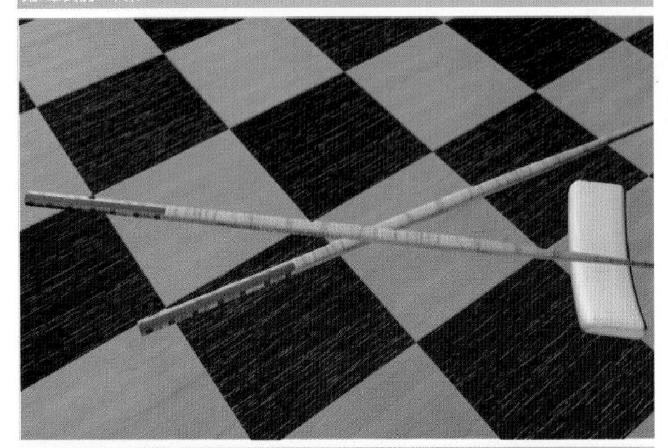

第8章实例 多维子对象材质

第8章实例 场景中的材质

第9章实例 不锈钢

第9章实例　天鹅绒沙发

第9章实例　毛边玻璃

第10章实例　多角度观察室内灯光

第10章实例　卫生间

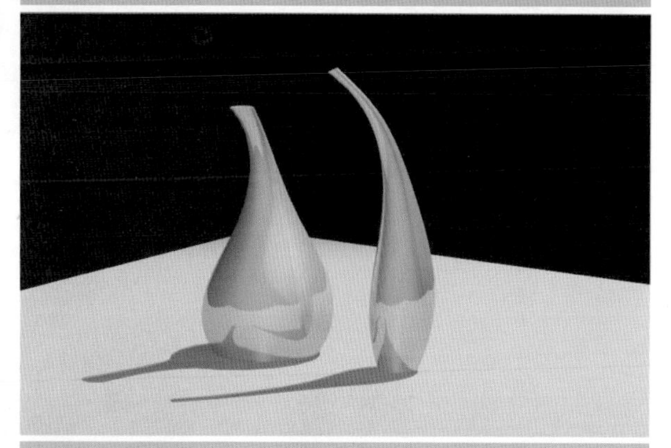
第11章实例　瓶

第10章实例　餐厅与玄关

第11章实例　洁具

第11章实例　办公室

第12章实例 走廊

第12章实例 佛堂

董青 王哲 董江 等编著

登峰造极之径系列

3ds Max 2012 中文版 效果图制作标准教程

机械工业出版社
CHINA MACHINE PRESS

本书着眼于3ds Max 2012的基本操作、基本知识，依据绘制建筑效果图的流程，从创建标准基本体，创建二维图形，使用编辑修改器，编辑材质，设置灯光和摄影机，渲染图像等基本操作，到高级建模，综合利用所学知识创建室内场景并渲染输出，循序渐进地讲解了3ds Max 2012在制作效果图方面的应用。同时，遵循理论与实践相结合的原则，就每一章节的重点分析了相应的3ds Max 2012的典型应用案例，具有很强的针对性，有助于读者学以致用，在设计工作中绘制出高品质的建筑效果图作品。

为了方便读者学习，本书配有多媒体教学光盘，收录了书中所有实例用到的素材以及最终的源文件，对于复杂的综合演练还配有视频操作演示。另外，为了方便教师授课，还配有PPT电子教案。

本书主要面向3ds Max 2012的自学者以及相关专业院校、培训班的学员。

图书在版编目（CIP）数据

3ds Max 2012中文版效果图制作标准教程/董青等编著．—2版．—北京：机械工业出版社，2012.1

（登峰造极之径系列）

ISBN 978-7-111-36434-4

Ⅰ．①3…　Ⅱ．①董…　Ⅲ．①三维动画软件，3ds Max 2012－教材
Ⅳ．①TP391.41

中国版本图书馆CIP数据核字（2011）第231283号

机械工业出版社（北京市百万庄大街22号　邮政编码100037）

责任编辑：孙　业

责任印制：杨　曦

北京中兴印刷有限公司印刷

2012年1月第2版·第1次印刷

184mm×260mm·15.75印张·2插页·390千字

0 001—4 000册

标准书号：ISBN 978-7-111-36434-4

　　　　　ISBN 978-7-89433-224-0（光盘）

定价：39.80元（含1DVD）

凡购本书，如有缺页、倒页、脱页，由本社发行部调换

电话服务

社服务中心：(010)88361066

销售一部：(010)68326294

销售二部：(010)88379649

读者购书热线：(010)88379203

网络服务

门户网：http://www.cmpbook.com

教材网：http://www.cmpedu.com

封面无防伪标均为盗版

前言

由于在三维造型和动画制作等方面的卓越表现，3ds Max 被广泛应用于影视制作、游戏、广告、建筑、科研和教学等领域。在使用 3ds Max 制作作品时，用户可以轻松地感受到软件所带来的无限创意和灵感，突破表达的障碍，自由地创作出精美的作品。

3ds Max 几经升级，现在中文版的最高版本是 3ds Max 2012。为了让读者更好、更快地掌握这一新版本，并应用到实际工作中，我们编写了本书。本书面向初级读者，突出基本功能和基本知识，深入浅出地介绍了 3ds Max 2012 中文版的使用方法和创作技巧，对读者快速入门、深入提高有很强的指导作用。

和其他同类书籍相比，本书具有如下特点。

① 突出软件使用的重点内容，体现讲练结合，使读者学习知识后能够在实例中尽快消化理解。

② 以教学中明确的知识点和建筑室内外效果图的绘制流程划分章节，强调逻辑性和循序渐进，符合读者的思维习惯。

③ 简单实例与综合演练相结合，其中简单实例包含一般操作和使用技巧两个方面。每一章都有一个综合演练，综合应用该章的知识，具有很强的实用性，使读者能够将本章内容融会贯通、综合运用，并掌握相关类型作品的制作思路和技巧。

读者对象

本书适合 3ds Max 2012 的初级用户自学，也可以作为各类院校和培训班的教材。即使对于有基础的用户，书中介绍的各种设计思路、技巧和经验也会有一定的借鉴意义。

配套光盘内容简介

本书配套光盘为多媒体视频光盘：对每章的综合演练进行全真操作演示、全程语音讲解，边学边练。提供最轻松的学习方式、最充实的多媒体学习内容。同时为了便于教师授课，还对精心组织提炼的重点内容制作了电子教案。

下面是本书配套光盘内容的详细说明。

1.“资源”文件夹

书中各案例用到的素材文件和最终结果文件，按章进行分类，放在各自的文件夹里。在制作案例时，读者可以直接输入这些文件。同时还有每章“思考与练习”的答案和操作题的最终效果文件。

2.“操作录像”文件夹

为了帮助读者更好地掌握综合案例的制作，将其操作过程采集为视频文件供读者学习参考。

3."教案"文件夹

本书各章所配电子教案(*.ppt 文件)均放在"教案"文件夹中,为培训班教师提供方便。

由于光盘中的文件无法直接修改,读者最好将光盘中的内容都复制到硬盘上再使用。

配套光盘的使用方法

光盘带有自动运行程序,通常将光盘放入光驱会自动运行演示程序。用户也可以双击光盘根目录下的 index.htm 文件来运行。

本书由董青、王哲、董江、李仲、宋艳、宋一兵、于广滨、赖一楠、宋岐、王献红、李彦梁、牛榆梅、陆平、田昆华、马震、周霞、王俊、刘宗国、欧春发、徐明明编著。

感谢您选择了本书,希望我们的努力对您的工作和学习有所帮助,也希望您把对本书的意见和建议告诉我们,电子邮件地址:jsjsc@mail.cmpbook.com。

编　者

目　录

第1章　认识 3ds Max 2012

01

3ds Max 是著名的 Autodesk 公司推出的三维图形制作软件，由公司麾下的 Discreet 多媒体分部开发设计。近日 Autodesk 公司推出了 2012 版三维设计、工程和娱乐软件产品组合以及一系列丰富的设计套件。3ds Max 2012 是这个系列设计创作套件中的一个组件。

这个系列设计创作套件提供了更多功能强大的行业设计工具，比独立产品更具成本效益，在安装、部署和管理上也更加便捷。该系列套件可帮助客户更高效地探索新产品和新技术，提供稳定一致的用户体验，使用户更轻松地掌握和使用各种 Autodesk 工具。该系列套件还简化了单个套件的跨部门标准化工作，为创新带来更大的灵活性，让客户能够更加轻松地响应瞬息万变的业务需求。

早在 3ds Max 2010 版本中，3ds Max 团队就在用户界面上作了大刀阔斧的改变，使之与其他 Autodesk 公司设计软件接近，为这次 3ds Max 2012 作为这个系列设计创作套件中的一个组件推出创造了条件。同以往的版本一样， 3ds Max 2012 是一款非常优秀的软件，具有可扩展性、及时反馈、灵活性、总体动画及面向未来的设计功能，目前广泛应用于广告业、建筑业、影视业、计算机游戏的设计制作、工业产品的开发设计等领域，是引人入胜的视觉产品的最佳制作工具之一，也是这些行业从业者需要了解和掌握的行内金钥匙。

重点知识

- 3ds Max 2012 的新增功能
- 效果图的制作过程
- 界面的简单介绍
- 熟悉 3ds Max 2012 的工具栏
- 命令面板
- 熟练掌握视图控制

1.1　熟悉 3ds Max 2012 的新增功能

从 3ds Max 2010 开始，3ds Max UI 界面颠覆了长久以来维持的传统，大部分图标都经过了重新的设计，默认也变成了黑色，给人更加专业的感觉，这次 3ds Max 2012 作为 Autodesk 公司 2012 版设计创作套件中的一个组件推出，只对 2010 的界面作了些微调，更好地和该公司的其他软件成为统一的 UI 体系，同时也带来了全新的用户体验。

3ds Max 2012 主要增加了如下新特性。

（1）Slate 材质编辑器

2012 新增了 Slate 材质编辑器，原来的材质编辑器界面现在称为精简材质编辑器。这个新的基于节点的编辑器有直观的结构视图框架，可以改进创建和编辑复杂材质网络的工作流程，能够处理当今苛刻的制作所需的大量材质。

（2）Quicksilver 硬件渲染器

Quicksilver 是一种新的创新硬件渲染器，这个新的多线程渲染引擎同时使用 CPU 和 GPU，提高了渲染效率。

（3）Containers 本地编辑

在一个用户迭代编辑某个嵌套的未锁定部分时，另一个用户可以继续精调基本数据。多个用户可以一次修改同一嵌套的不同元素，防止同时编辑同一个元素。

（4）建模与纹理改进

利用扩展石墨建模和视口画布工具集的新工具，加快建模与纹理制作任务。包括用于在视口内进行 3D 绘画和纹理编辑的修订工具集、使用对象笔刷进行绘画以在场景内创建几何体的功能、用于编辑 UVW 坐标的新笔刷界面，以及用于扩展边循环的交互式工具。

（5）3ds Max 材质的视口显示

新增在视口中查看大部分 3ds Max 纹理贴图与材质的新功能。这样可以在高保真交互式显示环境中创建和精调场景，无需重新渲染。

（6）3ds Max Composite

3ds Max Composite 工具集整合了抠像、校色、摄影机贴图、光栅与矢量绘画、基于样条的变形、运动模糊、景深以及支持立体视效制作的工具。

（7）前后关联的直接操纵用户界面

新的前后关联的多边形建模工具用户界面，可以使建模人员不必把鼠标从模型移开，交互式地操纵属性，直接在视口中的兴趣点输入数值，并在提交修改之前预览结果。

（8）CAT 集成

CAT 现已完全集成在 3ds Max 之中，提供了一个有记忆的高级搭建和动画系统，动画师可以使用 CAT 中的默认设置，无需重复以前的劳动，在更短的时间内取得高质量的结果。

（9）Ribbon 自定义

利用可自定义的 Ribbon 布局，用户可以自定义一组相关的命令，将所有需要的功能有组织地集中存放，用户可以更容易找到重要的、常用的功能。

（10）更新的 OpenEXR 图像输入/输出插件

OpenEXR 是适用于高动态范围图像的一种文件格式，现在的 OpenEXR 插件可在一个 EXR 文件中支持无限数量的层，并能自动把渲染元素和 G 缓冲区通道存储到 EXR 层。

（11）与 Autodesk Revit 连通的 FBX 文件链接

FBX 方案是最好的互导方案，利用新的 FBX 文件链接，Max 可以接收和管理从 Autodesk Revit Architecture 导入的文件的更新。

（12）本地实体导入/导出

新增功能可以实现在 3ds Max 和支持 SAT 文件的某些其他 CAD 软件之间非破坏性地传递修剪的表面、实体模型和装配。

（13）Autodesk 材质库

材质库整合了系列创作设计套件的内容，3ds Max 从多达 1200 个材质模板中进行选择，更精确地与其他 Autodesk 软件交换材质。

（14）Google SketchUp 输入

高效地把 Google SketchUp 6 和 7 的文件导入 3ds Max。

（15）Inventor 导入改进

把 Autodesk Inventor 文件导入 3ds Max，而无需在同一台计算机上安装 Inventor，而且还能在导入实体物体、材质、表面和合成时获得更好的结果。

1.2 效果图制作的过程

3ds Max 在效果图创作过程中有着无比的优越性。一件精美的效果图作品，无论使用哪种三维软件，一般都要经过以下几个过程。

1.2.1 建立模型

建立模型是创作一件三维作品的起点，起点的好坏直接影响到以后效果图的质量，因而具有至关重要的作用。

建立模型的方法多种多样，有基础建模、组合形体建模、NURBS 建模、网格建模、面片建模等方法。所有的模型都遵循点、线、面、体的基本几何组成规则。在创建模型时根据模型的特点选择恰当的建模方法，可以达到事半功倍的效果，如图 1-1 所示为创建好的三维模型图。

图 1-1　三维模型图

1.2.2 设置材质

材质是物体的表面经过渲染之后所表现出来的特征，它包含的内容有物体的颜色、质感、光线、透明度和图案等特性。材质与贴图的应用主要是通过材质编辑器来完成的。而贴图则是指将图案附着在物体表面上，使物体表面出现花纹或色泽。贴图只是材质属性的一个基本的方式，一系列的贴图和其他参数合在一起才能构成一个完善的材质。

真实的物体外在材质特征是非常复杂的，由于时间、环境等种种因素，造就了附加在物体上的灰尘、破损，甚至腐烂、锈蚀等，很难真实地再现这些自然的因素。在计算机上所创作的是一种数字的艺术，很多的作品表面非常光滑，而且异常干净，这难免会导致失真。建筑表现图是一种对设计思想的理想化图面反映，需要图面的光鲜漂亮，在这点上可以很好地利用数字艺术的优势，但过于干净会削弱作品的感染力，怎样恰当地表现材料质感是效果图表现中的关键环节。如图 1-2 所示是一幅追求真实感的效果图。

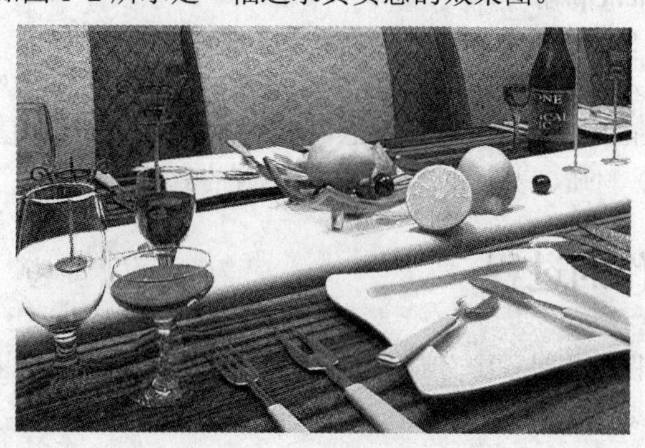

图 1-2　追求真实感的效果图

1.2.3　创建灯光

各种各样的场景中往往都要配以各式各样的特色灯光，以达到渲染场景气氛的作用。灯光在很多场景中都是必不可少的，而灯光的应用几乎是场景中最重要也最难对付的问题，灯光没有处理好，再好的造型和材质也无法表现其应有的效果。在整个场景气氛的渲染上，灯光可以说处于决定性的地位。

除了照亮场景模型之外，灯光还有一个重要的作用就是能将材质统一起来，光线的色彩是对材质的重要补充，调节光线的色彩是一种快捷的刻画物体的方式。在处理现实环境场景和商业效果图时也需要在设置光线的时候对色彩加以变化，图 1-3 所示的是一幅灯光处理得当的效果图。

图 1-3　强调灯光的效果图

1.2.4　渲染合成输出

一般静帧的效果图在经过上面步骤，完成了整个场景的建立和编辑之后，接下来就要考虑渲染合成输出的问题。这一过程绝不是简单地单击【渲染】按钮那么简单，需要根据所作效果图未来应用的目的，选择合适的参数。毕竟，只有正确的输出才能反映前面所有的辛苦工作。除此之外，对大气环境的处理和滤镜特效的使用也是出色地表现作品而不可或缺的要素，这些也是要在渲染合成输出时考虑的。

1.3 3ds Max 2012 系统界面

双击桌面上的 3ds Max 2012 图标，即可启动 3ds Max 2012 应用程序。3ds Max 2012 的启动需要初始化，需要一点时间。当初始化结束后，即显示 3ds Max 2012 的工作界面，如图 1-4 所示。

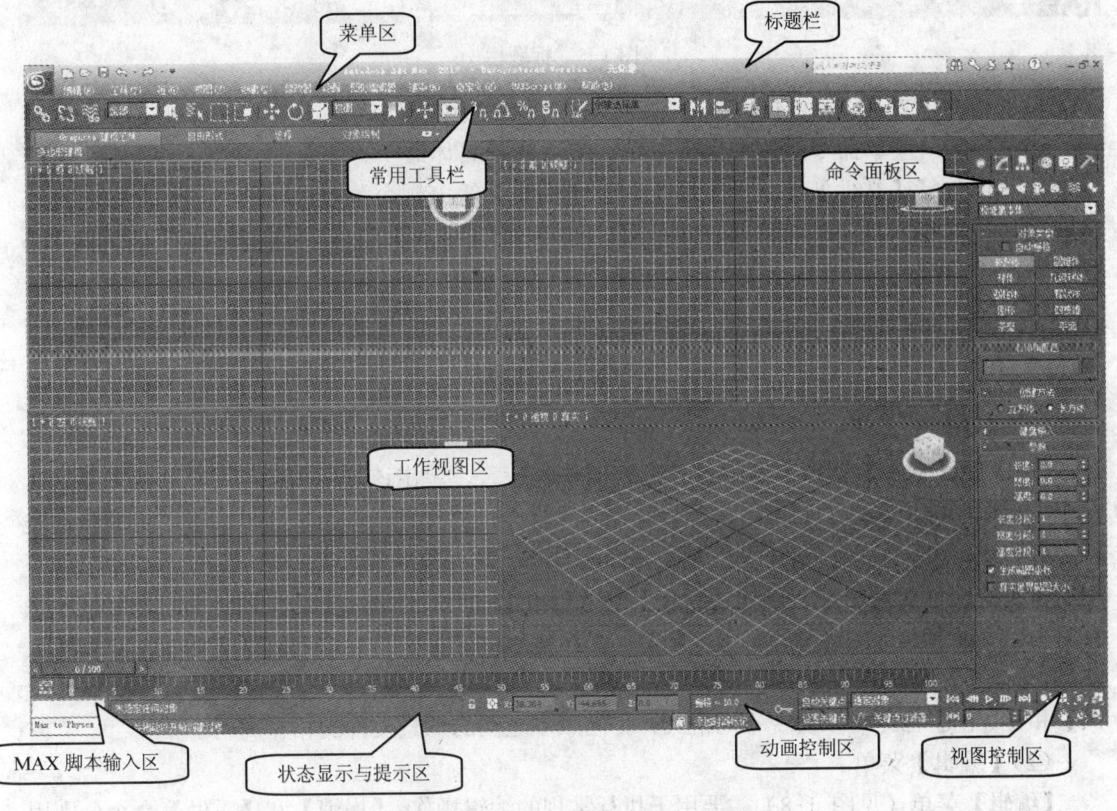

图 1-4 3ds Max 2012 的初始工作界面

3ds Max 是一款功能十分强大的软件，能完成许多复杂的工作，所以 3ds Max 2012 的用户界面也是比较复杂的，整个界面分为如下部分。

- 标题栏：显示文件管理信息、控制主界面的显示方式、退出界面按钮。
- 菜单区：提供基本操作命令。
- 命令面板区：按功用归类整合，图形化便于操作。
- 常用工具栏：快速访问的常用命令。
- 工作视图区：进行对象编辑的主要区域。
- 动画控制区：录制与播放动画。
- 状态显示与提示区：显示当前状态，提示相关信息和下一步操作。
- 视图控制区：控制视图观察的角度。
- MAX 脚本输入区：输入 MAXScript 脚本以访问工具命令，可以扩展 3ds Max 2012 的功能。

1.3.1 命令菜单区

3ds Max 2012 工作界面的最上方是它的标题栏，在这里显示当前项目的文件夹、版本信息、显示模式，右侧有控制主界面的显示方式的按钮 _ ▫ 和退出界面按钮 x，左侧原来的图标被一组按钮代替，可以执行还原、移动、关闭界面等命令，右侧的文字框可以输入信息，执行搜索、帮助等命令，如图 1-5 所示。

无标题 键入关键字或短语

图 1-5 标题栏

标题栏的下方是 3ds Max 2012 的主菜单，和其他的窗口软件一样，主菜单是下拉式菜单，当单击某一菜单命令时即弹出子菜单，进而选择具体命令。

主菜单包括【文件】、【视图】、【工具】、【渲染】等 14 个菜单栏，其中大部分的内容都可以用快捷键和工具栏的相应按钮来代替，2012 的【文件】菜单被图标代替，如图 1-6 所示。

编辑(E) 工具(T) 组(G) 视图(V) 创建(C) 修改器 动画 图形编辑器 渲染(R) 自定义(U) MAXScript(M) 帮助(H)

图 1-6 下拉菜单

（1）【文件】菜单

2012 的【文件】菜单（见图 1-7）被图标代替，单击该图标则会用图标的形式显示出一个图形化的菜单界面。如果用户之前曾经多次打开项目文件，则可以比以前版本更清晰地进行文件管理，甚至使用日期标注出使用文件的时间。此栏菜单中一部分是 Windows 应用程序中所常见的文件管理命令，例如【新建】和【打开】命令。另外，【文件】菜单中还包括一些针对 3ds Max 2012 的特有命令。例如，【重置】命令的功能是将 3ds Max 2012 系统恢复到默认状态，【合并】命令的功能是将 3ds Max 2012 几个不同的场景合并成为一个更大的场景，【导入】和【导出】命令可以实现不同格式、不同版本之间的场景文件的相互调用。

（2）【编辑】菜单

【编辑】菜单（见图 1-8）主要用于执行常规的编辑操作，【撤消】和【重做】命令分别用于撤销和恢复上一次的操作，【克隆】和【删除】命令分别用于复制和删除场景中选定的对象，【全选】、【全部不选】和【反选】命令用于对场景中的对象进行选择等。【暂存】命令可以将当前的场景和物体保存到缓存之中。【取回】命令则可以将暂存命令保存的场景重新调出。【变换输入】命令可以通过键盘输入数据来改变物体的位置，进行旋转和比例缩放。

（3）【工具】菜单

【工具】菜单（见图 1-9）主要用于提供各种各样的常用工具，它们中的绝大部分在工具栏中也设置了相应的图标，如【镜像】、【阵列】、【对齐】、【法线对齐】、【放置高光】、【对齐摄影机】和【层管理器】工具等。其中的【孤立当前选择】命令能使物体进入孤立编辑模式，此模式下，除了被选中的物体之外，其他物体都被自动隐藏。

（4）【组】菜单

【组】菜单（见图 1-10）可以将 3ds Max 2012 中的对象根据需要【成组】或【解组】或只是【打开】组，成组后选定的两个或两个以上的对象将合并为一个整体，组等同于一个对象，并具有一个特定的名字，为各种操作提供了方便。“集合”的概念和“成组”基本相同，组合的物体也可以看做一个物体进行位移操作和修改命令，不同的是它由一个父对象进行控制。

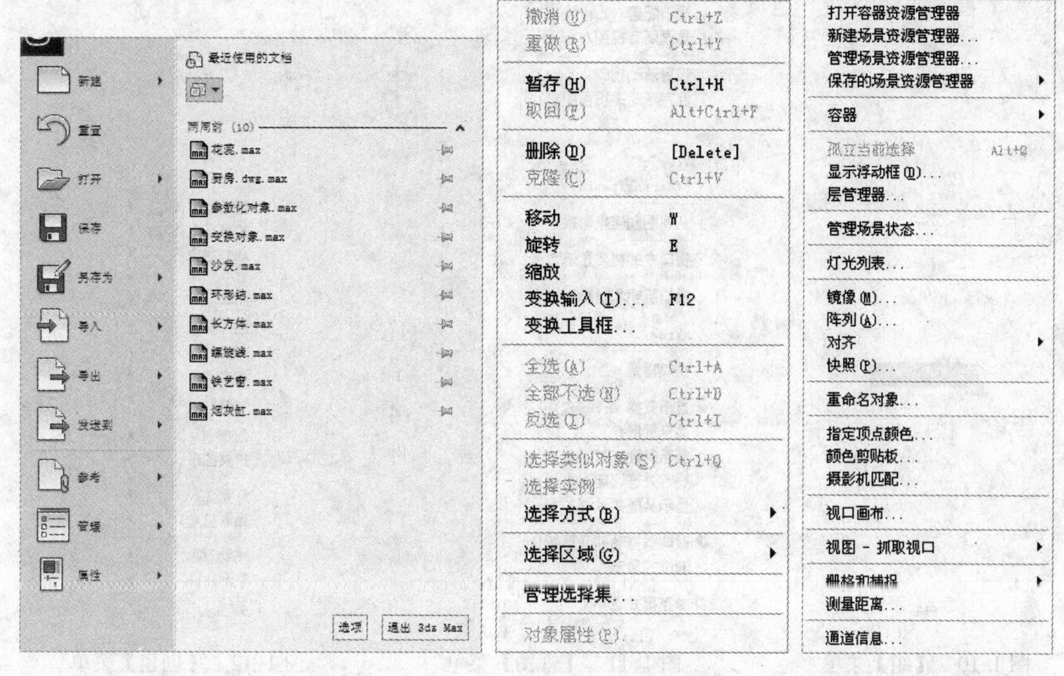

图 1-7 【文件】菜单　　图 1-8 【编辑】菜单　　图 1-9 【工具】菜单

（5）【视图】菜单

【视图】菜单（见图 1-11）主要用来控制视图区和视图窗口的显示方式，熟悉这些命令可以显著地提高工作效率。其中【撤消视图更改】命令是撤销所作有关视图的操作，【保存活动视图】命令是保存当前激活的视图状态到一个缓冲区中，以便改变观察状态后再回到当前的状态。与之相对应，【恢复活动视图】命令是将保存到缓冲区中的视图状态载入，以恢复到保存视图前的状态。【视口背景】命令可以为被激活的视图设置背景图片，用来进行参考。

（6）【创建】菜单

【创建】菜单（见图 1-12）用于创建标准基本体、图形、灯光和辅助对象等，与命令面板上【创建】面板的命令相对应。

（7）【修改器】菜单

【修改器】菜单（见图 1-13）用于对物体进行调整，与命令面板上【修改】面板的命令相对应。

（8）【动画】菜单

【动画】菜单（见图 1-14）对应整个动画控制面板的组件，利用它可以更方便地进行动画制作。

（9）【图形编辑器】菜单

【图形编辑器】菜单（见图 1-15）包含两类主要命令——轨迹视图和图解视图。前者用来查看和控制对象运动轨迹、添加同步音轨等；后者可以使用户很容易地观察场景中所有对象的层级和链接关系。

图 1-10 【组】菜单　　图 1-11 【视图】菜单　　图 1-12 【创建】菜单

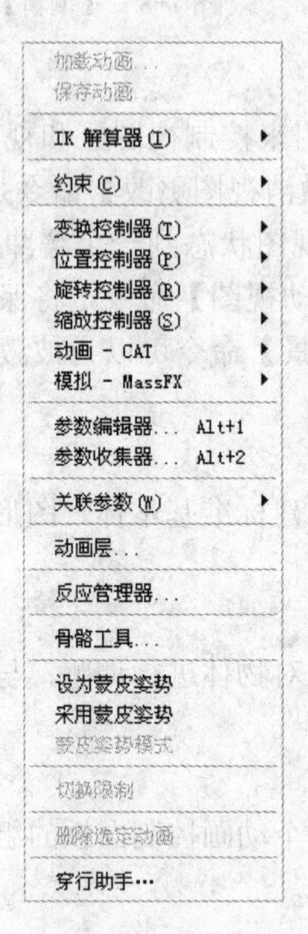

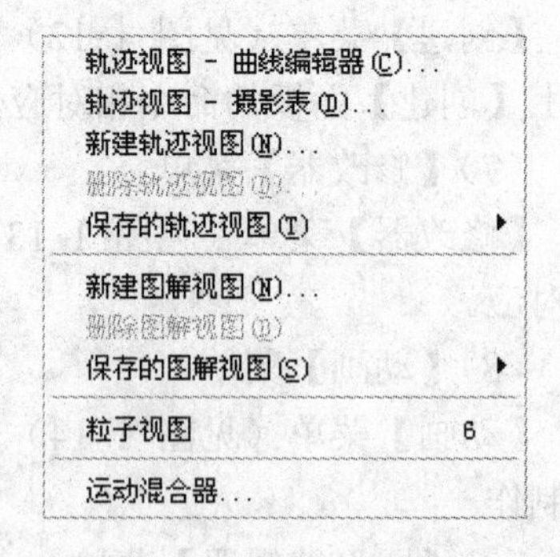

图 1-13 【修改器】菜单　　图 1-14 【动画】菜单　　图 1-15 【图形编辑器】菜单

(10)【渲染】菜单

【渲染】菜单（见图 1-16）提供了着色渲染场景以及设定环境影响的功能。其中【环境】命令用来打开环境对话框，可以设置背景环境以及环境效果等。【效果】命令用来设置渲染结果的发光、模糊、颗粒等特殊效果。【材质编辑器】命令可打开材质编辑器，控制编辑 3ds Max 中的材质设定和属性。【Video Post】命令可以打开视频后期处理对话框，加入声效、片断整理、事件输入/输出等后期编辑。

(11)【自定义】菜单

【自定义】菜单（见图 1-17）提供定制操作界面的相关命令。在这里可以设定快捷键、工具栏、右键快捷菜单等。【首选项】命令可以打开【首选项】面板，进行 3ds Max 自定义参数设定。

(12)【MAXScript】菜单

【MAXScript】菜单（见图 1-18）提供脚本操作的相关命令。脚本是用来完成一定功能的命令语句。使用脚本功能可以很方便地完成某些功能。使用【新建脚本】命令可以新建一个脚本文件，使用【运行脚本】命令可以执行一个脚本文件。使用【宏录制器】命令可以记录一段脚本，这类似于 Word 中宏的概念。

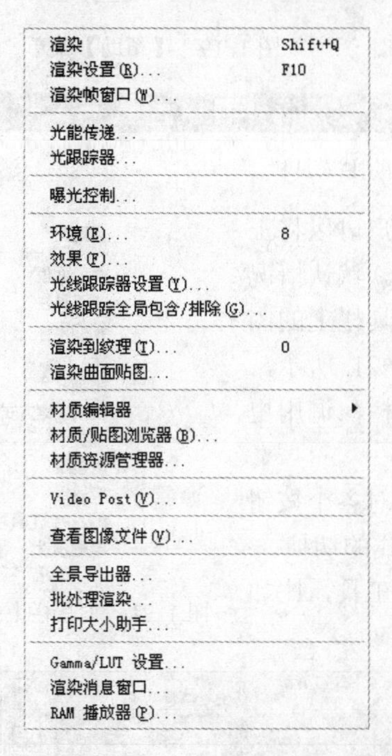

图 1-16 【渲染】菜单

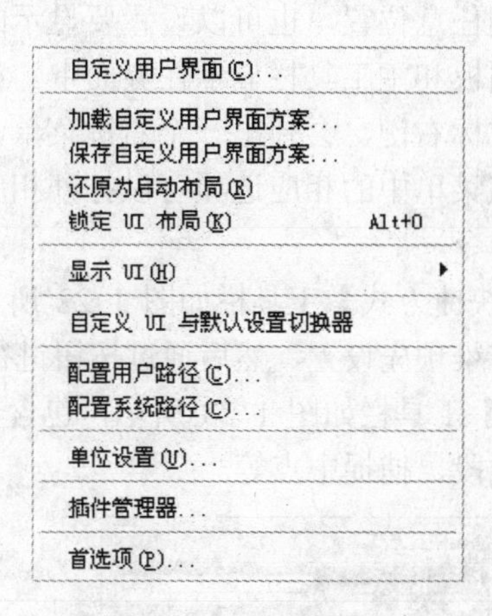

图 1-17 【自定义】菜单

(13)【帮助】菜单

【帮助】菜单（见图 1-19)，利用这个菜单可以访问 3ds Max 2012 的联机参考系统，包括【Autodesk 3ds Max 帮助（A)】、【教程】、【网上 3ds Max】等命令，只要软件使用时计算机处于联网的状态，用户就可以通过网络访问这些参考系统。

1.3.2 工具栏

菜单栏的下方是 3ds Max 2012 的主工具栏，如图 1-20 所示。这里包括 3ds Max 2012 中使用频率最高的工具，选择与操作类、选择集锁定、坐标类、着色类、连接关系类工具按钮和其他一些诸如帮助、对齐、阵列复制等工具按钮。在移动鼠标到此按钮上稍作停留后浮现的注释框中，可以看到每个按钮的功能。

新建脚本(N)
打开脚本(O)...
运行脚本(R)...
MAXScript 侦听器(L)... F11
MAXScript 编辑器(E)...
宏录制器(M)
Visual MAXScript 编辑器...
调试器对话框(D)...

图 1-18 【MAXScript】菜单

Autodesk 3ds Max 帮助(A)...
基本技能影片...
如何使用此软件影片...
Learning Path(L)...
教程...
新功能...
MAXScript 帮助(M)...
附加帮助(A)...
键盘快捷键映射(K)...
数据交换解决方案(D)...
客户参与计划...
报告问题...
网上 3ds Max
许可证借用
诊断视频硬件
关于 3ds Max(B)...

图 1-19 【帮助】菜单

图 1-20 3ds Max 2012 的主工具栏

3ds Max 2012 的工具栏具有很大的灵活性，用户可以将工具栏拖动到任意位置，也可以设置要显示的工具栏。默认情况下，命令面板和主工具栏显示在界面中。如果在工具栏上的图标间单击鼠标右键，会弹出一个右键菜单，如图 1-21 所示，通过选择该菜单中的相应选项可以打开相应的工具栏，调用更加详细的命令。

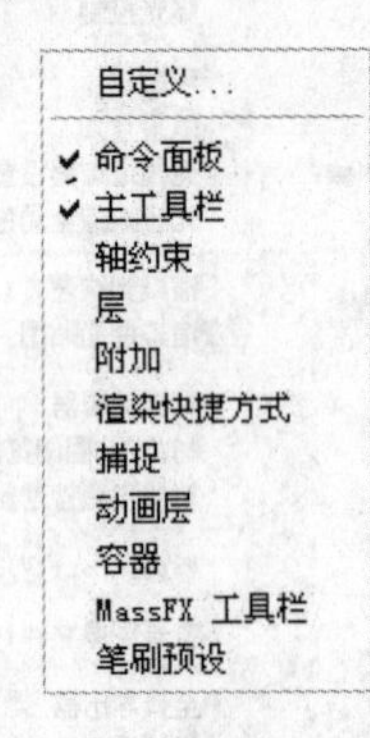

图 1-21 工具栏上的右键菜单

【渲染快捷方式】工具栏如图 1-22 所示，可以对各个按钮进行不同渲染预先设置，然后通过按钮进行渲染方式的切换。

【捕捉】工具栏如图 1-23 所示，包含一些捕捉工具，比如捕捉边、线段，捕捉中点等。

图 1-22 【渲染快捷方式】工具栏

图 1-23 【捕捉】工具栏

【笔刷预设】工具栏如图 1-24 所示，用来设置笔刷的大小、衰减、压力等参数，设置自定义的不同类型的笔刷，并存放于笔刷预设工具栏中。

图 1-24 【笔刷预设】工具栏

说明：

通过打开的工具栏可以看出，工具栏是对菜单栏的一种扩充。但值得注意的是，和其他标准的 Windows 应用程序不同，大部分的工具仅能在工具栏中找到，在下拉式菜单中不重复出现。同样的情况也发生在命令面板的各种卷展栏中，这意味着如果你只是漫无目的地在 3ds Max 2012 的工作界面上随便翻翻，有些命令和工具你可能永远看不到。

【动画层】工具栏如图 1-25 所示，提供了类似于 CAT 的层工具，可使制作人员通过对原始动画进行多层调整来操纵动画，是调整动画不同部分重点的完美工具，可以用它更简单、更快捷地创建动画。

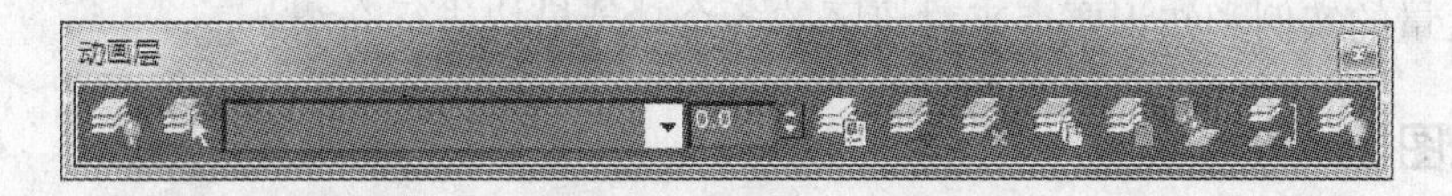

图 1-25 【动画层】工具栏

【层】工具栏如图 1-26 所示，显示了层管理器的常用工具。

【附加】工具栏如图 1-27 所示，提供了阵列和自动格栅两个工具。

图 1-26 【层】工具栏

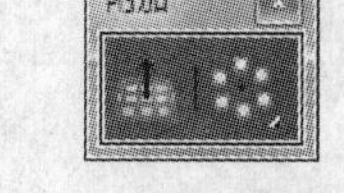

图 1-27 【附加】工具栏

1.3.3 命令面板区

命令面板区位于整个界面的最右侧，如图 1-28 所示。命令面板区共有 6 个命令模块，综合了一系列 3ds Max 2012 最重要的功能，而且操作起来形象直观。6 个命令模块的内容如下。

图 1-28 命令面板

- 【创建】面板：创建各种图形、实体和粒子系统，外加灯光、摄影机等。
- 【修改】面板：编辑各种物体的参数。
- 【层次】面板：控制层次连接的对象，也可以设置反向动力学参数等。
- 【运动】面板：控制物体的运动轨迹。
- 【显示】面板：控制视图中的对象的显示方式和显示状态。
- 【工具】面板：调用 3ds Max 2012 的一般实用程序及外挂公用程序。

每个模块下又有不同的分支，有些分支还带有更细的分类，然后对应不同的各种卷展，通过控制各个卷展中的选项和参数就可以实现我们需要的各种操作。由于命令面板访问方便快捷，因而今后各章的操作主要是以命令面板为主，而且该区命令最为复杂，在今后各章里面将通过大量的实例和知识要点来对该区的各个功能模块进行介绍。

1.3.4 视图区

视图区是 3ds Max 2012 的主要工作区，系统默认的视图划分为 4 个部分，即顶视图、前视图、左视图和透视图。在每个视图的左上角都有中文标识，如图 1-29 所示。

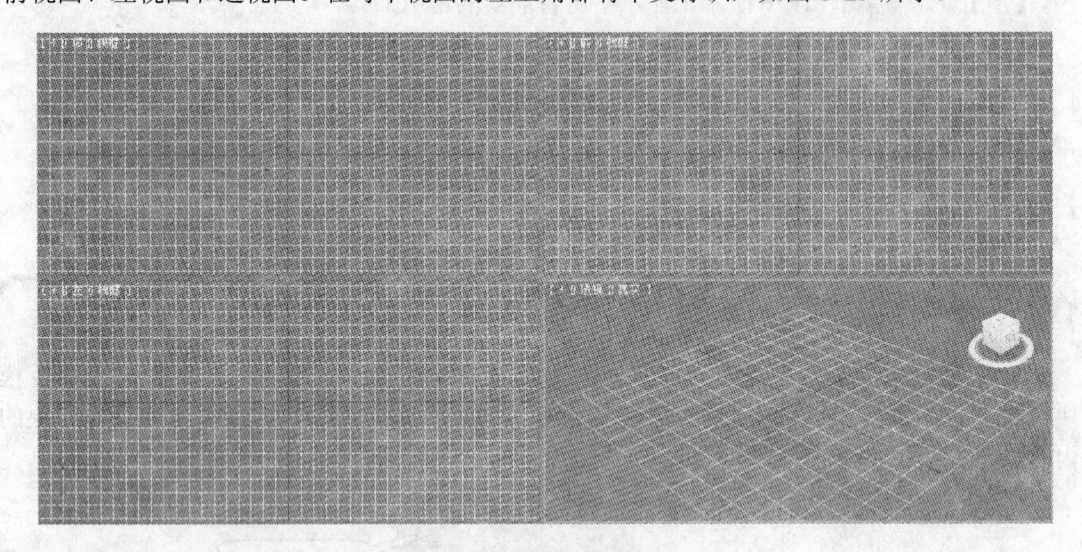

图 1-29 视图区

在 3ds Max 的系统中有 3 类视图：正交视图、透视视图和用户视图。3ds Max 2012 提供了 6 种正交视图：顶视图、前视图、后视图、底视图、左视图和右视图。它们和大多数工程图样一样，都采用正交投影方法。3ds Max 中的透视图有两种，一种是 3ds Max 默认的透视视图，一种是制作的摄影机视图。它们都具有观察点、视觉中心、视线、视平线等基本元素。如果对正交视图进行旋转，那么正交视图将变为轴测视图。

1.3.5 动画控制区

动画控制区位于主界面底端，分为动画时间滑块、动画按钮和动画播放控件 3 个部分，分别如图 1-30 和图 1-31 所示。

图 1-30 动画时间滑块

图 1-31 动画按钮和动画播放控件

动画时间滑块可以标识动画的开始帧和结束帧，默认从 0 帧开始到 100 帧结束。将滑块固定在某一位置，按下动画按钮，变换场景中的对象，则记录变换，当前位置也就变成了关键帧，空白栏中也就出现了标识。

动画按钮用来录制动画，按下自动关键点或者设置关键点按钮，按钮变成了红色，当前激活视图的边框也变成了红色。在当前所在帧的场景中所作的修改将存入动画，创建成一个关键帧。

动画播放控件包含了动画播放最常用的一些按钮，可以用于控制动画的播放。

- ：下一帧。
- ：上一帧。
- ：转至结尾。
- ：转至开头。
- ：播放动画。
- ：可以在文本框中输入要观察的帧数。
- ：微调框，可以在动画的各帧之间逐帧地进行切换。
- ：关键点模式切换，可以改变按钮的状态。
- ：时间配置，详细设定关键帧以及动画的时间要求。

1.3.6 视图控制区

视图控制区位于主界面的右下角，由 8 个按钮组成，控制着视图的缩放和切换。非摄影机镜头视图和摄影机镜头视图的 8 个按钮是不同的，默认的是非摄影机视图，如图 1-32 所示，摄影机视图如图 1-33 所示。

图 1-32 非摄影机视图的视图控制区

图 1-33 摄影机视图的视图控制区

对于非摄影机镜头视图，8 个按钮的功能如下。

- 【缩放】：缩放当前视图，包括透视图。
- 【缩放所有视图】：缩放所有视图区的视图。
- 【最大化显示】：缩放当前视图到场景范围之内。
- 【所有视图最大化显示】：全视图缩放，类似于【最大化显示】，只是应用于所有视图中。
- 【缩放区域】：在正交视图内，由光标拖动指定一个区域，并缩放该区域。
- 【手移视图】：控制视图平移。
- 【弧形旋转】：以当前视图为中心，在三维方向旋转视图，常对透视图使用这个命令。
- 【最大化视口切换】：当前视口最大化和恢复原貌的切换开关。

对于摄影机镜头视图，8 个按钮的功能如下。

- 【推拉摄影机】：单击并拖动来推拉摄影机。

- 【透视】：调整摄影机透视视图。
- 【侧滚摄影机】：单击并拖动来旋转摄影机。
- 【所有视图最大化显示】：全视图缩放，应用于所有视图中。
- 【视野】：调整摄影机视野。
- 【平移摄影机】：单击并拖动来摇移摄影机。
- 【环游摄影机】：单击并拖动来环游摄影机。
- 【最大化视口切换】：当前视口最大化和恢复原貌的切换开关。

说明：

每个按钮的右下角都带有小三角，按住该按钮，即可得到某一系列的展开按钮。

1.3.7 MAX 脚本输入区

MAX 脚本输入区位于主界面的左下角，它实际上是一个小小的 MAXScript 即时编译器，一些简单的脚本语言可以在这里即时输入，并得以立即执行，复杂的脚本编译要通过 3ds Max 2012 的 MAXScript 菜单启动功能更强大的编译器来完成。利用 MAXScript 可以访问 3ds Max 2012 的所有命令，其更大的价值是可以实现一些其他工具无法实现的特殊功能，并扩展 3ds Max 2012 的功能。

1.4 思考与练习

1. 一般的效果图制作的过程包括哪几部分？
2. 3ds Max 2012 的用户界面比较复杂，整个界面分为哪几个部分？
3. 列举工具栏中最常用的 4 个 3ds Max 2012 工具。
4. 在 3ds Max 中有几类视图？
5. 简述视图控制区非摄影机镜头视图控制按钮【最大化视口切换】的作用。
6. 命令面板区共有几个命令模块？分别是什么？

第 2 章　3ds Max 2012 基础知识

02

3ds Max 2012 在场景中管理对象和数据的基本方法与其他的 3D 建模与渲染软件有着根本的不同。如果想要熟练地使用 3ds Max 2012，有必要了解一些基础知识。这些知识包括 3ds Max 2012 的基本概念、3ds Max 2012 的基本操作、创建模型前的准备工作、控制自己的操作界面和快捷键等。

重点知识

- 对象的概念
- 各种层级结构
- 选择对象的方法
- 变换对象
- 捕捉
- 创建模型的原则
- 最大化视口

练习案例

- 参数化的长方体
- 改变工作视图区的布局
- 变换对象
- 导入 DWG 格式的文件 AutoCAD 文件
- 制作花蕊

2.1　3ds Max 2012 的基本概念

清晰的概念是正确操作的基础，本节首先介绍 3ds Max 2012 的基本概念，主要包括对象、层级结构、视图的种类、空间坐标系、轴心等。

2.1.1　对象

3ds Max 2012 是一个面向对象的软件。用户创建的每一个事物都是对象，例如几何体、摄影机、光源、修改器、位图、材质贴图等都是对象。场景也是对象，是与其他事物不同的对象，它包括了光源、摄影机、空间变形和辅助对象。

1．面向对象的特征

当用户在 3ds Max 2012 中创建一个对象时，与对象有关的一些选项会出现在屏幕上，这些选项表明可以对对象进行什么样的操作，以及每个对象具有什么属性。3ds Max 2012 基于当前应用程序查询对象，确定并显示有效的选择，这也是 3ds Max 2012 的智能化所在。

2．参数化对象

3ds Max 2012 的大多数对象都是参数化对象，即由参数集合或者设置来定义对象，而不是由对象的显示形式来定义对象。每一类型的对象具有不同的参数，创建的对象具有初始参数，施加的修改器也有其参数，创建的摄影机和灯光等也都是由参数来定义的。

对于一个参数化球体，3ds Max 2012 用半径和线段数来定义。用户可以在任何时候改变参数，从而改变该球体的显示形式。用户甚至可以使参数连续变化，以制作动画。这也是 3ds Max 2012 的强大功能所在。用户只需变化一个参数，即可制作动画。

【例 2-1】 参数化的长方体

创建简单的长方体，然后调整长方体的参数，体会在 3ds Max 2012 中对象的参数化，如图 2-1 所示。结果可以参见光盘中的文件“参数化对象.max”。

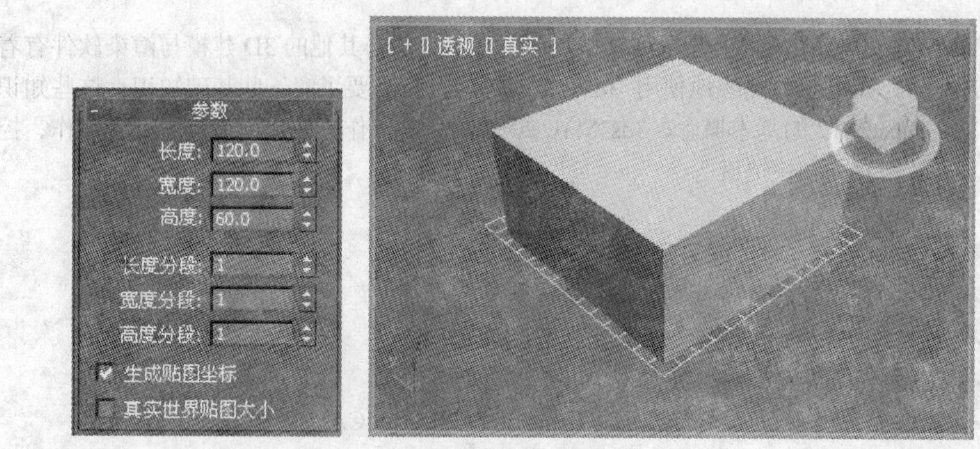

图 2-1　参数化对象

步骤 1 在命令面板上单击 长方体 按钮，然后在场景中拖拽，确定长方体的底面，释放鼠标左键，上下移动光标，确定长方体的高度，即可创建一个长方体。【参数】卷展栏显示在屏幕右侧，如图 2-2 所示。

步骤 2 调整【参数】卷展栏中的参数，长度为 120、宽度为 120、高度为 60，可以看到长方体发生了即时的变化。如图 2-2 所示。

图 2-2　长方体及其【参数】卷展栏

3. 次对象

次对象是指可以被选择和操作的物体的任何组成元素。例如线图形的节点、面的边以及放样对象的截面等。3ds Max 2012 中可操作的次对象有以下几种。

- 图形对象的顶点、线段和样条线。
- 网格和面片对象的顶点、边、面和元素。
- NURBS 对象的点、曲线和曲面。
- 放样对象的截面和路径。
- 布尔对象的运算对象。
- 变形对象的目标。
- 编辑修改器的范围框和中心。
- 动画关键帧的轨迹。

说明：

每个次对象仍可以有自己的次对象，所以次对象也是有层次结构的。

在 3ds Max 2012 中，经常通过给对象施加【编辑网格】或【编辑多边形】修改器，使对象产生更多的次对象，然后可以通过【修改】面板上的【选择】卷展栏下的按钮来选择次对象，这样就可以进行较深入的编辑修改。

2.1.2 层级结构

在 3ds Max 2012 中，所有事物的组织都是有层级结构的，就像 Windows 资源管理器中的文件夹一样。较高层代表一般的信息，较低的层代表更详细的信息。

1. 场景的层级结构

选择【图形编辑器】→【轨迹视图-曲线编辑器】命令，打开【轨迹视图-曲线编辑器】对话框，左侧呈现全部场景的层级结构图，如图 2-3 所示。最上面一层是【世界】，代表整个场景。用户可以通过改变它在【轨迹视图】中的轨迹来对场景中所有的事物作全局性的改变。

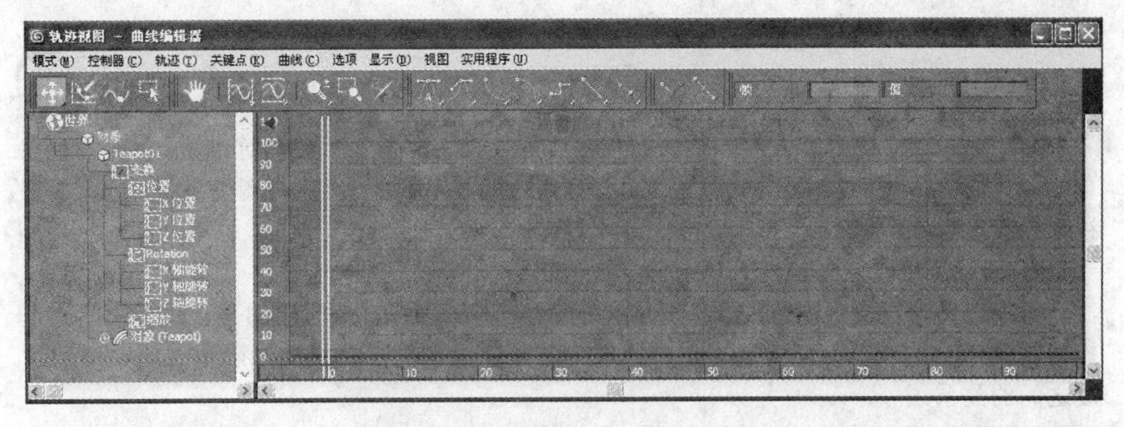

图 2-3 【轨迹视图-曲线编辑器】对话框

【世界】下面的选项，分别代表场景中不同的事物。其中最下面的【对象】选项代表场景中所有的造型，下面一个层级中列出了场景中的所有造型。在这些选项等级下还有许多层次，用来支持场景中每个事物的细节。

2. 材质/贴图的层级结构

3ds Max 2012 的材质和贴图也是由层级结构来组织的，最上面一层为材质名和材质类型，下面一级为子材质或者贴图分支，再下面还可有子材质或者贴图分支。

单击工具栏上的按钮（有两个图标可以选择，按钮打开精简材质编辑器，按钮打开 Slate 材质编辑器），打开如图 2-4 所示的【材质编辑器】面板，单击面板右侧的按钮，打开【材质/贴图导航器】面板，在【材质/贴图导航器】中可查看材质和贴图的层级结构，如图 2-5 所示。

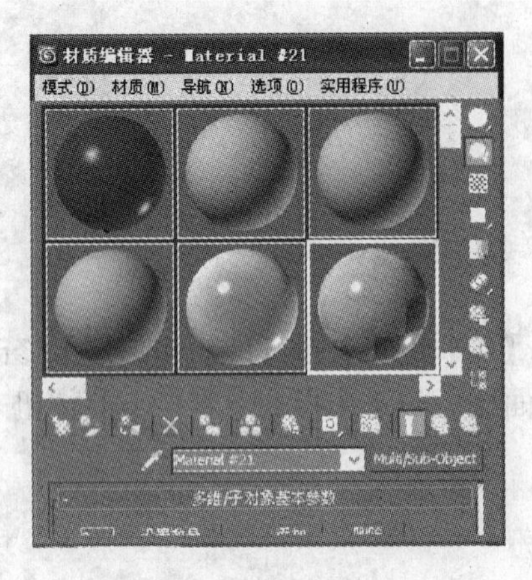

图 2-4 【材质编辑器】面板

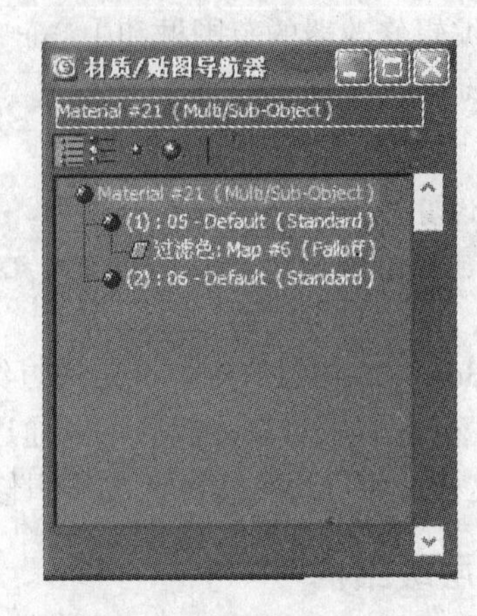

图 2-5 【材质/贴图导航器】面板

3. 对象的层级结构

对象同样具有层级结构。使用链接对象的工具，能够建立一个层级结构，从而使应用于一个对象的变换能够被链接于该对象的对象继承。层级结构的顶层称为根，在其下面有链接对象的对象称为父对象，父对象下面的对象称为子对象。这种层级结构广泛应用于动画制作之中。例如，一个机器人的手是链接在胳膊上的，而胳膊是链接在身体上的。身体的移动会带动胳膊和手的运动，同样胳膊的运动也会带动手的运动。身体就是胳膊的父对象，而胳膊就是手的父对象。

2.1.3 视图

3ds Max 2012 的造型是在视图中进行的，当在一个视图中变换物体时，其余的视图也在更新。有时候，为了调整物体的位置或进行其他的操作，需要在几个视图中协调，因此了解视图的概念是非常重要的。

1. 正投影视图

正投影视图表示主体与投影光呈 90° 时的视图。工程图样常采用的是正投影视图。正投影视图中的物体不会变形和缩小，各部分的比例都相同，该视图准确地表明高度和宽度之间的关系。

3ds Max 2012 有 6 个正投影视图：前视图、后视图、顶视图、底视图、左视图、右视图。如图 2-6 所示为前视图。

2. 用户视图

如果主体和投影光不呈 90°，那么在视图中就会不只显示物体的一个平面，而视图就变成了轴测视图，3ds Max 2012 中称为用户视图。

在这种视图中，所有的平行线都保持了平行的关系，不管物体处于何处，它所显示的比例都保持恒定。在用户视图中，物体各个部分的比例仍然是相同的，所以各部分之间的关系一目了然，视觉控制与正交投影相同，而且保持了平行线的平行关系。

在 3ds Max 2012 中，对任意一个正投影视图使用视图导航中的旋转工具，正投影视图即转变为用户视图，如图 2-7 所示。

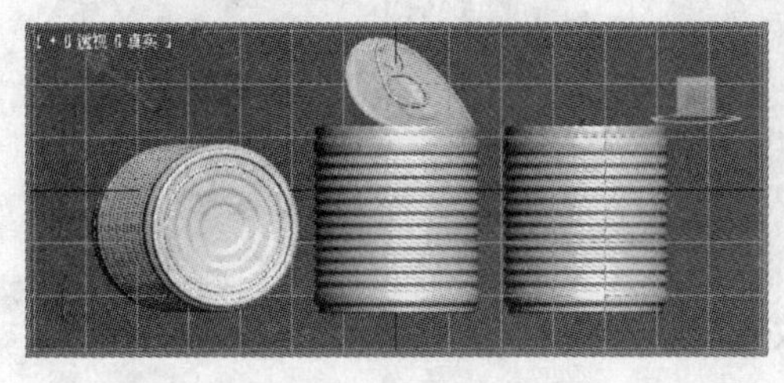

图 2-6　前视图

图 2-7　用户视图

3. 透视视图

在日常生活中，透视是指人所接受的对象外形在深度方向上的投影。在观察周围的事物时，都是采用透视观点。

在观察物体时，物体就是视觉中心，人眼与视觉中心的连线称为视线，人所处的平面即为地平面。在 3ds Max 2012 中，地平面是透视图中的 X、Y 平面，如图 2-8 所示。

4. 摄影机视图

当在场景中创建摄影机后，就会有摄影机视图。摄影机视图其实就是透视图，只不过是视觉中心和视线与透视图不同而已。

图 2-9 中，右侧的白色物体即为摄影机，而左边的小方块为目标点，由摄影机到目标点的连线即为视线，摄影机和目标点之间形成的四棱锥的底面为摄影机的视口。

图 2-8　透视视图

图 2-9　视图中的摄影机

摄影机视图是通过摄影机观察到的视图。在 3ds Max 2012 中，它常用来制作动画。因为单纯通过变换场景中的物体来制作动画是很单调的，而通过摄影机的变换来制作动画，会更加逼真。

【例 2-2】 改变工作视图区的布局

工作中为了观察方便，经常需要改变工作视图区的布局，熟练掌握改变的方法可以为工作带来很多方便。为便于对透视图进行观察，将布局改变为如图 2-10 所示。结果可以参见光盘中的文件“易拉罐.max”。

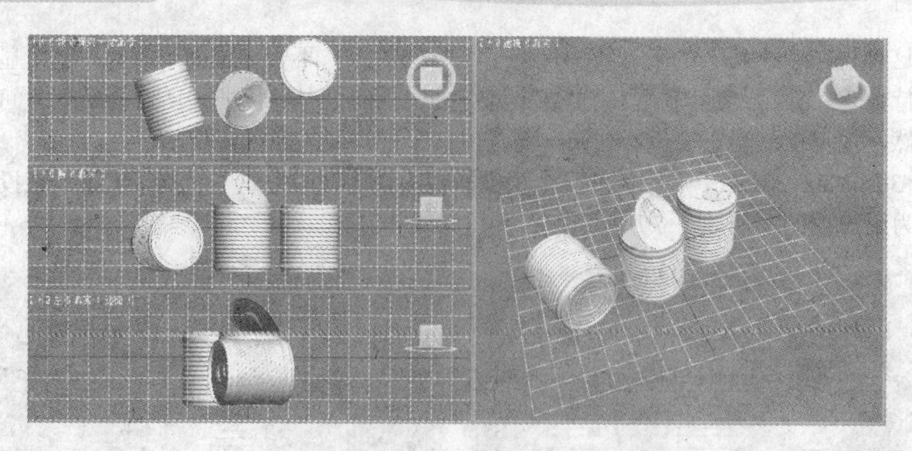

图 2-10　布局改变放大透视图

步骤 1 重置场景。

步骤 2 打开光盘中的文件“易拉罐 01.max”，如图 2-11 所示。

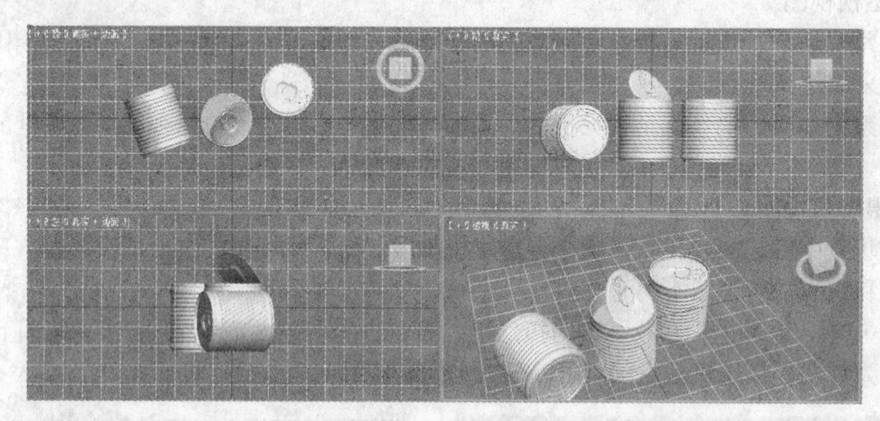

图 2-11　“易拉罐 01.max”

步骤 3 选择【视图】→【视口配置】命令，打开【视口配置】对话框。单击【布局】选项卡，如图 2-12 所示。

步骤 4 选择如图 2-13 所示的布局模式，然后单击 确定 按钮。得到透视图放大的布局，如图 2-10 所示。

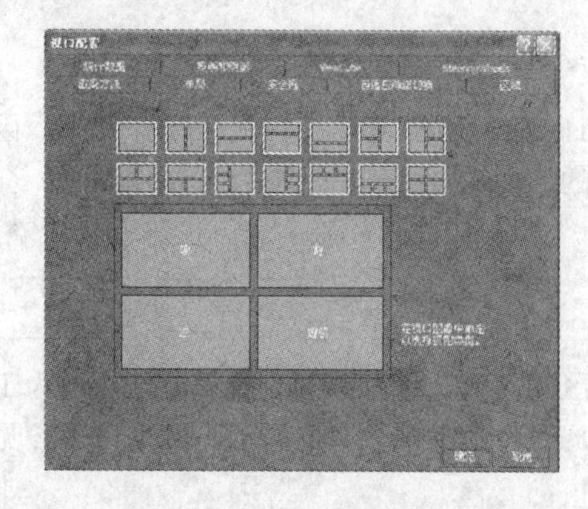

图 2-12　【布局】选项卡

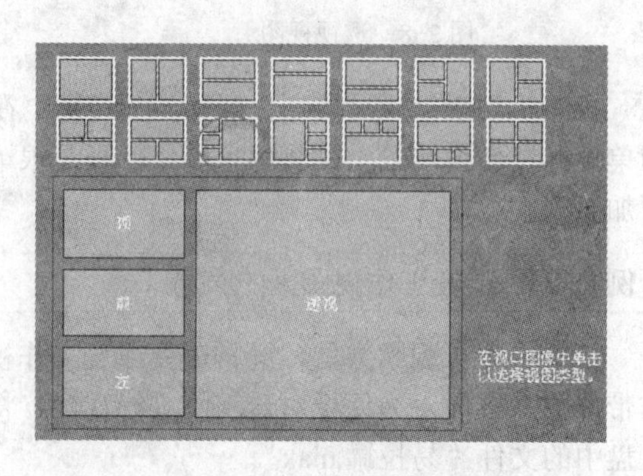

图 2-13　选中的布局模式

2.1.4 空间坐标系统

在 3ds Max 2012 中，系统提供的工作环境是一个虚拟的三维空间，无论是创建物体、编辑物体，还是制作动画，都离不开空间坐标系统的变换。如果不熟悉空间坐标系统，那么就不能很好地利用坐标的变换，从而也就难以创作出优秀的作品。

1. 空间坐标系统的类型

在 3ds Max 2012 中可以根据操作的需要设置参考坐标系，以便对对象进行精确的定位和旋转角度的确定。设定坐标系统可以在工具栏中【参考坐标系】下拉菜单中进行，如图 2-14 所示。其中各选项功能如下。

图 2-14 【参考坐标系】下拉菜单

- 【视图】坐标系：设置视图参考坐标系，【视图】坐标系是 3ds Max 2012 中默认的坐标方式。在平面视图中，包括顶视图、前视图、左视图中，所有的 X、Y、Z 轴的方向都完全相同。视图坐标系统是一种相对的坐标系统，没有绝对的坐标方向。但在透视图中，会自动转换成场景坐标系统。
- 【屏幕】坐标系：设置屏幕参考坐标系，无论在平面视图，还是在透视图中，X、Y、Z 轴的方向完全相同。【屏幕】坐标系统较适于正交视图，在非正交视图中有时会发生问题。【屏幕】坐标系统将依所激活的视图来定义坐标轴的方向，当激活某一视图时，被激活的视图轴向维持不变，但却改变其在空间中的位置。
- 【世界】坐标系：设置世界参考坐标系，坐标方位是以场景所在的实际坐标系统为准的。坐标轴的方向将永远保持不变，改变视图时也是如此。
- 【父对象】坐标系：设置父对象参考坐标系，若场景中的对象之间有链接关系，则子对象的参考坐标以父对象的坐标系统为准。若不存在链接关系的对象，则系统会采用默认的场景坐标系统。
- 【局部】坐标系：设置局部参考坐标系，坐标的原点是对象本身的轴心，坐标是对象本身的坐标系。当采用此坐标系时，各对象的形变编辑各自独立。
- 【万向】坐标系：设置万向参考坐标系，类似于局部坐标系，但它旋转的三轴并不要求是互相垂直的。当用户旋转万向坐标系 X、Y、Z 任一轴时，只有被旋转的轴轨迹发生改变，其他两轴保持不变，这更有利于编辑功能曲线。
- 【栅格】坐标系：设置栅格参考坐标系，操作对象时，坐标以格线为基准。
- 【工作】坐标系：设置工作轴心参考坐标系，操作对象时，坐标以工作轴心为基准。工作轴心可以编辑，而且无论工作轴心是否被激活，工作轴心参考坐标系都可以使用。
- 【拾取】坐标系：设置拾取参考坐标系，所有对象的坐标以选择的对象本身的坐标为基准。

2. 空间坐标系统的变换

空间坐标系统的变换在 3ds Max 2012 中非常容易，变换主要有 3 种途径。

- 通过改变视图窗口类型改变坐标系。在 3ds Max 2012 中，不同的视图类型所用的坐标系统并不都是相同的，视图类型的改变有时能改变坐标系。例如用户视图与透视视图就有不同的坐标系。

- 通过工具栏上的【参考坐标系】下拉列表进行选择，在下拉列表中显示出所有的空间坐标系，可根据自己的需要进行选择。
- 执行某些操作时，系统会自动为用户调整坐标系。例如对两物体进行链接，就会调用主物体坐标系，创建虚拟物体时就会使用网格坐标系等。

2.1.5 轴心

在 3ds Max 2012 中，对象产生的各种编辑操作的结果都是以轴心作为坐标中心来操作的。【轴心】是指对象编辑时中心定位的位置，用户可以设定不同对象的轴心来控制对象的操作结果。3ds Max 2012 中，单击工具栏中的按钮下的黑色小三角，会打开下拉工具按钮菜单，这里提供了 3 种轴心的定位方式。

- 【使用轴点中心】：系统的默认设置，此时操作中心是对象的几何中心。
- 【使用选择中心】：如果用户在场景中选中了某一个区域，系统会自动将操作中心点设在该区域的中点。
- 【使用变换坐标中心】：设定操作中心为目前坐标的原点。

2.2 3ds Max 2012 的基本操作

只有熟练掌握了 3ds Max 2012 基本的操作方法和技巧，才能快速有效地创建各种复杂文件。本节将介绍 3ds Max 2012 的基本操作，为后面章节的学习打下坚实的基础。

2.2.1 选择对象

要对任何对象进行操作，首先要选择对象，所以对象的选择非常重要。在 3ds Max 2012 的主界面上提供了许多选择对象的工具。工具栏中可以用作选择的工具如图 2-15 所示。

图 2-15 可以用作选择的工具

1. 最基本的方法——单击选择

最基本的方法就是直接用鼠标单击来选择。工具栏中有 4 个按钮都可以执行单击选择的操作。

- ：标准选择工具，只执行选择命令。
- ：选择并移动工具，先执行选择命令，然后鼠标指针就显示为十字箭头的形状，可执行移动命令。
- ：选择并旋转工具，先执行选择命令，然后鼠标指针就显示为旋转方向指示圈的形状，可执行旋转命令。
- ：选择并缩放工具，先执行选择命令，然后鼠标指针就显示为三角缩放的形状，可执行缩放命令。

一般情况下，选择以上任意一种工具，在没有选择对象或处于界面上的非视图区域时，鼠标指针都以箭头的形式出现，称为系统光标。当光标移动到视图中的对象上时，视图中的鼠标指针变为可用来选择的十字形。使用十字形鼠标指针可以单击选择对象，要取消选择对象，在视图空白处单击就可以了。

说明：

选择以上任意一种工具，按住〈Ctrl〉键，同时用鼠标在视图中单击，可以连续选择多个对象。

2．区域选择

在 3ds Max 2012 中根据区域的不同形状，提供了多种区域选择的方法。这些方法可以通过单击工具栏上的按钮来选择。

- 【矩形选择】按钮：选择该工具后单击并拖动光标可定义一个矩形选择区域，该区域中的对象都将被选择。
- 【圆形选择】按钮：选择该工具后单击并拖动光标可以定义一个圆形选择区域，在该区域中的对象都将被选择。一般是在圆心处单击，拖动至合适半径距离处放开鼠标左键。
- 【栅栏选择】按钮：选择该工具后单击并拖动光标可以定义一个栅栏式区域边界的第一段，然后继续拖动和单击，可以定义更多的边界段，双击或者在起点处单击可封闭该区域以完成选择。该方法适合于具有不规则区域边界的对象的选择。
- 【套索式选择】按钮：通过单击和拖动光标可以定义出任意复杂和不规则的区域曲线。这种区域选择方法提高了一次选择所有需要的对象的成功率，它使区域选择功能更加强大。
- 【绘制选择区域】按钮：选择该工具后单击并拖动光标可以定义一个圆形，同时按住鼠标左键移动圆形到所要选择的对象上，即可选择该对象（按住鼠标左键移动可以连续选择）。

3．属性选择

当场景中的对象特别多而且又交错在一起时，单击选择对象或区域选择对象就显得力不从心，这时可以通过属性来选择对象。可以通过对象名称进行选择或者通过某种颜色或材质来选择具有该属性的所有对象。通过单击【按名称选择】按钮，可以打开如图 2-16 左所示【拾取对象】对话框进行选择。如果再单击【配置高级过滤器】按钮，打开如图 2-16 右所示的【高级过滤器】对话框，可以通过对属性、条件、引用值等的过滤器设置进行精细选择。

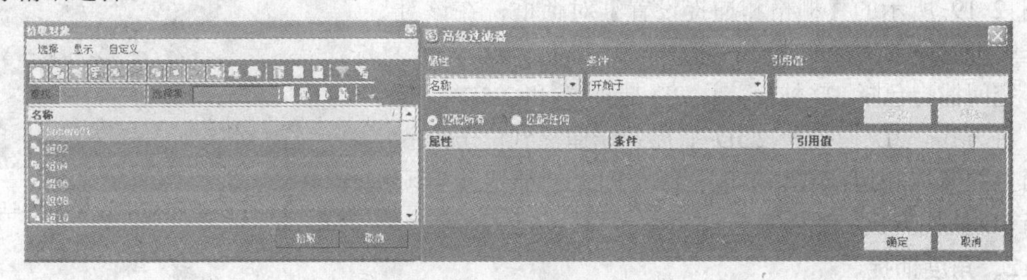

图 2-16 【拾取对象】对话框

4．过滤选择集

过滤选择集可以在复杂的场景中只选择某一类对象。如只选择几何体、样条型、灯光和摄影机中的一种或数种。单击工具栏中 【选择过滤器】的黑色小三角，打开如图 2-17 所示的选择过滤器列表，选择对象类型。如果选择【组合】选项，可以打开【过滤器组合】对话框，定义自己的过滤对象类型，如图 2-18 所示。

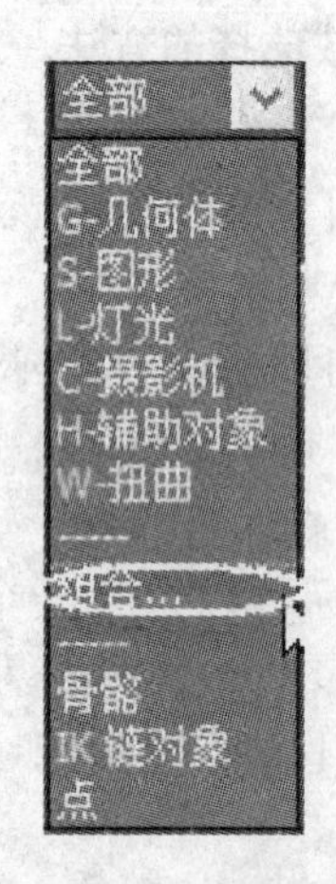

图 2-17 过滤器列表

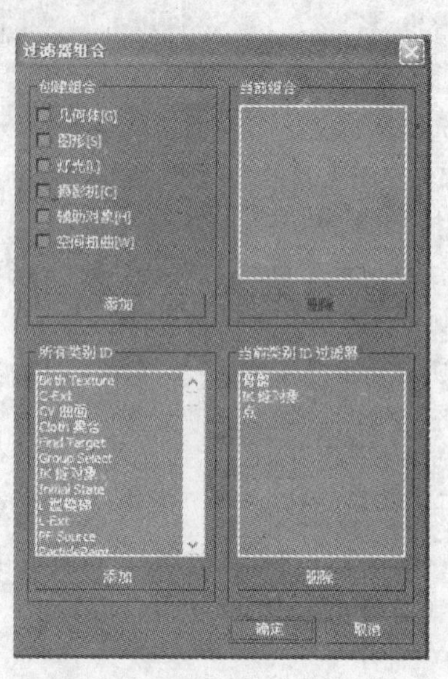

图 2-18 【过滤器组合】对话框

2.2.2 捕捉

捕捉功能用于在建模的过程中精确地选择位置和放置对象，捕捉内容根据设置而定。例如设置的捕捉类型是线段端点，当光标移动到距某一段的端点一定的范围内时，该线段的端点将自动以特殊的记号显示出来。这时单击鼠标捕捉，该点便会准确地被选择。捕捉功能是精确作图的有力工具，非常有用，3ds Max 2012 包含了如下几种捕捉方式。

1. 空间捕捉

空间捕捉是最常见的捕捉方式，通常用来捕捉视图中各种类型的点或者次对象。如捕捉栅格点、垂直点、中点、节点、边点和面等。通过单击工具条上的 按钮来激活空间捕捉功能。在该按钮上单击鼠标右键将弹出如图 2-19 所示的【栅格和捕捉设置】对话框，在该对话框中可以设置捕捉的类型。

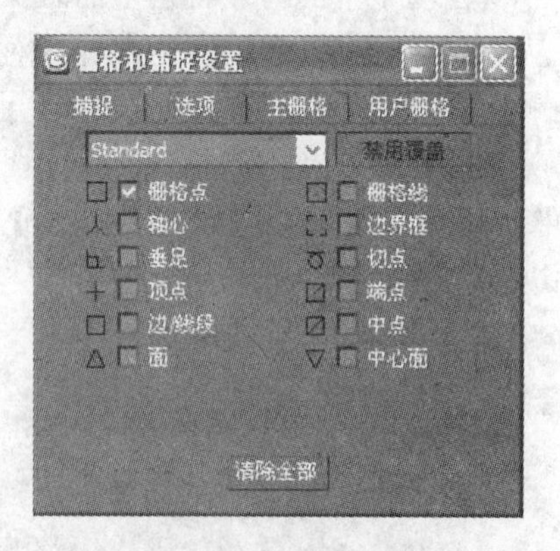

图 2-19 【栅格和捕捉设置】对话框

空间捕捉包括 3D 捕捉 、2D 捕捉 和 2.5D 捕捉 3 种方式。2D 捕捉和 2.5D 捕捉只能捕捉到位于绘图平面上的节点和边，要想实现三维空间上的捕捉就必须选择 3D 捕捉方式。

2. 角度捕捉

角度捕捉对于旋转对象和视图非常重要。在【栅格和捕捉设置】对话框的【选项】选项卡中的【角度】文本框中输入一个数值，即可为旋转变换指定一个旋转角度增量。通常其默认值为 5°。预先单击【角度捕捉】按钮 ，当使用旋转功能时，对象将以 5°、10°、15°…

90°的角度旋转。

3．百分比捕捉

打开【栅格和捕捉设置】对话框中的【选项】选项卡，在其中百分比文本框中输入一个数值，即可指定交互缩放操作的百分比增量。通过单击按钮来打开百分比捕捉功能，然后在执行缩放变换时将依据设置的百分比增量来进行缩放。

4．微调器捕捉

在工具条中单击按钮即可打开或关闭微调器捕捉方式。单击该微调器上下箭头时文本框中的数值随之改变。使用微调器捕捉可以控制所有微调值域的数值增量。用鼠标右键单击【微调器捕捉】按钮将弹出【首选项设置】对话框，如图 2-20 所示，可以在此设置微调器捕捉的选项。

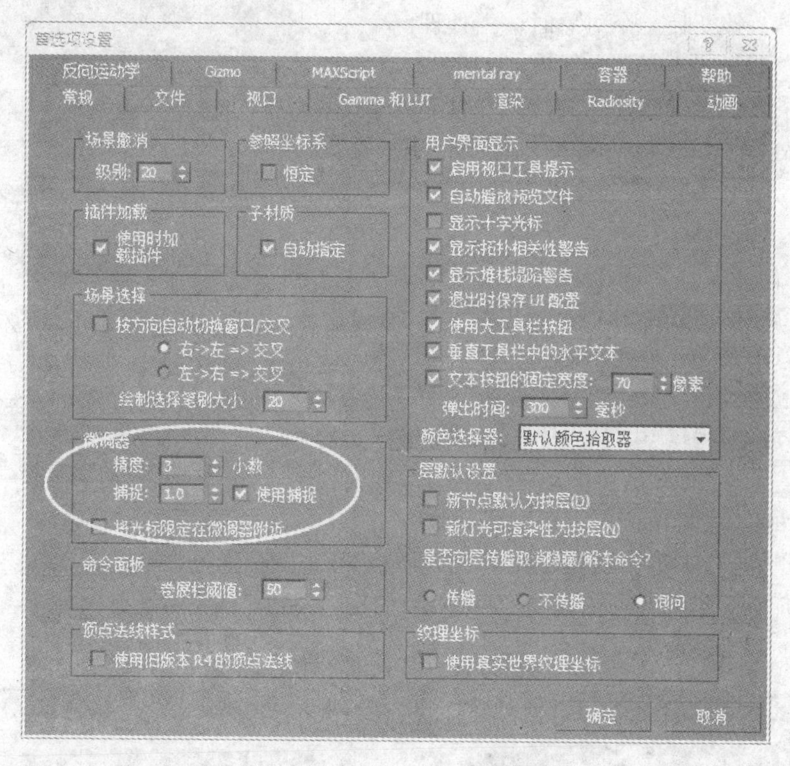

图 2-20 【首选项设置】对话框

2.2.3 变换对象

3ds Max 2012 可以通过变换来改变对象的位置和方向。变换一个对象，即改变了与场景有关的对象位置、方向和大小。描述全部场景的坐标系统称为世界空间。世界空间坐标系统定义场景的全局原点和始终不变的全局坐标轴。

3ds Max 2012 中变换对象的主要工具有三种，分别是选择并移动、选择并旋转、选择并缩放。

- 选择并移动工具：改变的是对象在世界空间坐标系中的位置。位置定义对象的局部原点与世界空间原点的距离。例如，对象的原点位置被定义为距世界空间原点右 40（X-40），上 25（Z-25），后 15（Y-15），对象的坐标为（40, 15, 25）。

- 选择并旋转工具：旋转定义对象的局部坐标轴与世界坐标轴之间的夹角。例如，旋转可能定义对象的局部坐标轴与世界坐标轴的角度关系为：Y 轴旋转 45°，X 轴不变，Z 轴旋转 15°。
- 选择并缩放工具：缩放定义对象局部坐标轴与世界坐标轴之间的相对比例。例如，缩放可能定义对象的局部空间测量值为世界空间中的一半。因此，一个立方体在对象空间中边长参数为 40，但因为立方体被缩小了一半，所以其在世界空间场景中的测量值为 80。

【例 2-3】 变换对象

位置、旋转和缩放组合在一起称为对象的变换矩阵。注意：直接变换一个对象时，当处理一个完整的对象后，改变的正是这个矩阵。如图 2-21 所示，图中的茶壶已经被移动、旋转，并且非均匀地缩放。Z 轴放大到 1.25 倍，而 X 轴缩小到 3/4。结果可以参见光盘中的文件“变换对象.max”。

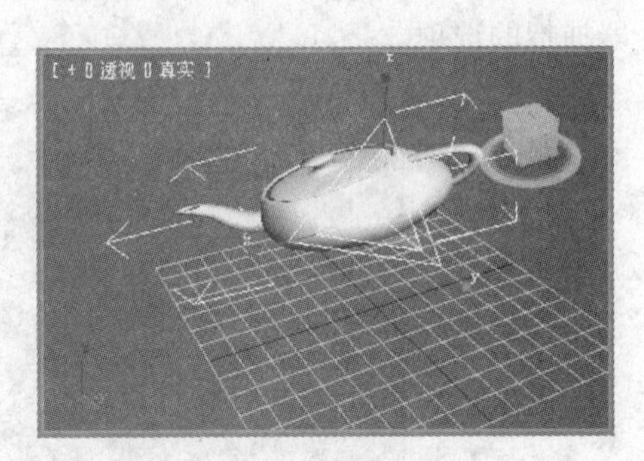

图 2-21 变化过的对象

步骤 1 重置场景。

步骤 2 在【创建】命令面板的【对象类型】卷展栏中单击 茶壶 按钮，在透视图中拖动鼠标创建一个任意的茶壶，此时屏幕下方状态栏中坐标显示如图 2-22 所示。

图 2-22 屏幕下方状态栏中坐标显示

步骤 3 单击工具栏中的按钮，改变坐标文本框中的输入数值，X：0.0、Y：0.0、Z：100.0，观察视图中的结果，如图 2-23 所示。

步骤 4 单击工具栏中的按钮，旋转对象，在视图中围绕茶壶出现 X/Y/Z 轴的旋转经纬线，此时屏幕下方状态栏中坐标变化为对象的旋转参数，为对象旋转做好准备，如图 2-24 所示。

图 2-23 移动对象

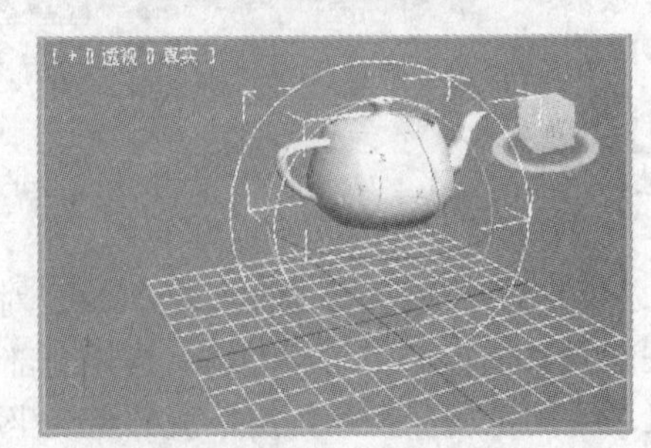

图 2-24 进入旋转状态

步骤 5 分别沿 Y 轴和 Z 轴旋转茶壶，坐标显示出茶壶旋转的角度，如图 2-25 所示。

步骤 6 单击工具栏中的按钮，缩放对象，沿 X 轴放大茶壶，沿 Z 轴缩小茶壶，坐标显示出茶壶缩放的比例，如图 2-26 所示。

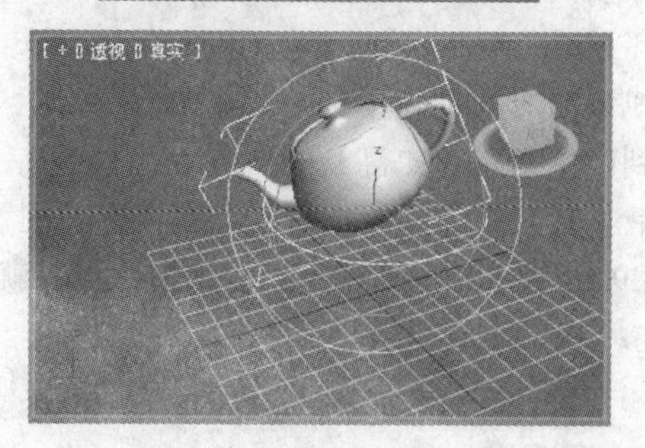

图 2-25 旋转茶壶

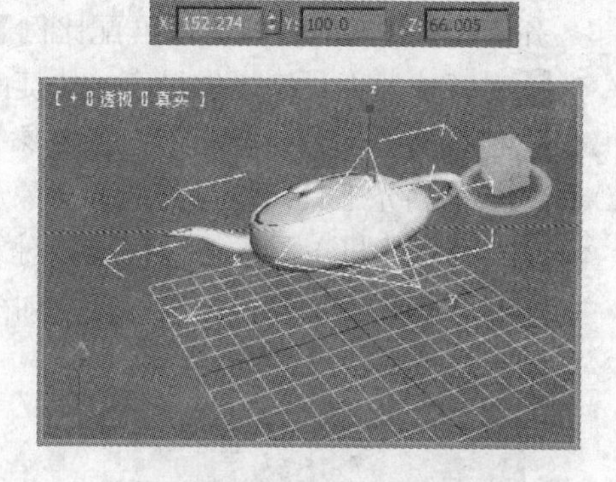

图 2-26 缩放茶壶

说明：

在缩放茶壶时，缩放过程中坐标框显示的数据是相对于当前对象的缩放比例，操作完成后显示的数据是相对于世界坐标轴的比例。

2.2.4 复制

这里使用复制这一术语，其目的是用来描述创建复制、关联复制、参考复制的功能。许多对象，如几何体、编辑修改器和控制器都能够被复制和关联复制。场景对象，如摄影机、光源及几何体可以被参考复制，可以选择各种方法来复制，所选的方法随被操作对象的类型不同而变化。

重置场景后任意创建一个标准基本体，单击工具栏中的按钮，移动对象的同时按下〈Shift〉键，打开如图 2-27 所示的【克隆选项】对话框。

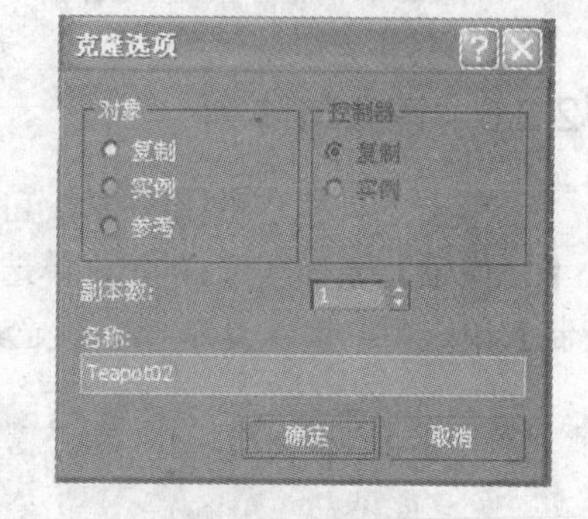

图 2-27 【克隆选项】对话框

在【对象】选择区域有 3 个单选项，下面给出复制、实例和参考的定义。

- 【复制】：定义对象的任何事物都可以在 3ds Max 的任何地方被复制。一旦进行复制，则源对象和它的复制品就相互独立了。
- 【实例】复制：是一种把单个对象定义用在多个地方的技术。几乎所有的事物都可以在 3ds Max 中实例复制。在场景中可以为达到多个目的使用单个对象、编辑修改器或控制器。也就是说，实例复制对象修改其中一个，其他都发生变化。
- 【参考】复制：只适用于场景对象。参考复制在数据流分流之前，计算次对象的参数和选择编辑修改器的次数，形成两个包含各自编辑修改器集的对象。可以用参考复制来建立一组有相同基本定义的相似对象，但各个对象又有自己单独的特征。

2.2.5 对齐工具

单击工具栏中的按钮右下侧的黑色小三角，可以打开对齐工具的下拉工具菜单，包含 6 个对齐工具。

- 标准对齐工具：使用时打开如图 2-28 所示【对齐当前选择】对话框，可以就【对齐位置】、【对齐方向】、【匹配比例】3 个选择区域进行设定。

- 对齐快速工具：提供最直接快捷的对齐方式，
- 法线对齐工具：将当前选择对象的法线方向对齐到与指定对象相同。
- 放置高光工具：将当前选择对象放置到产生指定对象高光的位置。
- 对齐摄影机工具：将当前选择对象（摄影机）放置到指定对象透视视点的位置。
- 对齐到视图工具：使用时打开如图 2-29 所示【对齐到视图】对话框，可以就对齐轴和是否翻转进行设定。

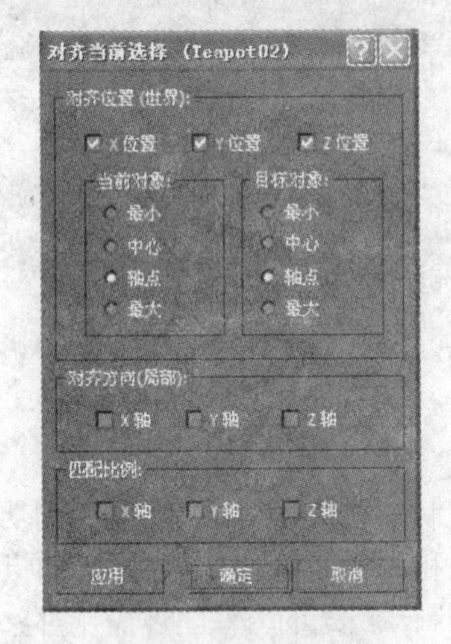

图 2-28 【对齐当前选择】对话框

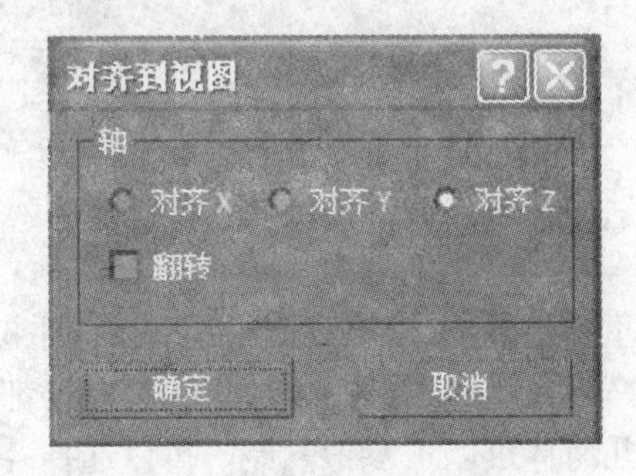

图 2-29 【对齐到视图】对话框

2.2.6 镜像与阵列

单击工具栏中的按钮，可以打开【镜像：屏幕坐标】对话框，如图 2-30 所示。在【镜像轴】选择区选择 ZX 单选项，【偏移】为 150，在【克隆当前选择】选择区选择【复制】单选项，镜像复制一个茶壶。

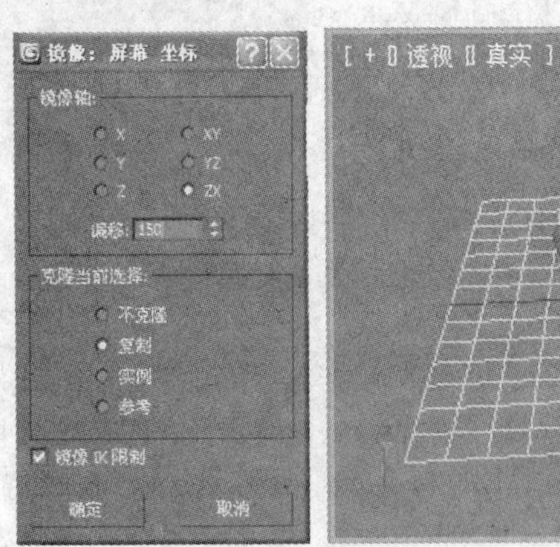

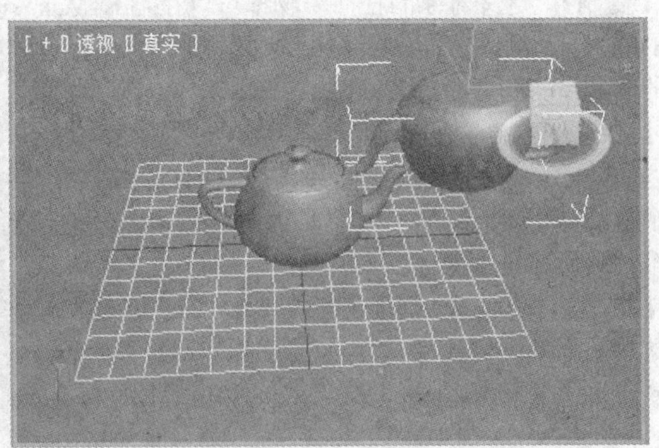

图 2-30 镜像复制一个茶壶

选择菜单栏中的【工具】→【阵列】命令，打开【阵列】对话框，可以设置阵列参数。如图 2-31 所示。通过预览功能，可以直接观察动态阵列复制的结果。单击 预览 按钮，阵列的结果就会在视图中即时显示，更改参数设置可以即时观察到更改后的结果。

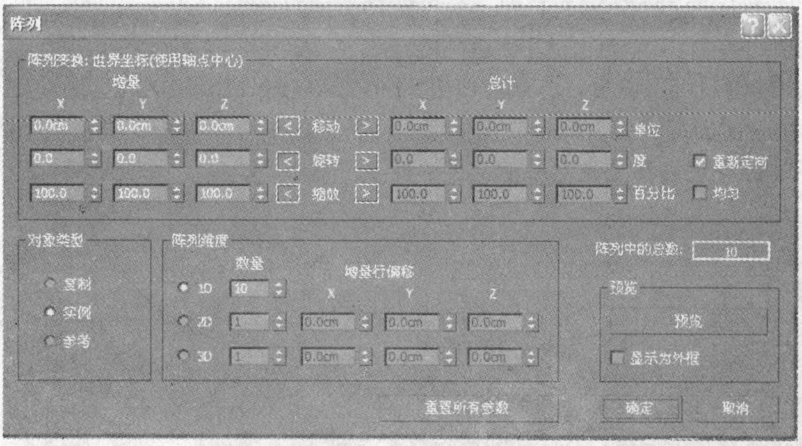

图 2-31 【阵列】对话框

同时利用菜单中的【视图】→【对象显示消隐】命令，可以根据特定情况对不同的部分进行简化显示，这在操作负责的场景时很有用。

2.3 创建模型前的准备工作

本节主要讲解创建模型的原则、建模单位的设置，以及将 AutoCAD 的平面导入 3ds Max 的方法。

1. 创建模型的原则

设计表现图的第一步就是建模。创建模型在室内设计过程中是非常重要的，后续的工作如附加材质、设置灯光等环节都是以模型为依托的。如果模型有问题，后面的调节难度将会增大，需要经常去调节影响灯光的模型，如果还要用到其他的模型去渲染，也将会带来一些不必要的麻烦。所以，初学者应该养成一个严谨地创建模型的好习惯。

1）创建模型一定要注意模型的精确度。在 3ds Max 中创建模型尺寸要统一成米、分米、厘米或是毫米。物体或是模型的对齐要用系统本身的捕捉器来捕捉。利用 AutoCAD 的精确捕捉，在 AutoCAD 中创建精确的模型场景，也是一个好方法。

2）在不影响模型渲染出图效果的情况下尽量减少模型的面，在渲染的时候就会减少渲染的时间，以便增加模型的渲染级别，使图片的效果更好。

3）在 3ds Max 中建模还有一个注意事项，即建模要便于以后的修改和后期渲染，提高工作效率。

2. 建模的单位设置

3ds Max 的系统单位和显示单位是进行 1∶1 比例建模的尺寸依据，所以在创建场景之前首先应该进行单位设置。

在进入 3ds Max 的界面后，执行【自定义】→【单位设置】命令，在弹出的【单位设置】对话框中将单位设置成“毫米”，然后单击 确定 按钮，如图 2-32 所示。

3. 导入 DWG 格式的 AutoCAD 文件

在 AutoCAD 中创建精确的模型场景，经常需要导入 3ds Max 中。建模在这两个软件中的格式是可以兼容的，DWG 格式的文件可以在 3ds Max 中打开。

【例 2-4】 导入 DWG 格式的 AutoCAD 文件

通过下面的例子可以说明，怎样将使用 Auto CAD 软件绘制的厨房平面图导入 3ds Max 2012 中，通过一定的编辑成为可生成实体墙的样条线，进一步生成实体墙。生成的实体墙如图 2-33 所示。结果可以参见光盘中的文件“厨房.max”。

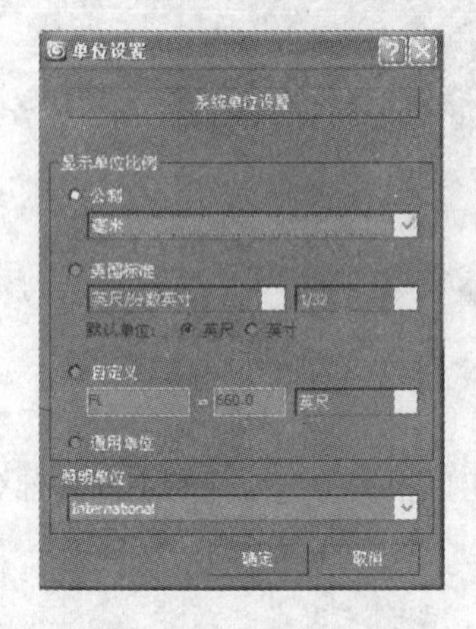

图 2-32 【单位设置】对话框

图 2-33 生成的实体墙

步骤 1 执行【文件】→【导入】命令，打开【选择要导入的文件】对话框，在【文件类型】下拉列表框中选择原有“AutoCAD”的文件类型，选择光盘中的文件“厨房.DWG”，如图 2-34 所示。

步骤 2 单击 打开(O) 按钮，弹出【AutoCAD DWG/DEF 导入选项】对话框，如图 2-35 所示。选择按层导出，并焊接顶点，单击 确定 按钮，DWG 格式文件已经被导入当前的场景中，如图 2-36 所示。

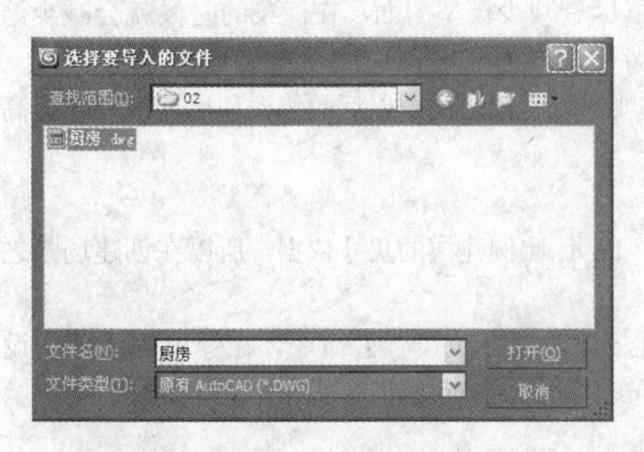

图 2-34 【选择要导入的文件】对话框

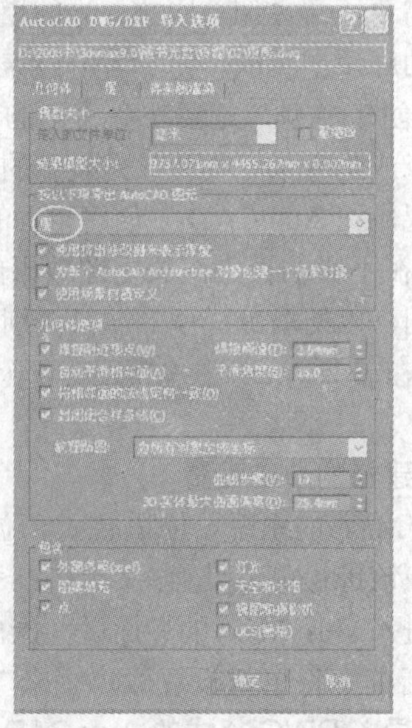

图 2-35 【AutoCAD DWG/DEF 导入选项】对话框

步骤 3 单击按钮，进入修改命令面板，选择墙体线型，在【修改列表器】中选择【挤出】命令，在【参数】卷展栏中输入【数量】的数值为 2600，如图 2-37 所示。结果如图 2-33 所示。

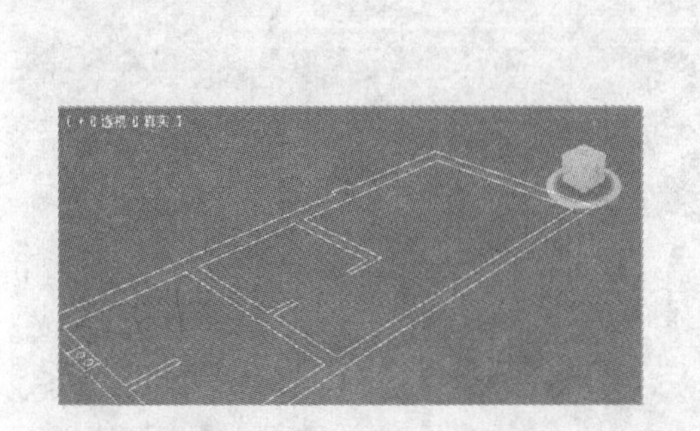

图 2-36 DWG 格式文件已经被导入当前的场景中

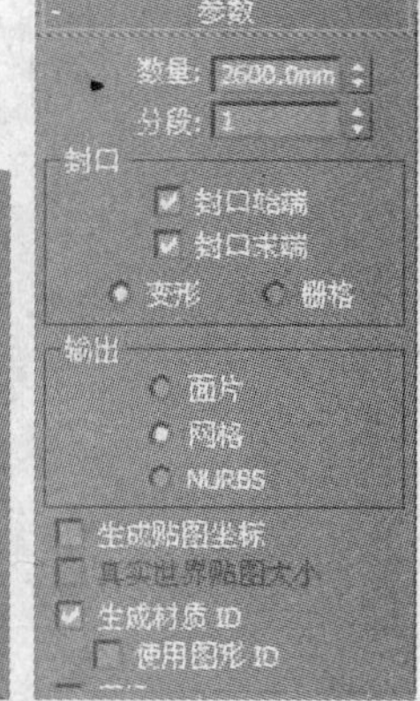

图 2-37 【参数】卷展栏

2.4 控制操作界面和快捷键

在 3ds Max 2012 的主操作界面中占据面积最大的就是工作视图区，默认状态下它由 4 个相同大小的视口组成。视口是使对象可见的地方，所有操作都要通过视口观察结果。了解如何控制和使用视口对 3ds Max 2012 的使用会有很大的帮助，针对不同的操作选择最佳的观察视口可以达到事半功倍的效果。另外，了解和使用快捷键有助于提高工作效率。

2.4.1 了解 3ds Max 2012 中的视口

3ds Max 2012 中可用的正交视口有【前】、【后】、【顶】、【底】、【左】和【右】6 种。3ds Max 2010 启动时可见的是【顶】、【前】和【左】正交视口。在视口的左上角显示视口名。第 4 个默认视口是【透视】视口。

如图 2-38 所示，在视口中显示了一组沙发的模型。在每个视口中可以从不同方向看这个模型。如果要测量沙发的长度，可以使用【顶】或【左】视口得到精确的测量结果，同样，使用【前】和【左】视口可以精确测量其高度。使用这些不同的视口，就能够精确地控制对象的各个维度的大小。

3ds Max 2012 中，旋转任何正交视图即可创建一个【用户】视口。3ds Max 2012 中的【用户】视图是等积视图。

3ds Max 2012 中包括几个迅速切换活动视口中视图的键盘快捷键。

- 〈T〉：顶视图
- 〈B〉：底视图
- 〈F〉：前视图
- 〈L〉：左视图
- 〈C〉：摄像机视图
- 〈P〉：透视图

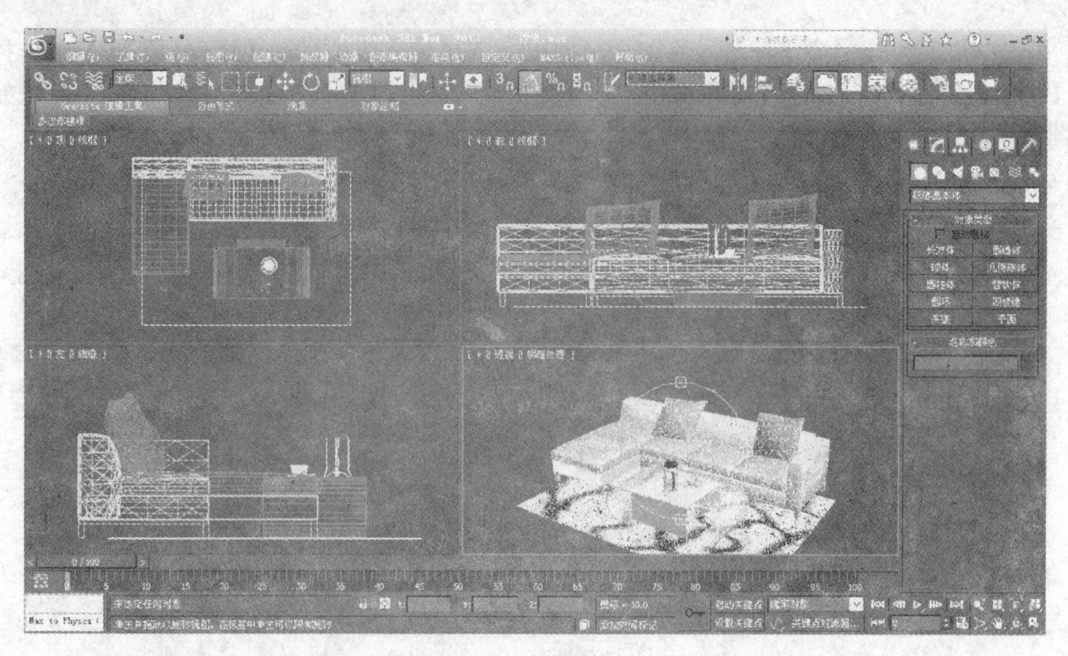

图 2-38　沙发的模型

- 〈U〉：用户视图
- 〈V〉：打开一个菜单，用于选定一个新视图

2.4.2　使用视图控制区的按钮和快捷键

标准视口显示了当前项目的几个不同视图，但默认视图可能不是用户真正需要的。要改变默认视图，需要使用视口导航控制项按钮。这 8 个按钮位于窗口的右下角，利用这些按钮可以缩放、平移以及旋转活动视图。下面就控制项按钮的使用方法及每个按钮的键盘快捷键作进一步的介绍。

在场景中有几种途径可以进行视图缩小和放大。单击【缩放】按钮或按〈Alt+Z〉组合键可以进入缩放模式，然后可以通过拖动鼠标缩放视口。这种方式可以在能够进行拖动的任何视口中使用。图 2-39 所示为视图缩小前后的对比效果。

- 【缩放】：〈Alt+Z〉组合键或〈[〉、〈]〉键，利用括号〈[〉、〈]〉键可以进行逐步缩放。
- 【最大化显示】：〈Ctrl+Alt+Z〉组合键。
- 【所有视图最大化显示】：〈Ctrl+Shift+Z〉组合键。
- 【缩放区域】【视野】：〈Ctrl+W〉组合键。
- 【手移视图】：〈Ctrl+P〉组合键或〈I〉键。
- 【最大化视口切换】：〈Alt+W〉组合键。

说明：

选中了某个视图控制按钮后，该按钮会显示为亮黄色，在这种模式下不能选定、创建或变换对象，可以通过在活动视口内单击鼠标右键转换到选定对象模式。

前面罗列了视口控制按钮并列出了其键盘快捷键。控制视口最简单的方式不是单击按钮，而是使用鼠标。为了充分利用鼠标的优势，用户需要使用带滚动轮的鼠标。

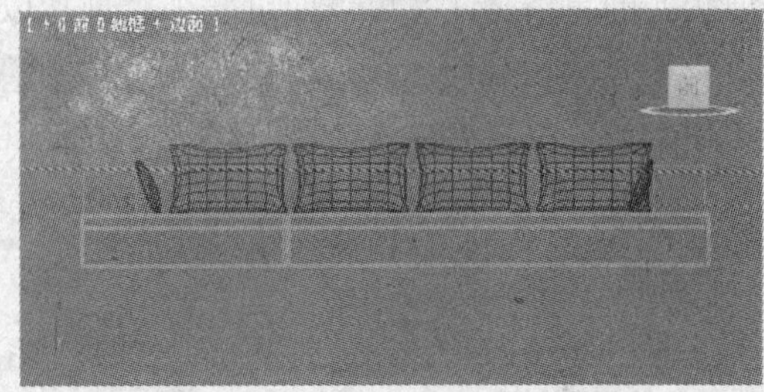

图 2-39 视图缩小前后的对比效果

在活动视口中转动滚动轮，可以逐步放大或缩小视口，就像使用方括号键。拖动滚动轮时按住〈Ctrl〉和〈Alt〉键即可精确地进行缩放。单击并拖动滚动轮按钮即可平移活动视口。按住〈Alt〉键单击并拖动滚动轮即可旋转活动视口。如果滚动轮无效，可以查看【自定义】→【首选项设置】→【视口】→【鼠标控制】选项。可以选择使用滚动轮控制视口的扫视和缩放，也可以定义并使用【笔划】。

2.4.3 控制摄影机视图

如果场景中存在摄影机，则可以把任何视口设置成摄影机视图（按〈C〉键）。当这些视图是活动视图时，视口导航控制项按钮会发生变化。在摄影机视图中可以控制摄影机的平推、摇摆、转向、平移和沿轨道移动，并且视野会成为活动的。当光标移动到任何一个视口左上角的文字[+] 前] 真实 + 边面]处，分别单击+、前、真实 + 边面，弹出如图 2-40 所示菜单，进一步可以选择摄影机视图或其他想要切换的视图。

最大化视口 Alt+W
活动视口 ▶
禁用视口 D
✔ 显示栅格 G
ViewCube ▶
SteeringWheels ▶
xView ▶
创建预览 ▶
配置视口...

摄影机 ▶
灯光 ▶
✔ 透视 P
正交 U
顶 T
底 B
前 F
后
左 L
右
扩展视口 ▶
显示安全框 Shift+F
视口剪切
撤消视图 更改 Shift+Z

✔ 真实 Shift+F3
明暗处理
一致的色彩
边面
隐藏线
线框
边界框
样式化 ▶
照明和阴影 ▶
材质 ▶
视口背景 ▶
配置...

图 2-40 切换视图的右键菜单

2.4.4 关于视口的其他几项操作

对于确立三维空间中的方位，栅格非常有帮助。对于活动视口，按〈G〉键即可显示或隐藏栅格。【视图】菜单中【ViewCube】子菜单包括了几个操作栅格的选项，如图 2-41 所示。

当场景变得过于复杂时，视口的更新速度就会降低，等待每个视口都作一遍更新是一件需要耐心的事情，此时可以通过几个选项加以改善。

首先是禁用视口，在视口单击左上角的+会弹出如图 2-42 所示的菜单，从中选择【禁用视口】命令或按键盘快捷键〈D〉，可以禁用该视口。当禁用的视口是活动视口时，它可以照常更新，当该视口不是活动视口时，它不参与更新，直到其变成活动视口时才会进行更新。禁用的视口标以【已禁用】，显示在左上角的视口名旁边，如图 2-43 所示。

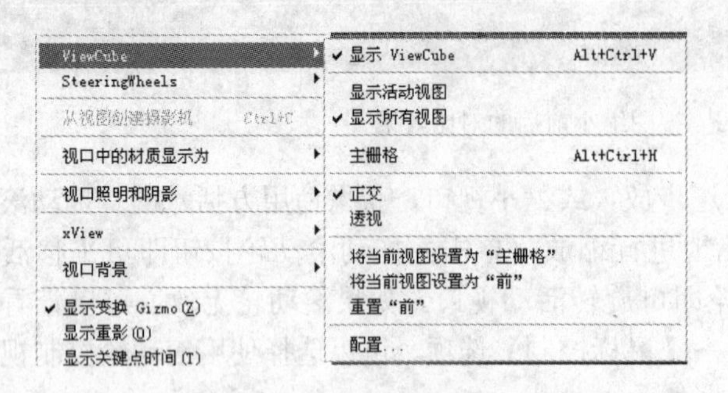

图 2-41　操作栅格的选项

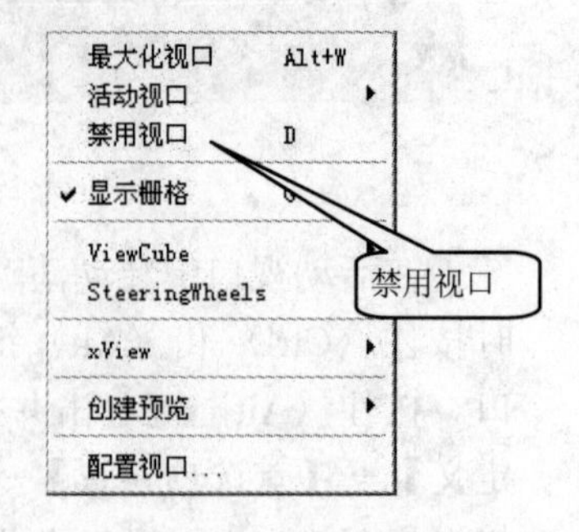

图 2-42　【禁用视口】右键菜单

提高视口更新速度的另一种技巧是禁用【视图】→【微调器拖动期间更新】菜单选项。如图 2-44 所示。

图 2-43　显示禁用标志

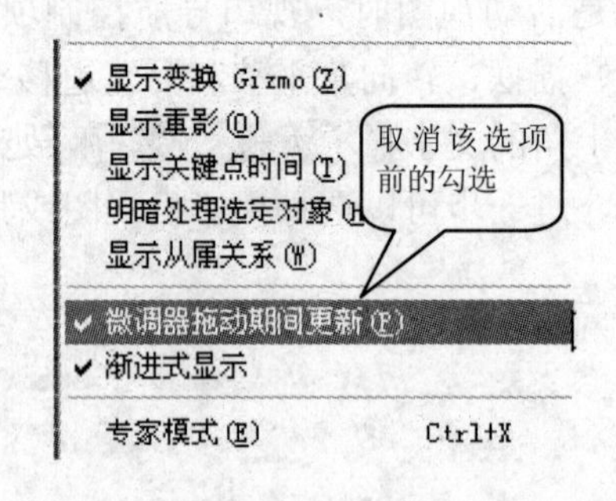

图 2-44　【微调器拖动期间更新】菜单选项

更改参数微调器会造成速度下降，因为每个视口需要随着微调器的变化进行更新。如果微调器迅速变化，即使在性能很高的系统中速度也会很慢。禁用这个选项以后系统会一直等到微调器停止更改后再更新视口。

有的时候，当发生了改变之后，视口不能完全刷新，可以强制 3ds Max 用【视图】→【重画所有视图】菜单命令刷新所有视口。

如果对视图的操作有错误，可以使用【视图】→【撤消视图更改】(或按〈Shift+Z〉组合键）和【视图】→【重做视图更改】(或按〈Shift+Y〉组合键）撤销和重做对视口的更改。

使用【视图】→【保存活动视图】菜单命令可以保存对视口所做的更改。这个命令可以保存视口导航设置以便于日后恢复。为了恢复这些设置，可以使用【视图】→【还原活动视图】命令。

2.4.5　最大化视口

用户有时会感觉视口有些小，此时可以有几种不同的方法来增大视口。第一种方法是通

过单击并拖动视口任一边界来改变视口大小，拖动视口交叉点即可重定所有视口的大小。如图 2-45 所示是动态重定大小之后的视口。

图 2-45 动态重定大小之后的视口

第二种方法是使用导航区【最大化视口切换】按钮（或按〈Alt+W〉组合键）扩展活动视口，使其填充为所有 4 个视口保留的空间。再次单击【最大化视口切换】按钮（或按〈Alt+W〉组合键）即可返回定义的布局。

第三种方法是选择【视图】→【专家模式】菜单命令（或按〈Ctrl+X〉组合键）进入专家模式。专家模式中的界面如图 2-46 所示。这样可以通过去掉工具栏、命令面板和大多数底部界面栏将视口可用空间最大化。去掉了大多数界面元素，就需要依靠菜单、键盘快捷键来执行命令了。为了重新启用默认界面，可以单击 Max 窗口右下角的取消专家模式按钮（或再次按〈Ctrl+X〉组合键）。

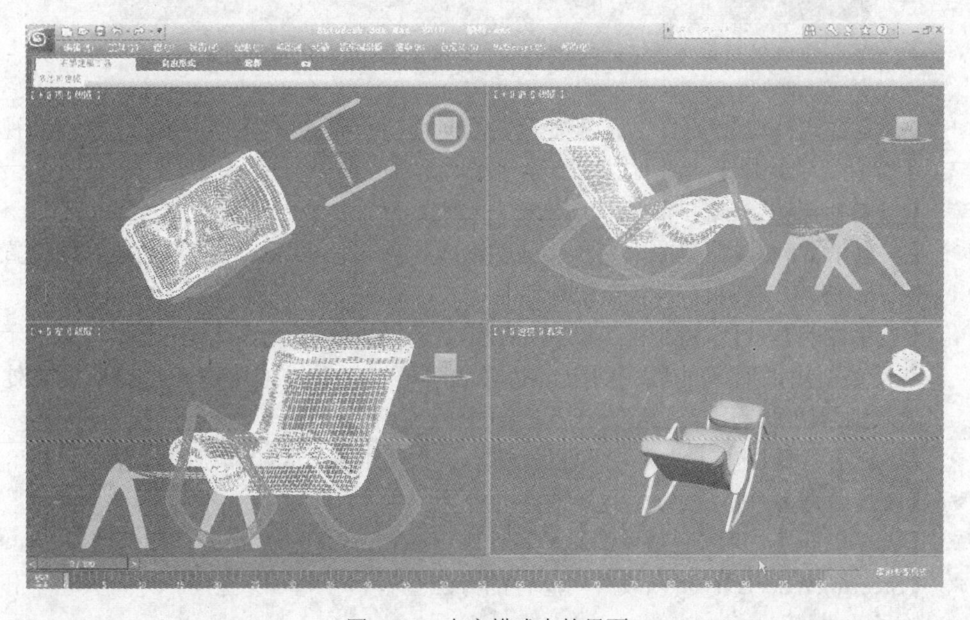

图 2-46 专家模式中的界面

2.4.6 配置视口

视口导航控制项可以辅助定义显示的内容，而【视口配置】对话框则可以辅助定义如何查看视口中的对象。使用这个对话框可以配置每个视口。

选择【视图】→【视口配置】菜单命令，打开【视口配置】对话框，如图 2-47 所示。【视口配置】对话框包含【统计数据】、【布局】、【安全框】、【显示性能】、【区域】、【视觉样式外观】、【ViewCube】和【SteeringWheels】8 个选项卡。

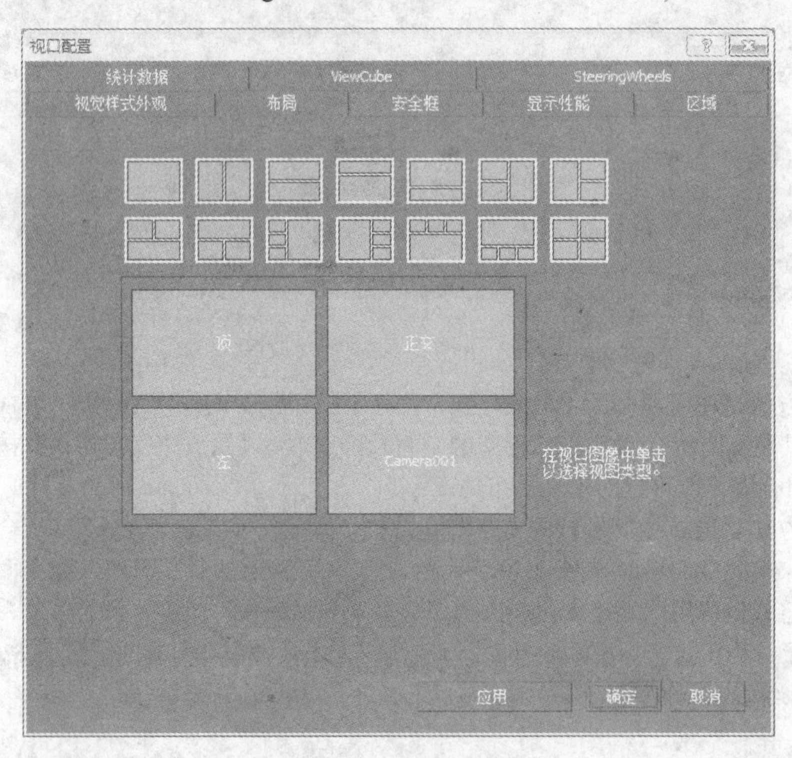

图 2-47 【视口配置】对话框

- 【视觉样式外观】：显示和渲染复杂的场景需要更长的时间。可以对【仅活动视口】、【所有视口】和【除活动视口外所有视口】进行渲染设置，提高更新速度。
- 【布局】：提供了几种布局，可用来替换默认布局。
- 【安全框】：可以在视图中显示一些辅助线，用它们来标识这些剪切边缘的位置，以保证最终输出时画面不会被剪切。
- 【显示性能】：可以强制视口以预先指定的每秒帧数显示。如果由于保持该显示速率而使更新用的时间过长，则会自动降低渲染等级以维持帧速率。如果没有处理动画，则启用和禁用自适应降级是无效的。
- 【区域】：可以定义区域，并可以把渲染能力集中在一个更精确的范围内。
- 【统计数据】：可以设置要统计数据的种类。
- 【ViewCube】：可以设置用于显示和使用ViewCube的选项。
- 【SteeringWheels】：可以设置用怎样的方法查看和导航 3D 空间。分为大轮子和迷你轮子两类。

2.4.7 加载视口背景图像

把背景图像加载到视口中有助于创建和放置对象。使用【视图】→【视口背景】菜单命令（或按〈Alt+B〉组合键），可以打开如图 2-48 所示的【视口背景】对话框。单击【文件】按钮可以打开【选择背景图像】对话框，从中可以选择要加载的图像。

显示的背景图像有助于对齐场景中的对象，但是它只用于显示目的，不会被渲染。为了创建将被渲染的背景图像，需要使用【渲染】→【环境】菜单命令（或使用键盘快捷键〈8〉）打开【环境和效果】对话框，从而指定背景。

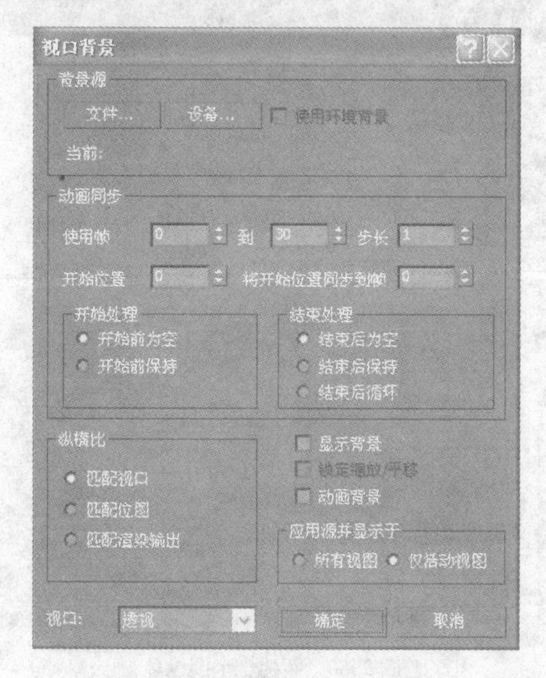

图 2-48 【视口背景】对话框

建模物理对象时，可以通过放置照片的方式提高项目进展速度，用数码相机拍摄对象的正面、上面和左侧面照片，并将其加载到相应的视口中作为背景图像。然后这些背景图像即可作为工作时的参考。当需要进行精确的建模时，这种方法尤其有帮助。该方法甚至可以用于 CAD 绘图。

2.5 综合演练——制作花蕊

简单的标准基本体经过复制、变换、对齐，可以组合成有趣的场景模型，下面的例子通过创建球体和圆柱体，经过复制、变换、对齐等操作组合成一个可爱的花蕊，如图 2-49 所示。结果可以参见光盘中的文件“花蕊.max”。

1. 创建半球作为花蕊的基座，创建圆柱体作为单支花蕊的杆

步骤 1 新建一个场景文件。

步骤 2 单击新建选项卡，选择新建几何体按钮，然后选择新建标准基本体，单击 球体 按钮，新建一个半圆，如图 2-50 所示，调整半圆的参数。

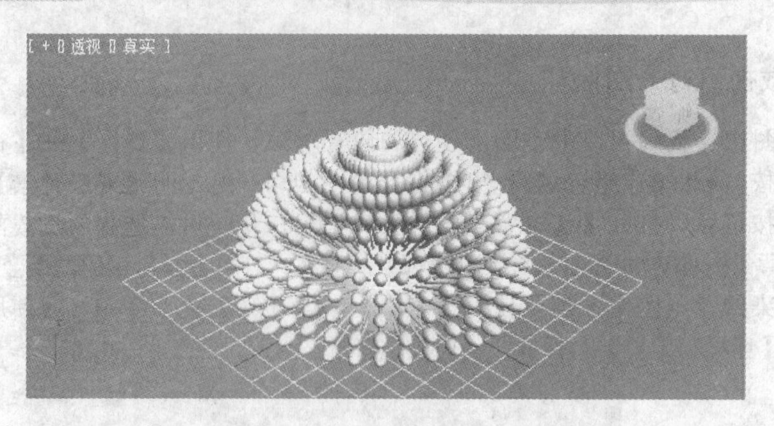

图 2-49　花蕊

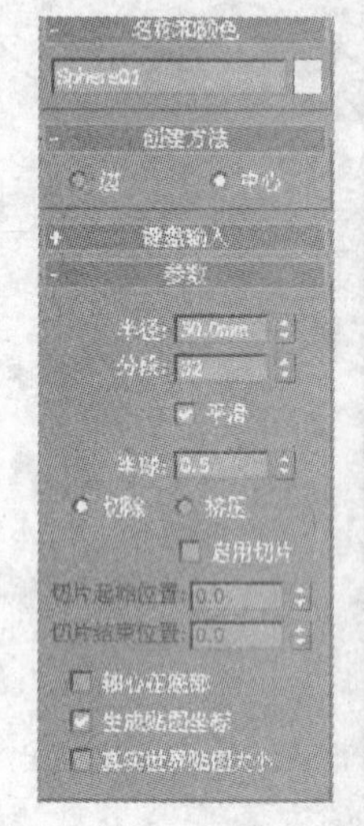

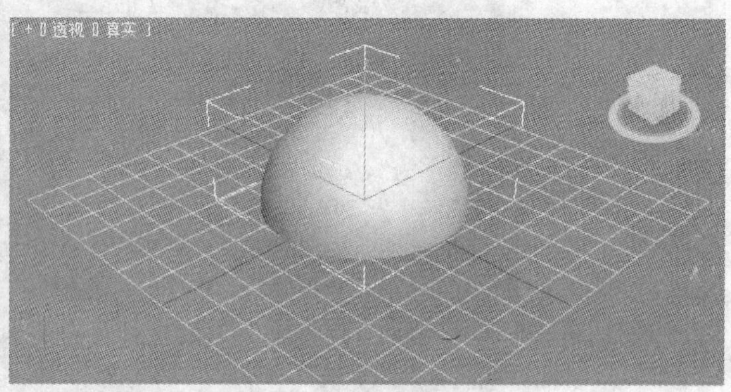

图 2-50　新建一个圆锥体

步骤 3　单击 圆柱体 按钮，新建一个圆柱体，如图 2-51 所示，调整圆柱体的参数。

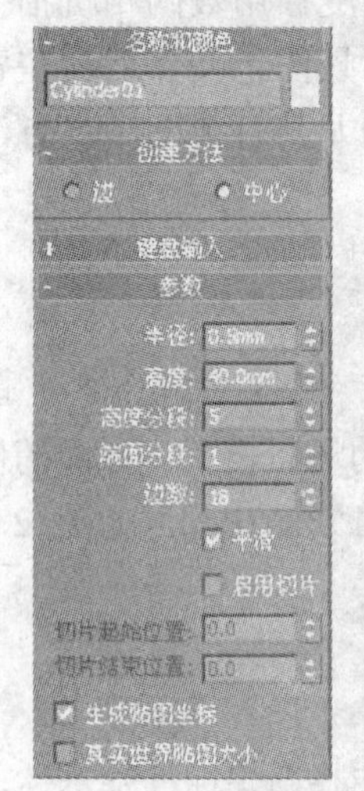

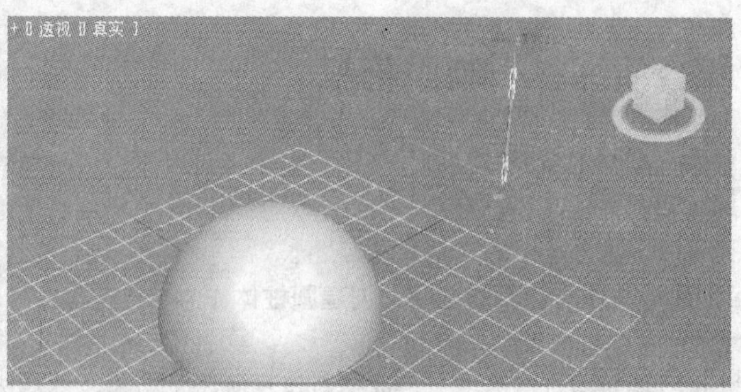

图 2-51　新建一个圆柱体

2. 创建球体作为单支花蕊的端部

步骤 1 单击 球体 按钮，新建一个球体，如图 2-52 所示，调整球体的参数。

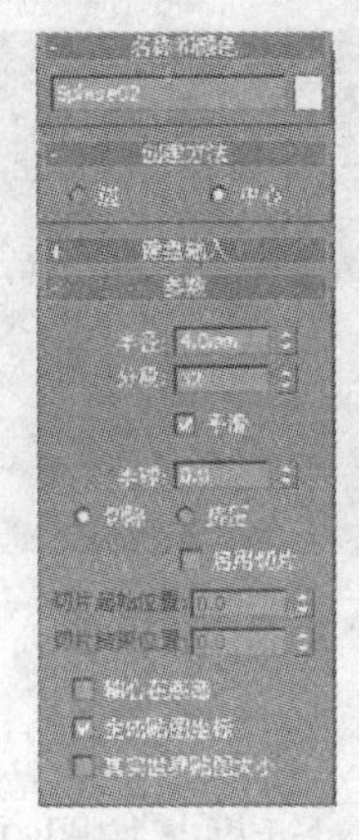

图 2-52 新建一个球体

步骤 2 选择球体，单击工具栏中的按钮，在前视图中选择上一步创建的圆柱体，弹出【对齐】对话框，按图 2-53 所示设置对话框参数，将球体对齐到圆柱体顶端。

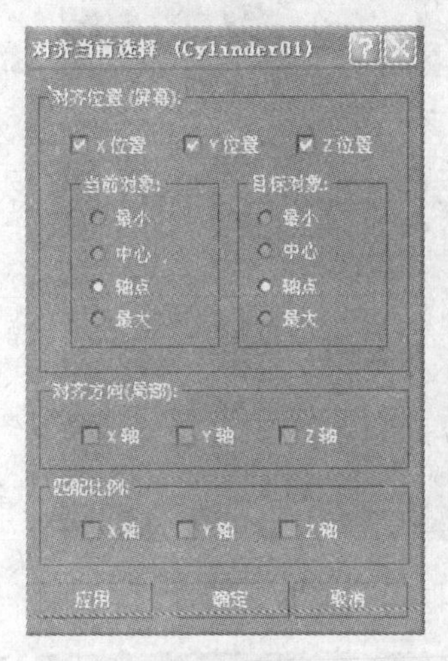

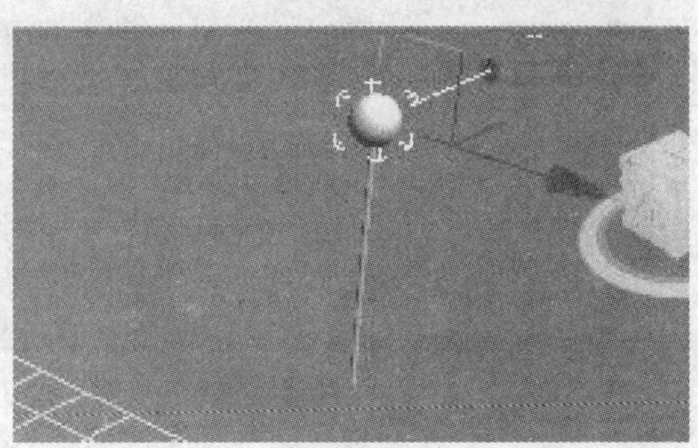

图 2-53 将球体对齐到圆柱体顶端

步骤 3 将球体的颜色改为淡黄色。选择缩放工具在顶视图中将小球体沿 X、Y 轴等比缩放，使小球体成为椭球体，如图 2-54 所示。

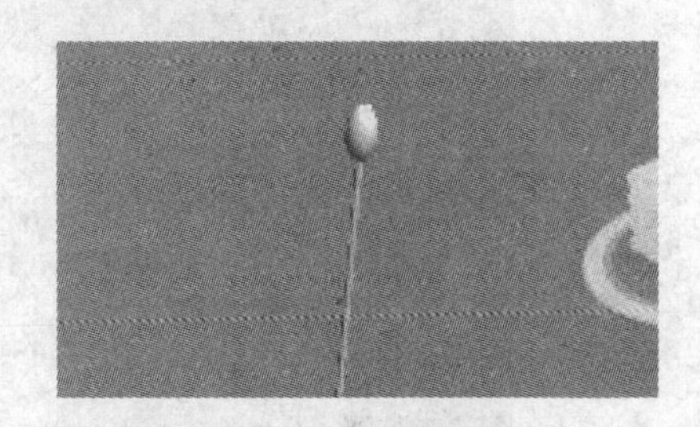

图 2-54 小球体成为椭球体

步骤 4 框选圆柱体和变形的球体，选择菜单栏中的【组】→【成组】命令，将圆柱体和球体组成一支花蕊。

3. 移动“花蕊”的轴心

步骤 1 单击工具栏中的按钮，将“花蕊”对齐到基座，如图 2-55 所示。

步骤 2 单击【层次】选项卡，选择 轴 按钮，然后在【调整轴】卷展栏中单击

仅影响轴 按钮，“花蕊”对象显示出轴心坐标，选择移动工具将“花蕊”的轴心移动到半球体的中心位置，如图 2-56 所示。

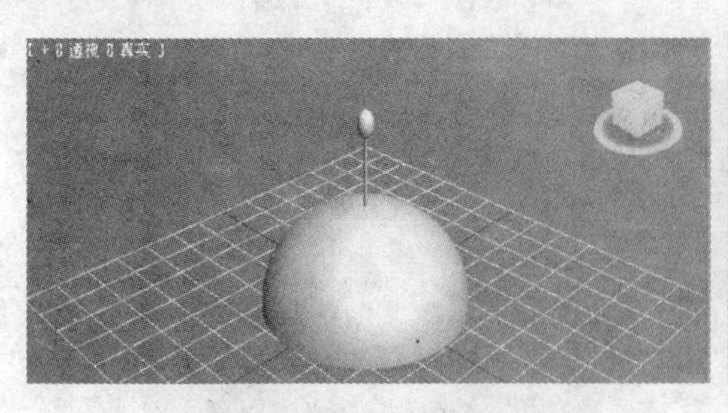

图 2-55　将“花蕊”对齐到基座　　　　图 2-56　移动“花蕊”的轴心

4．“花蕊”绕基座做旋转阵列

步骤 1 选择菜单栏中的【工具】→【阵列】命令，打开【阵列】对话框，按图 2-57 所示设置阵列参数，将“花蕊”绕基座做旋转阵列，得到 13 支插在基座上的“花蕊”，结果如图 2-58 所示。

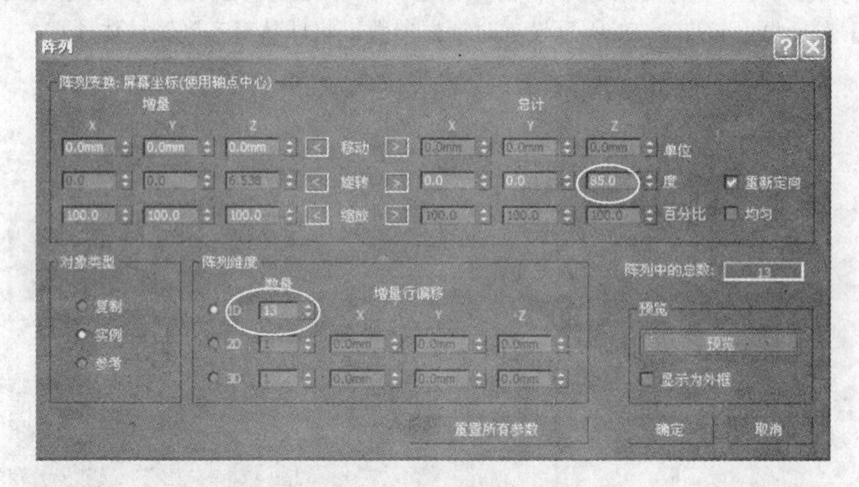

图 2-57　【阵列】对话框

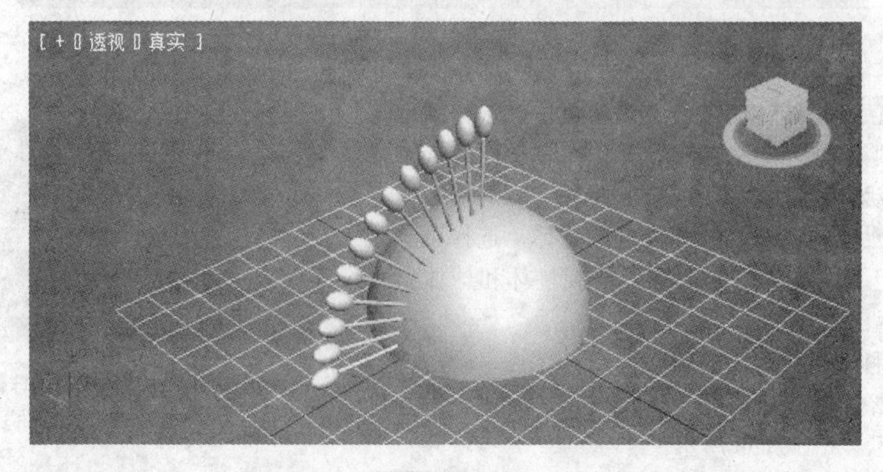

图 2-58　“花蕊”绕基座做旋转阵列

步骤 2 选择除了中间一支的所有的“花蕊”，单击工具栏中的按钮，在前视图中沿 Y 轴进行实例复制，如图 2-59 所示。

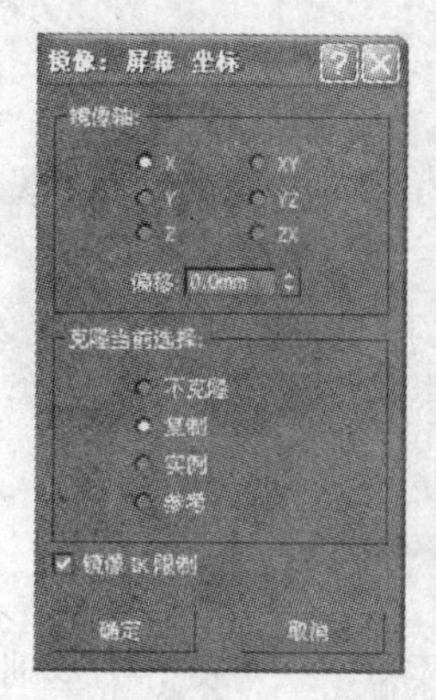
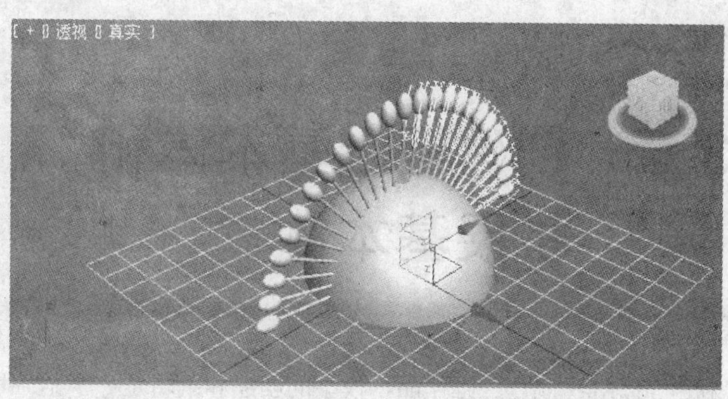

图 2-59 复制“花蕊”

步骤 3 选择所有的花蕊，再次打开【阵列】对话框，按图 2-60 所示设置阵列参数，在顶视图中将“花蕊”绕基座做旋转阵列，如图 2-49 所示。

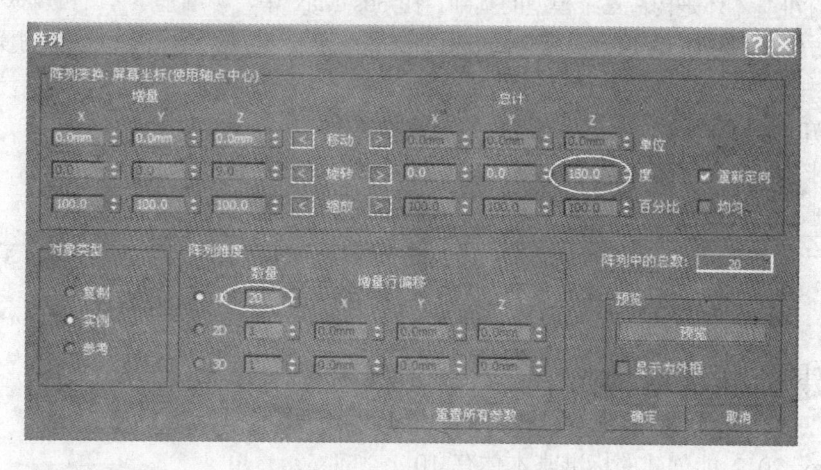

图 2-60 【阵列】对话框

2.6 思考与练习

1. 简述 3ds Max 2012 中的 3 种层级结构。
2. 3ds Max 2012 有几种正投影视图？分别是什么视图？
3. 简述用户视图的特点。
4. 3ds Max 2012 中空间坐标系统的类型有哪些？
5. 3ds Max 2012 中变换对象的主要工具有几种？分别是什么？
6. 简述复制、实例和参考的定义。
7. 怎样最大化视口？

第 3 章　创建标准基本体和扩展基本体

03

利用 3ds Max 制作三维作品，模型的创建和编辑是一个基础环节，一个良好的基础非常重要，因为所建立模型的好坏直接影响后面的处理过程。3ds Max 中很多对象都有现成的模型，如球体、圆柱体、茶壶等，只要选择了要创建对象的模型，通过简单的鼠标拖动或参数输入即可完成对象的创建，这就是利用 3ds Max 中标准基本体的创建。

创建标准基本体是构造三维模型的基础。在 3ds Max 中，标准基本体既可以成为建模构件（如长方体、圆柱体），也可以独立构成模型（如茶壶），进一步编辑修改成新的模型。

重点知识

- 创建标准几何体
- 创建扩展几何体

练习案例

- 创建长方体
- 创建环形结
- 咬合的齿轮
- 制作沙发

3.1　创建标准基本体

3ds Max 2012 能创建的标准基本体有 10 种，本节以具有代表性的长方体对象为例，详细讲述标准基本体的制作方法，以及命令面板中各常用参数的意义。

3.1.1　创建标准基本体卷展栏

在【创建】命令面板中单击 长方体 按钮，命令面板的下方多了【创建方法】、【键盘输入】和【参数】3 个卷展栏，同时【对象类型】卷展栏中的【长方体】按钮变为被选中状态，显示深灰色，如图 3-1 所示。

所有的卷展栏前面都有一个加号或减号，单击卷展栏前的符号可以隐藏卷展栏里面的内容或使之展开。

图 3-1　创建长方体的命令面板

1.【对象类型】卷展栏

【对象类型】卷展栏下有 10 个按钮，分别对应 3ds Max 中可以创建的 10 种标准基本体，用鼠标左键单击其中任意按钮，该按钮即变为被选中状态，其余几个卷展栏会随选中对象类型的不同发生相应的变化。

2.【名称和颜色】卷展栏

【名称和颜色】卷展栏用于设定、修改对象的名称和颜色。

系统会对其新创建的对象自动命名，这个名字一般是该对象类型的名字加上创建的序号。例如，要创建一个长方体，那么系统自动将它命名为 box01，第 2 个长方体自动命名为 box02，依此类推。

在【名称】文本框的右侧有一个颜色栏，单击该颜色栏会弹出图 3-2 所示的【对象颜色】对话框，利用这个对话框可进行颜色设定。如果对话框中已有所需要的颜色，那么直接单击该颜色框即可，此时调色板下方的【当前颜色】框内就会变为所选中的颜色；如果调色板中没有需要的颜色，可以单击【当前颜色】框，这时会弹出一个【颜色选择器：添加颜色】对话框，采用【红】、【绿】、【蓝】颜色模式及【色调】、【饱和度】、【亮度】模式进行精确的颜色设定，如图 3-3 所示。

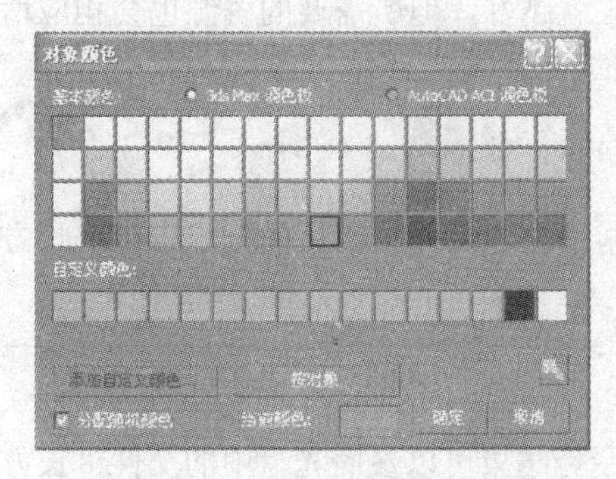

图 3-2 【对象颜色】对话框

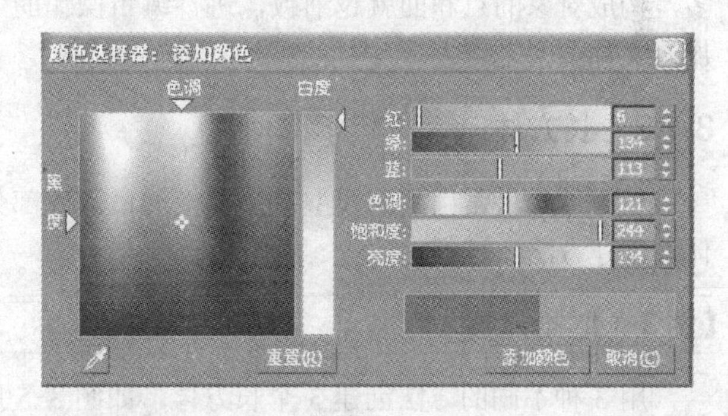

图 3-3 【颜色选择器：添加颜色】对话框

【对象颜色】对话框的按钮，可用来选择物体并把选定的颜色赋予该物体。这样当视图中有多个对象时，单击该按钮，会弹出图 3-4 所示的【选择对象】对话框，在此对话框中可以选择要把颜色赋予哪个物体或哪些物体。如果视图中只有一个对象且已被选中，直接单击【对象颜色】对话框下面的 选择 按钮即可。

3.【创建方法】卷展栏

【创建方法】卷展栏确定创建对象的方式。【立方体】和【长方体】单选按钮决定了长方体的创建方法。如果选择【立方体】方式，创建会以某个面的中心点作为起点，向外延伸一定长度之后结束；如果选择【长方体】方式，由长方体的一个顶点开始，分别确定 3 个方向的长度。系统的默认值为【长方体】。

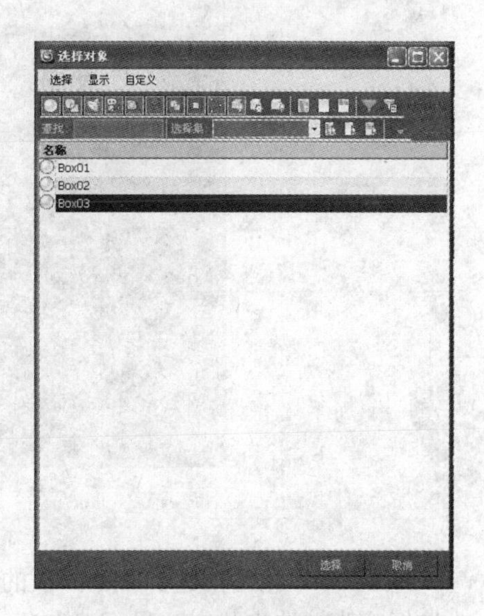

图 3-4 【选择对象】对话框

4.【键盘输入】卷展栏

【键盘输入】卷展栏通过键盘输入的方式来创建对

象，这样可以得到精确的立体对象。对于不同的对象，创建时需要输入的参数不同，因此该栏的内容也不同。【长方体】的键盘输入卷展栏如图 3-1 所示，包括 6 个选项，分别定义了长方体底面中心点的 X、Y、Z 坐标值和长方体的长度、宽度、高度值。填入后，只要单击按钮即可完成创建。

> **说明：**
>
> 如果由于卷展栏太多太长，使得有一部分内容看不到，可以把鼠标放到某个卷展栏内，当光标变为手掌形时，单击并上下拖动面板，观察所有内容。也可以单击一些已展开但是暂时不用的栏目，使之合拢以节省空间。

5.【参数】卷展栏

【参数】卷展栏可以用来修改选定对象的参数。长方体的【参数】卷展栏如图 3-1 所示。用鼠标拖动的方式制作长方体，很难获得精确的参数值，可以通过【参数】卷展栏修改长方体的各项参数值。【长度分段】、【宽度分段】和【高度分段】几个选项的作用是对所建立的对象网格密度进行设定，分别表示对象在长、宽和高 3 个维度上的网格数目，数目越多，构成对象的点和面就越细致，进行编辑操作的效果就越好，但所需要的资源也会相应增加，文件会因之变大。

3.1.2 长方体

长方体是最常用到的模型，是建模的最基础部分，下面通过一个简单的例子来讲解长方体的创建方法和过程。

【例 3-1】 创建长方体

用 3 种不同的方法创建 3 个长方体，如图 3-5 所示。结果可以参照光盘中的文件“长方体.max”。

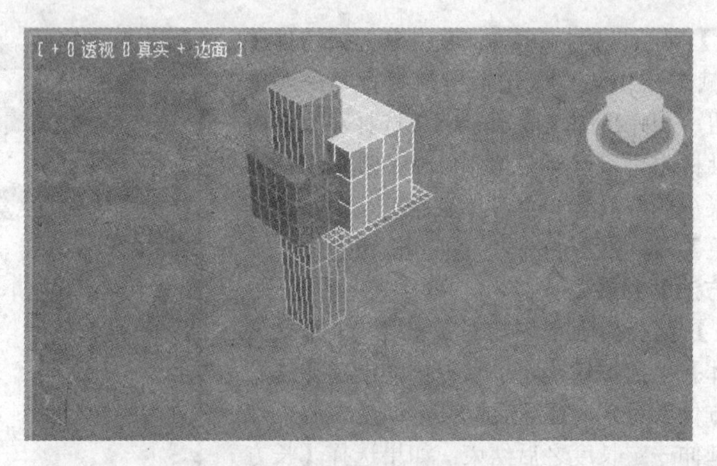

图 3-5 创建 3 个长方体

步骤 1 在【创建】命令面板的【对象类型】卷展栏中单击 长方体 按钮，【长方体】按钮变为被选中状态，显示深灰色，在顶视图中拖动鼠标创建一个任意的长方体，如图 3-6 所示。此时【创建方法】卷展栏中为默认选项【长方体】。

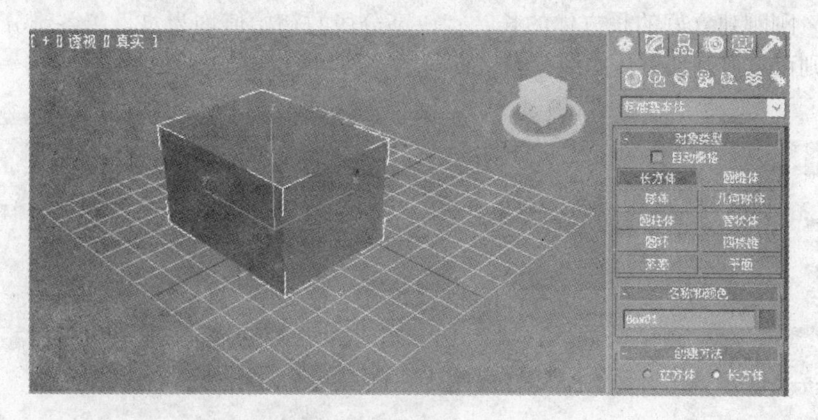

图 3-6 创建一个任意的长方体

步骤 2 打开【名称和颜色】卷展栏，在【名称】栏单击鼠标左键，将名字修改为“长方体 01”。

步骤 3 单击【颜色】栏，在弹出的【对象颜色】对话框中，在【基本颜色】栏中选择淡绿色作为创建的长方体的颜色，然后单击 确定 按钮，视图中的长方体变成了淡绿色，如图 3-7 所示。

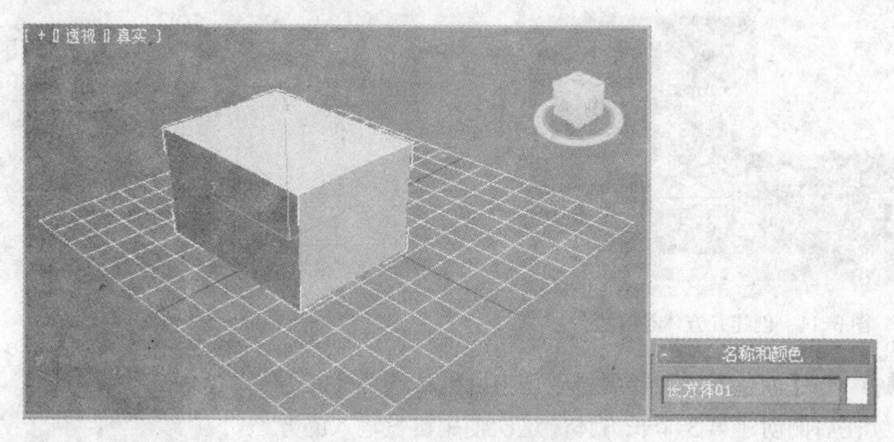

图 3-7 编辑名称和颜色

步骤 4 打开【参数】卷展栏，该栏中各项参数值如图 3-8 左所示，修改长方体的长度、宽度、高度值分别为 120、90 和 100，如图 3-8 右图所示。

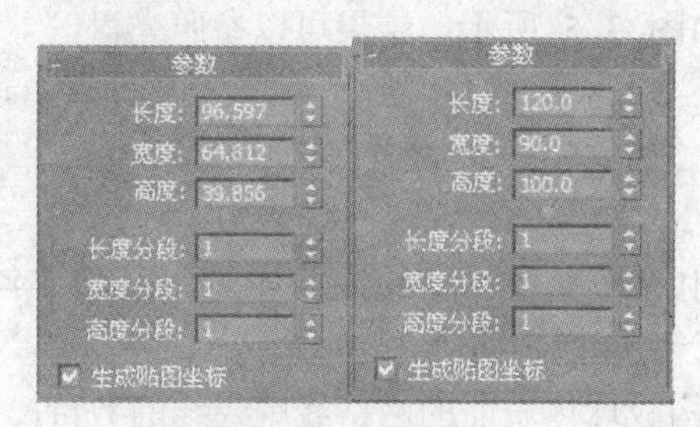

图 3-8 编辑参数值

步骤 5 切换到【透视】视图，在视图左上角的名称位置单击鼠标右键，在弹出的菜单中选择【边面】，将视图的显示模式改为边面模式，如图 3-9 所示。

步骤 6 刚刚建立好的长方体的长、宽、高分段数初始值均为 1，将各维分段数目改成 5、4、3，则可以看到长方体的细分网格逐渐增多，如图 3-10 所示。

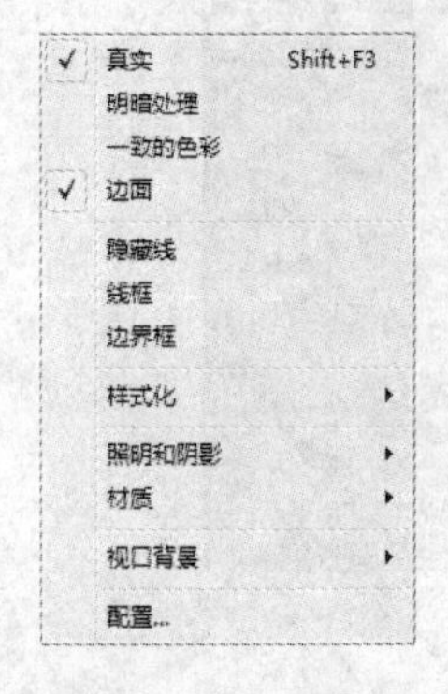

图 3-9　改为边面模式

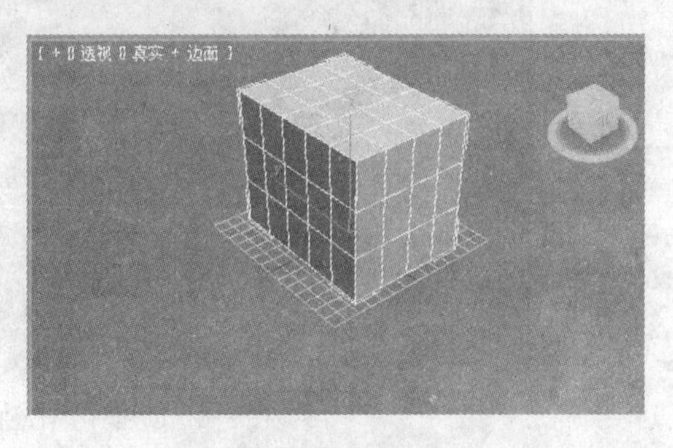

图 3-10　改变各维分段数目

步骤 7 按照同样的方法，在长方体的右侧创建另一个长方体，在【创建方法】卷展栏中选择单选按钮【立方体】，将其命名为“长方体 02”，将颜色改为深红色，如图 3-11 所示。

步骤 8 改变设置其参数，创建另一个长方体，如图 3-12 所示。

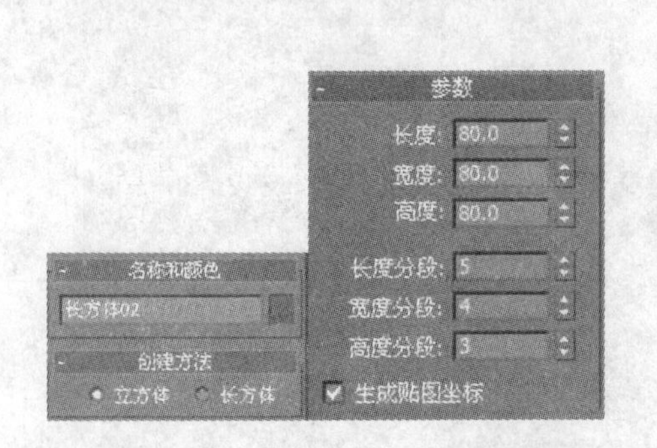

图 3-11　创建立方体卷展栏

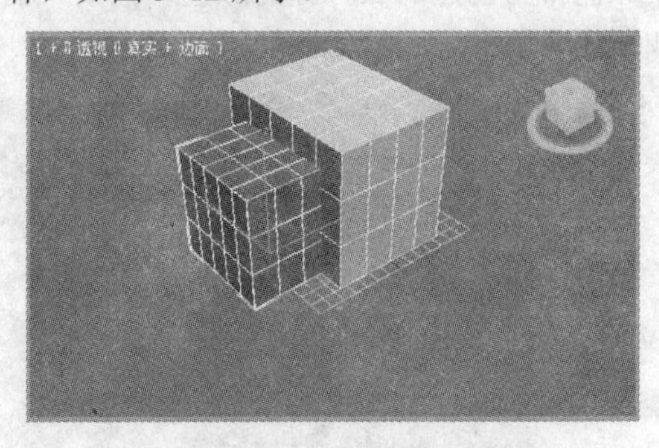

图 3-12　创建另一个长方体

步骤 9 在【创建方法】卷展栏中切换回默认选项【长方体】。继续在后侧创建第 3 个长方体，这次使用键盘输入的方法。打开【键盘输入】卷展栏，按图 3-13 所示设置键盘输入的参数。

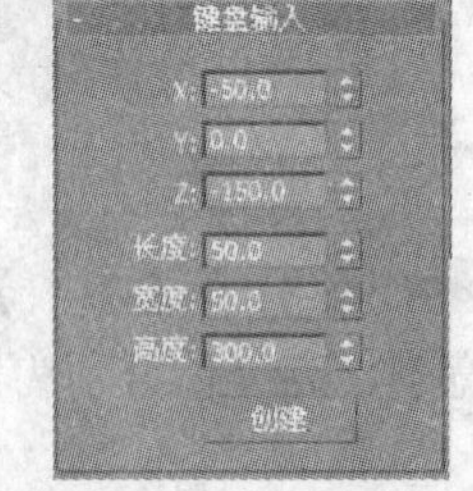

图 3-13　键盘输入的参数

步骤 10 改变第 3 个长方体的名称为“长方体 03”，将颜色改为黄色。得到的模型如图 3-5 所示。结果可以参照光盘中的文件“长方体.max”。

3.1.3　球体

球体表面的网格线是由纵横交错的经纬线组成的，也有【名称和颜色】、【创建方法】、【键盘输入】和【参数】4 个卷展栏，如图 3-14 所示。

【分段】微调框可设定构成球体表面的网格线中经线的数目。图 3-15 左所示为分段数为 32 的球体，图 3-15 右所示为分段数为 8 的球体。

【半球】微调框可以调整球体显示的范围，此栏可设定数值的范围是 0～1。当数值为 0 时，对象是完整的球体；数值增大，则球体的下面部分被一个水平平面截掉；当数值为 0.5

时，对象成为一个标准的半球体；当数值为 1 时，对象在视图中完全消失。如图 3-16 所示，左边的球体【半球】微调框值为 0，中间的球体【半球】微调框值为 0.5，右边的球体【半球】微调框值为 0.8。

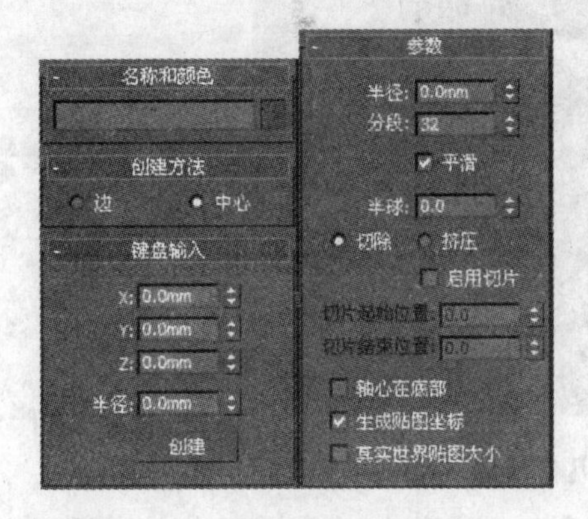

图 3-14　球体参数卷展栏

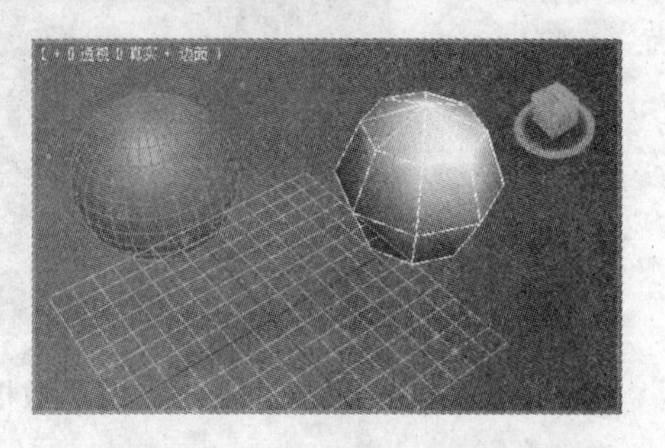

图 3-15　分段数为 32 和 8 的球体

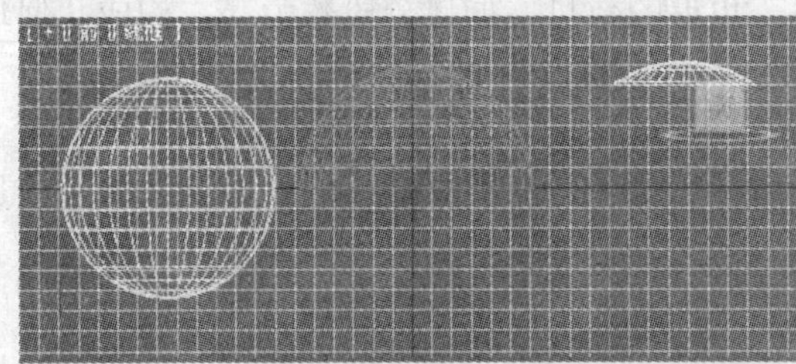

图 3-16 【半球】微调框值为 0、0.5、0.8 的球体

【切除】和【挤压】单选按钮可以决定半球的生成方式。当选择【切除】方式时，生成的半球是从球体上直接切下一块，剩余半球的分段数减少，分段密度不变；当选择【挤压】方式时，只改变球体的外形，剩余半球的分段数不变，分段密度增加。如图 3-17 所示，当【半球】值为 0.7 时，左边是以【切除】的方式生成的，右边是以【挤压】的方式生成的。

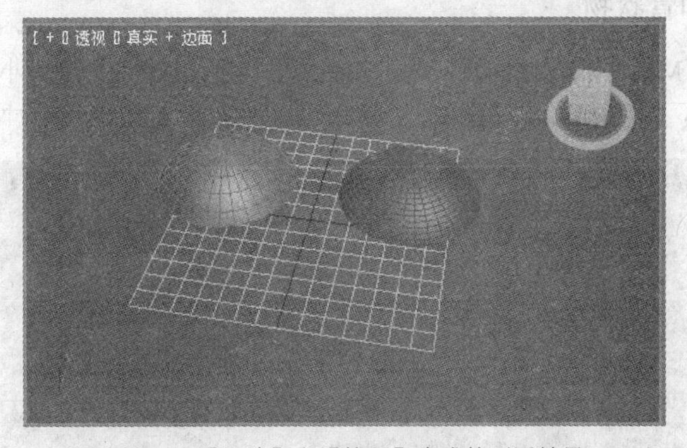

图 3-17 【切除】和【挤压】生成的不同效果

3.1.4　几何球体

组成几何球体表面的网格是三角形的，在相同分段数的情况下，【几何球体】比【球体】

渲染出的效果更光滑。如图 3-18 所示，右图为几何球体，左图为球体，分段数均为 10。

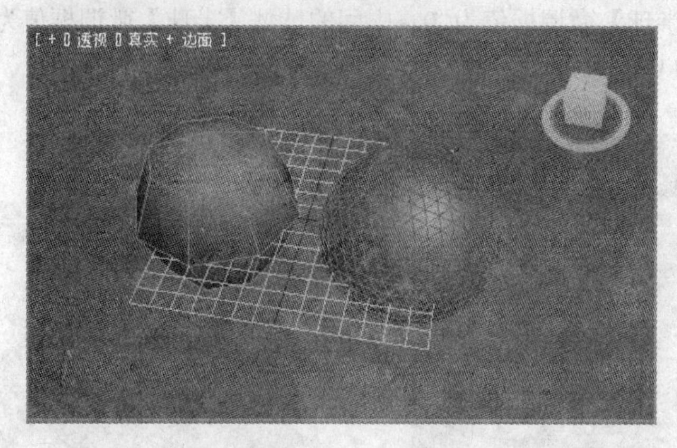

图 3-18　分段数相同的几何球体和球体

几何球体的【参数】卷展栏如图 3-19 所示。【分段】微调框可以与【基点面类型】配合，确定网格线中构成几何球体表面的小三角形的数目。如果分段数为 n，构成几何球体的基点面为 m 面体，那么该几何球体表面的小三角形数目为 n×n×m。

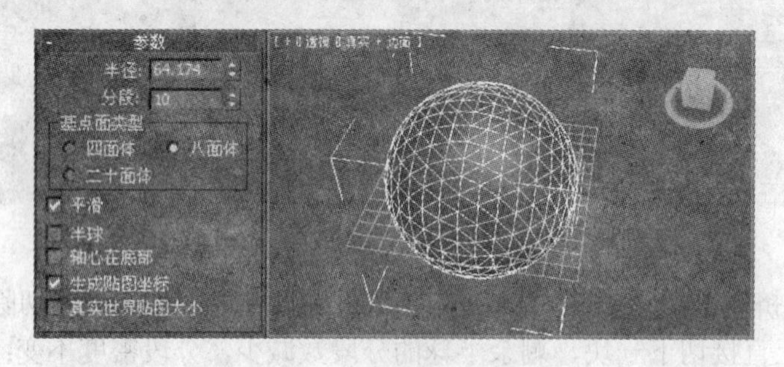

图 3-19 【参数】卷展栏

3.1.5　圆柱体和管状物

圆柱体是 3ds Max 中很常用的几何体，如图 3-20 所示。它的体积大小由【半径】和【高度】两个参数确定，【高度分段】、【端面分段】和【边数】用来决定其细分网格的疏密程度。

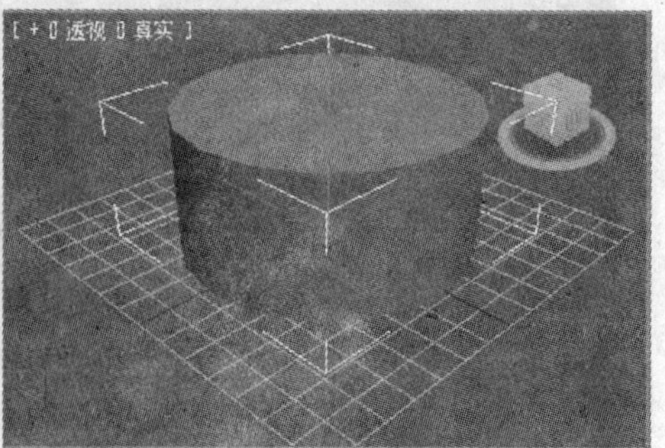

图 3-20　圆柱体及其【参数】卷展栏

通过设置【边数】参数和【平滑】复选框可以将圆柱变为正多边形棱柱。例如，设置【边数】的值为 5，并勾选【平滑】复选框，可得到如图 3-21 所示的正五棱柱。

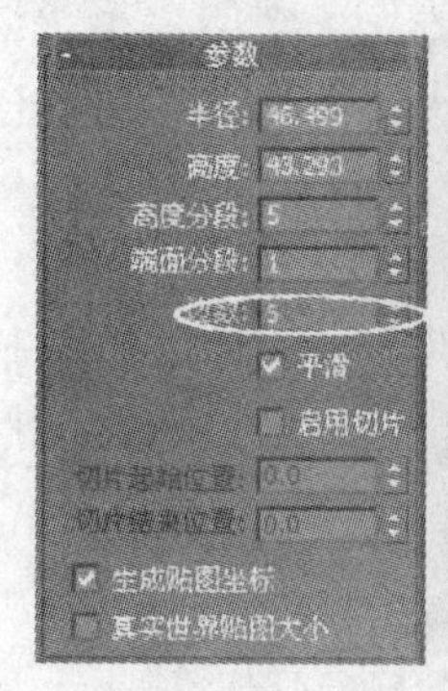

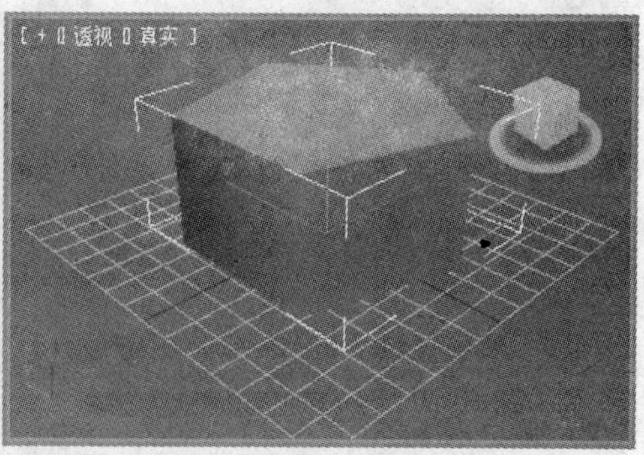

图 3-21　正五棱柱

管状物是一根中空的圆柱体，管状物及其【参数】卷展栏如图 3-22 所示。因其中空，和圆柱体相比其增加了一个半径参数，以便于控制中空圆的大小。

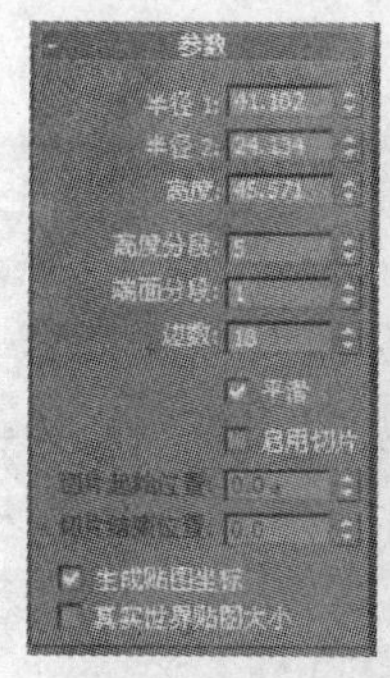

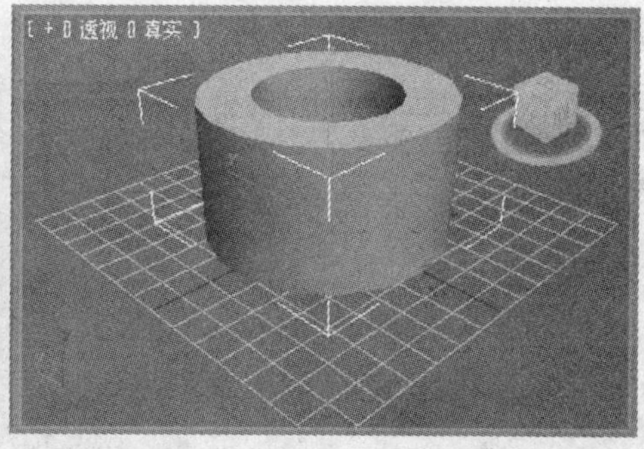

图 3-22　管状物及其【参数】卷展栏

【切片启用】复选框在圆柱体和管状物【参数】卷展栏中都存在，通过此复选框可以选择是否对圆柱体和管状物进行纵向切割。如图 3-23 所示，图中的圆柱体和管状物均选择了【切片启用】复选框，并设定了起始角度和终止角度。

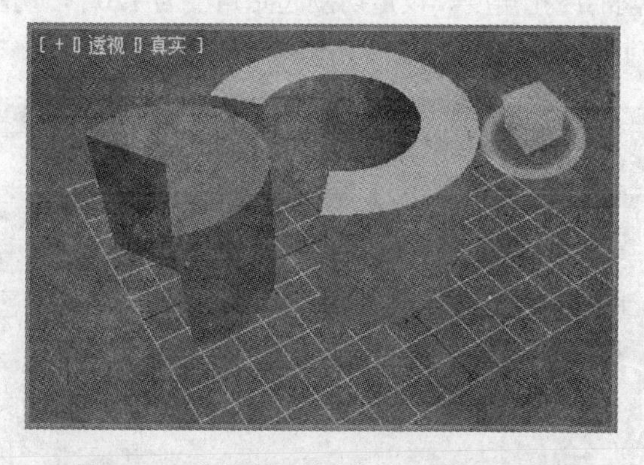

图 3-23　选择【切片启用】复选框的效果

3.1.6　圆锥体

圆锥体是一种基本几何体，圆锥体的【参数】卷展栏包含了圆锥体的各项参数，如图 3-24 所示。

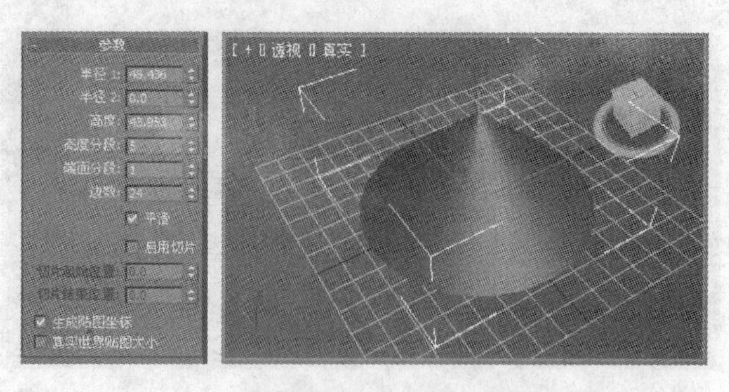

图 3-24　圆锥体的【参数】卷展栏

【边数】微调框可以设定上下底面圆的边数，【平滑】复选框可以设定上下底面圆的平滑程度，如图 3-25 所示，左图是【边数】值为 5、取消【平滑】复选框的圆锥体，右图是【边数】值为 10、选中【平滑】复选框的圆锥体。

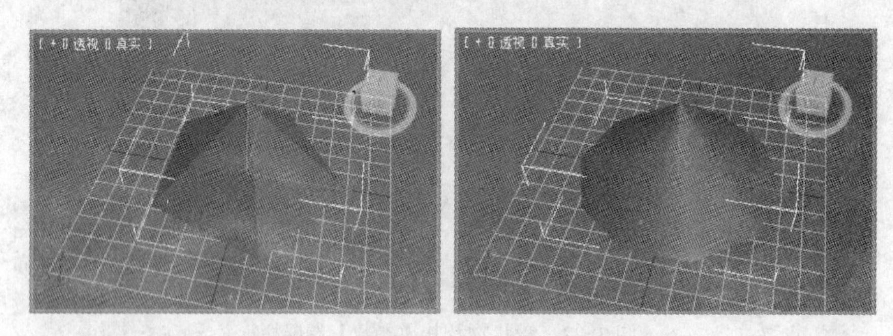

图 3-25　【边数】值不同的圆锥体

【切片启用】复选框可以选择是否进行切割。当切割开启后，【切片起始位置】与【切片结束位置】两选项被激活。【切片起始位置】微调框用于设定切割的起始角度；【切片结束位置】微调框用于设定切割的终止角度。设定切割起始角度为 120°，切割终止角度为 150°，将得到如图 3-26 所示的圆锥体模型。

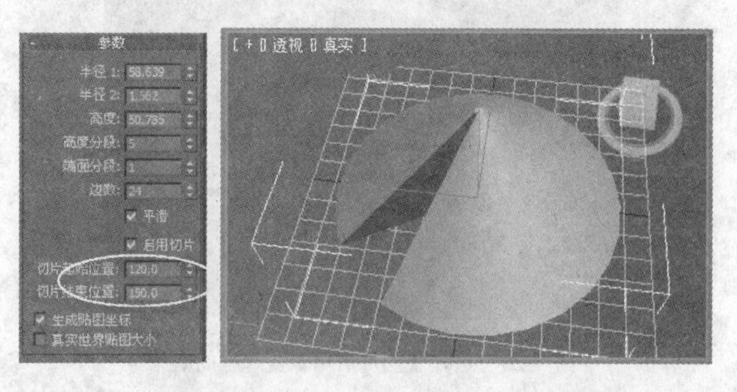

图 3-26　选择【切片启用】复选框并设定起始角度的效果

3.1.7　圆环

圆环可以理解成由一个圆面围绕一条与该圆在同一平面内的直线旋转一周而成的几何

体。圆环对象对应的【参数】卷展栏如图 3-27 所示。

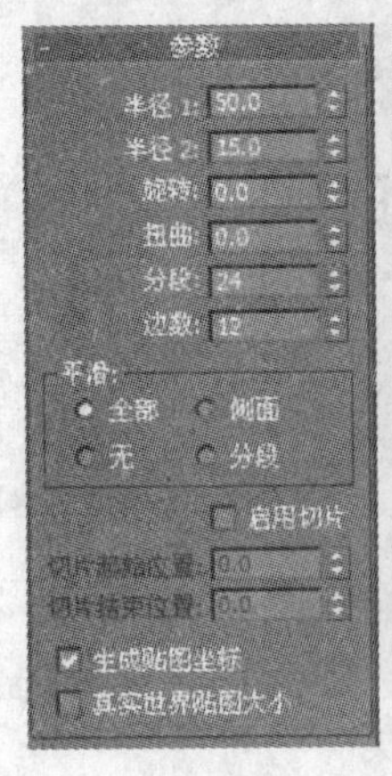

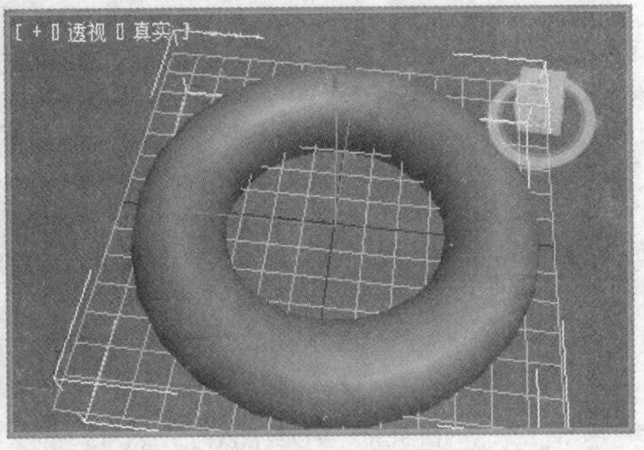

图 3-27 圆环对象对应的【参数】卷展栏

【半径 1】为旋转半径，是旋转圆的圆心到旋转轴线的距离。

【半径 2】为参与旋转的圆的半径，参与旋转的圆也可以是不平滑的多边形。

【旋转】微调框可以旋转调整参与旋转的圆，当此圆选择不平滑选项显示为多边形时旋转可以被清晰地观察到。如图 3-28 所示，当【边数】值为 4，其他参数值都保持不变时左边圆环的【旋转】值为 0，而右边圆环的【旋转】值为 30。

【扭曲】微调框可以使起始的旋转圆在旋转的过程中逐渐扭曲，到旋转结束时完成设定的扭曲量，与起始圆扭曲相接。如图 3-29 所示，为其他参数值都保持不变时【扭曲】值为 360 时的圆环。

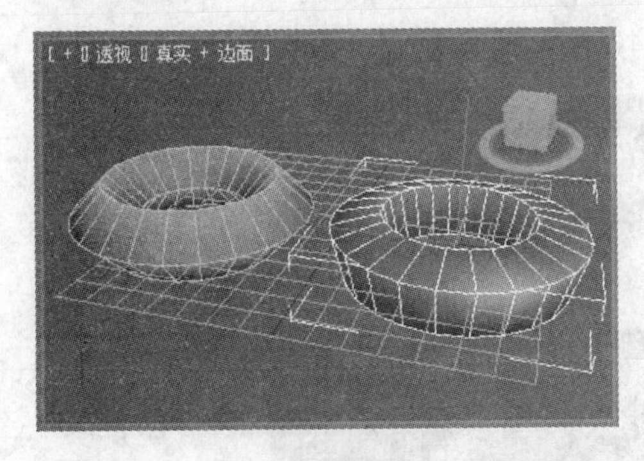

图 3-28 【旋转】值为 0 和 30 的效果

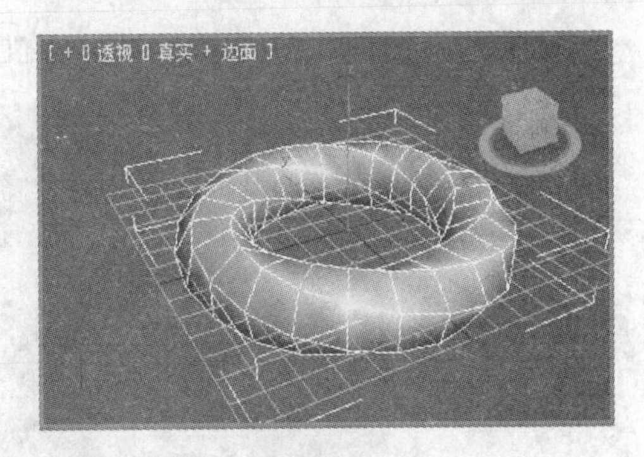

图 3-29 【扭曲】值为 360 的效果

【分段】微调框可以设定圆环体沿截面中心线方向的分段数。如果分段数为 m，则圆环体看起来是由 m 段柱体拼接而成，并产生 m 个节环。如图 3-30 所示为当其他参数值都保持不变时分段数依次为 5、8、15 时的效果。

【边数】微调框可以设定圆环体沿旋转圆圆周方向的分段数。如果【边数】值为 n，则由分段数分解成的 m 个柱体都是 n 棱柱。图 3-31 所示的是【分段】值固定为 6，【边数】值依次为 4、8、24 时的效果。

【平滑】选项区域有 4 个单选按钮，用于选择采用哪种方式进行表面光滑处理。这 4 个选项是【全部】、【侧面】、【无】和【分段】。图 3-32 是使用【全部】、【侧面】、【无】和【分段】4 种方式进行表面光滑处理的效果对比。

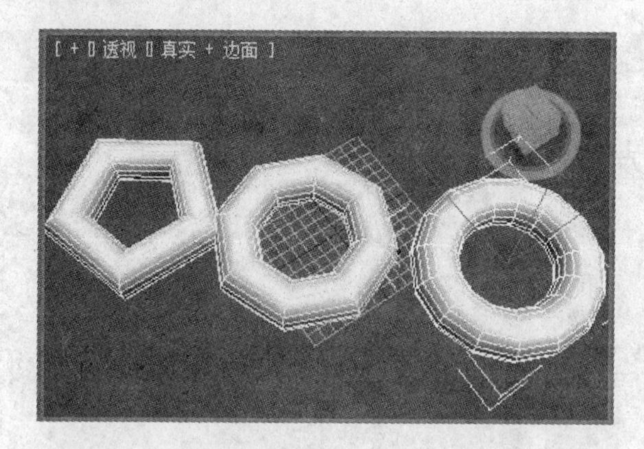

图 3-30　分段数依次为 5、8、15 时的效果

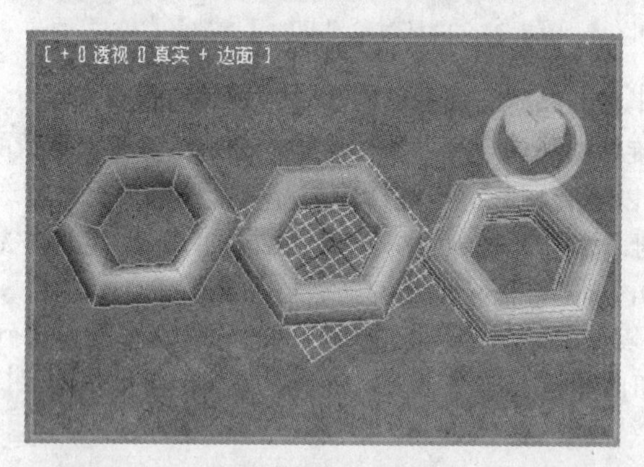

图 3-31 【边数】值依次为 4、8、24 时的效果

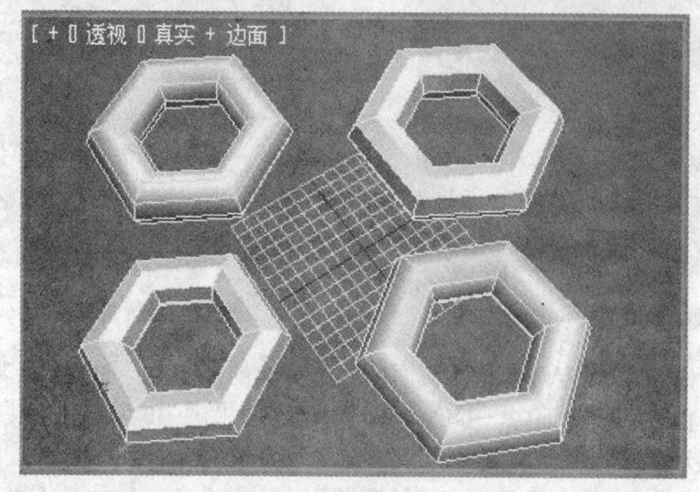

图 3-32 【全部】、【侧面】、【无】和【分段】4 种方式效果对比

3.1.8　四棱锥

3ds Max 将四棱锥作为可以直接生成的简单模型，其对应的【参数】卷展栏如图 3-33 所示。

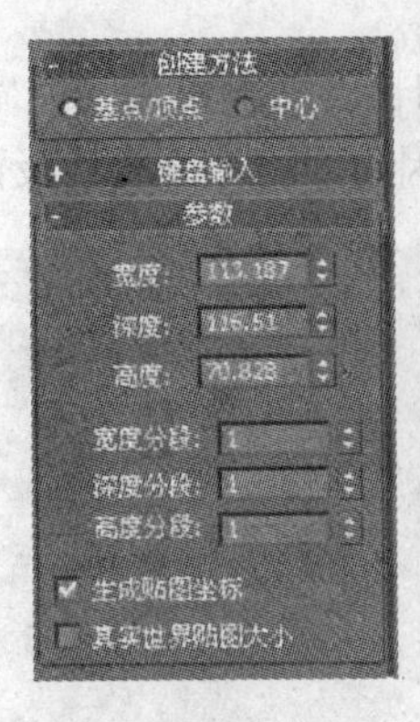

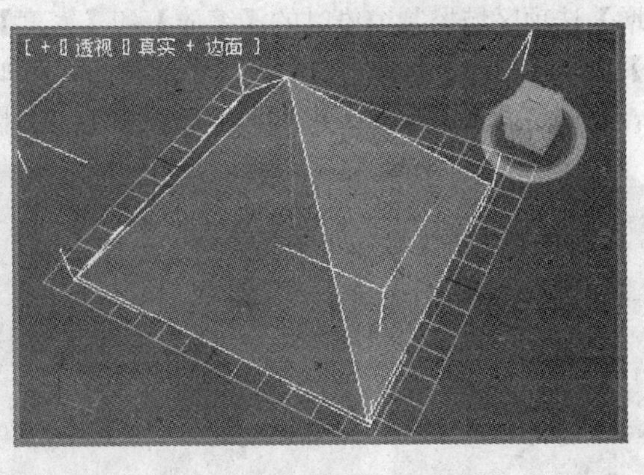

图 3-33　四棱锥及其【参数】卷展栏

四棱锥的创建方法有两种——【基点/顶点】和【中心】，前一种方法以四棱锥的底面长方形的一个顶点为起始点开始，然后确定顶点位置；后一种方法从底面长方形的中心开始。

【宽度】、【深度】值为四棱锥的底面长方形的长和宽，【高度】值设定了四棱锥的顶点高度，【宽度分段】、【深度分段】、【高度分段】用来设定四棱锥的网格密度。

3.1.9　茶壶

茶壶是一个结构很复杂的模型，但在 3ds Max 中却将它模版化了。这样创建一个茶壶只需要简单地拖动鼠标或输入几个参数即可，如图 3-34 右所示。

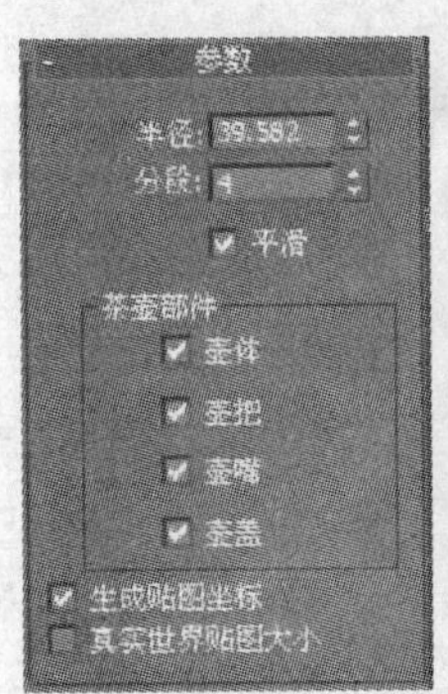

图 3-34　茶壶及其【参数】卷展栏

【参数】卷展栏如图 3-34 左所示。

【半径】为壶体部分最大处圆的半径，其他部分按比例增减。

【分段】值可以设置模型网格的密度，从而改变模型的精细程度。

【茶壶部件】选项区域有【壶体】、【壶把】、【壶嘴】和【壶盖】4 个复选框，通过对 4 个复选框的操作，可以仅选择茶壶 4 个组成部分中的一部分或几部分。如果 4 个选项中只有【壶体】和【壶盖】两项被选中，那么视图中就只有一个带盖的罐子。

3.1.10　平面

平面被细分为很多的网格，创建方法有【矩形】和【正方形】两种。

【参数】卷展栏如图 3-35 所示。

【渲染倍增】选项区域控制渲染时的【缩放】和【密度】。

【总面数】显示【平面】对象一共有多少个网格面。例如长度分段数为 4、宽度分段数为 6 的网格平面，其网格面为 4×6×2 共 48 个，之所以乘 2 是因为网格平面有正反两面。

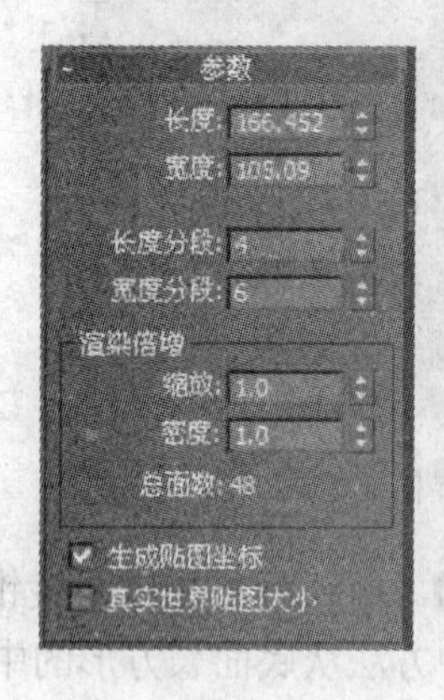

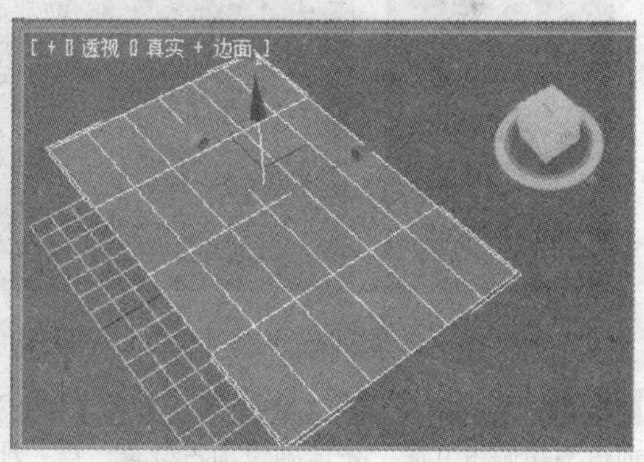

图 3-35　平面【参数】卷展栏

3.2　创建扩展基本体

扩展基本体的建立方法和标准基本体是一样的，与标准基本体不同的是，扩展基本体各参数的意义往往比较复杂，应用也较少。3ds Max 2012 中有 13 种的扩展基本体，创建面板和【对象类型】卷展栏如图 3-36 所示。

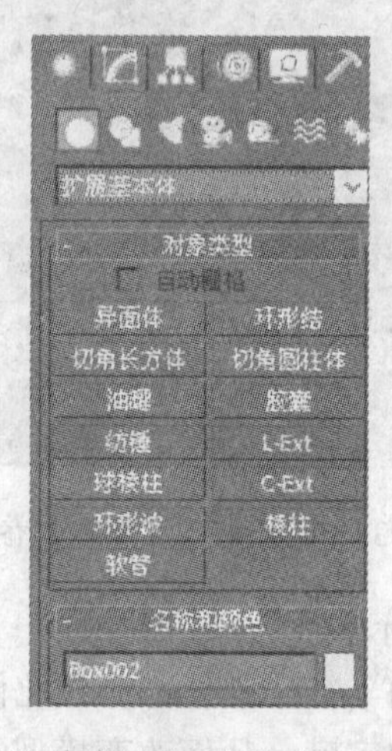

图 3-36　扩展基本体创建面板和【对象类型】卷展栏

3.2.1　异面体

异面体是扩展基本体中比较简单的一种，也是典型的一种。它只有【参数】卷展栏，如图 3-37 所示。

异面体对象【参数】卷展栏中各参数的意义如下。

【系列】选项区域提供了【异面体】家族的 5 个系列供用户选择，5 个单选按钮自上而下依次为：四面体、立方体/八面体、十二面体/二十面体、星形1、星形2。

如图3-38所示，【异面体】家族系列生成不同外形的模型。

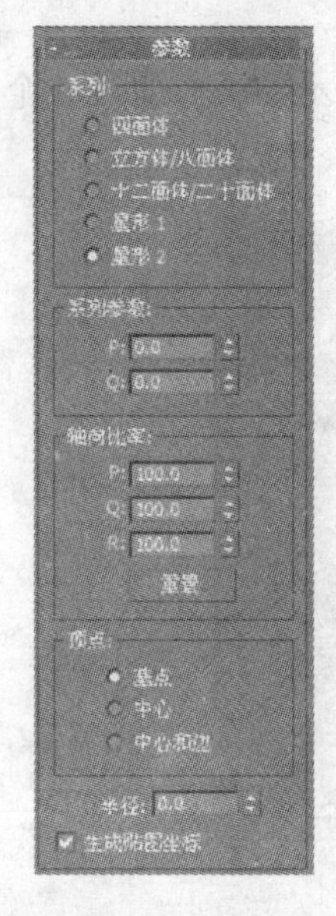

图3-37 异面体对象【参数】卷展栏

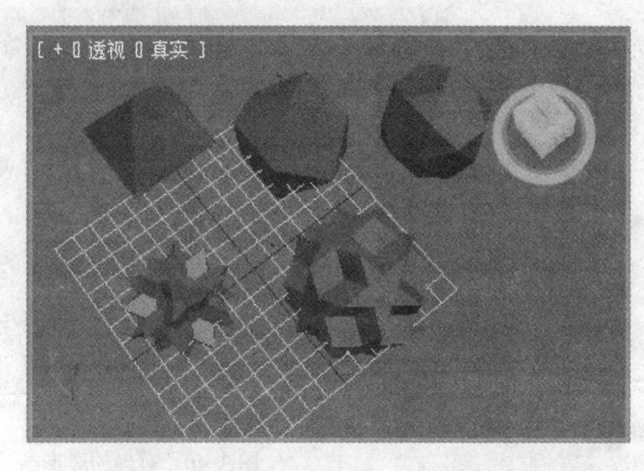

图3-38 【异面体】家族系列生成不同外形的模型

【系列参数】选项区域下的【P】和【Q】用于控制多面体的基本参数，两者之和不能大于1，调整【P】和【Q】的参数可以创建介于前面列出的5种系列之间的异面体。

【轴向比率】选项区域下的【P】、【Q】、【R】用于控制多面体 3 个轴上的缩放比例。重置按钮可以重新设定轴的缩放比例。

【顶点】选项区域提供了【基点】、【中心】和【中心和边】3 种顶点类型，选中不同的单选按钮，将显示出不同的顶点。

【半径】微调框用于设置多面体的轮廓半径。

3.2.2 环形结

【环形结】是由圆环通过打结得到的扩展基本体，其【创建方法】和【键盘输入】卷展栏与圆环差不多，环形结的【参数】卷展栏如图3-39所示。

环形结有【结】和【圆】两种类型，如果选择了【结】，创建的物体是打结的；如果选择了【圆】，创建的物体不打结，此时环形结退化为普通的圆环体。系统默认值为【结】。

【P】和【Q】参数设定两个方向上打结的数目，仅当用户选择了【结】单选按钮后有效。

【块】参数设定整个环形结上肿块的数目。【块高度】设定环形结上肿块的高度。【块偏移】设定环形结上起始肿块偏离的距离，随着该值的增大，各肿块依次向后推进，

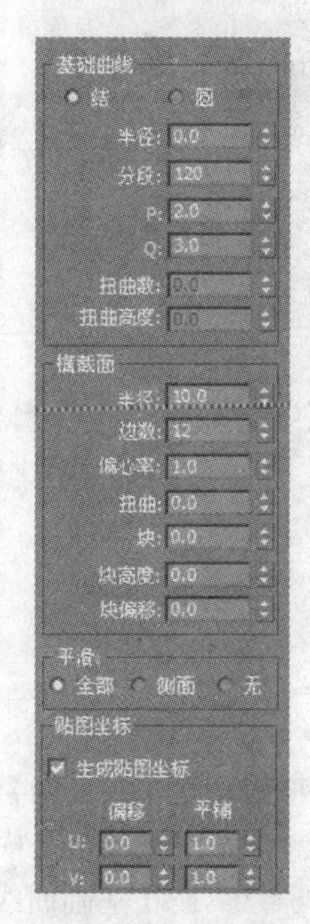

图3-39 环形结的【参数】卷展栏

但仍保持相同距离，好像环形结在旋转一样，由此可以构成动画。

【例 3-2】 创建环形结

通过参数的设定，可以创建出有趣的环形结，如图 3-40 所示。下面通过一个简单的例子做一下尝试，结果可以参见光盘中的文件“环形结.max”。

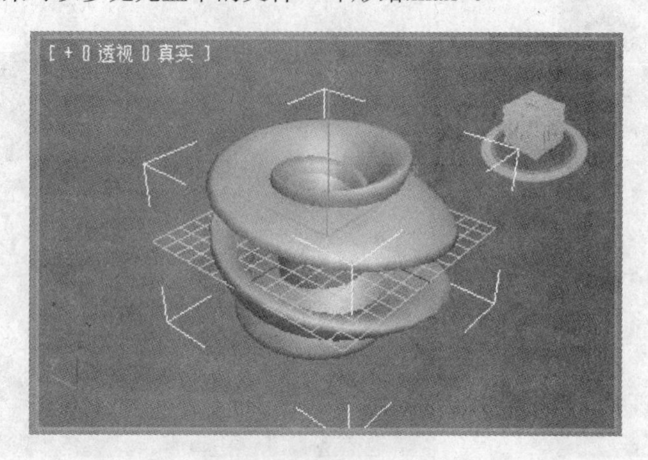

图 3-40 有趣的环形结

步骤 1 在【创建】命令面板的【对象类型】卷展栏中单击 环形结 按钮，【环形结】按钮变为被选中状态，显示深灰色，在顶视图中拖动鼠标创建一个任意的环形结，如图 3-41 所示。此时【基础曲线】选择区域中默认选项为【结】。

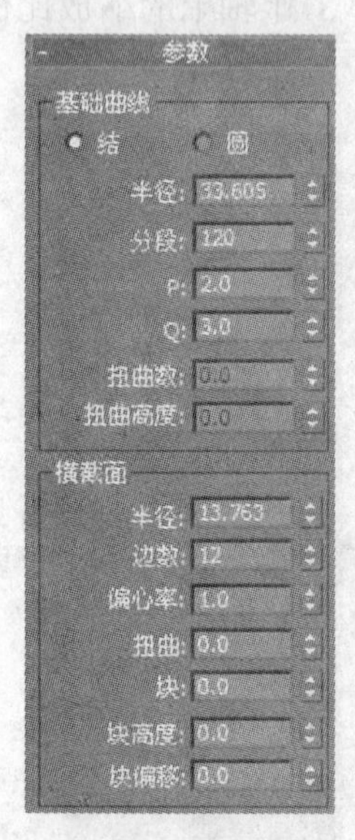

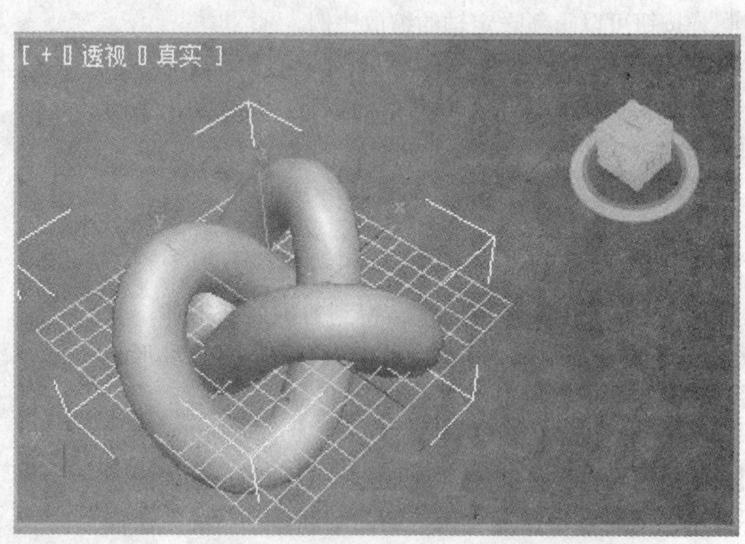

图 3-41 创建一个任意的环形结

步骤 2 在【横截面】区域内调整【偏心率】微调框的数值为 2，结果如图 3-42 所示。

步骤 3 继续调整【横截面】区域内【扭曲】微调框的数值为 1，结果如图 3-43 所示。

步骤 4 在【基础曲线】区域内调整【P】微调框的数值为 5，调整【Q】微调框的数值为 1，结果如图 3-40 所示。

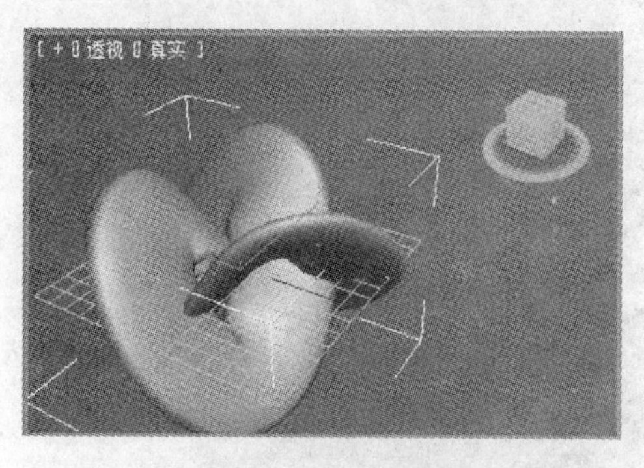

图 3-42 【偏心率】微调框的数值为 2

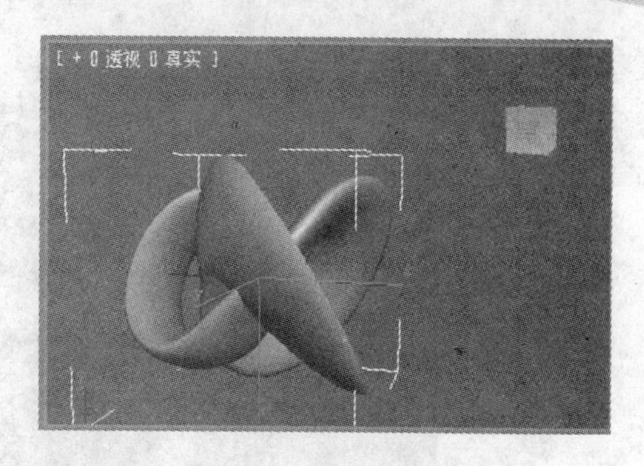

图 3-43 【扭曲】微调框的数值为 1

3.2.3 切角长方体

切角长方体是由长方体通过切角的方式得到的扩展基本体因此，可以通过长方体各参数的意义来理解切角长方体，实际上，切角长方体较之长方体只是多了【圆角】和【圆角分段】两个参数，如图 3-44 所示。

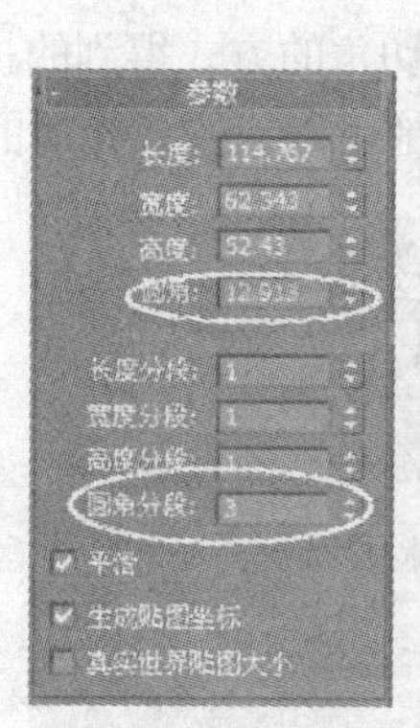

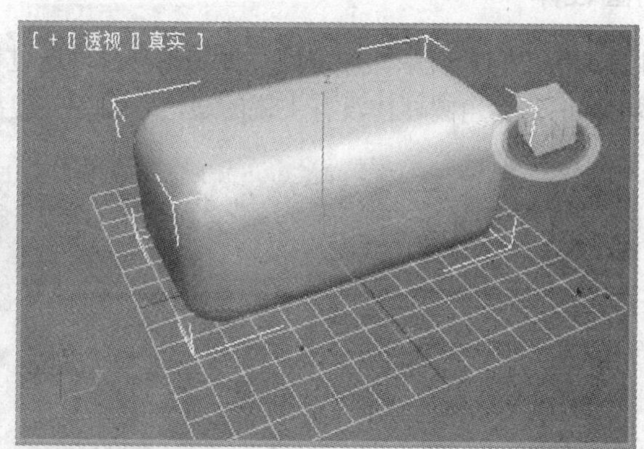

图 3-44 切角长方体及其【参数】卷展栏

如果将长度、宽度、高度的值设置为相同，圆角设置为 0，则可以创建一个立方体，如图 3-45 所示。如果将长度、宽度、高度和圆角的值设置为相同，再适当增加分段数，即可创建一个球体，如图 3-46 所示。

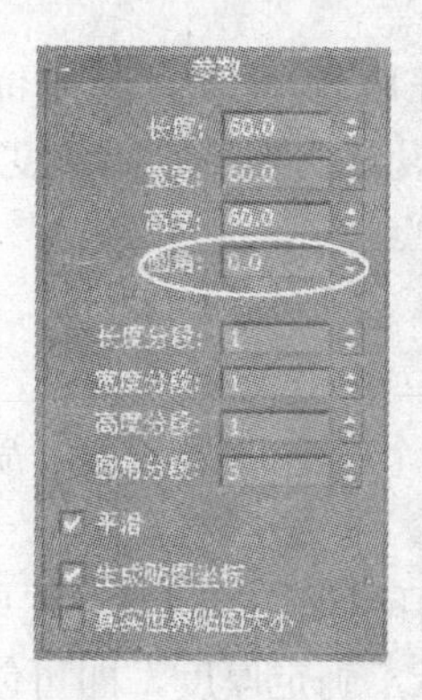

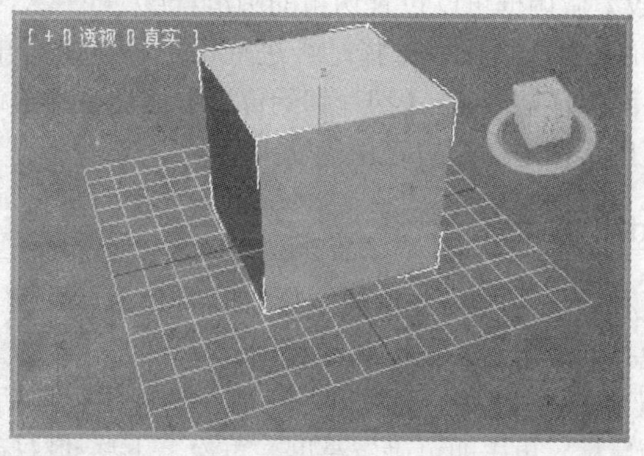

图 3-45 圆角设置为 0

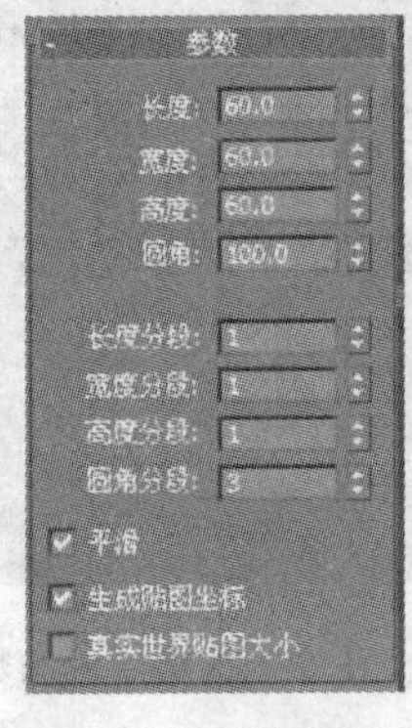

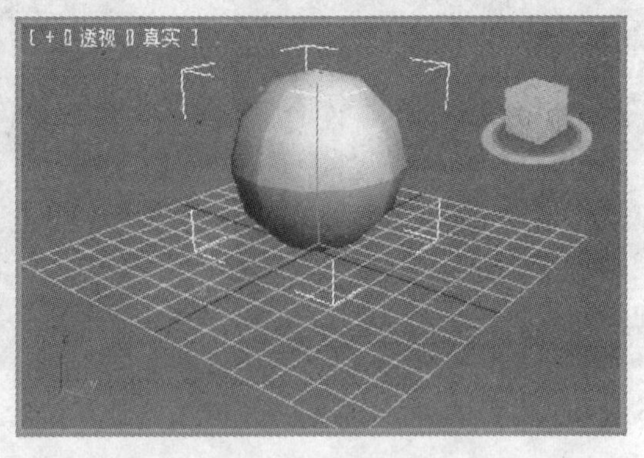

图 3-46　长度、宽度、高度和圆角的值设置为相同

【长度分段】、【宽度分段】、【高度分段】、【圆角分段】分别为切角长方体在长度、宽度、高度和圆角方向的分段数。分段数越多物体表面网格越密集，编辑网格时越细致。但如果分段数过多会影响运算速度。

3.2.4　切角圆柱体

切角圆柱体如图 3-47 所示。切角圆柱体是由圆柱体通过切角的方式得到的扩展基本体，与标准圆柱体不同的是切角圆柱体没有尖锐的边，它的各条边都可以设置成光滑的弧边。

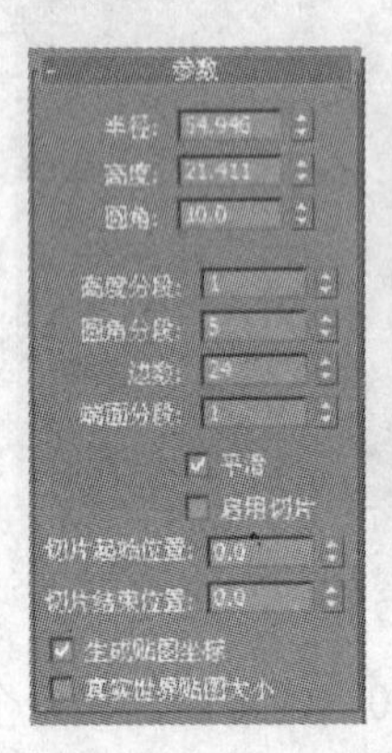

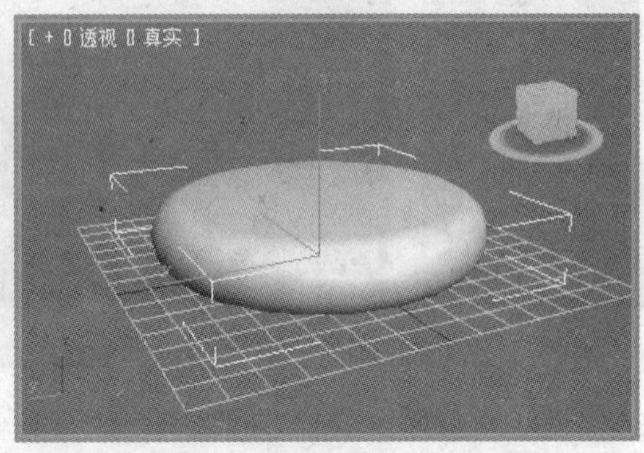

图 3-47　切角圆柱体及其【参数】卷展栏

【圆角分段】微调框可以设置切角的圆滑程度。

【切片启用】复选框可以选择是否进行切割。当切割开启后，【切片起始位置】与【切片结束位置】两选项被激活。【切片起始位置】微调框用于设定切割的起始角度；【切片结束位置】微调框用于设定切割的终止角度。

3.2.5　L-Ext 和 C-Ext

L-Ext 可看做是两个长方体的结合。其具体形状由两个长方体的长度、宽度等参数决定，相对其他扩展基本体来说，其参数比较简单。

重置场景，单击【L-Ext】按钮，然后在透视图中拖动鼠标，在适当位置单击，确定底面，上下移动鼠标，单击即可确定高度，再次上下移动鼠标，确定厚度，即可创建一个 L 形拉伸，如图 3-48 所示。其参数比较简单，含义和前面介绍的相同。

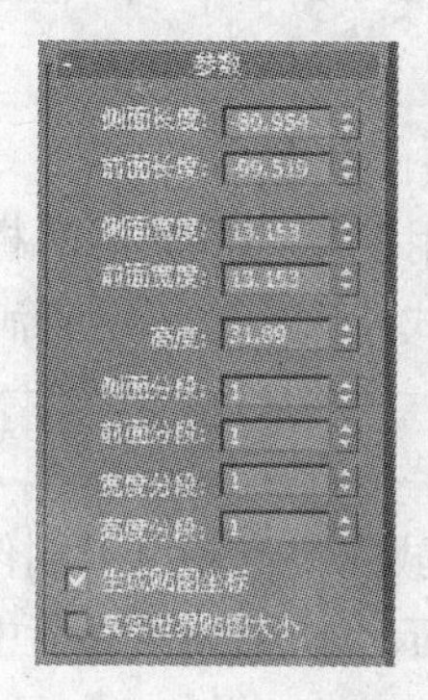

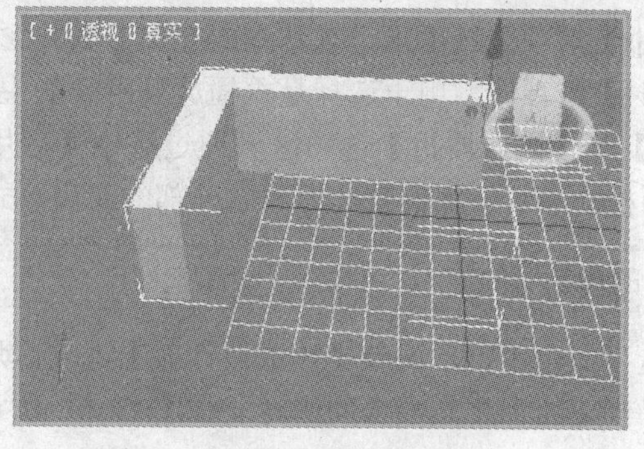

图 3-48　L-Ext 及其【参数】卷展栏

另外，C-Ext 的参数设置与 L-Ext 的类似，创建方法也基本相同，创建的模型是一个 C 形拉伸，如图 3-49 所示。

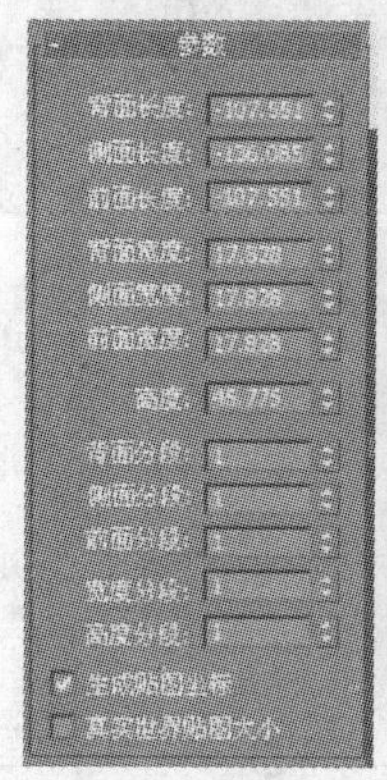

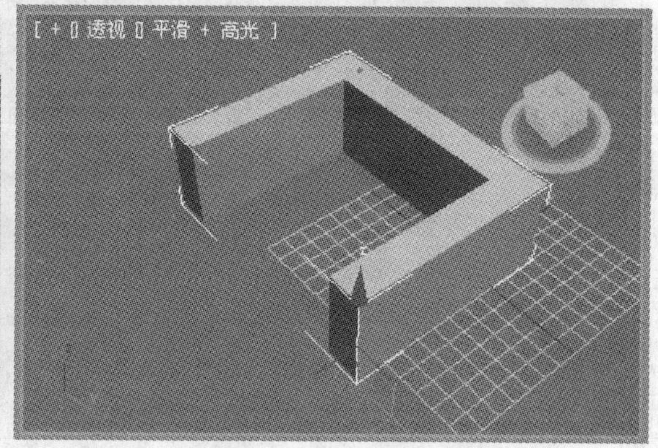

图 3-49　C-Ext 及其【参数】卷展栏

3.2.6　环形波

环形波是扩展基本体中比较复杂的一种三维模型。它只有一个【参数】卷展栏，参数比较多，如图 3-50 所示。

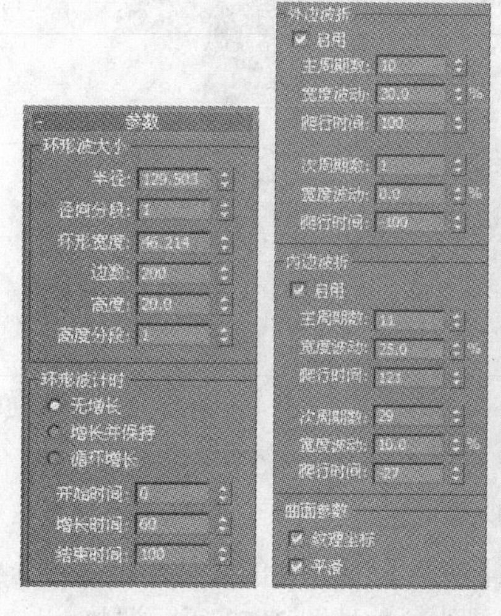

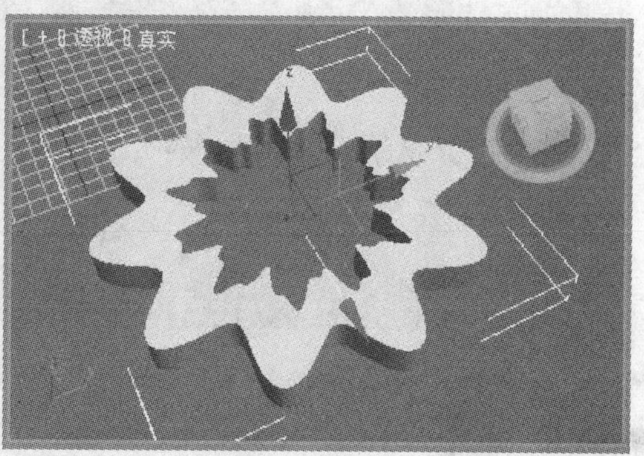

图 3-50　环形波及其【参数】卷展栏

【环形波大小】选项区域用于设置基本的几何参数。

【环形波计时】选项区域用于选择是否播放环形波的生长过程。

【外边波折】和【内边波折】选项区域通过选中【启用】复选框激活两栏中的参数，就可以通过修改两栏的参数值来调整环形波内外部的波齿形式及大小，以达到满意的效果。

【例 3-3】 咬合的齿轮

环形波的造型非常丰富，调整【环形波计时】选项区域的数值还可以制作动画效果，下面的小例子可以创建两个相互咬合的齿轮，如图 3-51 所示，结果参见光盘中的文件“咬合的齿轮.max”。

图 3-51 相互咬合的齿轮

步骤 1 选择【文件】→【重置】命令，重置场景，在【创建】命令面板顶部的下拉列表框中选择【扩展基本体】选项。

步骤 2 在【对象类型】卷展栏下，单击 环形波 按钮，在顶视图中拖拽出环形波的底面，如图 3-52 所示。

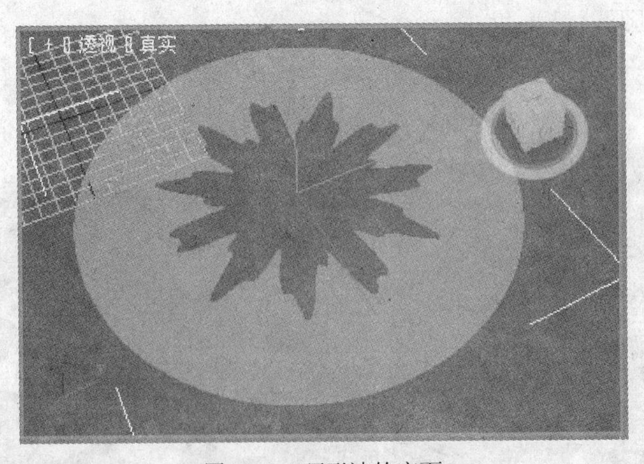

图 3-52 环形波的底面

步骤 3 单击 按钮，进入修改命令面板，在【参数】卷展栏的【环形波大小】选择区域中调整【高度】微调框，输入数值 20，该区域中其他参数按图 3-53 所示调整。

步骤 4 【环形波计时】选择区域中保持默认的单选项【无增长】。

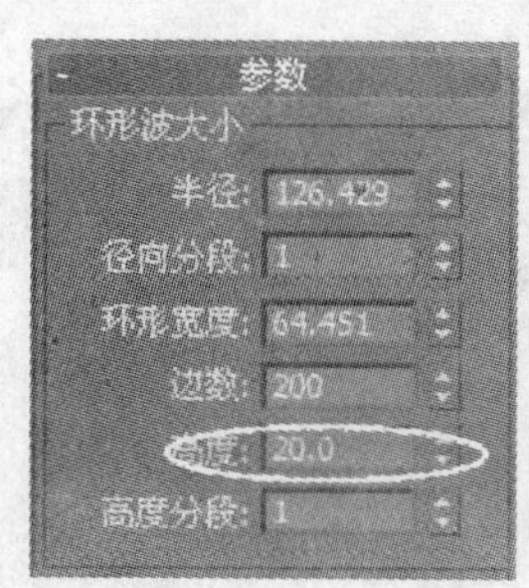

图 3-53 调整【高度】微调框

步骤 5 【内边波折】区域中，取消【启用】复选框的选择，如图 3-54 所示。

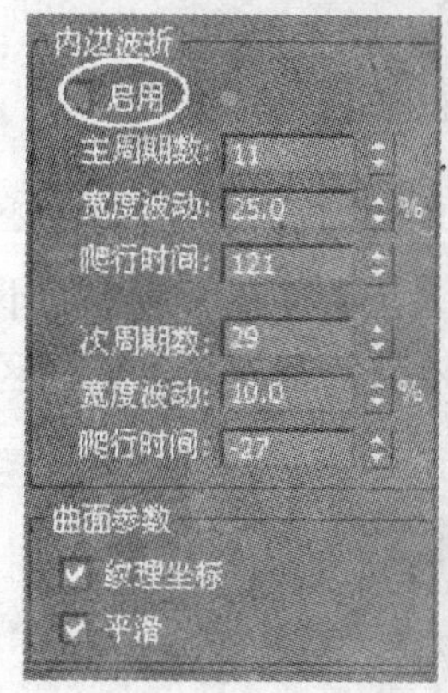

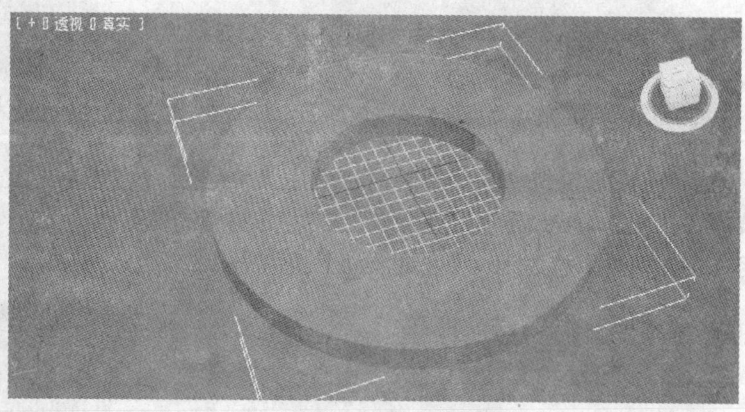

图 3-54 取消【内边波折】区域中的【启用】

步骤 6 【外边波折】区域中，选中【启用】复选框，激活这个区域中的参数，通过调整参数栏的参数值来改变几何体的形状，创建一个形如齿轮的对象，如图 3-55 所示。

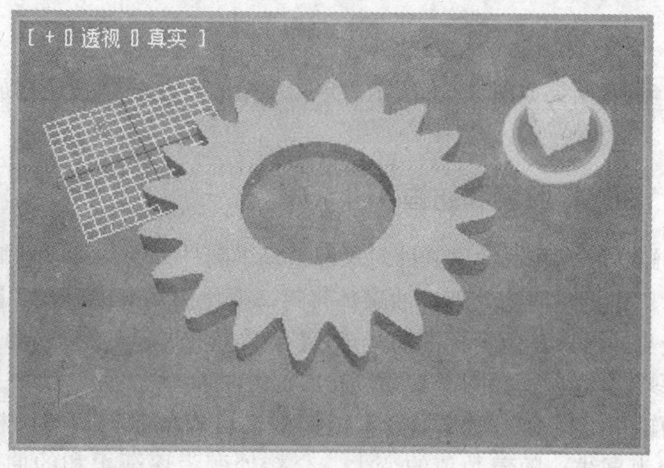

图 3-55 调整【外边波折】区域参数值

步骤 7 选择工具栏中的按钮，按〈Shift〉键在顶视图中拖动创建的齿轮，弹出如图 3-56 所示的【克隆选项】对话框，选择复制单选项复制一个齿轮。

步骤 8 选择工具栏中的按钮，在前视图中将复制的齿轮沿 X 轴镜像，【镜像】对话框如图 3-57 所示。

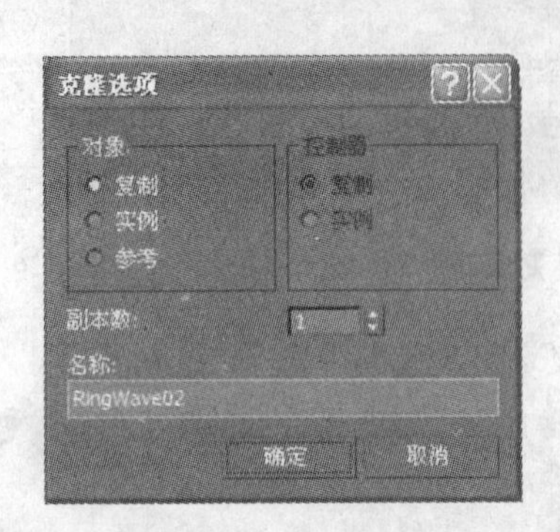

图 3-56 【克隆选项】对话框

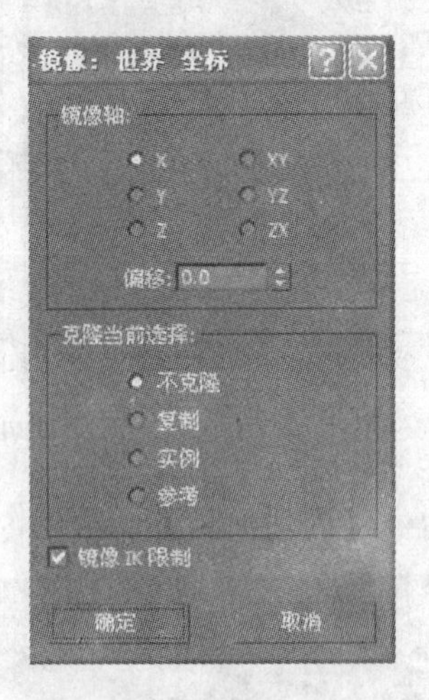

图 3-57 【镜像】对话框

步骤 9 如图 3-58 所示，调整复制的齿轮的参数，在【环形波大小】选择区域中缩小环形波的【半径】为 50、【环形宽度】为 25，并将【高度】改为 50。在【外边波折】选择区域中将【主周期数】改为 10、【宽度波动】值改为 40。

图 3-58 调整复制的齿轮的参数

步骤 10 结果如图 3-51 所示。单击屏幕右下角的按钮播放动画，可看到两个旋转咬合的齿轮。

3.2.7 油罐、胶囊和纺锤

油罐、胶囊和纺锤这三种对象都是基于圆柱体的，可以理解成是在圆柱体的基础上将两端的封口作了不同的处理。油罐体将封口变化为局部的球面，【参数】卷展栏如图 3-59 所示；胶囊的封口是两个标准的半球，【参数】卷展栏如图 3-60 所示；纺锤的封口是两个椎体，【参数】卷展栏如图 3-61 所示。

油罐和纺锤有一个【混合】微调框，可以控制封口与圆柱体交接的情况，值为 0 时交接处为直线，随着数值的变大，交接处变为逐渐柔和的曲面。其他参数可以参考圆柱体参数来理解。如图 3-62 所示，从左到右分别为半径和总高度均相同的油罐、胶囊和纺锤。

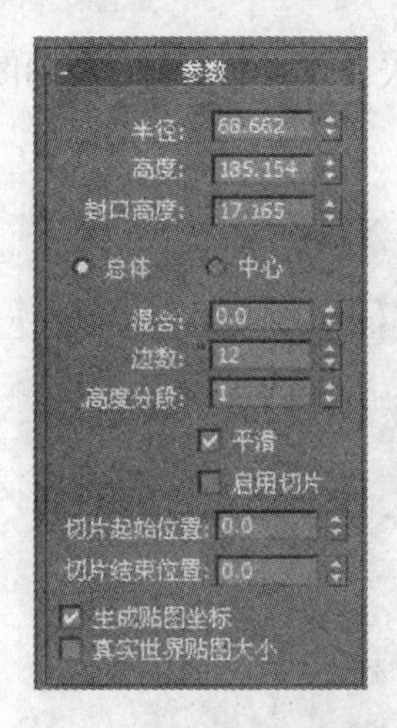

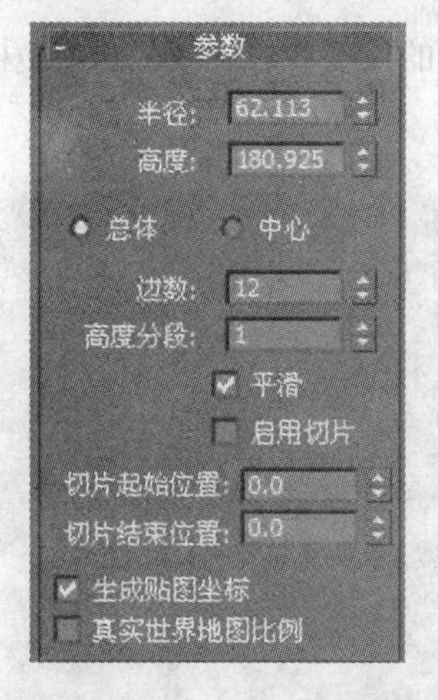

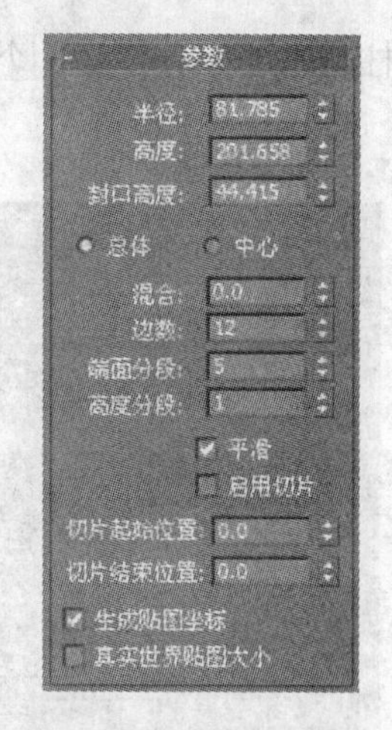

图 3-59 油罐【参数】卷展栏　图 3-60 胶囊【参数】卷展栏　图 3-61 纺锤【参数】卷展栏

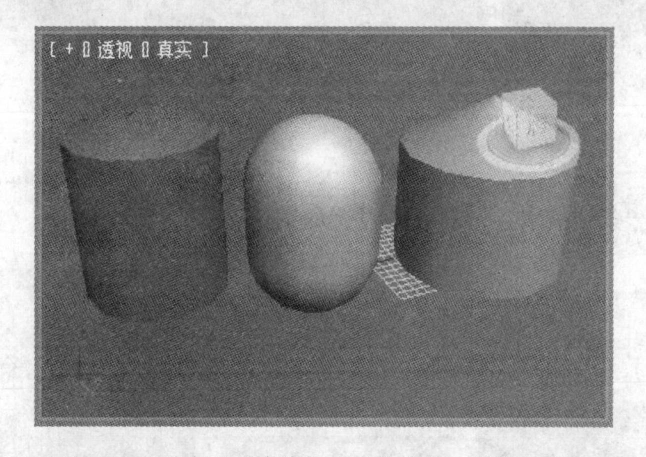

图 3-62 半径和总高度均相同的油罐、胶囊和纺锤

3.2.8 球棱柱和棱柱

球棱柱和棱柱都是定义截面后设定高度而生成的柱体，只是定义截面的方法不同。球棱柱是通过【半径】、【边数】、【圆角】3 个参数，以类似于生成多边形的方式生成截面。球棱柱及其【参数】卷展栏如图 3-63 所示。

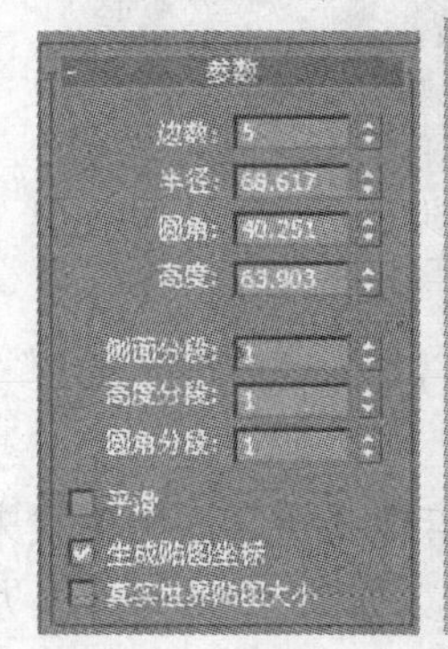

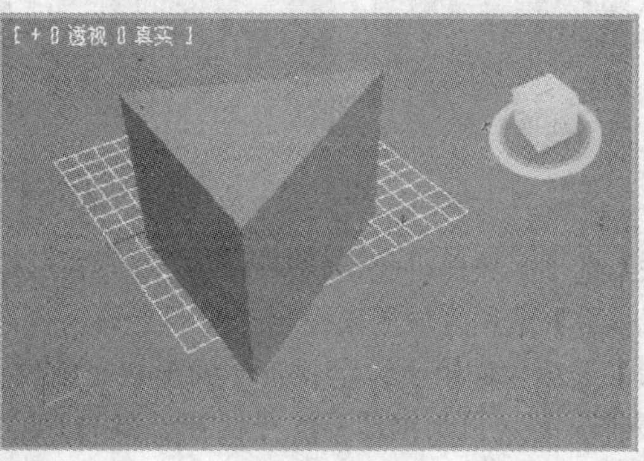

图 3-63 球棱柱及其【参数】卷展栏

棱柱是通过分别定义 3 个侧面的长度参数生成截面。棱柱及其【参数】卷展栏如图 3-64 所示。

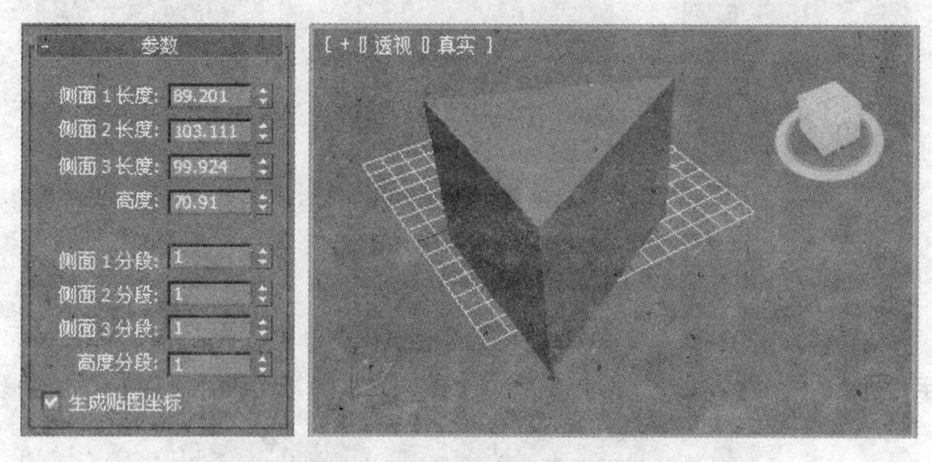

图 3-64　棱柱及其【参数】卷展栏

3.2.9　软管

软管体外观像一条塑料水管，其参数设置如图 3-65 所示。

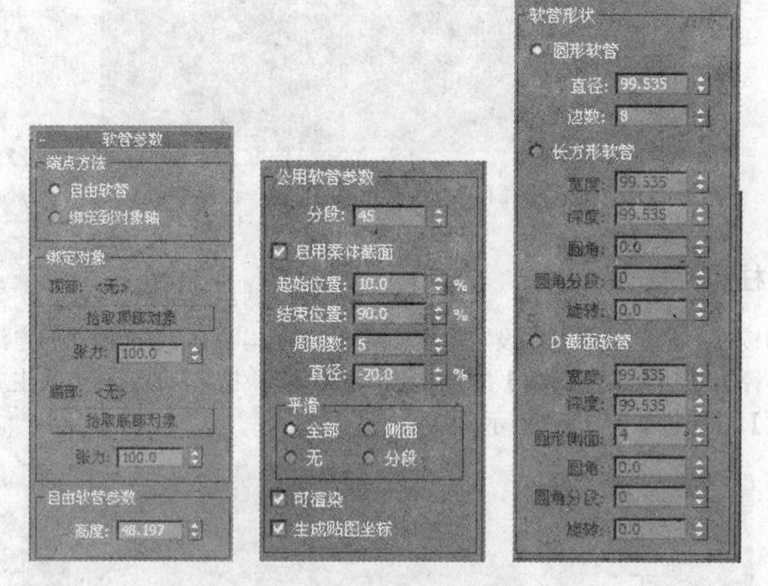

图 3-65　软管【参数】卷展栏

【端点方法】选项区域提供关于软管体的尾端方式的设定。

【公用软管参数】选项区域用来设定一般的参数。

【软管形状】选项区域用于设定软管体的形状，由软管体两个端面的形状来定义。其中系统默认值为圆形，还可以根据需要选择长方形和 D 截面。如图 3-66 所示，从左到右分别为圆形、长方形、D 截面软管。

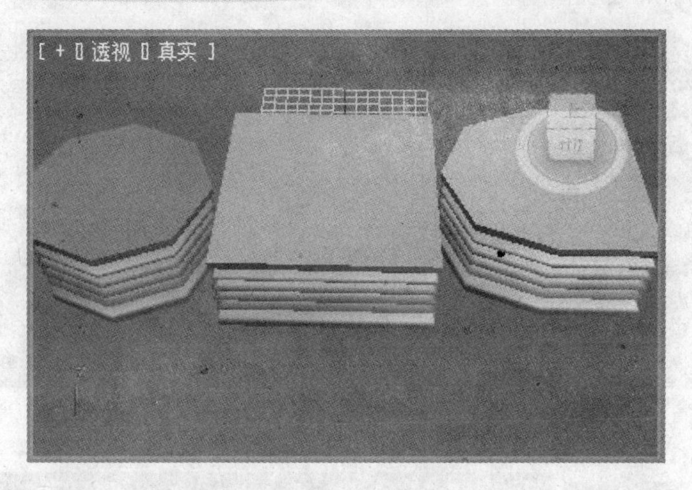

图 3-66　软管形状

3.3　综合演练

仅仅利用标准建模和扩展建模中的对象就可以创建多种多样的模型，在这个案例中，利用简单的长方体、切角长方体和胶囊体可以轻松的创建沙发，如图 3-67 所示，结果可以参见光盘中的文件“沙发.max”。

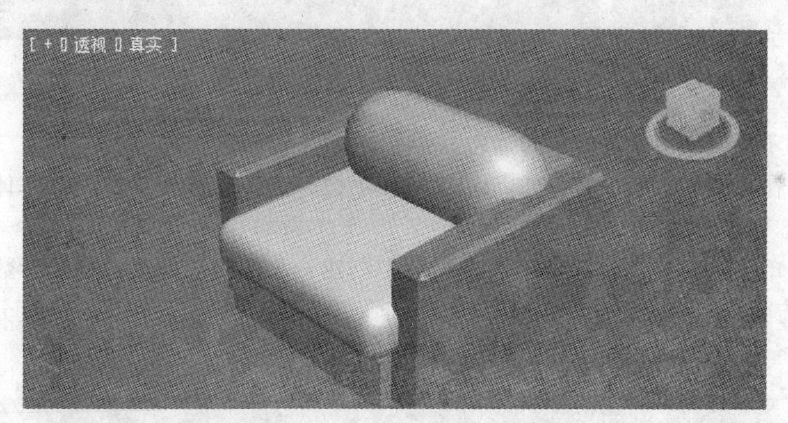

图 3-67　沙发

1. 利用长方体创建沙发基座

步骤 1　在【创建】面板中单击按钮，在下拉列表框中选择【标准基本体】选项，进入【标准基本体】面板。

步骤 2　单击 长方体 按钮，在前视图中创建一个长方体，在【参数】卷展栏下修改长方体的参数，设置长度、宽度、高度分别为 800、800、200，如图 3-68 所示。

步骤 3　选择工具栏中的按钮，按〈Shift〉键在顶视图中拖动创建的长方体，弹出【克隆对象】对话框，选择【复制】单选按钮复制一个长方体。

步骤 4　单击按钮，进入【修改命令】面板，修改复制的长方体的参数，将宽度改为 200，高度改为 550。在顶视图中调整两个长方体的位置，创建沙发的后背，如图 3-69 所示。至此沙发的基座部分完成了。

图 3-68 创建一个长方体

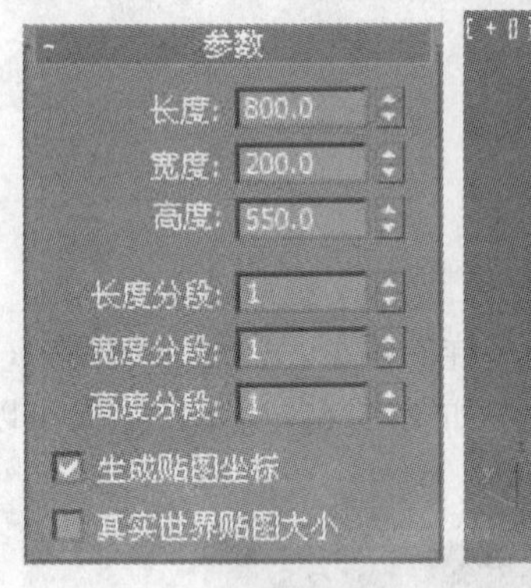

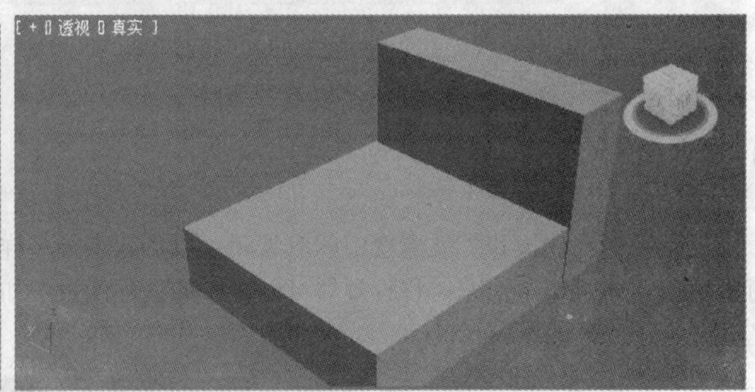

图 3-69 创建沙发的后背

2. 利用不平滑切角长方体创建沙发扶手

步骤 1 在【创建】面板中单击按钮，在下拉列表框中选择【扩展基本体】选项，进入【扩展基本体】面板。

步骤 2 单击 切角长方体 按钮，在前视图中创建一个切角长方体，在【参数】卷展栏下修改切角长方体的参数，首先取消【平滑】选项，然后设置长度、宽度、高度分别为 550、950、150，将【圆角】微调框设置为 20，如图 3-70 左所示。

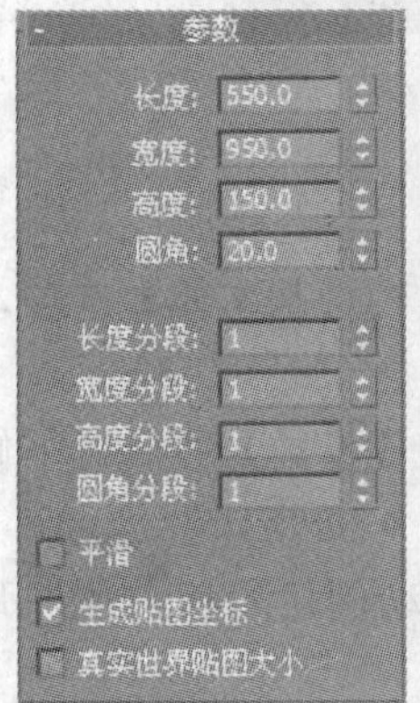

图 3-70 创建沙发扶手

步骤 3 选择工具栏中的按钮，按〈Shift〉键在顶视图中拖动创建的切角长方体，弹出【克隆选项】对话框，选择【复制】单选按钮，复制一个切角长方体。

步骤 4 移动复制的切角长方体到合适的位置，创建另一侧的沙发扶手，如图 3-71 所示。

图 3-71 两侧的扶手

3. 利用平滑切角长方体创建沙发坐垫

步骤 1 再次单击 切角长方体 按钮，在前视图中创建另一个切角长方体，在【参数】卷展栏下修改切角长方体的参数。

步骤 2 这次保持【平滑】选项为选择状态，然后设置长度、宽度、高度分别为 850、900、200，将【圆角】微调框设置为 70，圆角分段设置为 5。

步骤 3 移动修改好参数的切角长方体到合适的位置，如图 3-72 右所示。

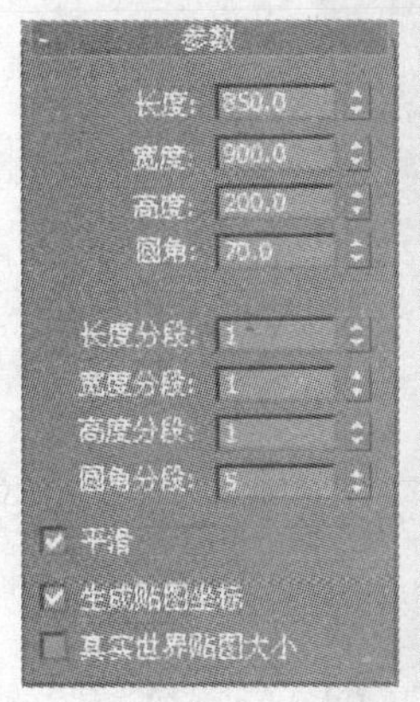

图 3-72 创建沙发坐垫

4. 利用胶囊体创建沙发靠垫

步骤 1 单击 胶囊 按钮，在前视图中创建一个胶囊体，在【参数】卷展栏下修改胶囊体的参数。

步骤 2 保持【平滑】选项为选择状态，选择【总体】单选按钮，然后设置半径为 200、高度为 900，如图 3-73 所示。

步骤 3 选择工具栏中的 按钮，选择胶囊体，移动到合适的位置，完成沙发靠垫的创建，最终结果如图 3-67 所示。

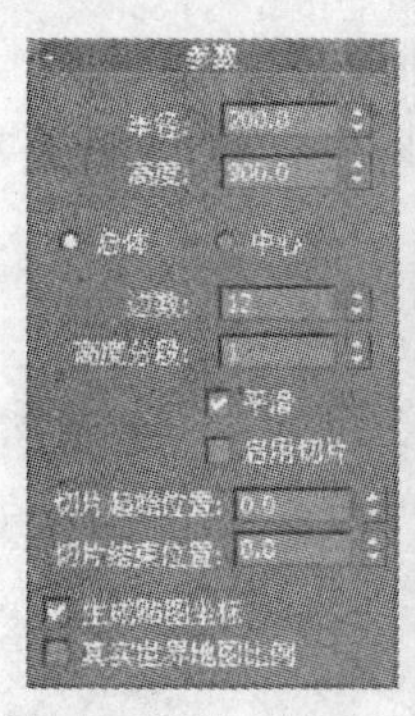

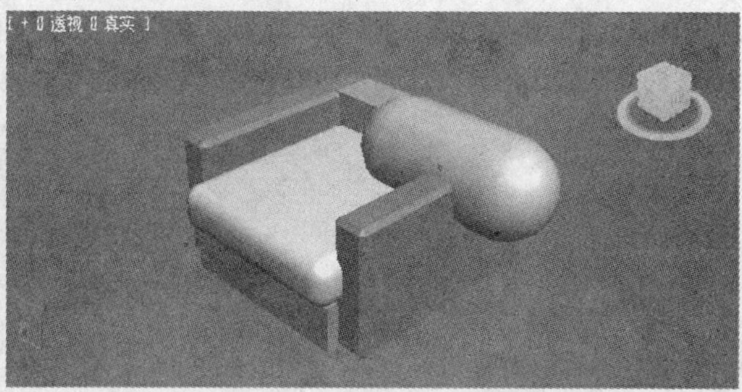

图 3-73　创建一个胶囊体

3.4　思考与练习

（1）3ds Max 2012 能创建的标准基本体有几种？分别是哪几种？

（2）创建长方体时命令面板共有哪几个卷展栏？

（3）创建如图 3-74 所示的开口管状物，开口角度为 40°，结果可以参见光盘中的文件"管状物.max"。

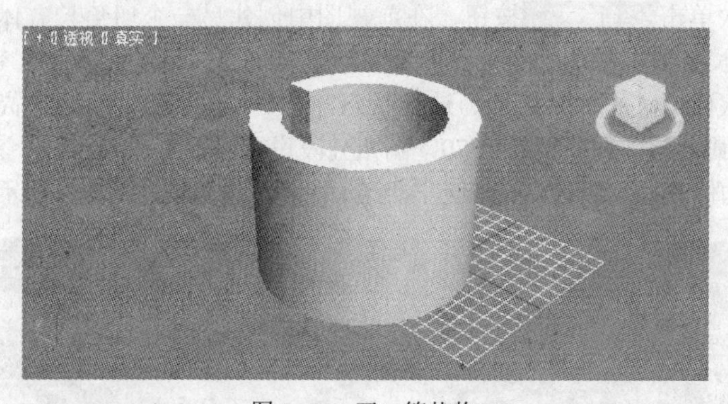

图 3-74　开口管状物

（4）3ds Max 2012 能创建的扩展基本体有几种？分别是哪几种？

（5）油罐、胶囊和纺锤有什么不同？

（6）创建如图 3-75 所示的球棱体，结果可以参见光盘中的文件"球棱体.max"。

图 3-75　球棱体

第 4 章　二维样条线的创建与编辑

04

在 3ds Max 中，除了可以利用创建标准基本体和扩展基本体来直接生成三维模型外，大多数的建模是从二维样条线开始的。从这个意义上讲，二维线型是建模最重要的基础之一。二维样条线可以通过几个次级对象进行精确的编辑控制，从而控制建模精准度。通过给二维样条线添加修改器可以生成三维模型。

重点知识

- 二维样条线创建卷展栏简介
- 创建线
- 创建多边形
- 二维样条线公共卷展栏
- 二维样条线编辑卷展栏简介
- 二维样条线编辑面板【几何体】卷展栏

练习案例

- 创建【角半径】的值为 20 的矩形
- 变化的星形
- 旋转的铁皮
- 生成茶壶的截面
- 制作铁艺窗

4.1　创建样条线线型

创建二维样条线的操作非常简单，参数也不复杂，准确的理解方法和参数的意义对建立精确模型很有好处。本节就来介绍一下二维样条线的创建方法。二维样条线可通过【挤压】、【旋转】等修改器得到三维对象。

4.1.1　【对象类型】卷展栏

单击按钮，打开新建选项卡，单击按钮，在下拉列表框中选择【新建二维样条线】命令。3ds Max 2012 的二维样条线【对象类型】卷展栏提供了 11 种二维样条线的创建按钮。创建面板和【对象类型】卷展栏如图 4-1 所示。

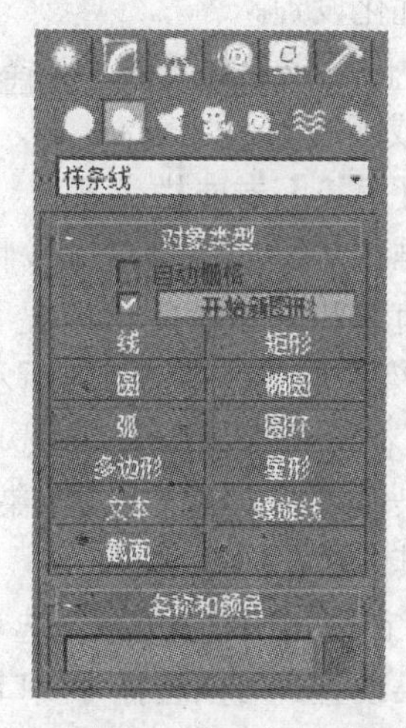

图 4-1　二维样条线【对象类型】卷展栏

【开始新图形】复选框用于控制建立样条线的独

立性，当该复选框处于选择状态时，每建立一条样条线都是相互独立的，可以分别编辑。当该复选框处于不被选择状态时，建立的所有样条线自动附加在一起，做局部调整时需要进入次级对象模式进行。

4.1.2 【线】卷展栏

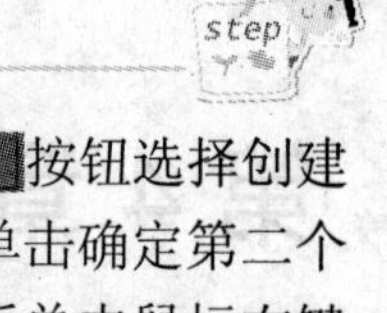

线是由节点组成的，它是 3ds Max 2012 中最简单的对象。单击 线 按钮选择创建【线】，然后在视图中单击鼠标左键，确定第一个节点，然后移动鼠标，再次单击确定第二个节点，创建一条直线，可继续单击生成第三、四个节点，创建多条线段，最后单击鼠标右键完成线的创建。【线】对象命令面板中的卷展栏包括【名称和颜色】、【插值】、【创建方法】、【键盘的输入】。

1.【名称和颜色】卷展栏

和创建三维标准基本体一样，在样条线的【名称和颜色】卷展栏中可以重新命名所创建样条线的名称和颜色，这一点在复杂场景中非常有用，是对象的管理关键。【名称和颜色】卷展栏如图 4-2 所示。

2.【插值】卷展栏

插值是二维对象所具有的一种优化方式，当二维对象为光滑曲线时，可以通过插值的方式使曲线更平滑。【插值】卷展栏如图 4-3 所示。

图 4-2 【名称和颜色】卷展栏

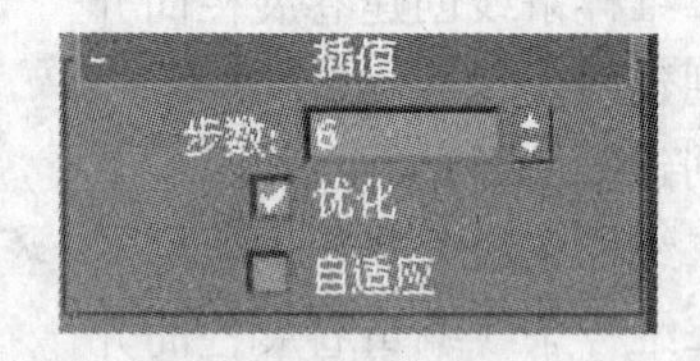

图 4-3 【插值】卷展栏

- 【步数】微调框：设定生成线段的每段中间自动生成的折点数。如果【步数】值为 0，则【光滑】方式无效，即每段都是直线。
- 【优化】复选框：选择是否允许系统自动地选择参数进行优化设置。
- 【自适应】复选框：选择是否允许系统适应线段的不封闭或不规则。

3.【渲染】卷展栏

二维样条线的渲染是比较特殊的，因为二维样条线只有形状，没有体积，系统默认情况下是不能被渲染着色而显示出来的。【渲染】卷展栏如图 4-4 所示。

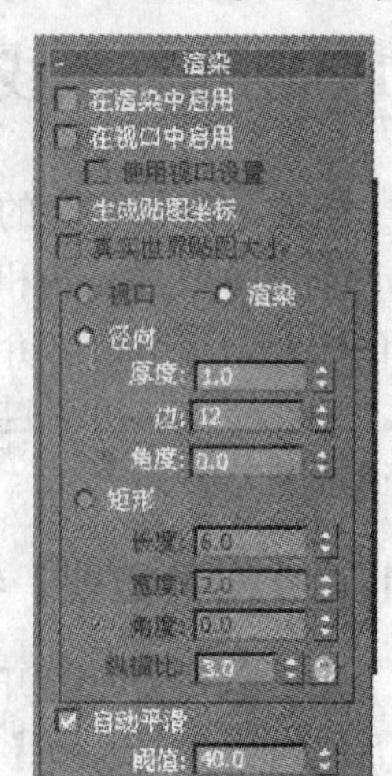

图 4-4 【渲染】卷展栏

- 【在渲染中使用】：此选项可以选择是否在渲染时使用渲染设置。可以选择【渲染】单选按钮进入渲染模式以修改其参数。
- 【在视口中使用】：此选项可以选择是否在视口中使用渲染设置。可以选择【视口】单选按钮进入视口模式以修改其参数。
- 【生成贴图坐标】复选框：使可渲染的二维对象表面可以进行贴图处理。
- 【视口】/【渲染器】单选按钮：选择两个之中任一个后，修改【厚度】、【边数】和

【角度】参数值得到不同模式下的参数。

- 【厚度】微调框：厚度值大于零时，构成二维对象的线的截面是个正多边形，类似于正多边形的边长。
- 【边】微调框：边数值用来设定正多边形的边数。边数值越大，截面就越接近圆形。这与圆环体的【边数】参数意义相同。
- 【角度】微调框：设定构成二维对象的线的扭转角度，当【边数】值足够大的时候，截面逼近圆形，【角度】的意义不明显；而当【边数】值比较小时，增大【角度】值，可以明显看出此截面的旋转。

如果要对二维对象进行渲染着色，首先要选中【在渲染中启用】复选框，然后设定【厚度】值。【厚度】用来定义构成二维对象的线的宽度。

4.【创建方法】卷展栏

【创建方法】卷展栏如图 4-5 所示。

【初始类型】选项区域：设定单击方式下的线段形式，如果选择【角点】，那么生成的线段是直线；如果选择【平滑】，则生成的线段是光滑曲线。

【拖动类型】选项区域：设定拖动方式下的线段形式。如果选择【角点】单选按钮，那么经过该点的曲线以该点为顶点组成一条折线；如果选择【平滑】单选按钮，则经过该点的曲线以该点为顶点组成一条光滑曲线；如果选择 Bezier 单选按钮，则经过该点的曲线以该点为顶点组成一条贝塞尔曲线。

5.【键盘输入】卷展栏

【键盘输入】卷展栏如图 4-6 所示。利用键盘输入的方式创建【线】对象，实际上等同于使用鼠标单击的方式，但取点更精确。当在【创建方法】卷展栏选择了创建方式后，只需要逐点输入【线】各拐点的 X、Y、Z 坐标值，并单击 添加点 按钮添加该点即可。单击 关闭 按钮可以使线段闭合，单击 完成 按钮则以刚添加过的一个点为线段的终点。

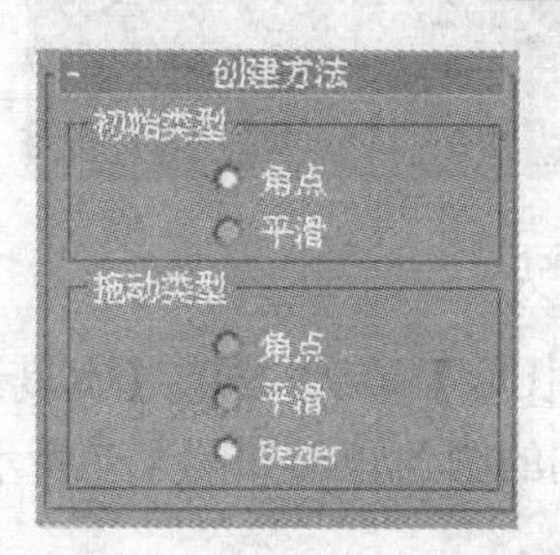

图 4-5 【创建方法】卷展栏

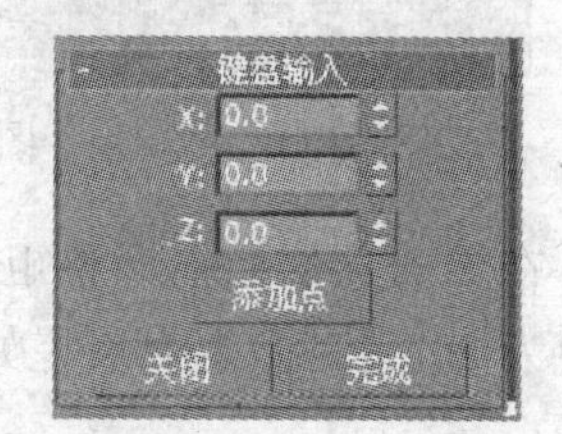

图 4-6 【键盘输入】卷展栏

4.1.3　矩形

矩形也是 3ds Max 2012 中最简单的对象之一。单击 矩形 按钮选择创建【矩形】，在【创建方法】卷展栏中选择【边】单选按钮，在视图中单击鼠标左键，确定第一个角点，然后移动鼠标，再次单击确定对角点，创建一个矩形。如果在【创建方法】卷展栏中选择【中心】单选项，则第一次单击确定矩形中心，第二次单击确定矩形的角点。

创建矩形比创建线多一个【参数】卷展栏，其中【长度】和【宽度】值分别用于确定矩形的长和宽，【角半径】的值用于调整矩形四角的圆滑半径。

【例 4-1】 创建【角半径】的值为 50 的矩形

设置角半径的值可以创建圆角矩形，如图 4-7 所示，结果可以参见光盘中的文件“圆角矩形.max”。

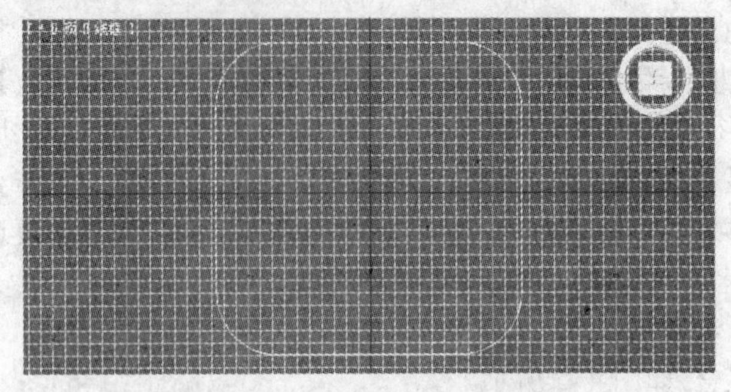

图 4-7 【角半径】为 50 的矩形

步骤 1 重置场景。

步骤 2 单击新建选项卡，选择新建二维线型按钮，然后选择新建样条线，单击 矩形 按钮，选择创建一个矩形。

步骤 3 在前视图中单击鼠标左键，确定矩形的一个角点，保持按键状态拖动鼠标，在视图的另一处松开鼠标，确定矩形的对角点。新建一个任意矩形，如图 4-8 所示。

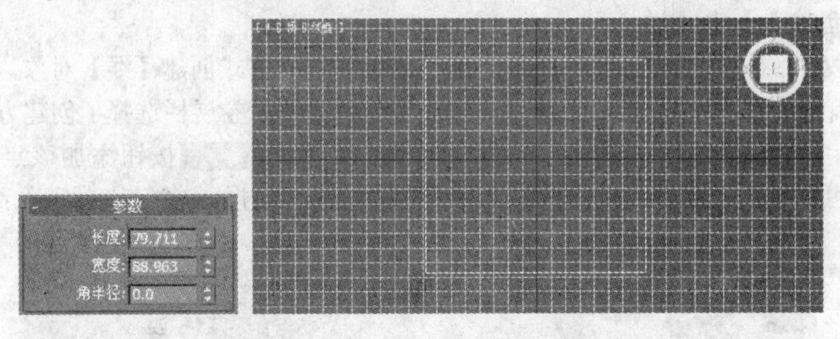

图 4-8 新建一个任意矩形

步骤 4 在参数卷展栏中调整矩形的参数。设置【长度】值为 250、【宽度】值为 250、【角半径】值为 50。【参数】卷展栏如图 4-9 所示，得到的圆角矩形如图 4-7 所示。

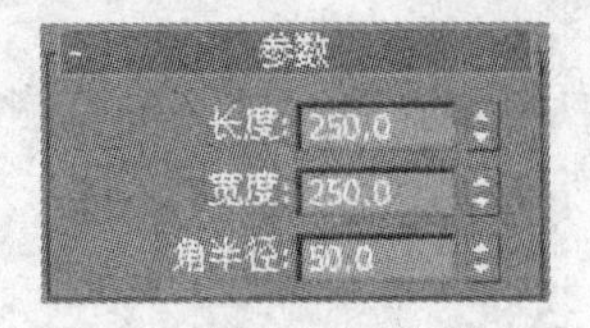

图 4-9 圆角矩形的【参数】卷展栏

4.1.4 圆和圆环

圆也是 3ds Max 2010 中最简单的对象之一。圆对象的参数设置比较简单，只有一个【半径】微调框。圆的参数卷展栏和圆对象如图 4-10 所示。

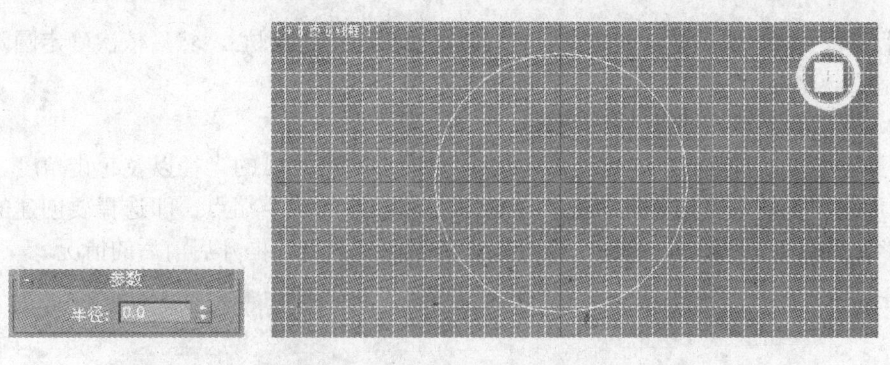

图 4-10 圆的参数卷展栏和圆对象

圆环对象与圆相比，只是多了一个同心圆，圆环对象的参数设置也很简单，有【半径1】、【半径 2】两个微调框。圆环的参数卷展栏和圆环对象如图 4-11 所示。

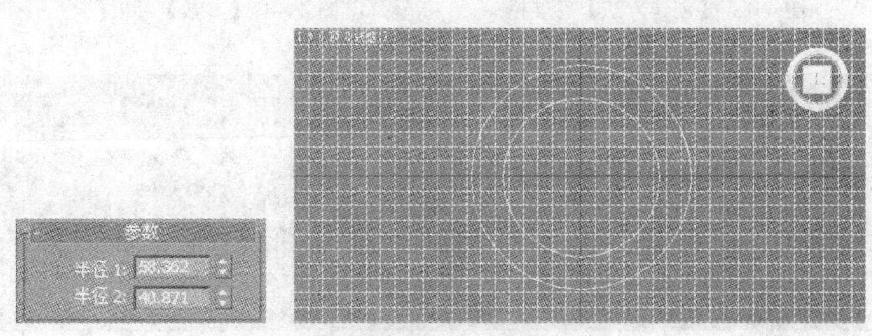

图 4-11 圆环的参数卷展栏和圆环对象

4.1.5 椭圆

3ds Max 通过定义椭圆的长度和宽度来定义椭圆，可以选择在【创建方法】卷展栏中选择【中心】单选项或【边】单选项来创建。椭圆和椭圆的【参数】卷展栏如图 4-12 所示。

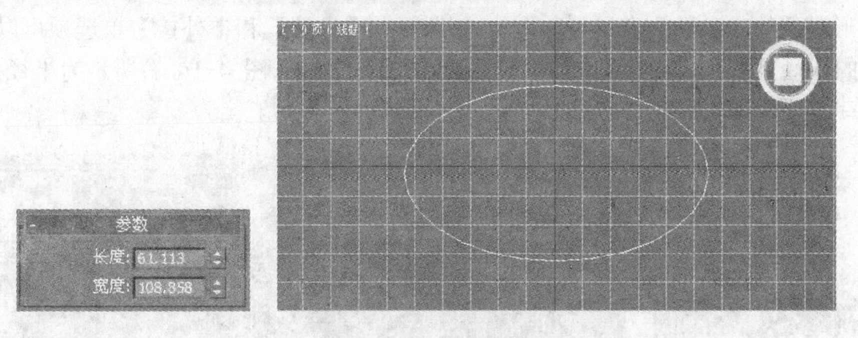

图 4-12 椭圆的【参数】卷展栏和椭圆对象

4.1.6 弧

弧能够创建出各种各样的圆弧和扇形。弧有两种创建方法：

- 【端点-端点-中央】创建方式，首先确定圆弧的两个端点，再生成圆弧的中间部分，即圆弧的弯曲方向和半径。

- 【中间-端点-端点】创建方式，先确定圆弧所在圆的圆心，然后依次确定圆弧的两个端点。

【创建方法】卷展栏如图 4-13 所示。

【参数】卷展栏如图 4-14 所示，可以调整的参数有圆弧的半径以及起止角度。除此之外，【饼形切片】复选框用来选择是否连接圆心和圆弧的两个端点，即选择要创建的是圆弧还是扇形。如图 4-15 所示，为同一弧对象【饼型切片】复选框开启前后的情况。

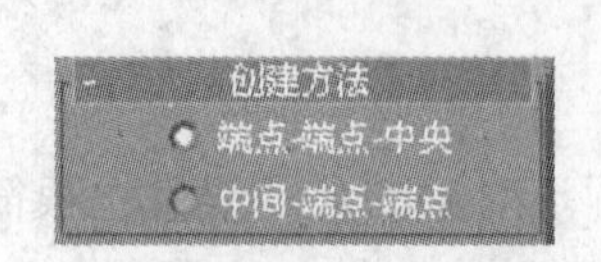

图 4-13 【创建方法】卷展栏

图 4-14 【参数】卷展栏

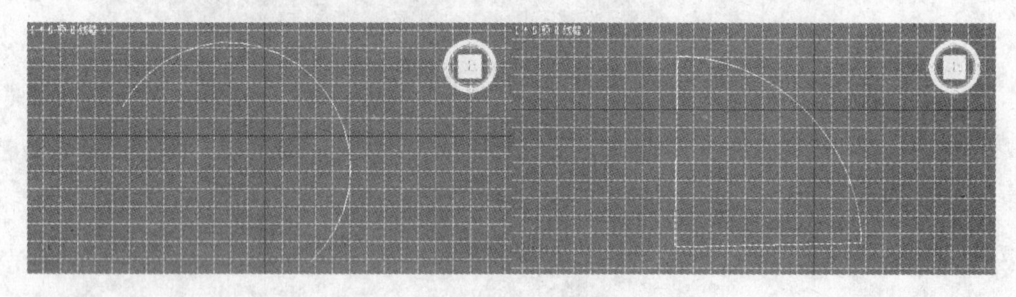
图 4-15 【饼型切片】复选框开启前后

4.1.7 多边形

多边形对象的参数也不复杂，使用键盘输入的方式创建一个正多边形，需要输入的参数有正多边形中心点的 X、Y、Z 坐标值、半径以及切角的半径。

多边形对象的【参数】卷展栏如图 4-16 所示。【内接】和【外接】单选项可以决定创建的多边形的半径是多边形内接圆的半径还是外切圆的半径。图 4-16 右所示为半径为 90、角半径为 10、边数为 5 的多边形。

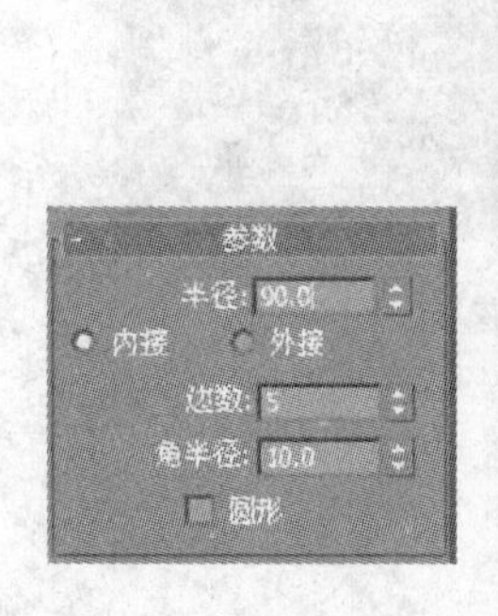

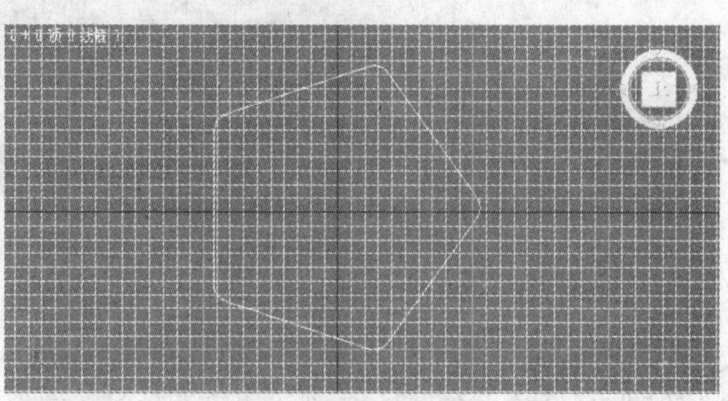
图 4-16 角半径为 10 的五边形

4.1.8　星形

【星形】是参数较多的二维图形，因而它们的变化形式也比较多。星形的【参数】卷展栏如图4-17所示。

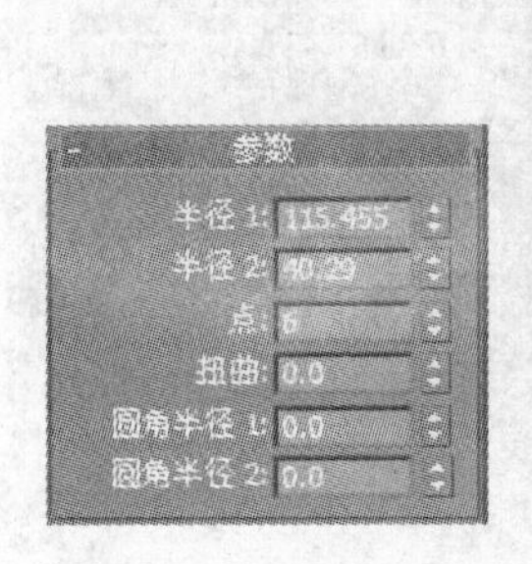

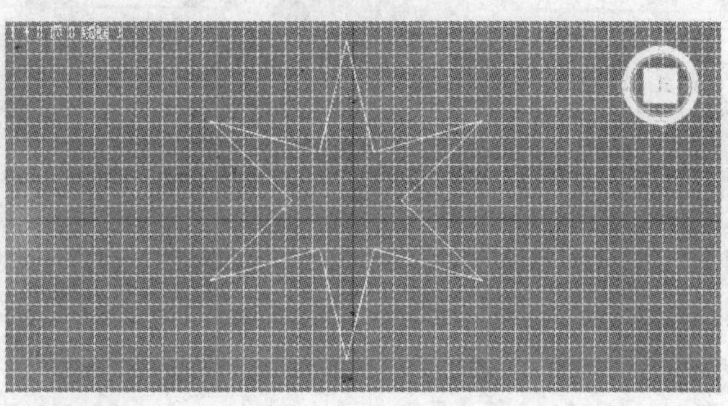

图4-17　星形的【参数】卷展栏及星形对象

通过修改【半径 1】和【半径 2】两个参数，可以改变星形的大小和形状，当两者参数值相等时，星形变为圆内接多边形。

【点】的参数值决定了星形的角数，上面创建的星形使用的是系统默认初始值 6，输入其他数值时，星形的角数就变成输入的数值数。

【扭曲】参数对星形起扭曲、变形的作用，其值的范围是0～80。

更改【圆角半径1】和【圆角半径2】参数可以对星形进行进一步变形。

【例4-2】　变化的星形

星形有很多的变化形式，下面通过一个小例子调整星形的各个参数，观察星形的变化，如图4-18所示。结果可以参见光盘中的文件“星形.max”。

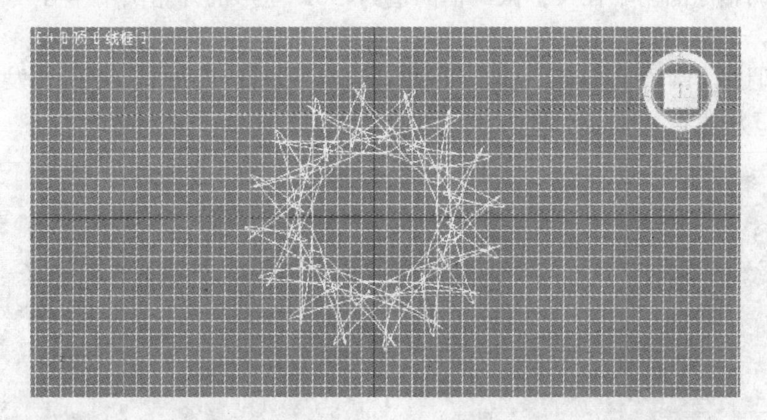

图4-18　变化的星形

步骤 1　重置场景。

步骤 2　单击新建选项卡，选择新建二维线型按钮，然后选择新建样条线，单击 星形 按钮，选择创建一个星形。

步骤 3　在前视图中单击鼠标左键，确定星形的中心，保持按键状态拖动鼠标，在视图的另一处松开鼠标，确定星形的一个半径长度，继续移动鼠标，在合适的位置单击，确定星形的另一个半径长度，新建一个任意星形，如图 4-19 所示。

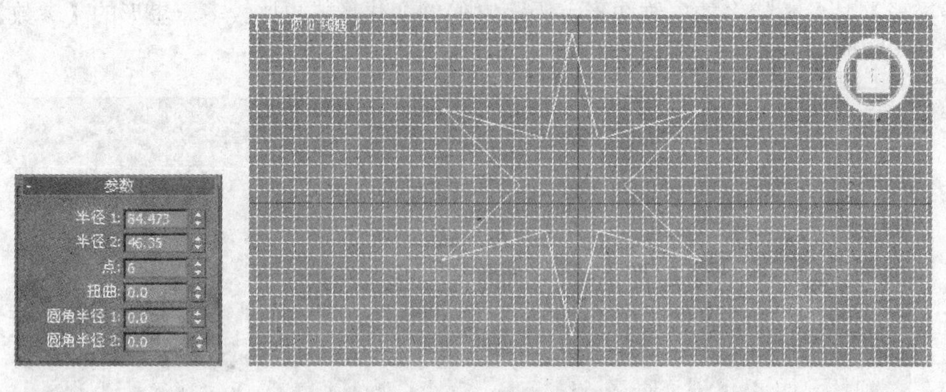

图 4-19　新建一个任意星形

步骤 4 调整【点】微调框的值为 16，如图 4-20 所示。

步骤 5 调整【扭曲】微调框的值为 30，可以看见内角点和外角点发生了扭曲，如图 4-21 所示。

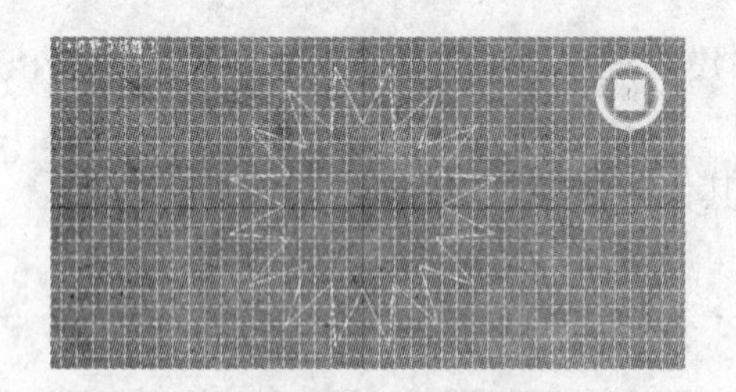

图 4-20　调整【点】微调框的值为 16

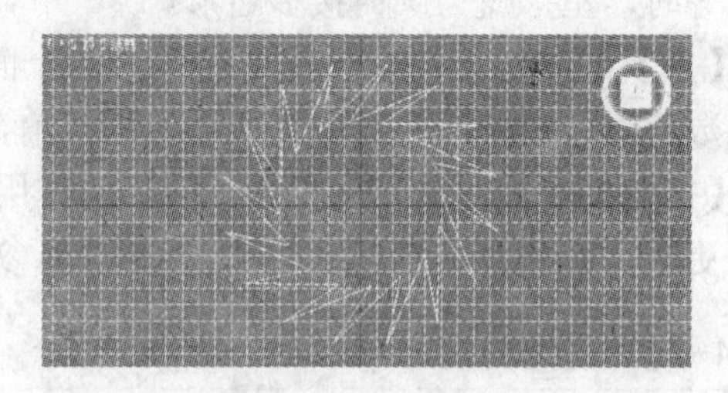

图 4-21　调整【扭曲】微调框的值为 30

步骤 6 调整【圆角半径 1】微调框的值为 30，星形的外角圆滑半径发生了变化，如图 4-22 所示。

步骤 7 调整【圆角半径 2】微调框的值为 10，星形的内角圆滑半径也发生了轻微的变化，如图 4-23 所示。

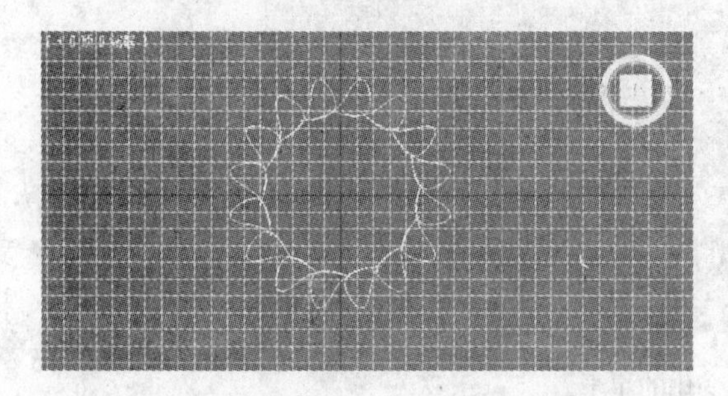

图 4-22　调整【圆角半径 1】微调框的值为 30

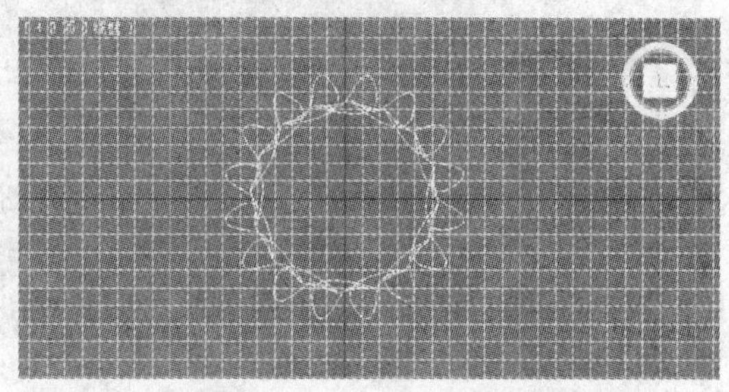

图 4-23　调整【圆角半径 2】微调框的值为 10

步骤 8 调整【圆角半径 2】微调框的值为 70，【参数】卷展栏如图 4-24 所示，得到的星形如图 4-18 所示。

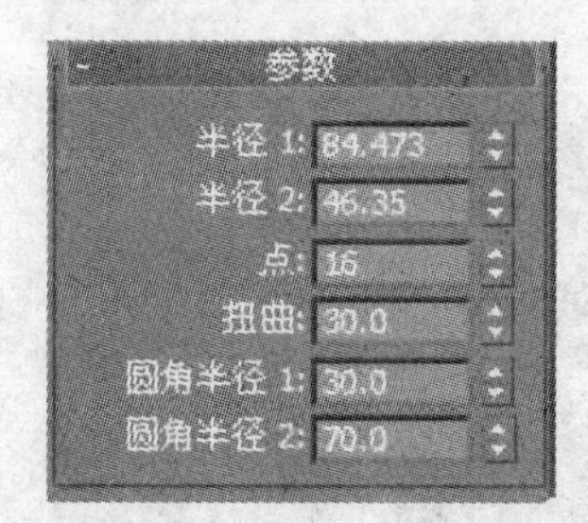

图 4-24 【参数】卷展栏

4.1.9　文本

3ds Max 2012 允许用户在视图中直接加入文本，并提供了相应的文字编辑功能。文本的【参数】卷展栏如图 4-25 所示。

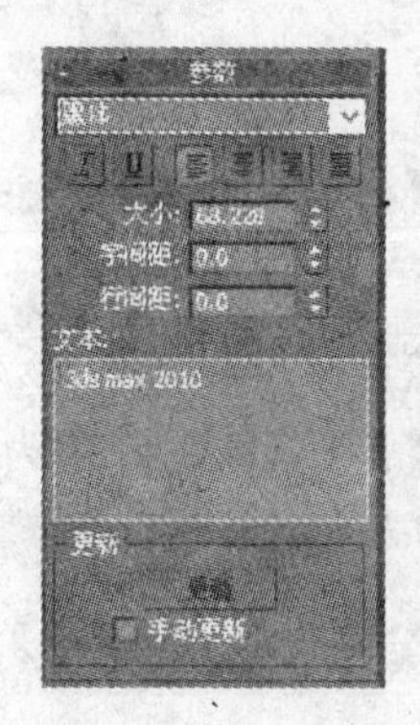

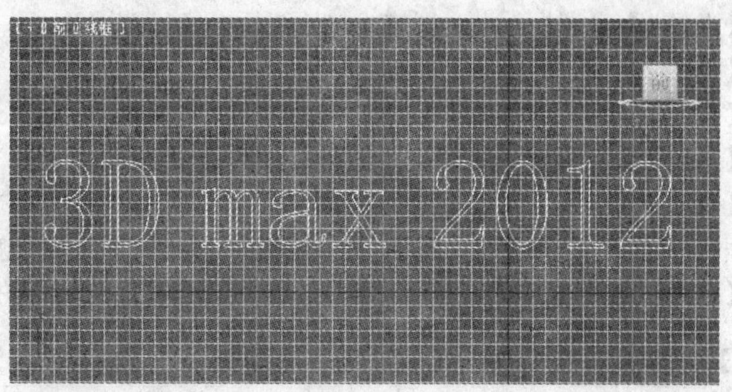

图 4-25　文本的【参数】卷展栏

- 下拉列表框用来选择字体类型。
- 按钮：单击激活该按钮可以使文字变为斜体。
- 按钮：单击激活该按钮可以为文字添加下划线。
- 按钮：单击激活该按钮可以用来设定文字的对齐方式为左对齐。
- 按钮：单击激活该按钮可以用来设定文字的对齐方式为居中。
- 按钮：单击激活该按钮可以用来设定文字的对齐方式为右对齐。
- 按钮：单击激活该按钮可以用来设定文字的对齐方式为分散对齐。
- 【大小】微调框：用来设定文字的大小。
- 【字间距】微调框：用来设定行内文字之间的间距。
- 【行间距】微调框：用来设定不同行之间的间距。
- 【文本】框：需要创建的文字内容在文本框输入。

4.1.10　螺旋线

螺旋线对象虽然属于【二维几何体】子菜单，却在 X、Y、Z 三个维度上都有分布，是【二维几何体】对象里面惟一的三维空间图形，螺旋线的外形和螺旋线对象【参数】卷展栏如图 4-26 所示。

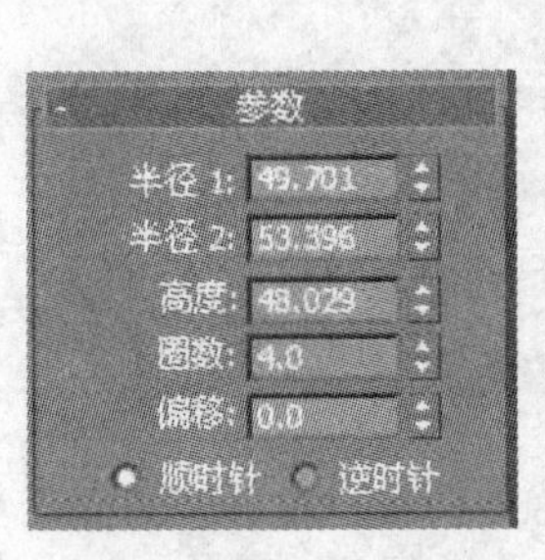

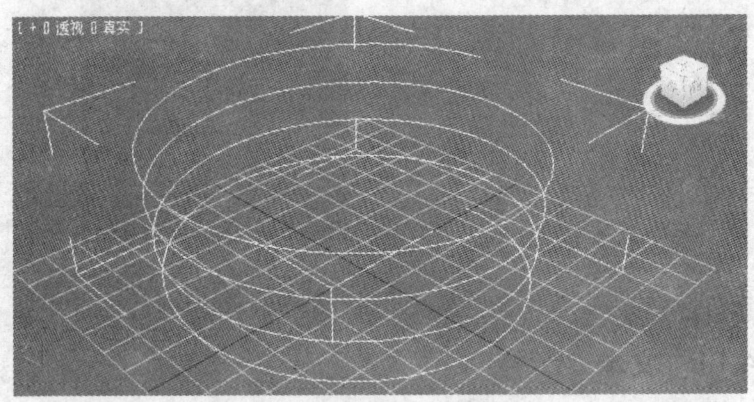

图 4-26　螺旋线对象【参数】卷展栏及螺旋线

- 【半径 1】微调框：设定螺旋线起始圆的半径。
- 【半径 2】微调框：设定螺旋线终止圆的半径。
- 【高度】微调框：设定螺旋线的总高度。
- 【圈数】微调框：设定螺旋线的总圈数。
- 【偏移】微调框：设定螺旋线各圈之间的间隔程度，使其疏密程度发生变化。该值的取值范围是 0～1，越接近 0，底部越密；越接近 1，顶部越密。系统默认值为 0。
- 【顺时针】和【逆时针】单选项：设定螺旋线生成时旋转的方向。

【例 4-3】　旋转的铁皮

螺旋线可以很轻易地创建盘旋上升的对象，通过对【渲染】卷展栏的调整，还可以在视图中很好地观察结果。下面一个例子创建几圈旋转的铁皮，如图 4-27 所示。结果可以参见光盘中的文件“螺旋线.max”。

步骤 1　重置场景。

步骤 2　单击新建选项卡，单击新建二维线型按钮，然后选择新建样条线，单击 螺旋线 按钮，创建一条螺旋线。

图 4-27　旋转的铁皮

步骤 3 在前视图中单击鼠标左键，确定螺旋线的中心，保持按键状态拖动鼠标，松开鼠标确定螺旋线起始圆的半径；继续移动鼠标，单击确定螺旋线的高度；再次继续移动鼠标，单击确定螺旋线终止圆的半径，新建一条任意螺旋线，如图 4-28 所示。

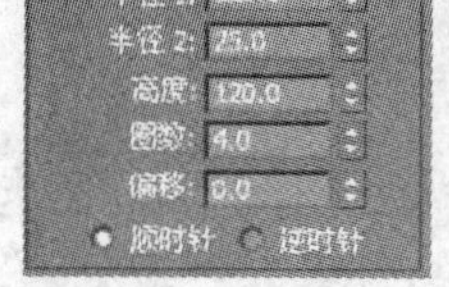

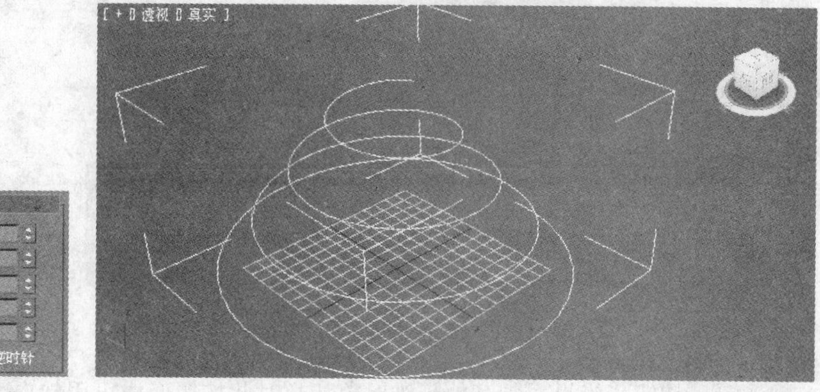

图 4-28　新建一条任意螺旋线

步骤 4 打开【渲染】卷展栏，首先选中【在视图中启用】复选框，螺旋线如图 4-29 所示。

步骤 5 单击矩形单选按钮，将矩形的长度调整为 30，宽度调整为 1。按图 4-30 所示调整螺旋线参数。

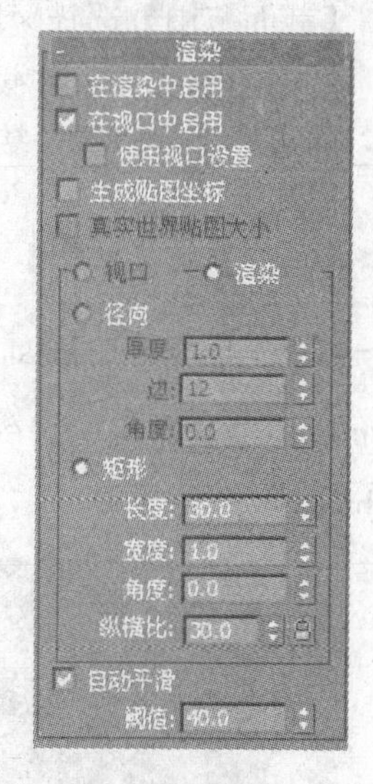

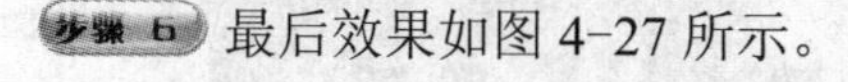

图 4-29　选中【在视图中启用】复选框的螺旋线

图 4-30　【渲染】卷展栏

步骤 6 最后效果如图 4-27 所示。

4.1.11　截面

3ds Max 2012 提供的截面工具可以通过截取三维造型的剖面来获得二维图形。用此工具创建一个平面，可以移动、旋转它，并缩放它的尺寸，当它穿过一个三维造型时，会显示出截获物剖面，然后单击【创建图形】按钮就可以将这个剖面制作成一条新的样条曲线。

该命令有两个卷展栏，【截面参数】和【截面大小】，如图 4-31 所示。

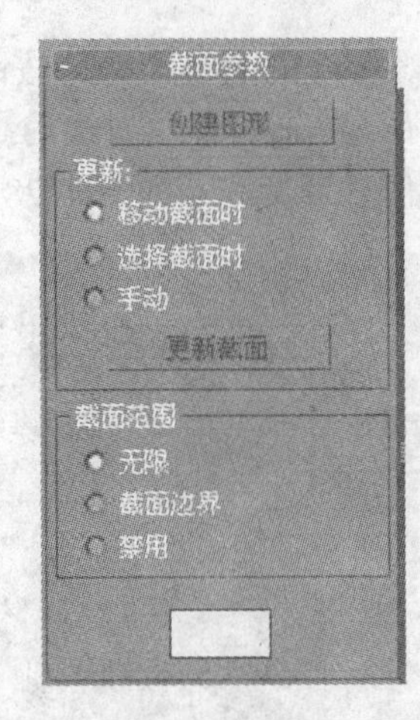

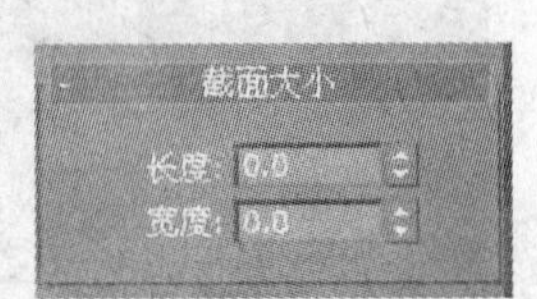

图 4-31 【截面参数】和【截面大小】卷展栏

- 创建图形按钮：当界面与其他三维对象相交时此按钮变成可用状态，此时单击可生成截面。单击该按钮会弹出一个【名称设置】对话框，用以设定创建图形的名称，单击对话框中的确定按钮会生成一个剖面图形。
- 【更新】选择区域：设置剖面物体改变时是否将结果即时更新。有 3 个单选项可供选择，当【手动】选项被选中时更新截面按钮变成可用状态。剖面物体移动了位置，单击下面的更新截面按钮视图的剖面曲线才会同时更新，否则不会更新显示。
- 【截面范围】选择区域：也提供了 3 个单选项供选择。【无限】单选项表示，凡是经过剖面的物体都被截取，与剖面的尺寸无关；【截面边界】单选项表示，以剖面所在的边界为限，凡是接触到边界的物体都被截取；【禁用】单选项表示，关闭剖面的截取功能。
- 【长度】和【宽度】：控制截面的大小。

【例 4-4】 生成茶壶的截面

创建一个茶壶，然后创建茶壶的截面，如图 4-32 所示。结果可以参见光盘中的文件“截面.max”。

图 4-32 创建茶壶的截面

步骤 1 新建一个场景文件。

步骤 2 单击新建选项卡，选择新建几何体按钮，然后选择新建标准基本体，单击 茶壶 按钮新建一个茶壶，如图 4-33 所示。

步骤 3 选择新建二维线型按钮，然后选择新建样条线，单击 茶壶 按钮，在前视图创建一个截面，如图 4-34 所示。截面与茶壶相交，相交处显示出一条黄色线条。

图 4-33 新建一个茶壶

图 4-34 创建一个截面

步骤 4 单击【截面参数】卷展栏中的 创建图形 按钮，弹出如图 4-35 所示的【命名截面图形】对话框，单击 确定 按钮，创建名称为“sshape01”的截面。

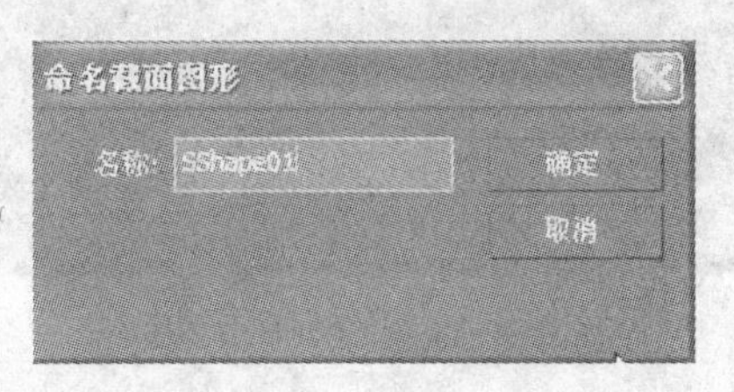

图 4-35 【命名截面图形】对话框

步骤 5 使用移动工具选择并移动创建的界面，如图 4-32 所示。

4.2 编辑二维样条线

二维线型的编辑是指对绘制完成的线型进行修改和编辑，可以改变线型形状、合并线型、打开线型等，操作包括点、线段和曲线 3 个级别。通过对参数的修改可以改变曲线的形状和粗细，并且在视图窗口和渲染视图中可以观察到所创建的线型，使线型成为可渲染的三维物体。

4.2.1 二维样条线编辑卷展栏

二维样条线编辑卷展栏主要有【渲染】、【插值】、【选择】、【软选择】、【几何体】，通过这些卷展栏下的参数设置，可以更加方便地对线型调控，创建出多样的图形。

4.2.2 渲染

【渲染】卷展栏主要是对线型可视化的设置，通过对命令的勾选和对参数的设置使线型有体积感，还可进行动画设置，如图 4-36 所示。

- 【在渲染中启用】：设置图形在渲染输出时的属性。如图 4-37 所示。

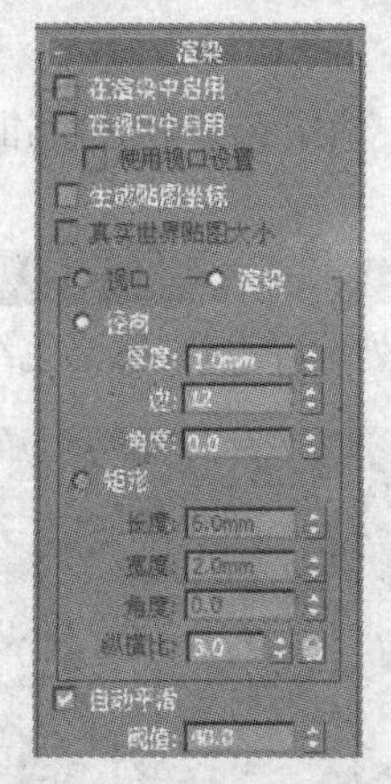

图 4-36 【渲染】卷展栏

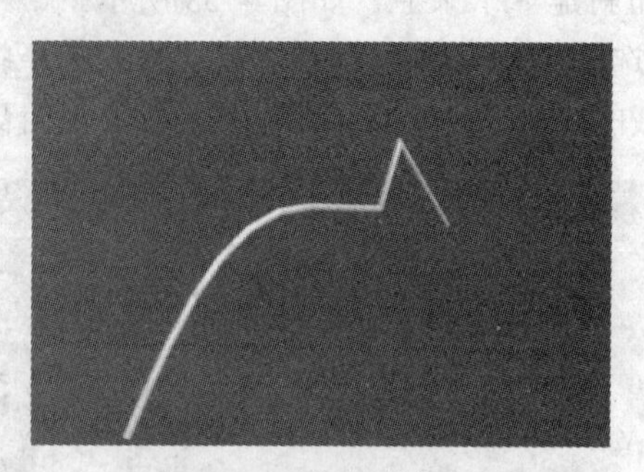

图 4-37 在渲染中启用

- 【在视口中启用】：设置图形在视图窗口中的显示属性，如图 4-38 所示。

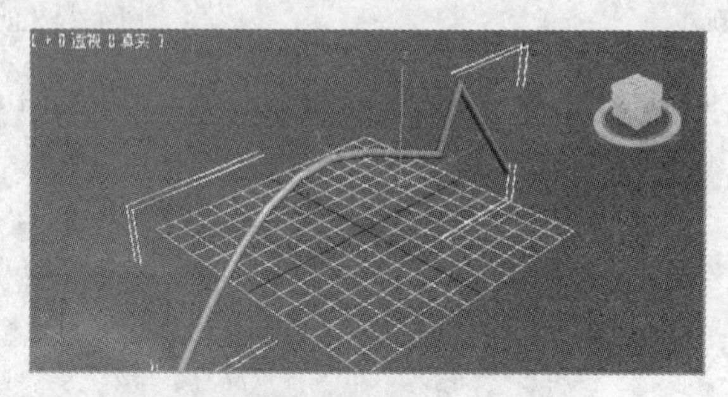

图 4-38 在视口中启用

- 【生成贴图坐标】：用来控制贴图位置。
- 【径向】：设置线型圆的属性。
- 【厚度】：可以控制线条的粗细程度。
- 【边】：设置可渲染线型的边数。
- 【角度】：用于调节横截面的旋转角度。
- 【矩形】：设置线型方的属性。
- 【长度】：可以控制线条的长。
- 【宽度】：可以控制线条的宽。
- 【角度】：用于调节横截面的旋转角度。
- 【纵横比】：用于调节宽度的比例关系。
- 【自动平滑】：控制图形的平滑度。

4.2.3 插值

【插值】卷展栏主要是对曲线的光滑程度进行设置。如图 4-39 所示。

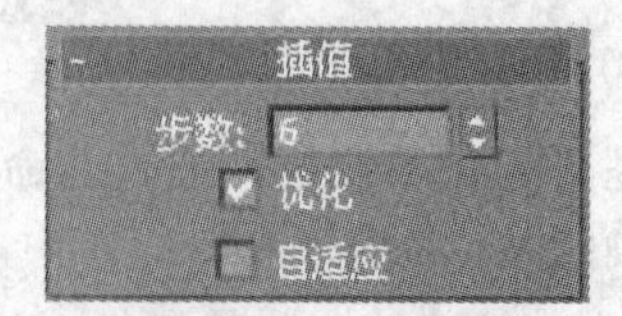

图 4-39 【插值】卷展栏

- 【步数】：设置两点间有多少个直线段构成曲线，数值越高，曲线越光滑。
- 【优化】：可去除曲线上多余的步数片段。
- 【自适应】：根据曲度的大小可自动设置步数。

4.2.4 选择

通过【选择】卷展栏可以进入样条线的次级对象。样条线共有 3 种次级对象，分别是顶点、线段和样条线，如图 4-40 所示。

- ：单击后，进入顶点的次物体编辑级别，这时可以对单个顶点进行编辑操作。在编辑顶点的层级时，在选择的顶点上单击鼠标右键，可出现浮动菜单，如图 4-41 所示，在【工具 1】中白圈标出的位置可对点进行 4 种不同的设置。

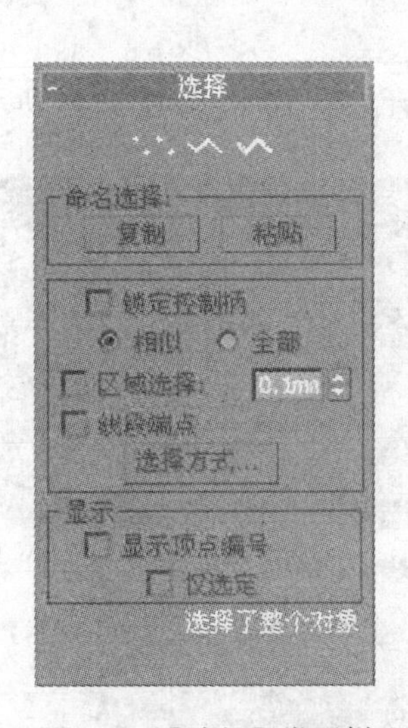

图 4-40 【选择】卷展栏

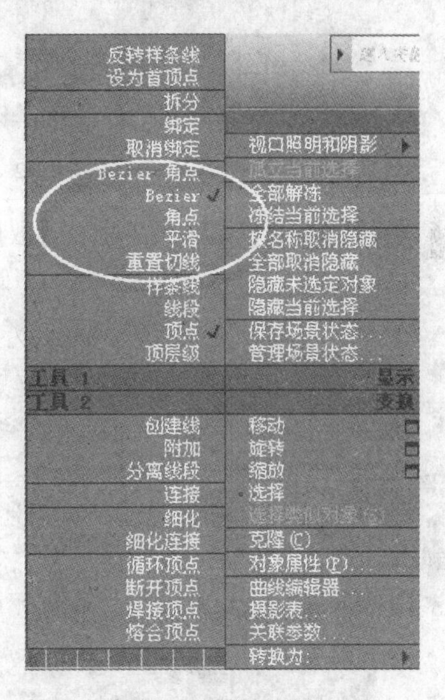

图 4-41 浮动菜单

- Bezier 角点（贝兹角点）：两根不相关的调节杆，可以各自调节一侧的曲线。
- Bezier（贝兹）：提供两根调节杆，两根调节杆处于同一直线并与曲线的顶点相切，可使两侧的曲线始终保持平滑。
- 角点：使两边的线段构成折角，顶点两侧的线段不可调节。
- 平滑：可使顶点两侧的线段强制形成圆滑的曲线，顶点两侧无调节杆。
- ：单击后，以线段为最小单位进行编辑。
- ：单击后，可对整个曲线进行编辑。

4.2.5 几何体

【几何体】卷展栏主要是对二维图形进行结合编辑，大多数命令要进入样条线的次级对象使用。如图 4-42 所示。

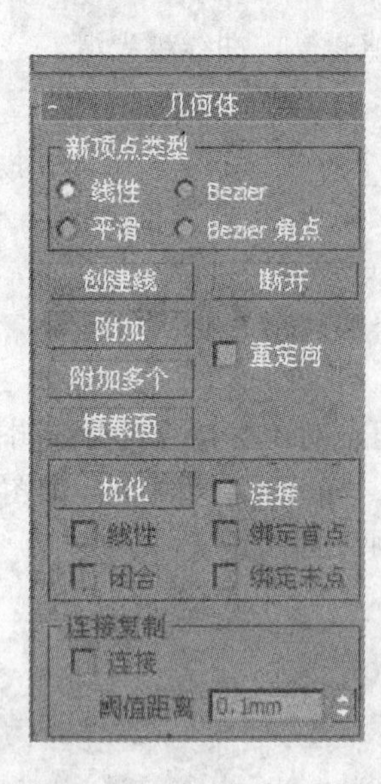

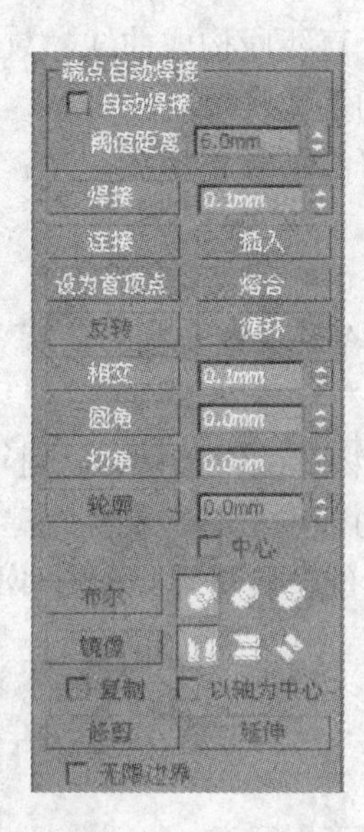

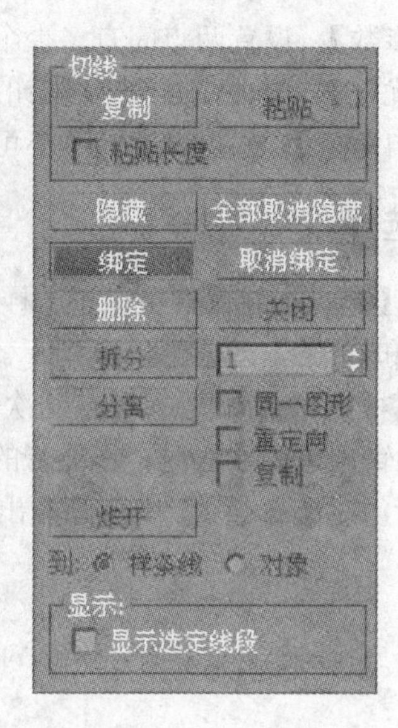

图 4-42 【几何体】卷展栏

● 附加 ：单击后，在视图中点取其他样条曲线，使其结合成一整体，如图 4-43 所示。

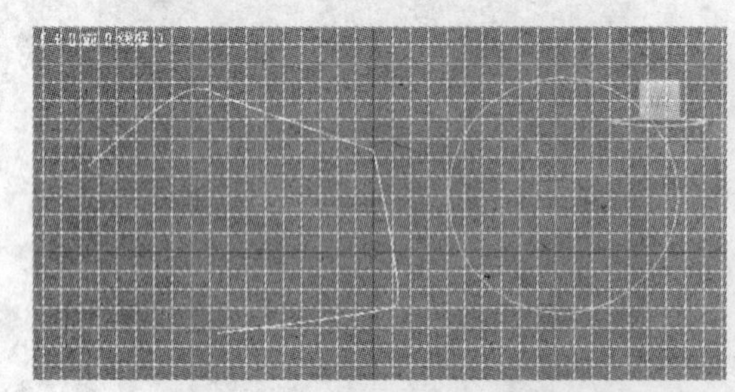
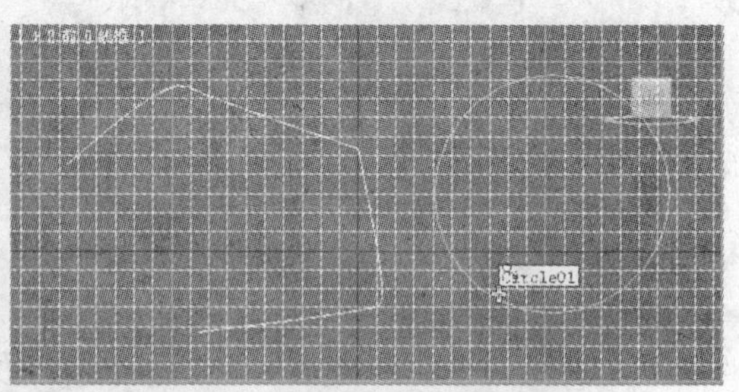

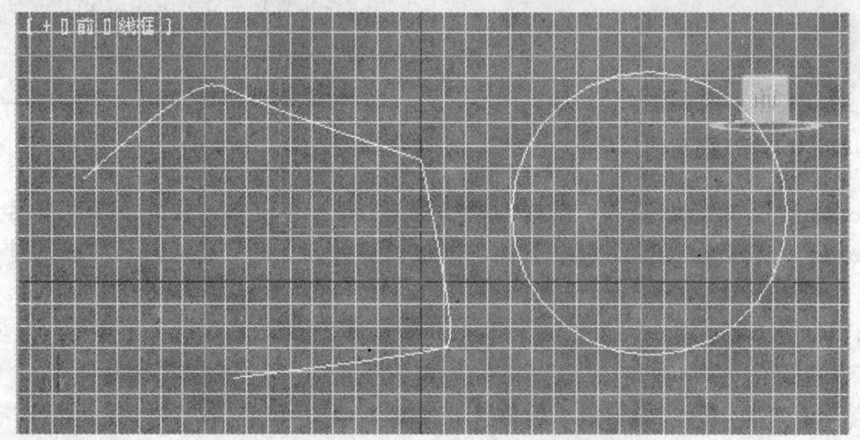

图 4-43 【附加】的过程

● 焊接 ：主要是对二维图形断开两个点的连接，使其中任何一个点与另一个点重叠，全选重叠的两个点，单击 焊接 命令，完成操作。如图 4-44 所示。

● 连接 ：连接两个端点，单击 连接 命令，用鼠标左键单击一点后拖至另一点，通过一条直线连接，如图 4-45 所示。

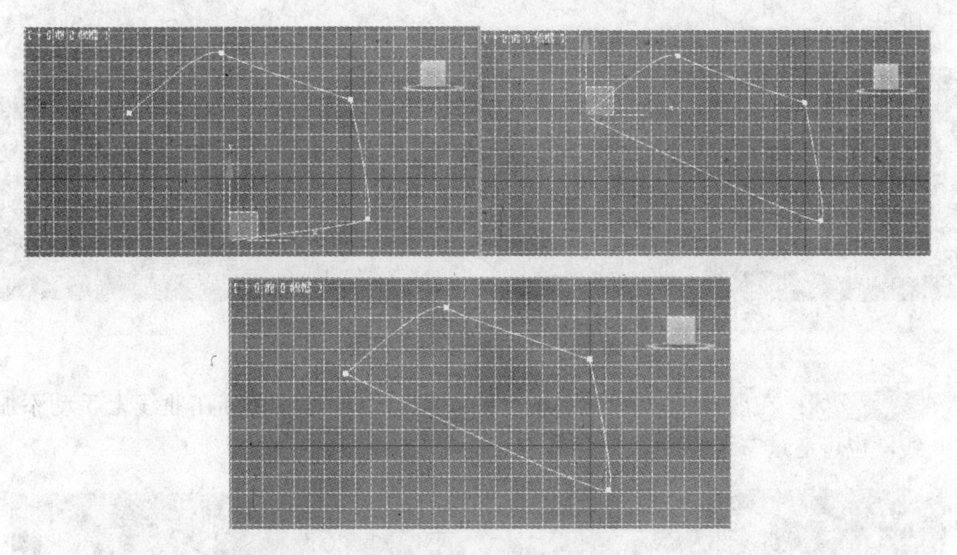

图 4-44 【焊接】的过程

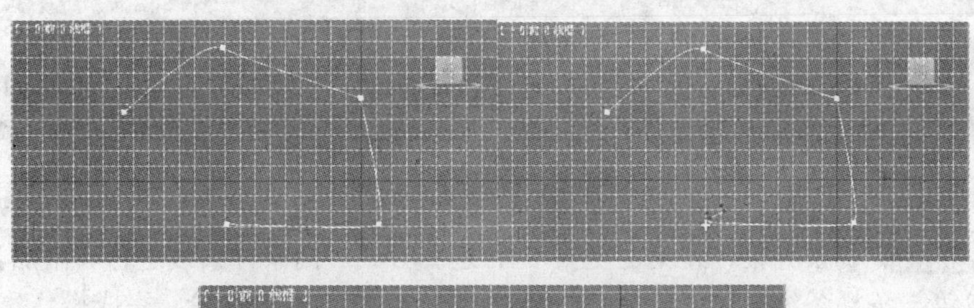

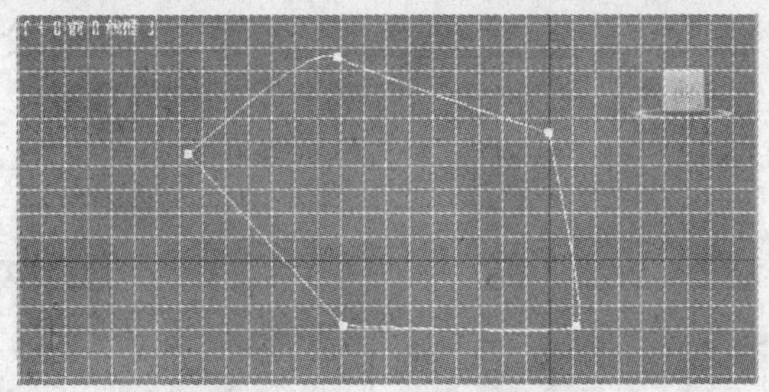

图 4-45 【连接】的过程

- 圆角：可以对角进行倒圆，选择多个角点也可同时对多角进行倒圆。如图 4-46 所示。

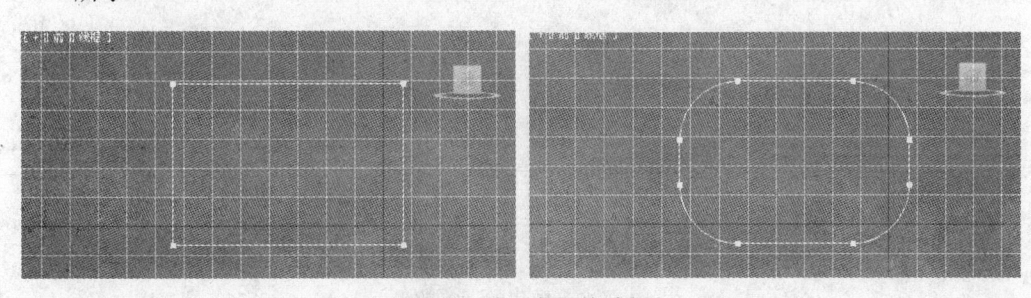

图 4-46 【圆角】的过程

- 切角：可以对角进行倒角，选择多个角点也可同时对多角进行倒角。如图 4-47

所示。

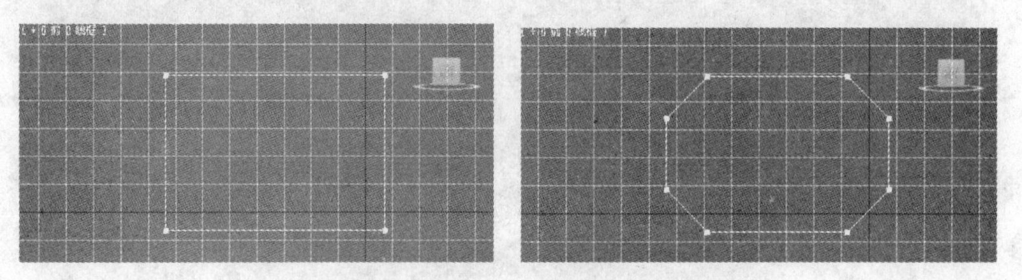

图 4-47 【切角】的过程

- 轮廓：在所选择的曲线上加一个双线勾边，可以直接在曲线上手动添加轮廓线，也可通过右边的数值加轮廓。如图 4-48 所示。

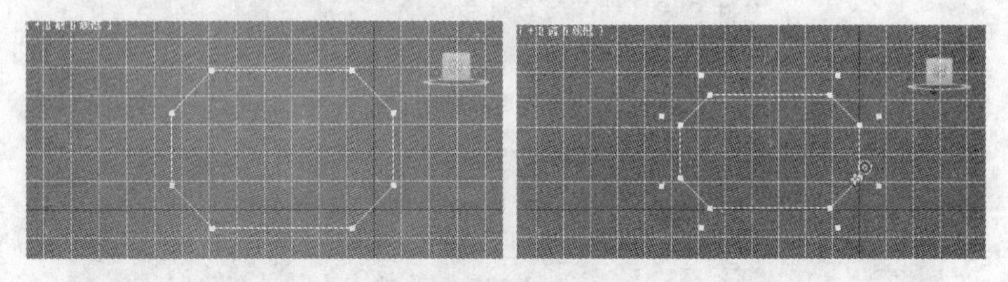

图 4-48 【轮廓】的过程

- 布尔：提供并集、差集、交集 3 种运算方式。两条样条线进行【附加】后，拾取第一条样条线，单击布尔命令，再拾取第二条样条线，完成操作。图 4-49 所示为并集的运算情况；图 4-50 所示为差集的运算情况；图 4-51 所示为交集的运算情况。

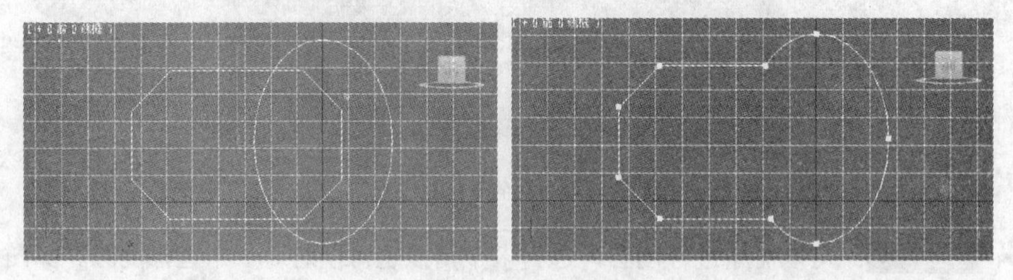

图 4-49 并集的运算效果

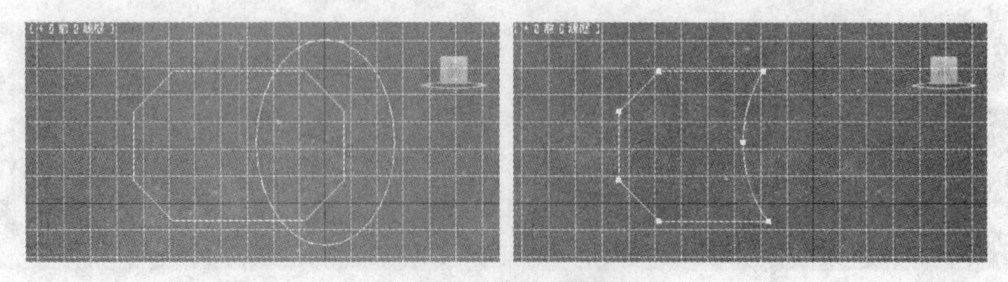

图 4-50 差集的运算效果

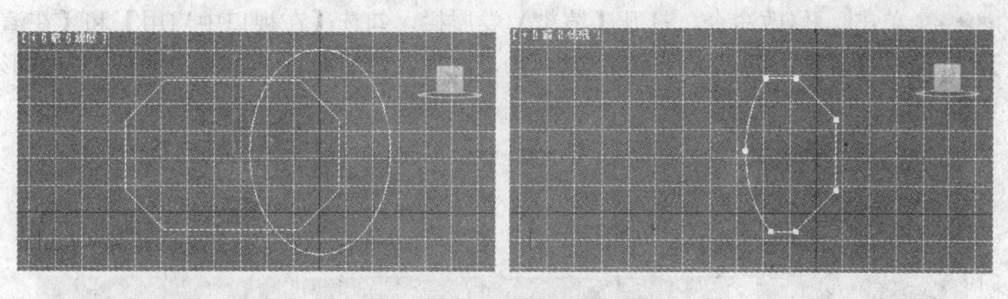

图 4-51　交集的运算效果

4.3　综合演练——制作铁艺窗

使用二维线型命令制作铁艺窗，通过对二维线型编辑，使其形状产生自由曲线，利用【渲染】卷展栏中的参数和属性，将二维线型转化为可视化的图形。如图 4-52 所示。结果可以参见光盘中的文件“铁艺窗.max”。

图 4-52　制作铁艺窗

1．制作铁艺窗的外框

步骤 1　单击创建面板中的图形命令，单击 线 命令，在前视图中绘制矩形。如图 4-53 所示。

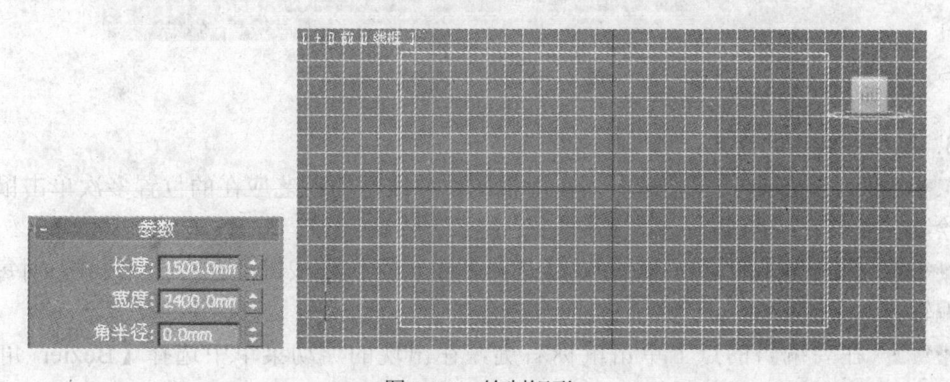

图 4-53　绘制矩形

步骤 2 单击修改命令，打开【渲染】卷展栏，勾选【在视口中启用】和【在渲染中启用】，并调整【矩形】的长度和宽度均为 20，这样在渲染时铁艺窗的边框截面为方形的。如图 4-54 所示。

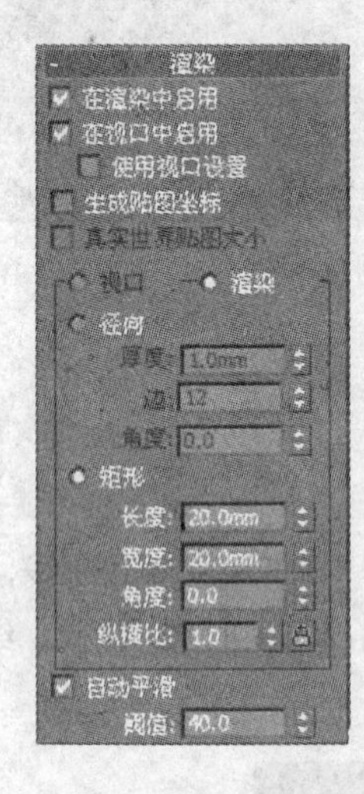

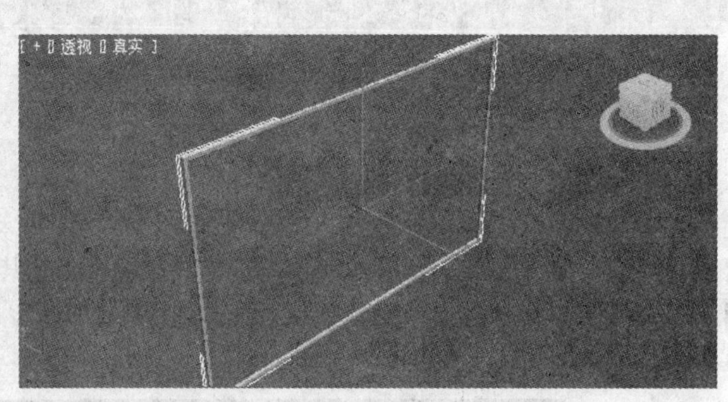

图 4-54　在视口启用

2．制作铁艺窗的横竖格

步骤 1 单击 线 命令，在前视图中绘制直线。按〈Shift〉键同时单击鼠标左键，绘制出水平直线。再用同样的方法绘制垂直线。

步骤 2 同样打开【渲染】卷展栏，勾选【渲染】卷展中的【在视口中启用】和【在渲染中启用】，让其在视口中显示。如图 4-55 所示。

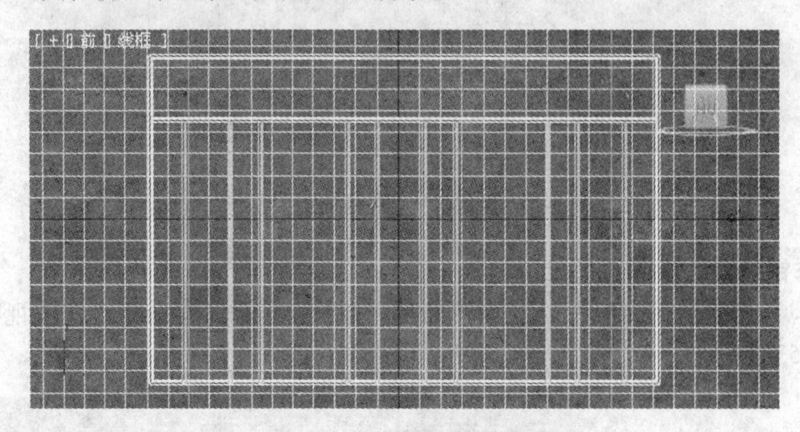

图 4-55　铁艺窗的横竖格

3．制作曲线型的铁艺。

步骤 1 单击 线 命令，在前视图中曲线型的铁艺应在的位置多次单击鼠标左键，绘制有多个节点的线。

步骤 2 单击编辑选项卡，单击【选择】卷展栏中按钮，进入顶点模式，对每个点进行编辑。

步骤 3 在要编辑的点上单击鼠标右键，在出现的浮动菜单中选择【Bezier 角点】命令，逐点进行调整。打开【渲染】卷展栏，勾选【在视口中启用】，让其在视口中显示，选择【径向】选项，调整厚度为 15，这样在渲染时曲线的截面是圆形的。如图 4-56 所示。

步骤 4 单击创建面板中的图形命令，单击 圆 命令，在前视图中绘制铁艺窗中间的圆形。

步骤 5 单击编辑选项卡，打开【渲染】卷展栏，勾选【在视口中启用】，让其在视口中显示。调整圆的位置，使用移动工具复制 4 个相同的圆。如图 4-57 所示。

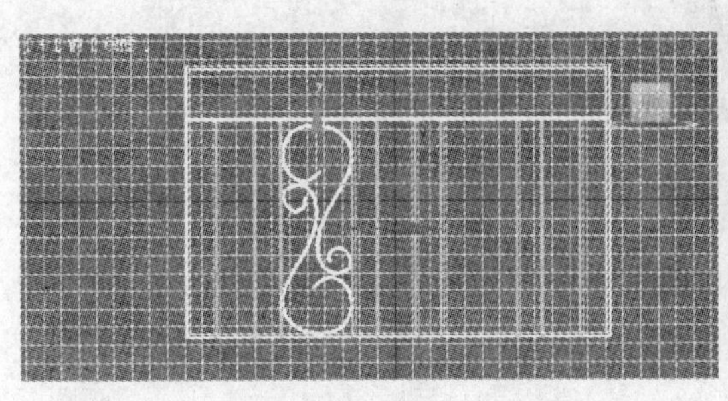

图 4-56　曲线型的铁艺

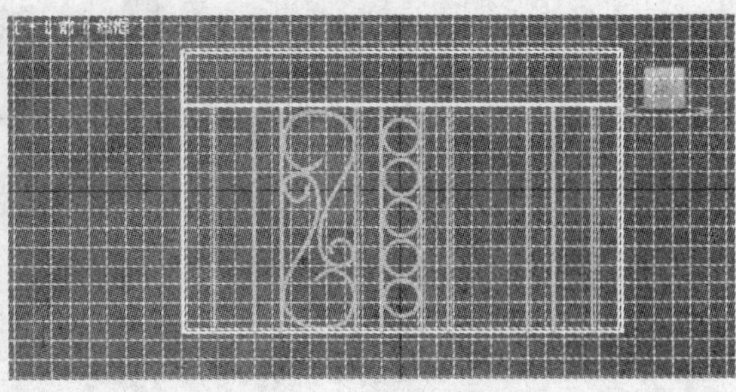

图 4-57　制作圆

步骤 6 在工具栏中单击按钮，选择镜像命令，全选曲线进行【实例复制】。如图 4-58 所示。

步骤 7 制作上方的曲线，制作方法同曲线型的铁艺。如图 4-59 所示。

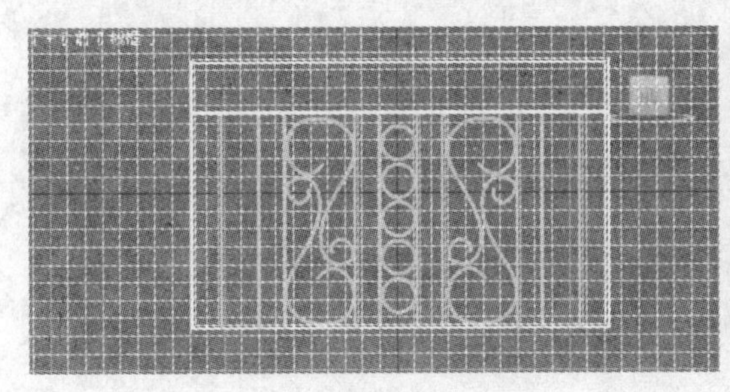

图 4-58　镜像曲线

图 4-59　制作上方的曲线

步骤 8 单击工具栏中的工具。最终效果如图 4-52 所示。

4.4　思考与练习

（1）3ds Max 2012 的二维样条线【对象类型】卷展栏提供了几种二维样条线的创建按钮？分别是什么？

（2）简述【开始新图形】复选框的意义。

（3）创建矩形时【角半径】参数的意义是什么？

（4）样条线共有几种次级对象？分别是哪几种？

（5）样条线的顶点有哪 4 种不同的设置？

（6）布尔运算提供哪 3 种运算方式？

（7）利用二维图形的编辑和可渲染性，绘制如图 4-60 所示的门把手，结果参见光盘中的“门把手.max”文件。

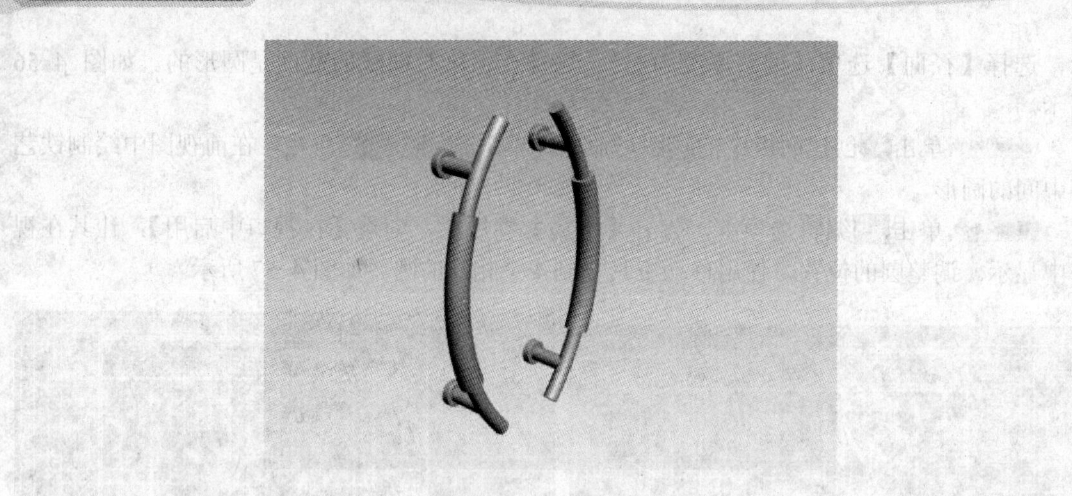

图 4-60　门把手

第5章 复合建模

05

复合建模是将两个以上的物体通过特定的合成方式结合到一起形成另一物体，即通过把两个或更多的对象组合成一个对象来生成各种复杂的对象。对于合并的过程，合并后的物体可以进行反复调节，还可以以动画的方式进行表现，使一些高难度的造型和动画（如毛皮、头发、点面差异物体的变形动画）制作成为可能，制作一些较复杂的模型。

重点知识

- 【布尔运算】的概念及基本操作原理
- 【布尔运算】的应用以及解决在运算过程中出现的问题
- 掌握放样对象的概念
- 掌握简单放样功能的使用方法

练习案例

- 制作圆到星的放样
- 制作桌布
- 制作保龄球瓶
- 制作扭曲保龄球瓶
- 制作倾斜保龄球瓶
- 制作倒角“MAX”
- 制作鼠标
- 制作罗马柱

5.1 复合建模的类型

复合建模的类型主要有【变形】、【散布】、【一致】、【连接】、【水滴网格】、【图形合并】、【布尔】、【地形】、【放样】、【网格化】、【ProBoolean】、【ProCutter】类型，通过这些命令可以创建出许多较为复杂的三维模型，并可以进行动画的设置，是一个不可多得的建模方式。

5.2 布尔运算

【布尔运算】只是针对于三维物体进行编辑的命令，使用两个以上相交的对象来生成一个新的对象，可对两个以上的物体反复进行并集、差集、交集的运算，得到新的物体。不能同时对多个对象执行布尔运算。【布尔运算】面板如图 5-1 所示。

- 【拾取操作对象 B】：主要用来选择用于布尔运算中的第二个物体。
- 【参考】：表示将 B 对象作为所生成布尔对象的一个参考，改变 B 对象将同时改变布尔对象中 B 对象的对应部分。
- 【复制】：复制原始物体将其作为运算物体 B，不破坏原始物体。使用 B 对象在其他用途的情况，此时生成布尔对象后，改变 B 对象不会再对布尔对象产生影响。

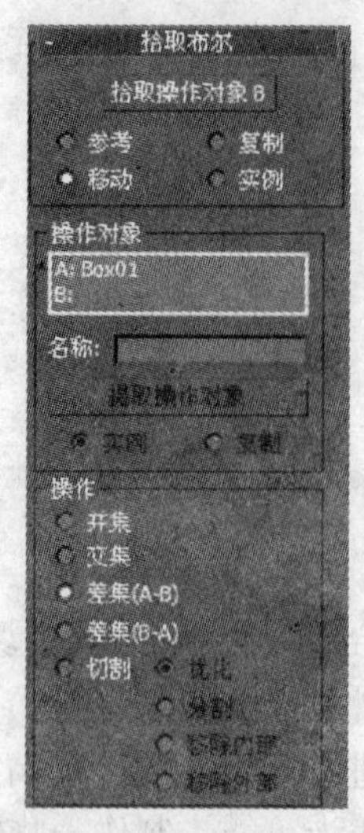

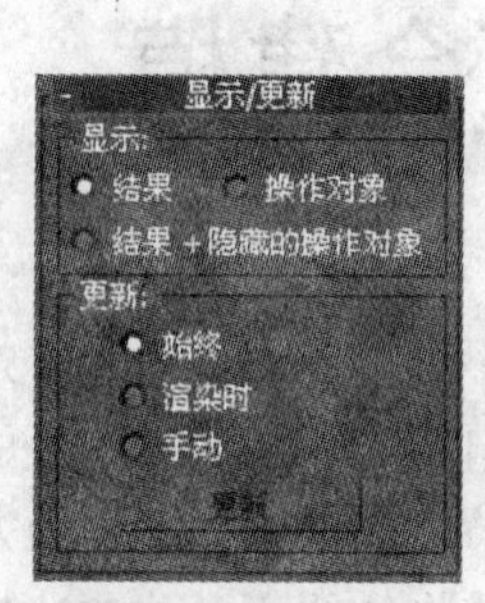

图 5-1 【布尔运算】面板

- 【移动】：默认选择，在拾取操作物体时，直接进行布尔运算。将原始物体直接作为运算物体 B，布尔运算后 B 对象将转化为布尔对象的一部分，它本身将消失。
- 【实例】：选择此项，在拾取操作物体时，复制一个实例物体进行布尔运算。
- 【操作对象】：列出所有的三维物体，可以在操作中进行选择。
- 【名称】：显示运算物体的名称，允许进行名称修改。
- 【提取运算物体】：当应用布尔运算的修改命令时，此按钮被激活。
- 【操作】：提供 5 种运算方式可供选择。
- 【并集】：两个相交的三维物体合并成为一体，如图 5-2 所示。
- 【交集】：两个相交的三维物体重叠的部分，如图 5-3 所示。

图 5-2 【并集】效果

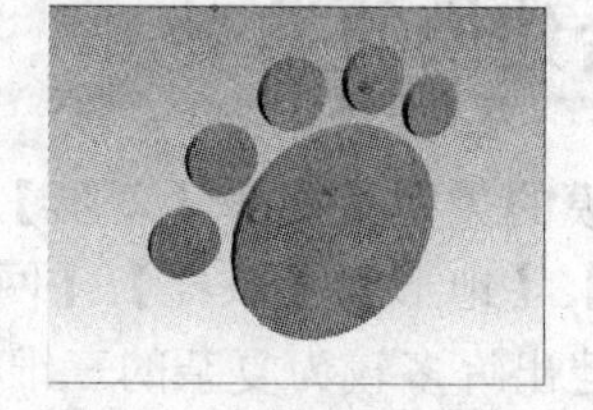

图 5-3 【交集】效果

- 【差集 A-B】：将两个三维物体相交的部分进行删除，同时也删除另一物体。就是从 A 物体中减去 B 物体，如图 5-4 所示。
- 【差集 B-A】：将两个三维物体相交的部分进行删除，同时也删除另一物体。就是从 B 物体中减去 A 物体，如图 5-5 所示。

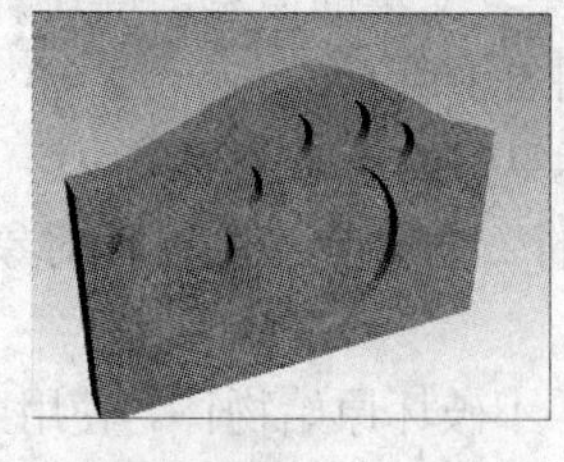

图 5-4 【差集 A-B】效果

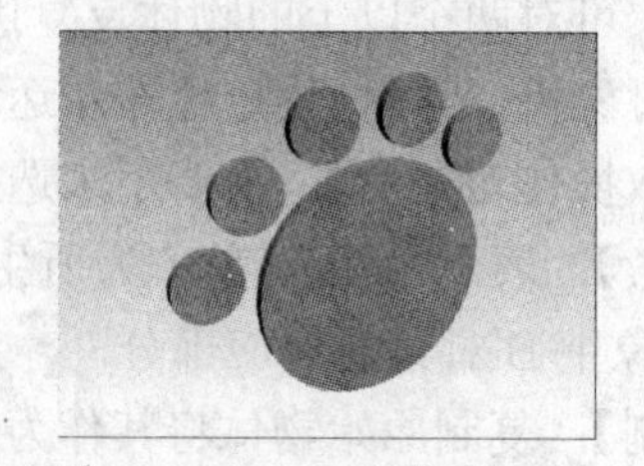

图 5-5 【差集 B-A】效果

- 【切割】：表示使用B对象切割A对象，但不从B对象上增加任何几何体给A对象的一种布尔操作类型，它包括：优化、分割、移除内部、移除外部等4种切割方式。

5.3 放样

【放样】通过使用一个路径（类似于龙骨）组合各种截面型来创建放样对象。【放样】在3ds Max 建模过程中简便、变化性强，通过使用放样能很容易地制造出各种复杂的形体，因此放样对象已成为 3D 建模中一种非常重要的手段，受到了广泛的重视。设计师在进行方案设计时，通常会使用最方便、最快捷、造型结果最优质的手段来完成建模工作，这需要对3ds Max 建模系统的熟练掌握。

5.3.1 放样概念

在放样对象中首先要面对的基本组成对象是“样条型”， 样条型是一个很重要的概念。样条型是样条曲线的集合，在放样对象中，无论是作为放样对象中心的路径，还是截面曲线，都是以样条型的形式存在的，因此样条型的创建就是放样的基础。在放样对象中，路径是用来确定放样中心的一个样条型，而且它只能有一条样条曲线；截面型就是以路径为中心来最终生成放样对象的表面，截面型可以包含多个任意形状的样条曲线。

5.3.2 放样前的准备

（1）放样前需要先完成截面路径和图形的制作，它们必须是 Shape 二维图形，在创建命令面板中单击二维图形中的 线 按钮完成。任何一个放样物体只能有一个路径，路径可以是封闭、不封闭或是交叉的。截面图形，可以有一个或多个，可以封闭或不封闭。

（2）在创建命令面板中完成放样指定工作，一般只是在创建命令面板中指定初步放样，而在修改命令面板中进行具体的造型工作，因为修改命令面板拥有更稳定、更齐全的加工能力。

（3）对于路径和截面图形的指定先后选择顺序来说，本质上对造型的形态没有影响，只是因为位置放置需要的不同，因为有时不想变动截面图形位置，那么就先指定它，再取入路径，反之亦然。

（4）选择图形。

（5）单击创建命令面板中的几何体，再单击【标准基本体】右边的，在出现的列表中单击【复合对象】，单击 放样 命令，如果未选择图形或者图形不符合要求，操作将不会进行。

（6）单击 放样 命令，将出现参数面板，现在要使用的只是上面一小部分，如图 5-6 所示。

- 【创建方法】：确定使用什么方式创建放样造型。
- 【获取路径】：如果选择截面图形作为原始样条型，单击此按钮，在视图中选择将要作为路径的图形来生成放样对象。
- 【获取图形】：如果选择了路径，单击此按钮，在视图中选择将要作为截面的图形来生成放样对象。
- 【移动、复制、实例】：3种复制属性，一般情况下默认为实例方式，原来的二维图形继续保留，进入放样系统的只是它们各自的关联物体，可以将其隐藏，当需要对放样后的造型进行修改时，可以直接修改它们关联的物体。

- 【路径参数】：首先要确定在路径上何处插入新的截面图形，通过路径参数项目进行控制。
- 【路径】：设置参数，用于控制插入点在路径上的位置。

【例 5-1】 制作圆到星的放样

制作圆到星的放样，首先创建两个截面图形，分别为圆和星，再创建一条直线作为路径，通过路径参数的修改来完成从圆到星的过渡。参见光盘中的文件“圆到星的放样. max”，如图 5-7 所示。

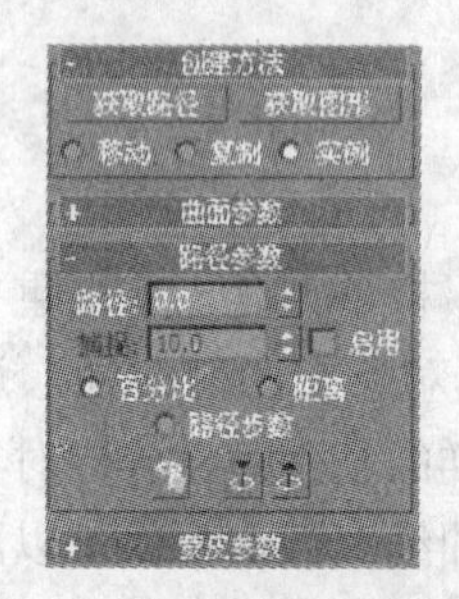

图 5-6 【放样】参数面板

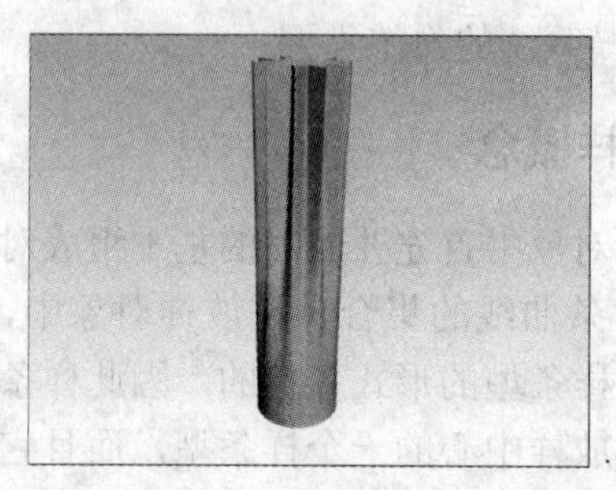

图 5-7 圆到星的放样

步骤 1 单击【顶视图】，单击创建面板中的图形命令，再单击 圆 创建圆形，设置【半径】参数为 20，如图 5-8 所示。

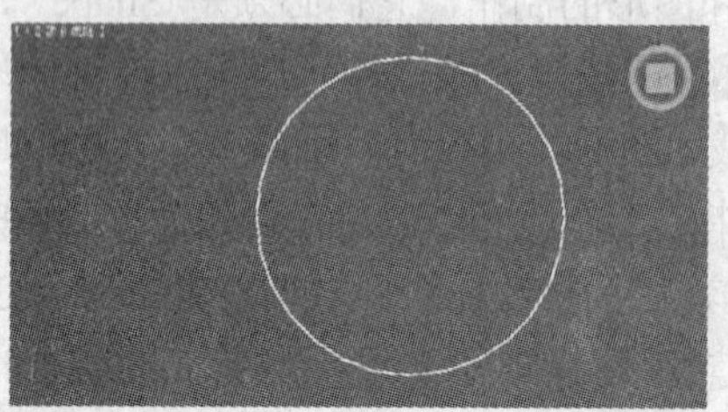

图 5-8 【圆】图形

步骤 2 单击【顶视图】，单击创建面板中的图形命令，再单击 星形 创建星形，设置【半径 1】、【半径 2】分别为 21、10，设置【点】为 10，如图 5-9 所示。

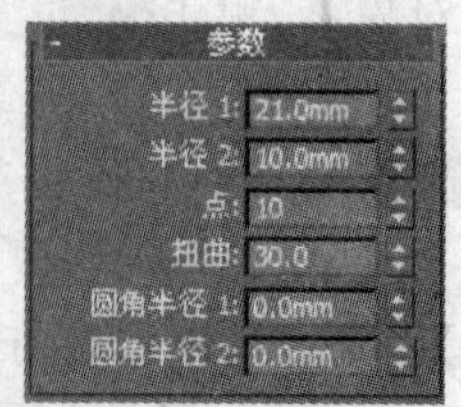

图 5-9 【星形】图形

步骤 3 单击【前视图】，单击创建面板中的图形命令，再单击 线 创建线，如图 5-10 所示。

步骤 4 单击创建好的线形，单击创建面板中几何体，再单击【标准基本体】右边的，在出现的列表中单击【复合对象】，单击 放样 命令，单击 获取图形 命令，在

【透视图】中单击圆形，如图 5-11 所示。

图 5-10 【线】图形

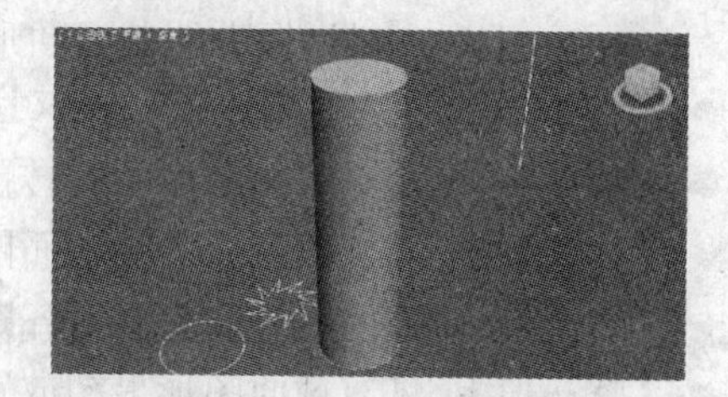

图 5-11 圆形放样图形

步骤 5 在【路径参数】卷展栏中，设置【路径】为 100，再单击 获取图形 命令，在【透视图】中单击星形，如图 5-12 所示。

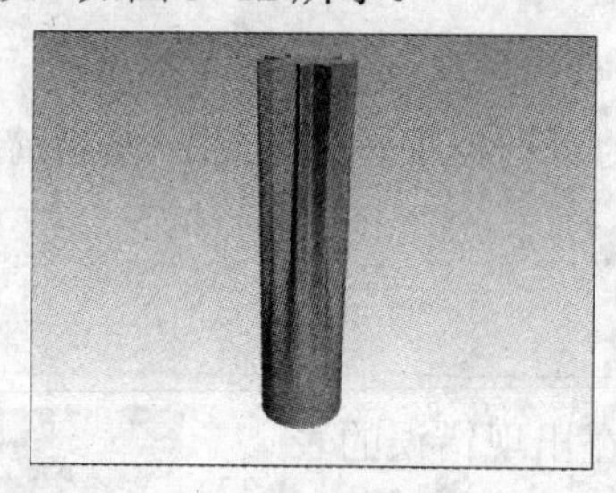

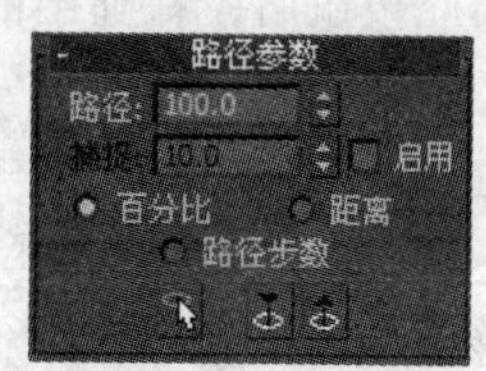

图 5-12 星形放样图形

5.3.3 截面图形编辑

截面图形编辑主要是通过此命令控制两个放样图形在路径上的位置关系，选取放样物体，在修改命令面板的列表中单击【放样】前的，显示放样物体的次物体，单击【图形】进入截面图形编辑层，如图 5-13 所示。

- 【路径级别】：调节当前截面图形所在的路径位置默认为百分比。
- 【比较】：单击此按钮，弹出对话框，可调节不同层上的截面进行起点的比对，如图 5-14 所示。

图 5-13 【图形】命令

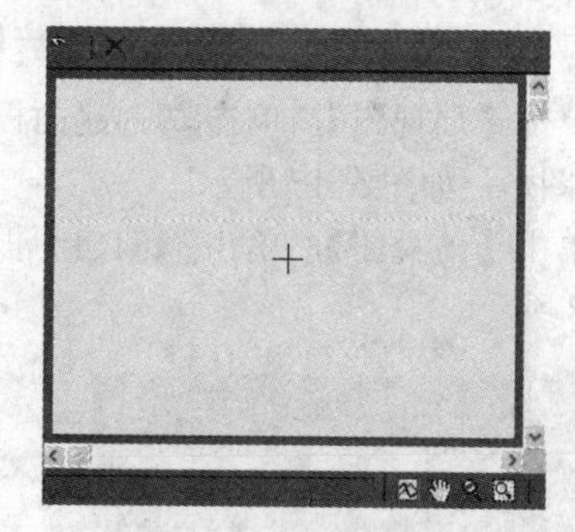

图 5-14 【比较】命令

- ：单击后，可以选择视图中的截面图形进行比较，并且在下方的图框中显示。
- ：单击后，清除视图中的显示。
- ：单击后，使截面图形最大化显示。

- ：单击后，对图框中的截面图形进行平移。
- ：单击后，对话框中的截面图形进行上下拖动，进行视图显示的缩放。
- ：单击后，在图框中对局部区域的选取，将进行放大显示。
- 【重置】：取消对截面图形的旋转操作。
- 【删除】：删除当前路径上的截面图形。
- 【居中】：使截面图形的中心对齐路径。
- 【默认值】：恢复截面图形最初放置路径的位置。
- 【左】：截面图形左边对齐路径。
- 【右】：截面图形右边对齐路径。
- 【顶】：截面图形顶端对齐路径。
- 【底】：截面图形底端对齐路径。
- 【输出】：单击此按钮后，在弹出的对话框中输入名称，使当前路径上的截面图形成为一个独立或关联的新图形。

【例 5-2】 制作桌布

桌布的制作过程除采用放样制作外，在出现错误的表面时，还需要对所放样的截面图形进行调整，通过【工具栏】中的旋转命令对截面图形的旋转，使其对齐。结果参见光盘中的文件“桌子布褶. max”，如图 5-15 所示。

图 5-15 制作桌布

步骤 1 单击【顶视图】，单击创建面板中的图形命令，再单击 圆 创建桌子的截面图形，设置【半径】为 1200，如图 5-16 所示。

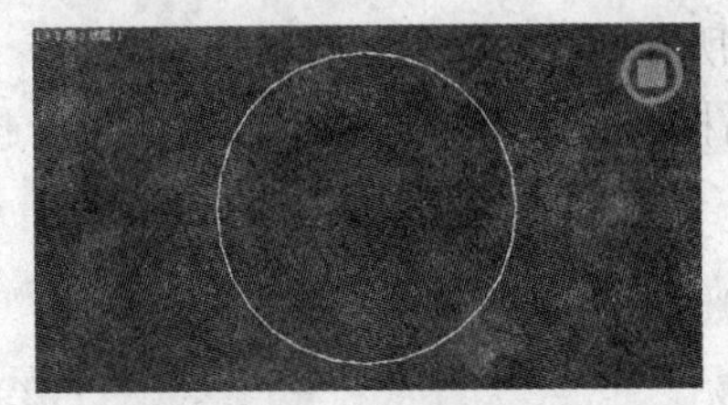

图 5-16 【圆】图形

步骤 2 单击【顶视图】，单击创建面板中的图形命令，再单击 线 创建桌子布褶的截面图形，如图 5-17 所示。

步骤 3 单击【前视图】，单击创建面板中的图形命令，再单击 线 创建路径，如图 5-18 所示。

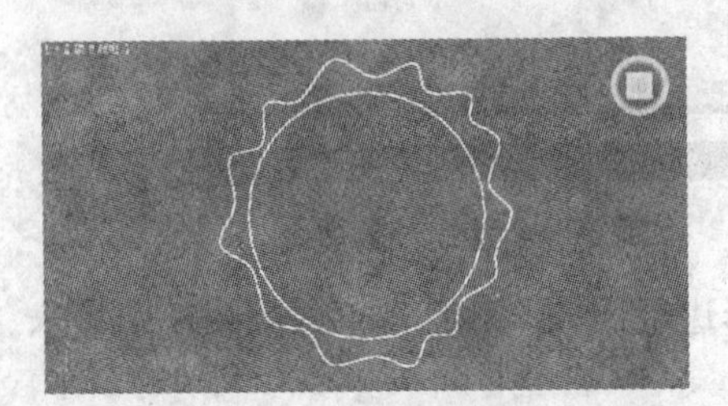

图 5-17 绘制布褶

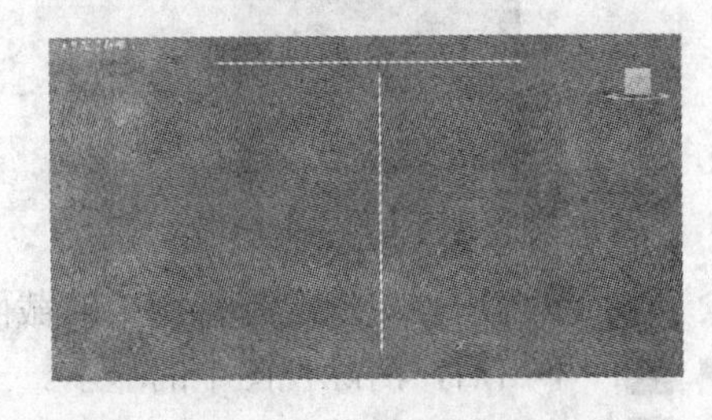

图 5-18 绘制路径

步骤 4 单击【顶视图】中的圆，单击创建面板中几何体，再单击【标准基本体】右边的，在出现的列表中单击【复合对象】，单击 放样 命令，单击 获取路径 命令，在【透视图】中单击直线路径，如图 5-19 所示。

步骤 5 单击放样后的圆柱，单击修改命令面板，设置【路径】为 100，单击 获取图形 拾取【透视图】中的曲线，如图 5-20 所示。

图 5-19 圆形放样

图 5-20 曲线放样

步骤 6 现在放样出的物体出现错误，单击修改命令面板，单击【修改堆栈】中【放样】前的，单击【图形】命令，在【图形命令】卷展栏中单击 比较 命令，弹出【比较】图框，单击拾取图形命令，分别单击物体上的圆和曲线，如图 5-21 所示。

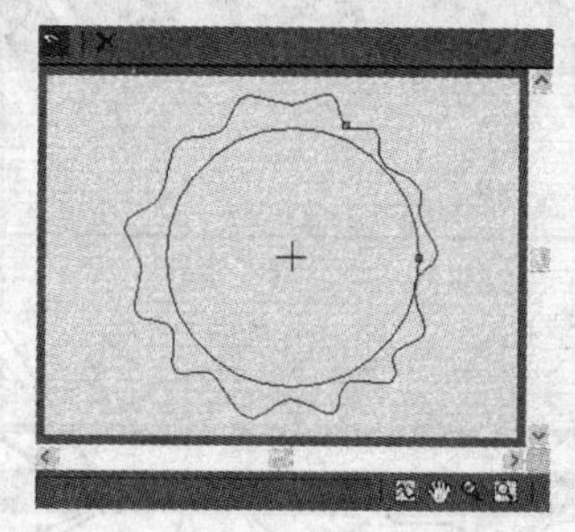

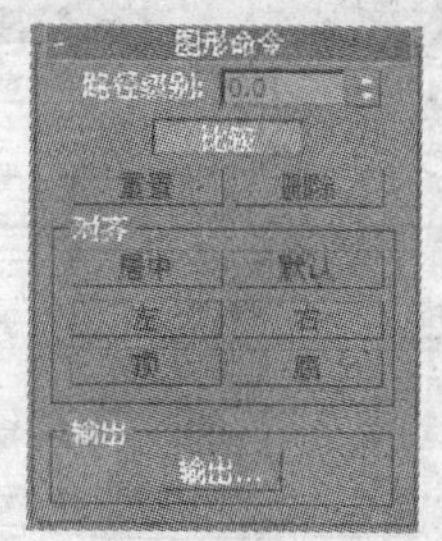

图 5-21 【比较】命令

步骤 7 单击旋转命令，在【透视图】中旋转曲线，使【比较】图框的截面图形的方块旋转对齐，如图 5-22 所示。

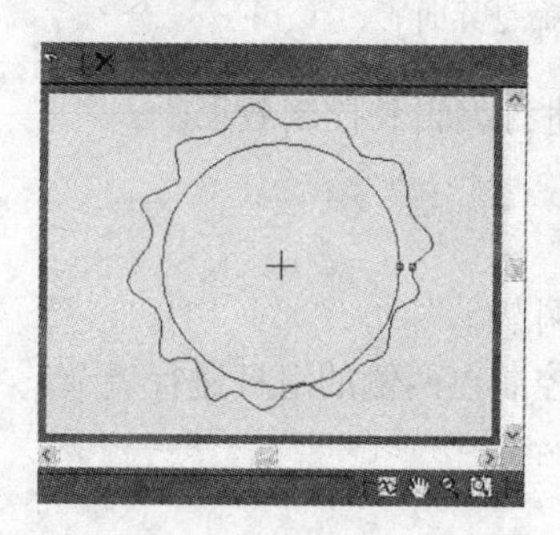

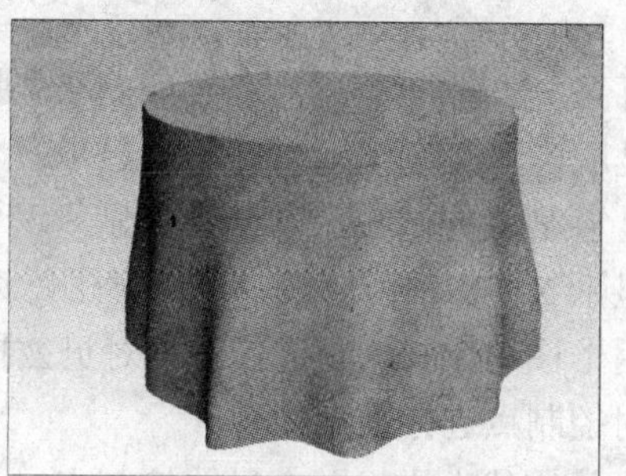

图 5-22 调整后的桌布

5.3.4 放样变形

放样变形建模必须具备截面图形和路径，三维模型是不能进行放样变形的，也就是说放样变形必须是一个放样物体。放样变形有 5 种类型可进行编辑，有着各自独立的控制界面。

相同参数的使用方法也有相同的意义，【变形】界面如图 5-23 所示。

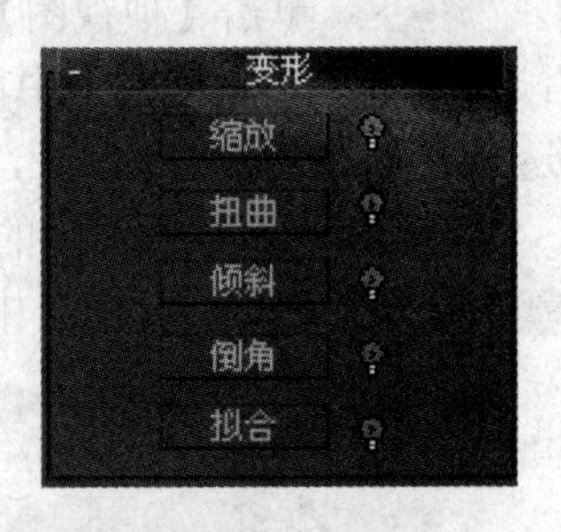

图 5-23 【变形】界面

- 【缩放】：沿路径放样的截面图形在 X、Y 轴向上进行缩放变形。
- 【扭曲】：沿路径放样的截面图形在 X、Y 轴向上进行扭曲变形。
- 【倾斜】：沿路径放样的截面图形在 Z 轴向上进行旋转变形。
- 【倒角】：沿路径放样的模型可以产生倒角变形。
- 【拟合】：根据三视图进行拟合放样建模，可产生复杂的三维物体。

选择任何一个变形命令，都会打开相应的变形命令界面，除 拟合 变形比较复杂以外，其余 4 个变形命令有着基本相同参数和使用方法，如图 5-24 所示。

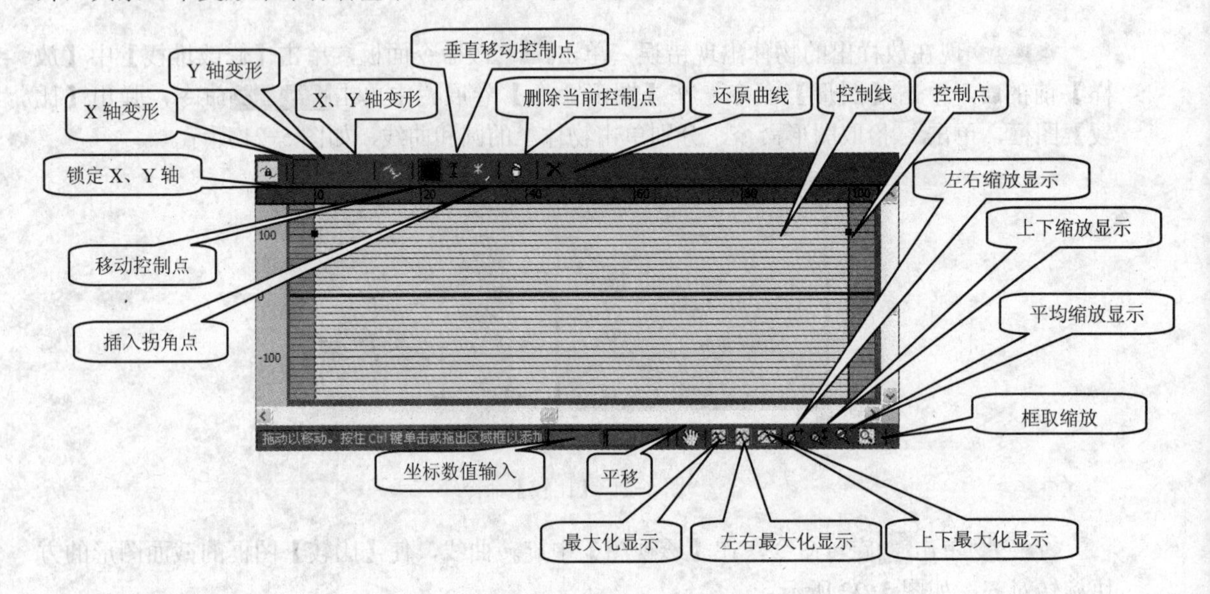

图 5-24 变形命令界面

- ：对 X、Y 轴的锁定，这样可以同时进行编辑和控制效果。
- ：显示 X 轴控制线，以红颜色显示。
- ：显示 Y 轴控制线，以绿颜色显示。
- ：显示 X、Y 轴控制线，可同时进行调节。
- ：用于移动控制点的位置，可对贝兹控制点两侧的滑杆进行调节。
- ：对控制点进行垂直移动。
- ：在控制线上增加一个贝兹控制点。
- ：删除所选择的控制点。
- ：单击此按钮恢复原始状态。

1. 缩放变形

缩放变形是一个很强大的变形方法，通过对截面在 X、Y 轴上的缩放关系，使放样的物体在 Z 轴上产生的变化，可以制作多种作品。

【例5-3】 制作保龄球瓶

制作保龄球瓶可以在放样后的基础上，在修改命令中对放样的物体进行缩放变形，得到一些曲线轮廓，结果参见光盘中的文件“保龄球瓶.max”，如图5-25所示。

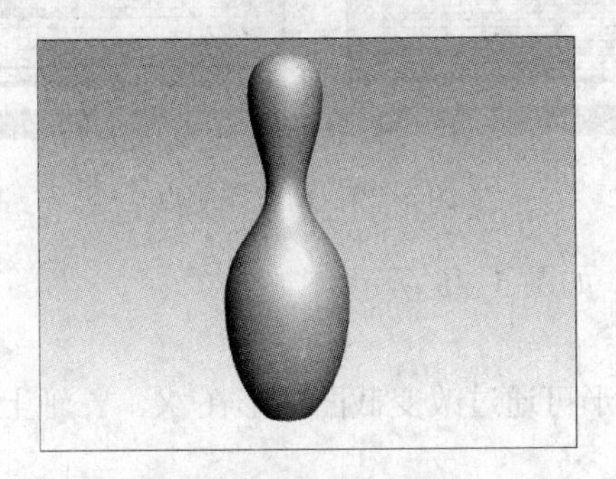

图5-25 制作保龄球瓶

步骤1 单击【顶视图】，单击创建面板中的图形命令，再单击 圆 创建圆形截面，设置【半径】为80mm，如图5-26所示。

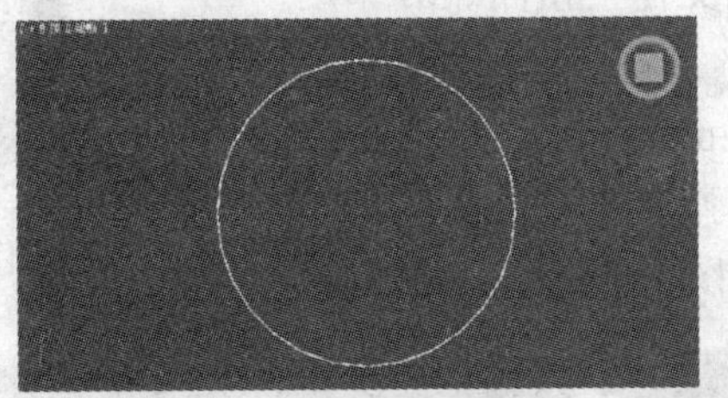

图5-26 【圆】图形

步骤2 单击【前视图】，单击创建面板中的图形命令，再单击 线 创建路径，如图5-27所示。

步骤3 单击【顶视图】中的圆，单击创建面板中几何体，再单击【标准基本体】右边的，在出现的列表中单击【复合对象】，单击 放样 命令，单击 获取路径 命令，在【透视图】中单击直线路径，如图5-28所示。

图5-27 绘制路径直线

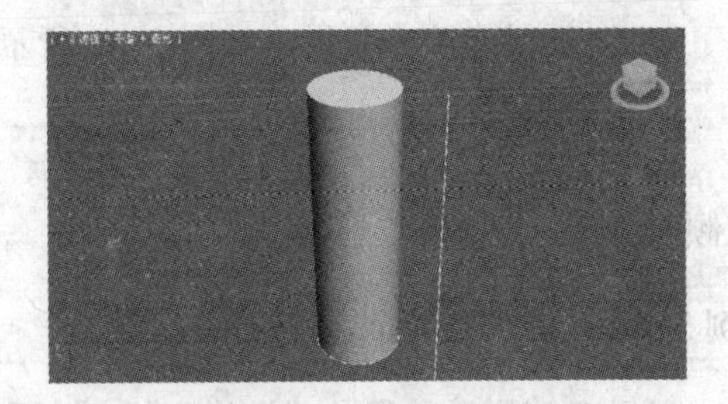

图5-28 【圆】的放样

步骤4 单击放样后的圆柱，单击修改命令面板，单击【变形】卷展栏中的 缩放 变形命令，弹出【缩放变形】图框，并对控制线进行添加控制点，放置相应的位置，使控制点转化为贝兹点，对其滑杆进行调节，如图5-29所示。

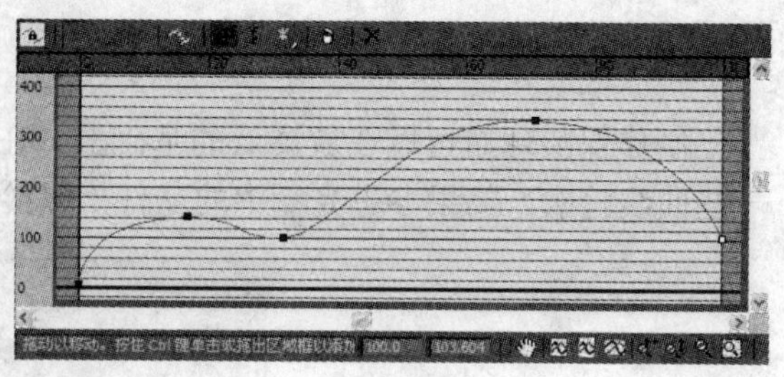

图 5-29　调节控制点

步骤 5 最终渲染效果，如图 5-25 所示。

2. 扭曲变形

对放样物体进行扭曲变形可通过改变截面图形在 X、Y 轴上的旋转比例，从而使物体产生旋转变形。

【例 5-4】　制作扭曲保龄球瓶

对放样后的保龄球瓶可以进行扭曲变形，使正常的瓶体产生扭曲变化的效果。参见光盘中的文件“扭曲保龄球瓶.max”，如图 5-30 所示。

图 5-30　制作扭曲保龄球瓶

步骤 1 打开光盘中的“保龄球瓶.max”文件，单击【变形】卷展栏中的 扭曲 变形命令，弹出【扭曲变形】图框，将右边的控制点拖动到-500，如图 5-31 所示。

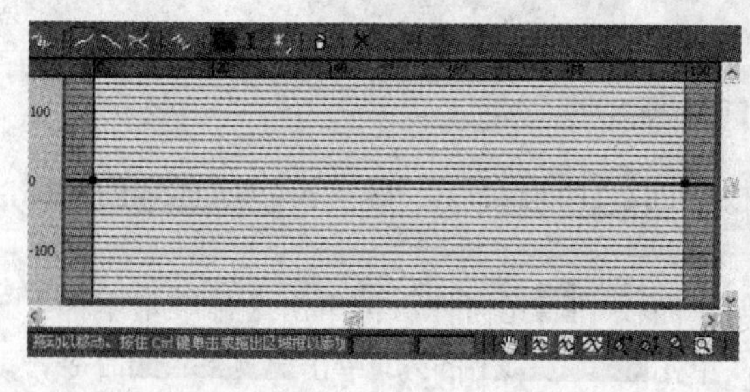
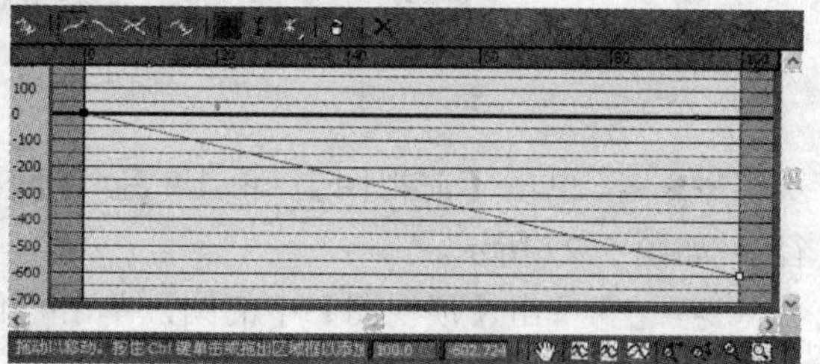

图 5-31　【扭曲变形】图框

步骤 2 最终渲染效果，如图 5-30 所示。

3. 倾斜变形

改变截面图形在 Z 轴上的旋转比例，使放样物体发生倾斜变形。

【例 5-5】　制作倾斜保龄球瓶

可以对放样后的保龄球瓶进行倾斜变形，使正常的瓶体产生倾斜变化的效果。参见光盘中的文件“倾斜保龄球瓶.max”，如图 5-32 所示。

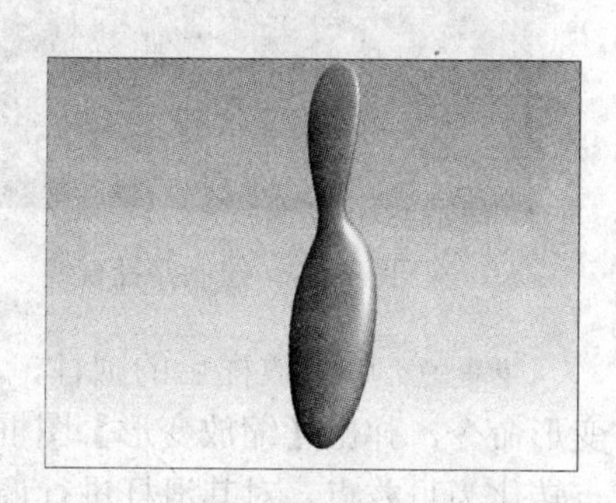

图 5-32　制作倾斜保龄球瓶

步骤 1 打开光盘中的“保龄球瓶.max”文件，单击【变形】卷展栏中的 倾斜 变形命令，弹出【倾斜变形】图框，将控制点调整为如图 5-33 所示。

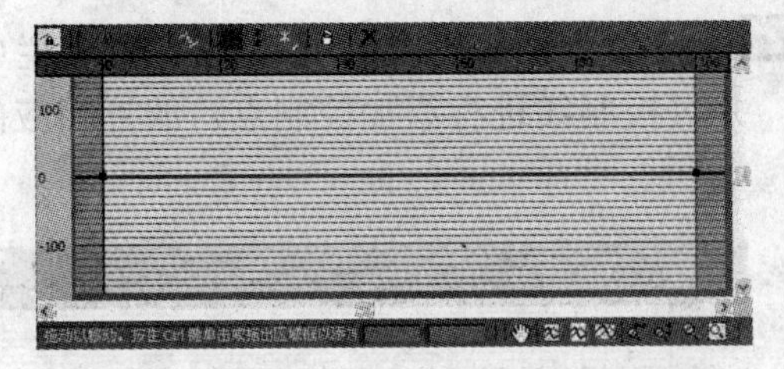

图 5-33 倾斜变形

步骤 2 最终渲染效果，如图 5-32 所示。

4. 倒角变形

缩放路径上的截面图形，使放样的物体形成中心对称的倒角变形。

- ：单击后，忽略路径曲率创建平行边倒角效果。
- ：单击后，通过路径曲率使用线性样条改变倒角效果。
- ：单击后，通过路径曲率使用立方曲线样条改变倒角效果。

【例 5-6】 制作倒角“MAX”

创建“MAX”文字，并创建路径进行放样，通过变形命令中的倒角命令对放样后的文字进行倒角。结果参见光盘中的文件“倒角‘MAX’.max”，如图 5-34 所示。

步骤 1 单击【顶视图】，单击创建面板中的图形命令，再单击 文本 创建“MAX”，在【参数】卷展栏中设置【大小】为 500，设置字体为“黑体”，如图 5-35 所示。

图 5-34 制作倒角“MAX”

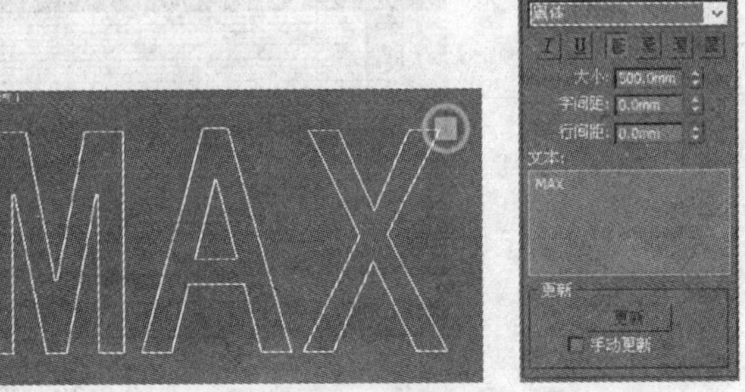

图 5-35 绘制 MAX

步骤 2 单击【前视图】，单击创建面板中的图形命令，再单击 线 创建路径，如图 5-36 所示。

步骤 3 单击创建面板中几何体，再单击【标准基本体】右边的，在出现的列表中单击【复合对象】，单击 放样 命令，单击 获取路径 命令，在【透视图】中单击直线路径，如图 5-37 所示。

图 5-36 创建路径

图 5-37 MAX 放样

步骤 4 单击放样后的“MAX”，单击修改命令面板，单击【变形】卷展栏中的倒角变形命令，弹出【倒角变形】图框，并对控制线进行添加控制点，放置相应的位置，如图 5-38 所示。

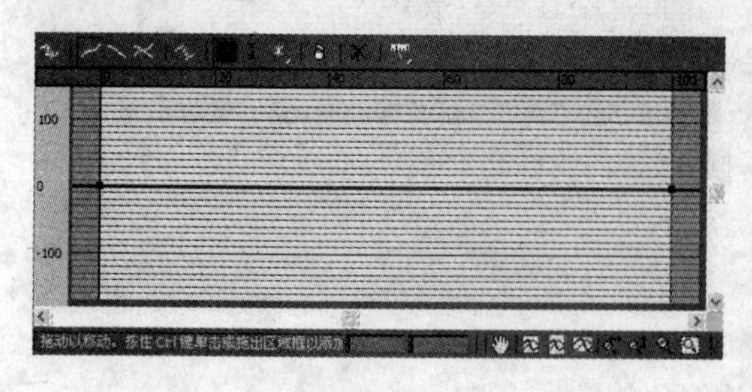
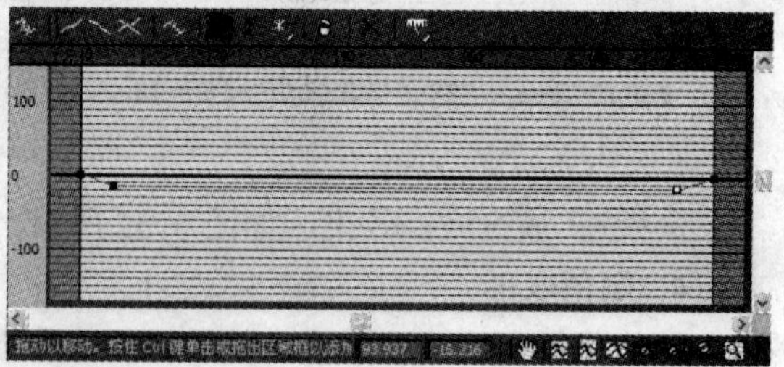

图 5-38　倒角变形

步骤 5 最终渲染效果，如图 5-34 所示。

5. 拟合变形

拟合变形是通过 4 个图形配合完成一个三维物体的制作。先利用路径图形和截面图形进行放样，在修改命令面板中运用拟合变形命令获取轮廓图线，在 X 轴和 Y 轴上修改三维物体。拟合变形命令功能强大，可以制作许多复杂的三维物体，如图 5-39 所示。

图 5-39　拟合变形

- ：单击后，沿水平轴向镜像图形。
- ：单击后，沿垂直轴向镜像图形。
- ：单击后，将图形逆时针旋转 90°。
- ：单击后，将图形顺时针旋转 90°。
- ：单击后，删除选择的图形。
- ：单击后，选择一个图形，作为指定轴向的图形。
- ：单击后，用新的直线路径代替原来的放样路径。

【例 5-7】 制作鼠标

创建较为复杂的模型时，可以用变形命令当中的拟合命令。拟合命令的使用是通过三视图中在不同轴向上的截面和图形共同完成的，参见光盘中的文件“拟合.max”，如图 5-40 所示。

步骤 1 单击【顶视图】，单击创建面板中的图形命令，再单击 矩形 创建在 X 轴上的截面图形，设置矩形的【长度】、【宽度】分别为 50、100，如图 5-41 所示。

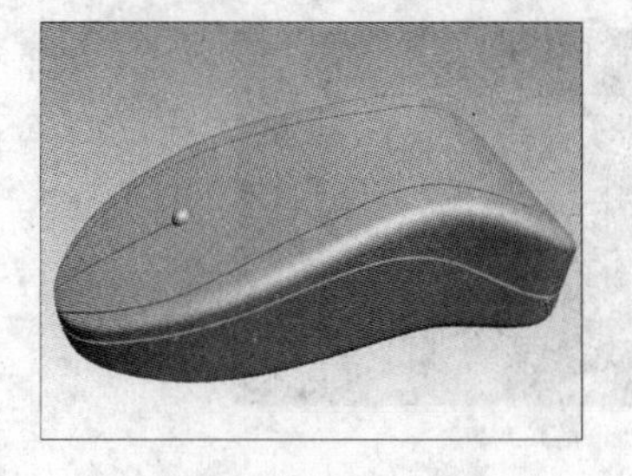

图 5-40　制作鼠标

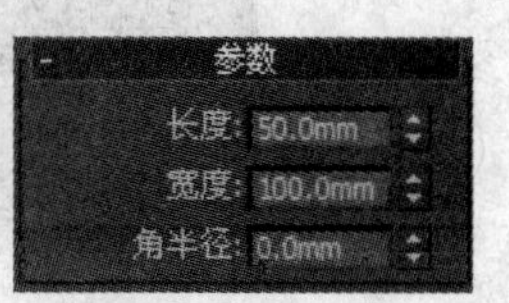

图 5-41　绘制矩形

步骤 2 选择矩形，单击鼠标右键，在弹出的浮动菜单中单击【转换为】→【转换为可编辑样条线】，并对其进行 优化 加点，调整成如图 5-42 所示的图形。

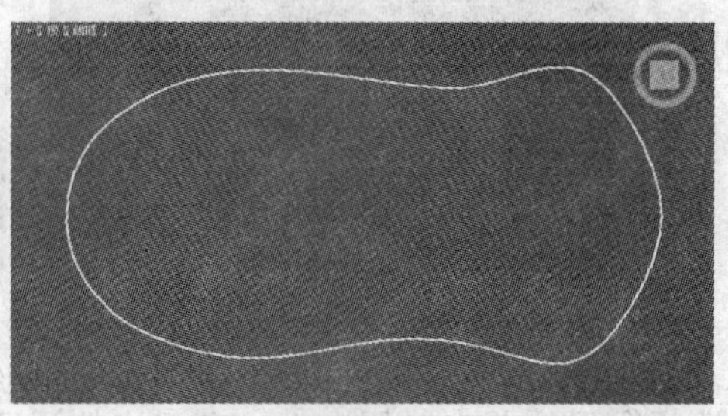

图 5-42　调整 X 轴图形

步骤 3 单击【前视图】，单击创建面板中的图形命令，再单击 矩形 创建在 Y 轴上的截面图形，设置矩形的【长度】、【宽度】分别为 35、100，如图 5-43 所示。

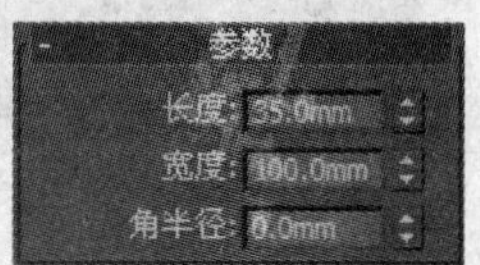

图 5-43　绘制矩形

步骤 4 同步骤 2，对矩形进行调整，如图 5-44 所示。

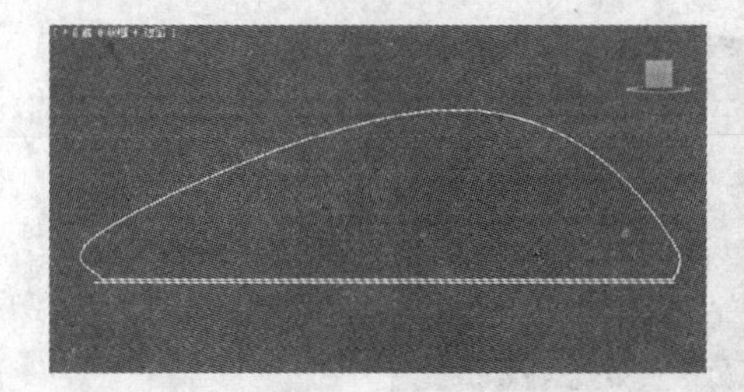

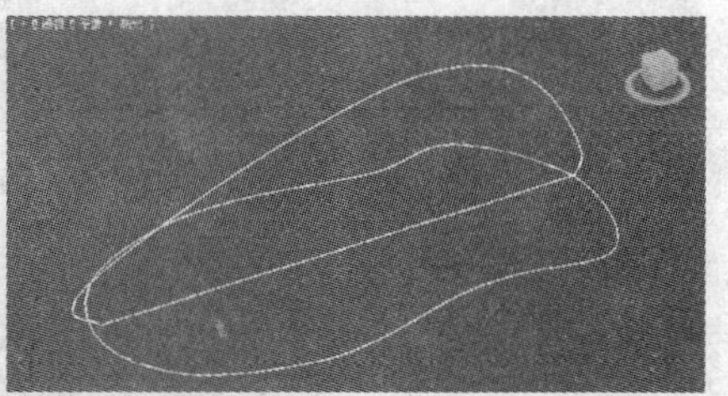

图 5-44　调整 Y 轴图形

步骤 5 单击【顶视图】，单击创建面板中的图形命令，再单击 线 创建路径，放置在如图 5-45 所示的位置。

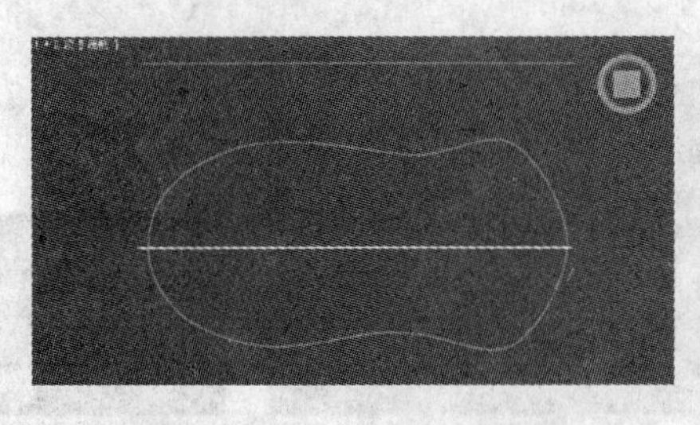

图 5-45 绘制路径

步骤 6 单击【左视图】，单击创建面板中的图形命令，再单击 矩形 创建轮廓线，设置矩形的【长度】、【宽度】分别为 35、50，如图 5-46 所示。

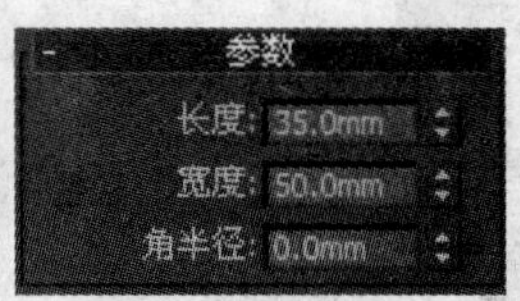

图 5-46 绘制矩形

步骤 7 选择矩形，单击鼠标右键，在弹出的浮动菜单中单击【转换为】→【转换为可编辑样条线】，在【几何体】卷展栏中单击 圆角 命令，设置数值为 3，如图 5-47 所示。

图 5-47 绘制轮廓线

步骤 8 单击【透视图】中的直线路径，单击创建面板中几何体，再单击【标准基本体】右边的，在出现的列表中单击【复合对象】，单击 放样 命令，单击 获取图形 命令，在【透视图】中单击轮廓线，如图 5-48 所示。

图 5-48 轮廓线的放样

步骤 9 单击放样后的物体，单击修改命令面板，单击【变形】卷展栏中的 拟合 变形命令，弹出【拟合变形】图框，单击命令，再单击命令，然后单击命令，最后单击【透视图】中的 X 轴上的截面图形，如图 5-49 所示。

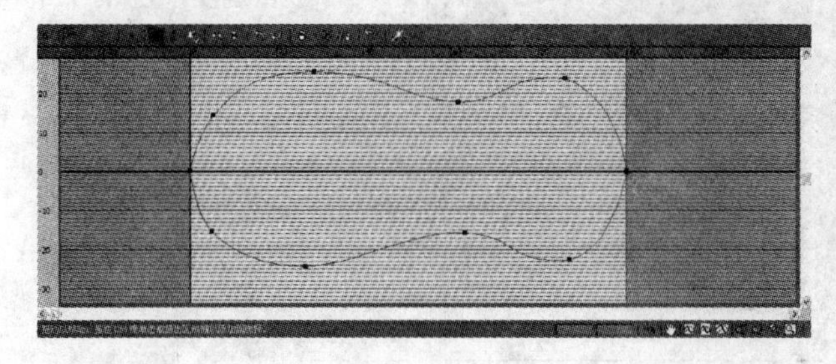
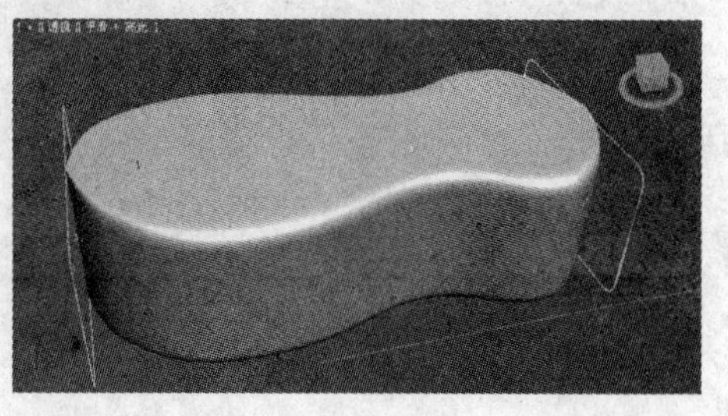

图 5-49　拾取 X 轴截面图形

步骤 10 在弹出【拟合变形】图框中，单击命令，再单击命令，然后单击命令，最后单击【透视图】中的 Y 轴上的截面图形，如图 5-50 所示。

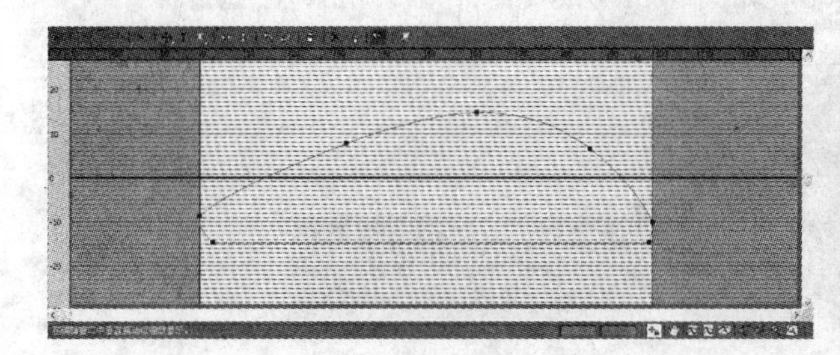
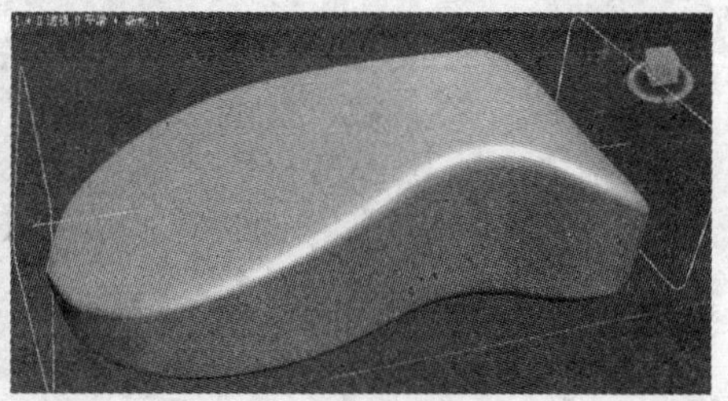

图 5-50　拾取 Y 轴截面图形

步骤 11 绘制鼠标上的结构缝隙，先绘制需要进行修剪的模型，在其中任意一个模型上单击鼠标右键，在弹出的浮动菜单中单击【转换为】→【转换为可编辑多边形】，单击【编辑几何体】卷展栏中的 附加 命令，将其他模型进行 附加 ，如图 5-51 所示。

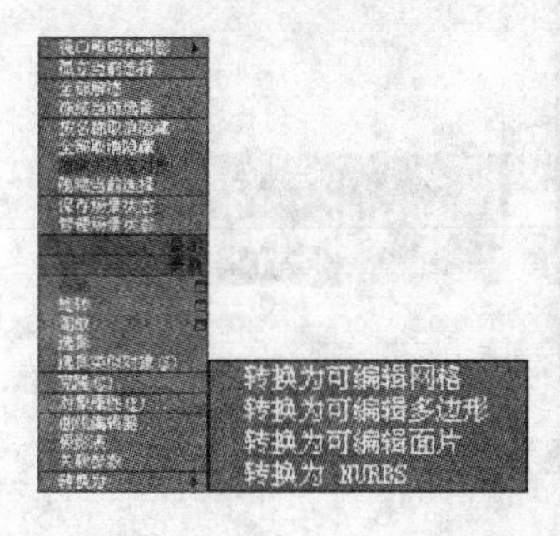

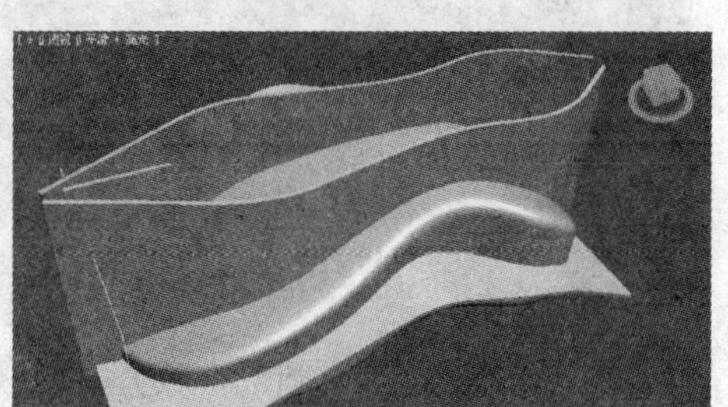

图 5-51　附加模型

最后通过 布尔 运算进行修剪，最终效果如图 5-40 所示。

5.4　综合演练——制作罗马柱

放样命令可以制作许多复杂的三维模型，通过路径和截面图形的变化产生千变万化的造型。用户可根据在路径不同位置的放样，制作出一个较为复杂的罗马柱。此例可参见光盘中的“制作罗马柱.max”，最终效果如图 5-52 所示。

图 5-52　罗马柱

步骤 1 制作罗马柱，单击【顶视图】，单击创建面板中的图形命令，单击 圆 创建圆形，设置【半径】为 300，如图 5-53 所示。

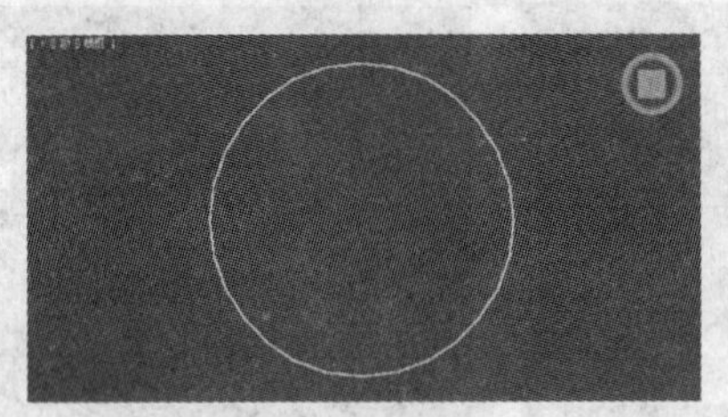

图 5-53　圆形 1

步骤 2 同步骤 1，创建第 2 个圆形，设置【半径】为 250，如图 5-54 所示。

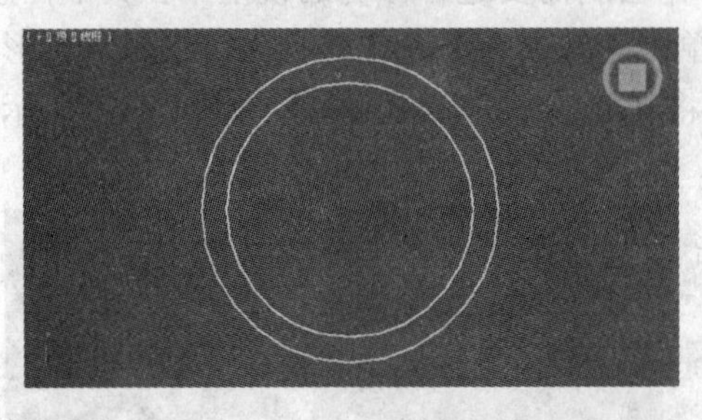

图 5-54　圆形 2

步骤 3 同步骤 1，创建第 3 个圆形，设置【半径】为 220，如图 5-55 所示。

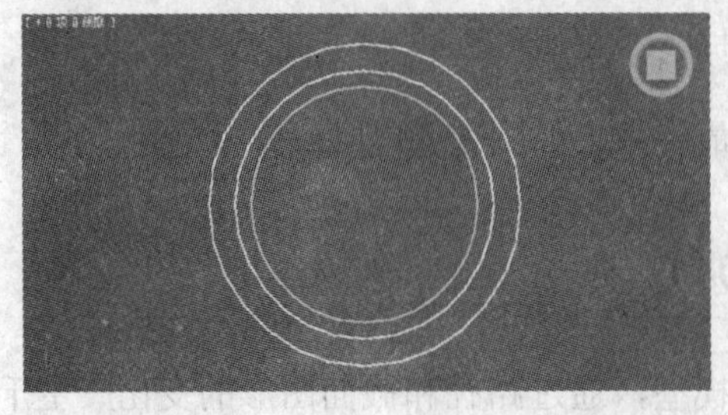

图 5-55　圆形 3

步骤 4 单击【前视图】，单击创建面板中的图形命令，单击 线 创建直线路径，参照 矩形 的长度，设置【长度】为 2000，如图 5-56 所示。

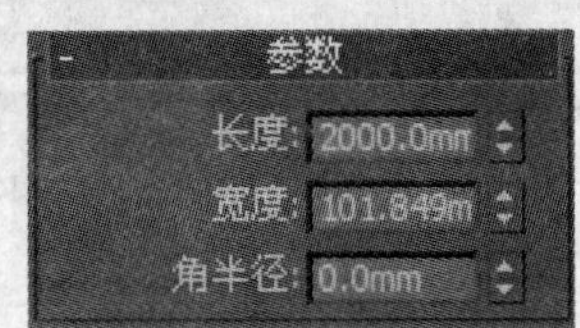

图 5-56　直线路径

步骤 5 单击【透视图】中的直线路径，单击创建面板中的几何体，再单击【标准基本体】右边的，在出现的列表中单击【复合对象】，单击 放样 命令，单击 获取图形 命令，在【透视图】中单击圆形 1，设置【路径参数】卷展栏中的【路径】为 6，再次单击 获取图形 命令，单击圆形 1，如图 5-57 所示。

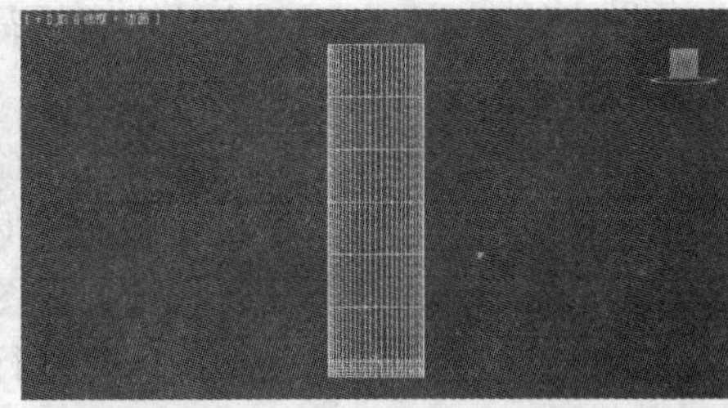

图 5-57　放样圆形 1

步骤 6 制作柱基，同步骤 5，放样圆形 2，设置【路径参数】卷展栏中的【路径】为 10，再设置【路径】为 12，单击 获取图形 命令，单击圆形 3，如图 5-58 所示。

步骤 7 制作柱头，同步骤 5，设置【路径】为 85，单击 获取图形 命令，单击圆形 3；设置【路径】为 88，单击 获取图形 命令，单击圆形 2；设置【路径】为 94，单击 获取图形 命令，单击圆形 2；最后设置【路径】为 96，单击 获取图形 命令，单击圆形 3，如图 5-59 所示。

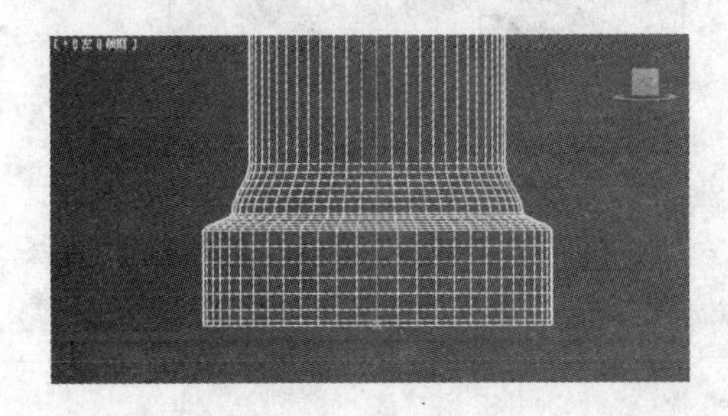

图 5-58　制作柱基

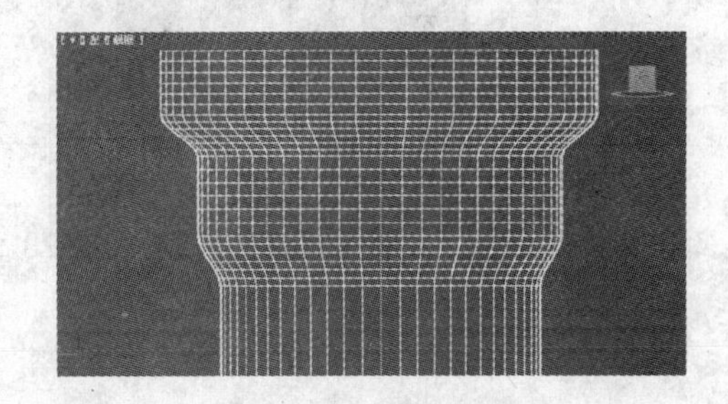

图 5-59　制作柱头

步骤 8 单击放样后的物体，单击修改命令面板，单击【变形】卷展栏中的 缩放 变形命令，弹出【缩放变形】图框，在【控制曲线】上添加【控制点】，进行调整，如图 5-60 所示。

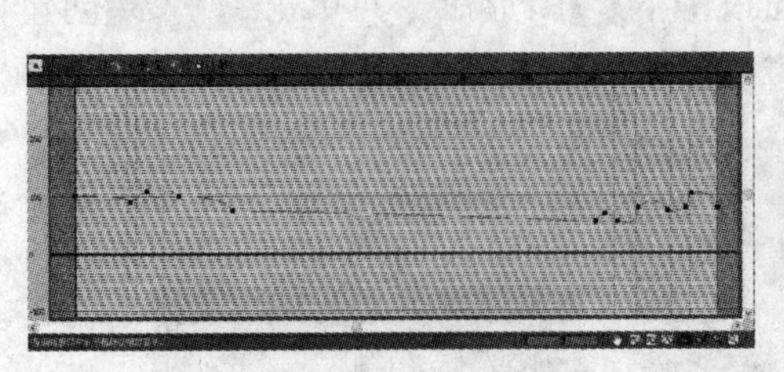

图 5-60 【缩放】命令

最终效果如图 5-52 所示。

5.5 思考与练习

（1）布尔运算有几种方式？它的特点是什么？

（2）怎样避免在布尔运算过程中出现的修剪错误？

（3）放样建模有几种方式？

（4）放样物体必须具备哪两个基本条件？

（5）修改器中的放样变形有哪几项？

（6）放样物体是否可以同时拥有多个路径和截面图形？

（7）物体在放样时，默认情况下截面图形上的哪一点放置在路径上？

（8）运用放样命令制作窗帘，在【前视图】绘制一条直线作为路径，再在【顶视图】绘制两条长短不一的波浪曲线作为截面图形进行放样，并在修改命令面板下的【变形】卷展栏中单击 缩放 命令进行修改。为表现两边对称，可进行【镜像】复制。最终效果参见光盘中的文件“窗帘.max”，如图 5-61 所示。

（9）利用放样命令，先绘制鼠标的 X、Y 轴上的截面图形，绘制一条直线作为鼠标路径，再绘制轮廓线确定大小，最后通过修改命令面板下的【变形】卷展栏中的 拟合 命令进行修改。最终效果参见光盘中的文件“鼠标.max”，如图 5-62 所示。

图 5-61 窗帘

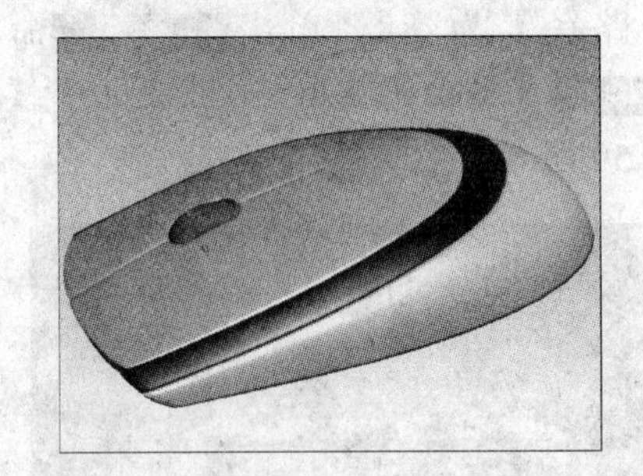

图 5-62 鼠标

第 6 章　编辑修改对象

06

编辑修改对象是通过修改命令面板中【修改器列表】的相关命令来完成的。它可将二维图形转化为三维立体，可以改变现有物体的创建参数，调整和改变某组或单一物体的外形，对次物体组进行修改和选择，对不满意的修改可在不影响原图形或物体的基础上进行删除。为更方便编辑物体，可将物体转化为可编辑物体，产生丰富多彩的物体。

重点知识

- 了解修改器命令面板
- 了解对二维线型使用修改器的方法
- 了解对三维模型使用修改器的方法

练习案例

- 制作陶罐
- 制作衣橱
- 制作弧形楼梯
- 制作风车
- 制作靠枕
- 制作长廊

6.1　修改器命令面板

对任何一个三维模型或是二维图形都可以使用修改器进行再次加工。修改器像是堆积木一样加到三维模型或二维图形上，在形状、参数上进行修改，使其符合设计者的要求。修改器堆栈最低端是原始模型的名称，随着修改命令的不断增加，由下向上依次堆加，并以一条灰线进行分割。用户可进入任何一个修改命令对参数进行修改，不会影响原物体。在对不满意的修改进行删除时，对模型的修改也就同时删除了。对修改器参数进行设置时，也可以对参数进行动画设置，产生动画效果，如图 6-1 所示。

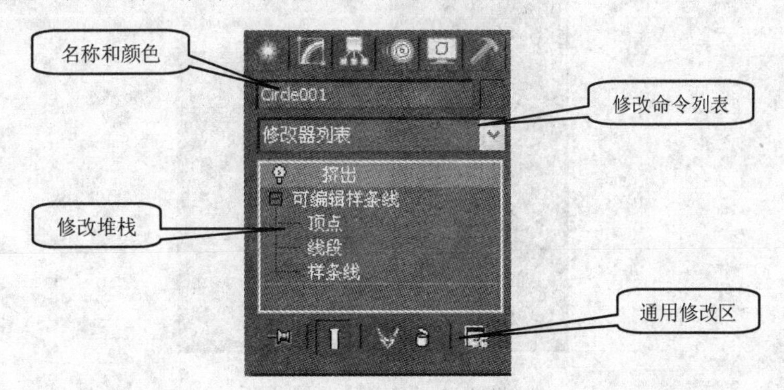

图 6-1 【修改器】命令面板

- 【名称和颜色】：主要显示物体的颜色和名称，可根据设计者的需要改变物体的颜色和名称，通过单击右边的色块，在弹出的【对象颜色】选择框中进行颜色的选择，如图 6-2 所示。
- 【修改命令列表】：主要用来显示修改命令，单击【修改命令列表】右边的三角按钮，弹出修改命令。
- 【修改堆栈】：记录所有修改命令信息的集合，方便用户对物体的再次修改。修改命令按先后顺序排列，原始命令始终在堆栈的最底下，新的修改命令在堆栈的最上面，如图 6-3 所示。

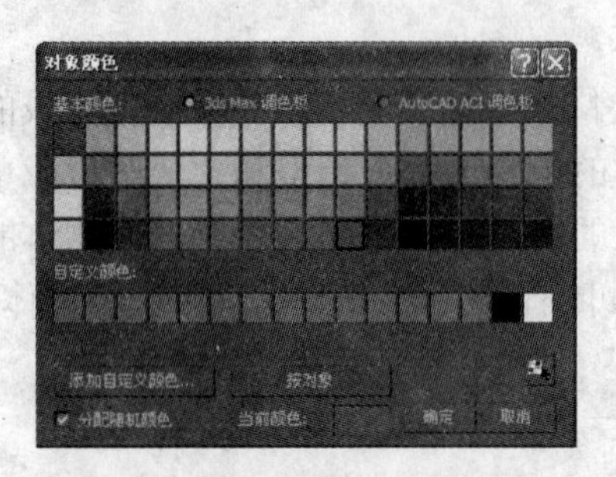

图 6-2 【对象颜色】

图 6-3 【修改堆栈】

- 【通用修改区】：对所有的修改命令都起作用，主要起到辅助作用。

6.2 对二维线型使用修改器

在修改器列表中，有一些命令只能用于二维线型，例如【车削】、【挤出】、【倒角】、【倒角剖面】这些常用的二维线型修改命令。

6.2.1 【车削】命令

通过对二维曲线的旋转，产生一个三维物体，是一个常用的制作以中心放射物体的命令，同时也可以输出成【面片】、【网格】和【NURBS】，如图 6-4 所示。

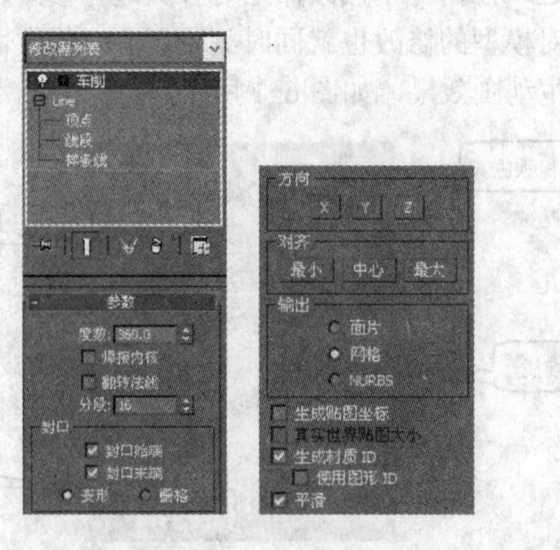

图 6-4 【车削】命令面板

- 【度数】：曲线旋转的角度，360° 为一个完整的圆环形，小于 360° 为扇形，如制作半个梨。

- 【焊接内核】：当图形起点不在轴心位置，物体中心会出现残缺，选择此项将轴心的点进行焊接，使轴心平滑。
- 【翻转法线】：当模型的表面内外面反向时，使渲染面向外。
- 【分段】：控制模型圆周上线段划分数值，值越高，物体越圆滑。
- 【最小】：将图形左边边界与旋转中心轴对齐。
- 【中心】：将图形中心与旋转中心轴对齐。
- 【最大】：将图形右边边界与旋转中心轴对齐。

【例 6-1】　制作陶罐

步骤 1　单击【前视图】，单击创建面板中的图形命令，再单击 线 创建陶罐的轮廓线，如图 6-5 所示。

步骤 2　单击创建好的线形，单击修改命令面板进入线形修改器，再单击【选择】卷展栏下的顶点，全选轮廓线的顶点，单击【几何体】卷展栏下的 圆角 命令对轮廓线的顶点进行圆滑调整，如图 6-6 所示。

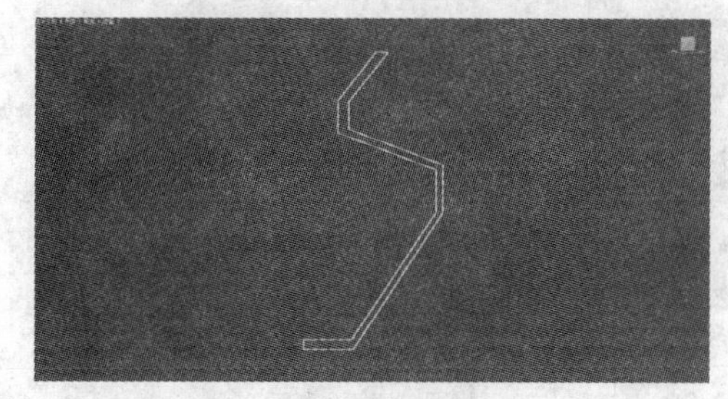

图 6-5　绘制陶罐轮廓线

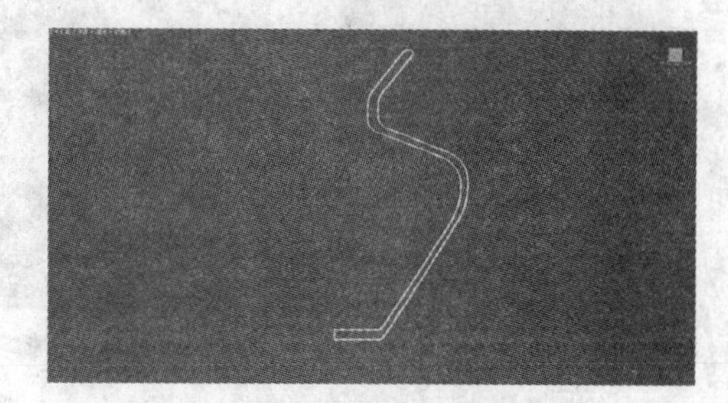

图 6-6　顶点倒圆角

步骤 3　单击【修改器列表】中的【车削】命令，设置分段数为 37，可使陶罐的表面更圆滑。此例可参见光盘中的“陶罐.max”文件，如图 6-7 所示。

6.2.2　【挤出】命令

一条样条曲线图形通过【挤出】命令使其增加厚度，并可挤出三维实体，这个命令是一个非常实用和简便的建模方法，同时也可将物体转化为模块，进一步进行面片、网格编辑等模型的输出，如图 6-8 所示。

图 6-7　陶罐最终效果

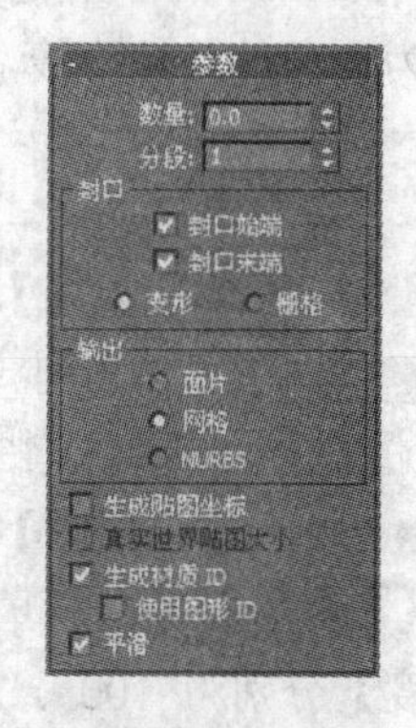

图 6-8　【挤出】面板

- 【数量】：设置二维图形挤出的高度。
- 【分段】：设置挤出物体高度上的片段划分。
- 【封口始端】：在顶端加面封盖物体。
- 【封口末端】：在底端加面封盖物体。

6.2.3 【倒角】命令

对二维图形挤出成形，在挤出的同时，其边缘可产生直形或圆形的倒角，这一命令只对二维图形起作用，一般用来制作影视广告字体和标识，通过【倒角值】卷展栏对参数进行设置，如图 6-9 所示。

- 【起始轮廓】：设置原始图形的外轮廓大小，在设置参数时数值不要小于 0，否则图形会产生错误。
- 【级别 1】、【级别 2】、【级别 3】：分别设置图形挤出时的三个级别的【高度】和【轮廓】的参数，如图 6-10 所示。

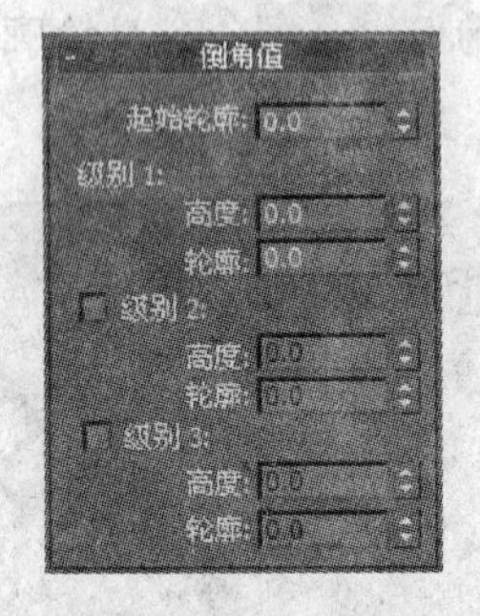

图 6-9 【倒角值】卷展栏

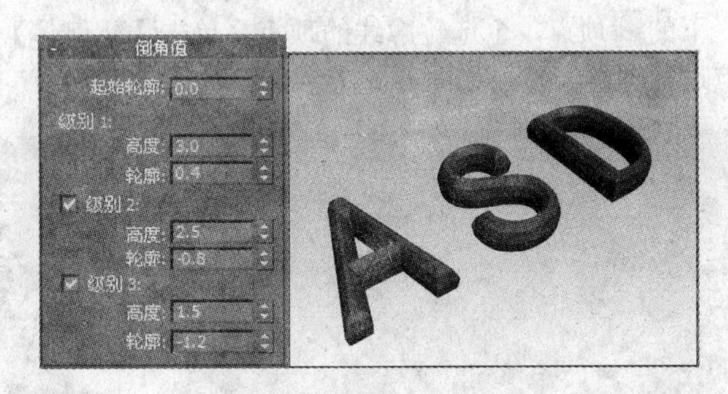

图 6-10 参数设置及效果

6.2.4 【倒角剖面】命令

这个命令是一个比较自由的倒角工具，与【倒角】命令相似，可以说是从【倒角】命令中延伸出来的。它需要一个图形作为倒角的轮廓线，有点像【放样】，但创建出物体后，轮廓线不能删除。如果删除轮廓线，所生成的物体也会随之删除。创建一个物体需要两个元素，一个是轮廓线，一个是图形，如图 6-11 所示。为图形指定好命令后，用鼠标左键单击【拾取剖面】，在视图中拾取另一个图形作为倒角的外轮廓线，绘制出物体。

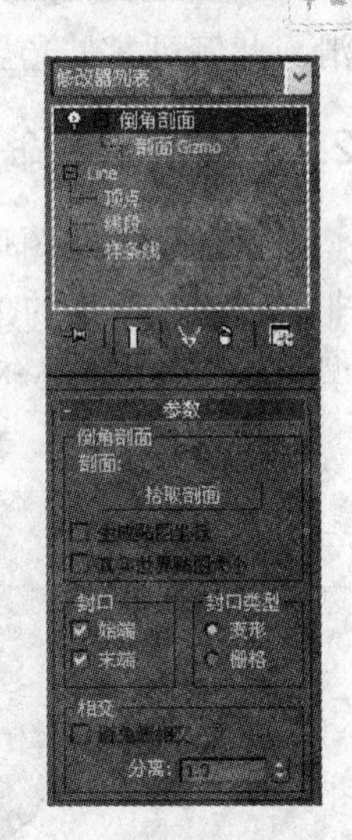

图 6-11 【倒角剖面】

【例 6-2】 制作衣橱

步骤 1 单击【顶视图】，单击创建面板中的图形命令，再单击 矩形 创建衣橱上端的轮廓线，设置【长度】、【宽度】、【圆角半径】分别为 560 、1200 、60，如图 6-12 所示。

步骤 2 单击【前视图】绘制衣橱边的曲面图形，单击创建面板中的图形命令，再单击 矩形 创建截面图形，设置【长度】、【宽度】分别为 100 、25，单击【修改器列表】中的【编辑样条曲线】，单击顶点命令，通过对边的 优化 加点并调整各点的位置和光滑，绘制截面图形如图 6-13 所示。

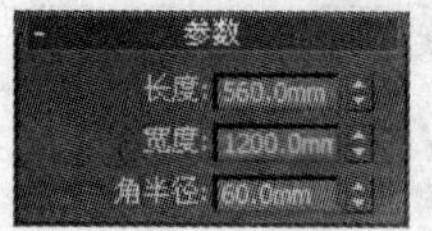

图 6-12 绘制衣橱上端轮廓线

步骤 3 单击【透视图】，单击绘制好的矩形，单击修改命令面板，在【修改器列表】中单击【倒角剖面】命令，线形会由图形转化为三维物体，单击【参数】卷展栏下的【拾取剖面】拾取步骤 2 的截面图形，如图 6-14 所示。

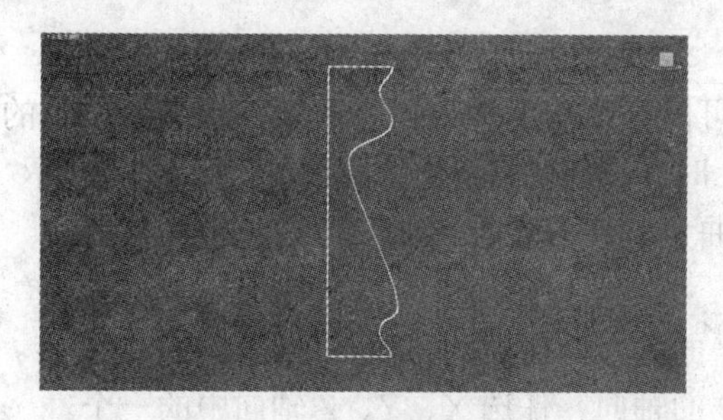

图 6-13 绘制截面图形

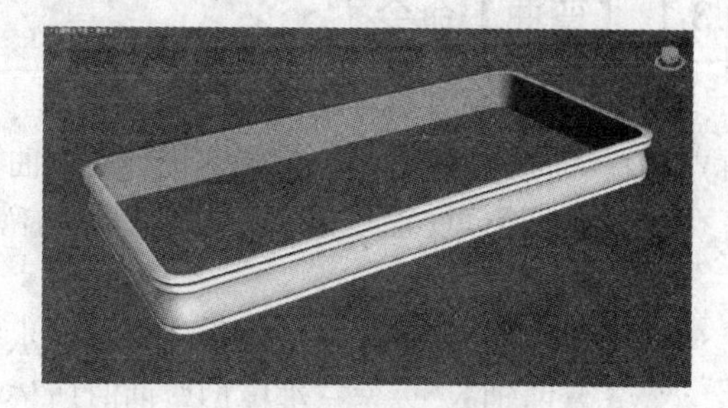

图 6-14 倒角橱边

步骤 4 单击【顶视图】绘制衣橱顶面，方法同步骤 1，再单击【修改器列表】中的【挤出】修改命令，如图 6-15 所示。

步骤 5 单击【前视图】绘制衣橱橱体，单击创建面板中的图形命令，单击 矩形 创建截面图形，设置【长度】、【宽度】分别为 1700 、1150，单击【修改器列表】中的【编辑样条曲线】，单击顶点命令，单击 轮廓 命令，设置为 35， 单击【修改器列表】中的【挤出】命令，设置为 520，如图 6-16 所示。

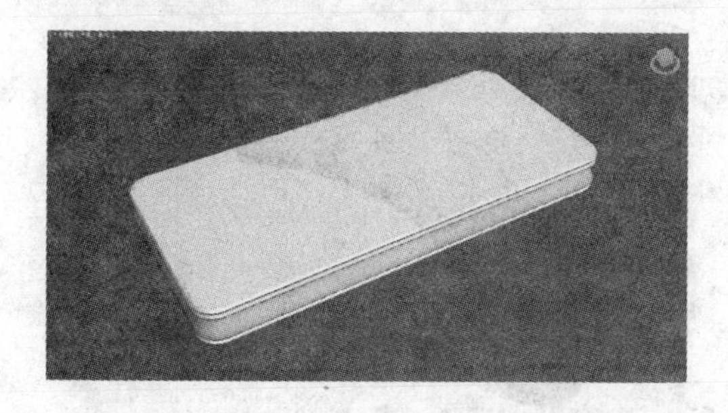

图 6-15 【挤出】衣橱顶面

图 6-16 制作橱体

步骤 6 在【前视图】绘制衣橱背板及两扇橱门，方法同步骤 5，再将衣橱顶面复制到低端，单击镜像命令镜像。此例可参见光盘中的“衣橱.max”文件，如图 6-17 所示。

图 6-17 衣橱背板及橱门

6.3 三维模型修改命令

对三维模型使用的修改器，要求模型应有足够的段数，可以产生多样的变化，例如【弯曲】、【锥化】、【扭曲】、【噪波】、【FFD4×4×4】都是常用的三维模型修改命令。

6.3.1 【弯曲】命令

【弯曲】命令对三维物体进行弯曲处理，可以进行角度和方向的改变，根据弯曲轴的坐标，设置弯曲的限制区域，但是在进行【弯曲】时，物体要有一定的段数，如图 6-18 所示。

- 【角度】：设置参数可以控制物体的弯曲角度，可进行 360° 弯曲，但物体需有一定的段数。
- 【方向】：设置参数可使物体沿相对水平面的方向扭曲的角度，可进行 360° 旋转。
- 【弯曲轴】：设定三维模型弯曲时所依据的轴向，任选 X、Y、Z 轴向中的一个。
- 【限制效果】：此选项是开关式选项，默认为不选。选中物体后指定为限制影响，限制时影响区域将由下向上控制模型，两黄色线方框决定了区域的上下限。
- 【上限】：设定三维模型弯曲的上限范围，在此限以上的区域不会受到弯曲修改。
- 【下限】：设定三维模型弯曲的下限范围，在此限与上限之间的区域将产生弯曲，如图 6-19 所示。

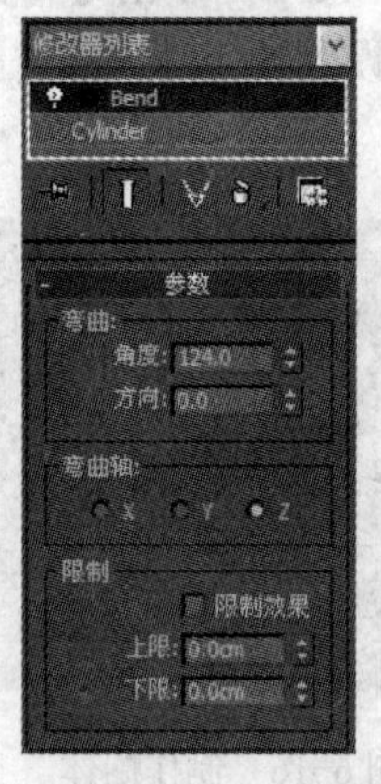

图 6-18 【弯曲】命令面板

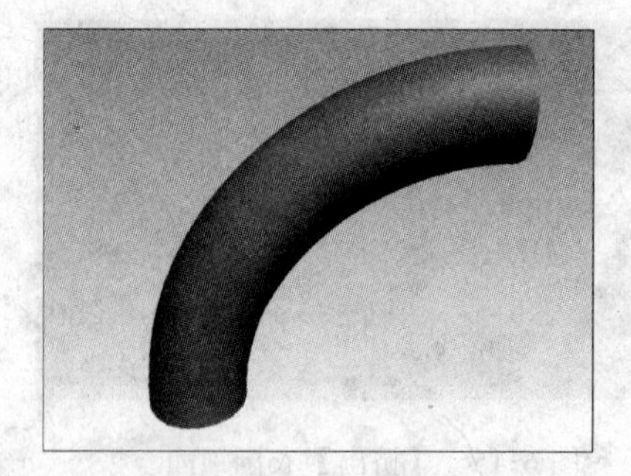

图 6-19 【弯曲】圆柱

【例 6-3】 制作弧形楼梯

步骤 1 单击【前视图】绘制楼梯，单击创建面板中的图形命令，再单击矩形创建截面图形，设置【长度】、【宽度】分别为 150、450，如图 6-20 所示的图形。

步骤 2 单击修改命令面板，在【修改器列表】中单击【挤出】命令，设置【数量】、【分段】分别为 1000、10， 在【透视图】字样上单击鼠标右键，在弹出的浮动菜单中单击【边面】，如图 6-21 所示。

图 6-20 绘制矩形

图 6-21 【挤出】

步骤 3 单击捕捉命令，按住〈Shift〉键的同时单击鼠标左键进行【实例】复制，设置【副本数】为 7，放置如图 6-22 所示。

步骤 4 按住〈Ctrl〉+鼠标左键进行逐一选择，单击菜单栏【组】命令，再单击【成组】命令，如图 6-23 所示。

图 6-22 【实例】复制

图 6-23 【成组】

步骤 5 单击【修改器列表】中的【弯曲】命令，在【参数】卷展栏下设置【弯曲轴】为 Y，如图 6-24 所示。

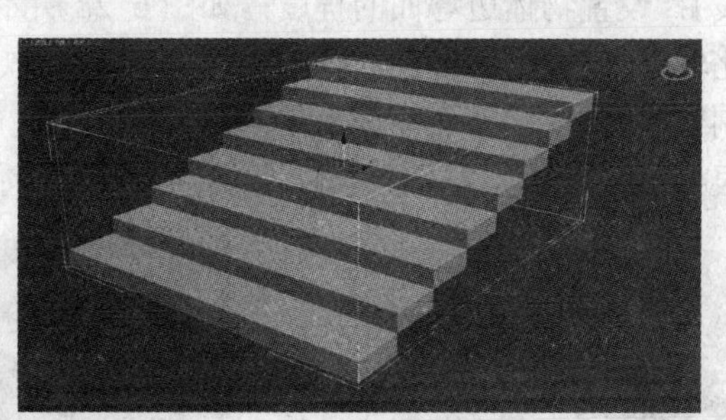

图 6-24 【弯曲轴】

步骤 6 在【参数】卷展栏下设置【角度】为 300。此例可参见光盘中的“弧形楼梯.max”文件，如图 6-25 所示。

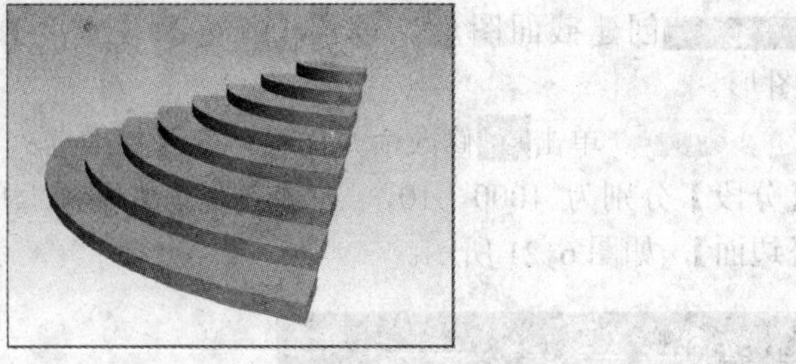

图 6-25 弧形楼梯最终效果

6.3.2 【锥化】命令

【锥化】命令对物体两端进行缩放，产生锥形的轮廓，同时在两端的中间产生光滑的曲线变化，可限制局部锥化效果，其参数设置如图 6-26 所示。

- 【数量】：设置物体边倾斜的角度，如图 6-27 所示。

图 6-26 【锥化】命令面板

图 6-27 【数量】效果

- 【曲线】：设置物体边弯曲的程度，如图 6-28 所示。
- 【锥化轴】：设置物体锥化的坐标轴向。
- 【限制效果】：默认为不勾选，勾选后在黄色框之间限制锥化的效果。
- 【上限/下限】：分别设置锥化限制的区域，由下向上进行锥化，如图 6-29 所示。

图 6-28 【曲线】效果

图 6-29 【上限/下限】效果

【例 6-4】 制作风车

步骤 1 单击【顶视图】，单击创建面板中的图形命令，再单击 星形 创建截面图形，在【参数】卷展栏下设置【半径 1】、【半径 2】、【点】分别为 150、60、5，如图 6-30 所示。

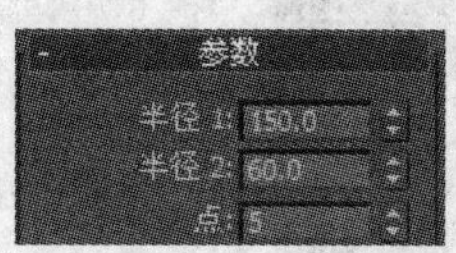

图 6-30 创建星形

步骤 2 在【参数】卷展栏下设置【扭曲】、【圆角半径 1】、【圆角半径 2】分别为 30、15、15，如图 6-31 所示。

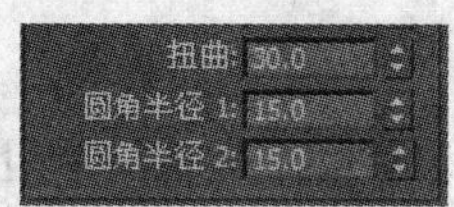

图 6-31 【扭曲】、【圆角半径】

步骤 3 单击五角星，单击【修改器列表】中的【挤出】修改命令，在【参数】卷展栏下设置【数量】、【分段】分别为 30、30，如图 6-32 所示。

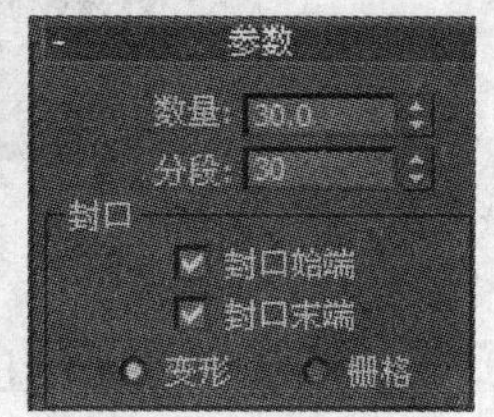

图 6-32 【挤出】命令

步骤 4 在此基础上，单击【修改器列表】中的【锥化】修改命令，在【参数】卷展栏下设置【数量】、【曲线】分别为-0.85、2.55。此例可参见光盘中的“风车.max”文件，如图 6-33 所示。

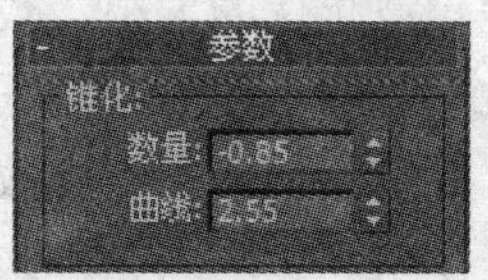

图 6-33 风车最终效果

6.3.3 【扭曲】命令

【扭曲】命令沿指定的轴向对物体表面的顶点进行扭曲，产生扭曲的表面效果，也可进行局部扭曲，参数设置如图 6-34 所示。

- 【角度】：设定沿指定轴向扭曲的角度，使物体产生扭曲的圈数，如图 6-35 所示。

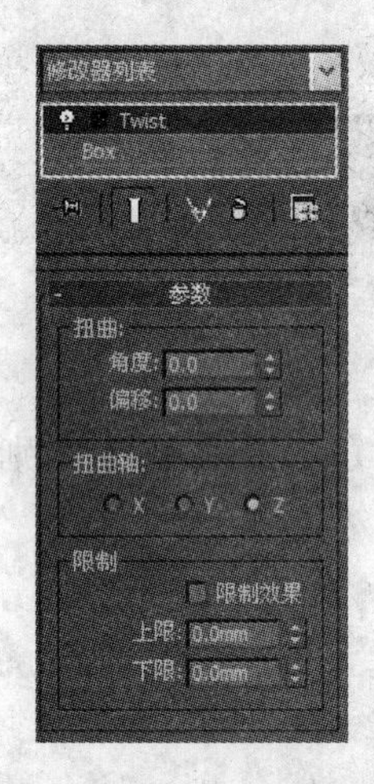

图 6-34 【扭曲】命令面板

图 6-35 【角度】

- 【偏移】：设置物体向上或向下扭曲的程度，如图 6-36 所示。

图 6-36 【偏移】

- 【扭曲轴】：设置物体扭曲依据的坐标轴向。

6.3.4 【噪波】命令

【噪波】命令对三维物体表面的顶点进行随机漂移修改，使物体表面产生起伏不平的变化，此命令可以制作起伏的山脉、地形和大海的波纹，或使物体产生不规则的褶皱，同时也可以制作水面动画，根据物体段数多少产生不同的起伏形状，参数设置如图 6-37 所示。

- 【种子】：设置噪波随机波的形态，在不改变物体其他参数的前提下，不同的种子数会产生不同的效果。
- 【比例】：设置噪波起伏的大小，数值越小起伏越强烈，数值越大起伏越弱。
- 【粗糙度】：设置物体表面的粗糙程度，值越大，起伏越剧烈，表面越粗糙。
- 【迭代次数】：设定起伏的反复次数，值低地形起伏趋于平缓，值高地形起伏增多。
- 【强度】：设置在 X、Y、Z 任意轴向上对物体噪波控制的强度，值越高起伏越大、越剧烈，如图 6-38 所示。

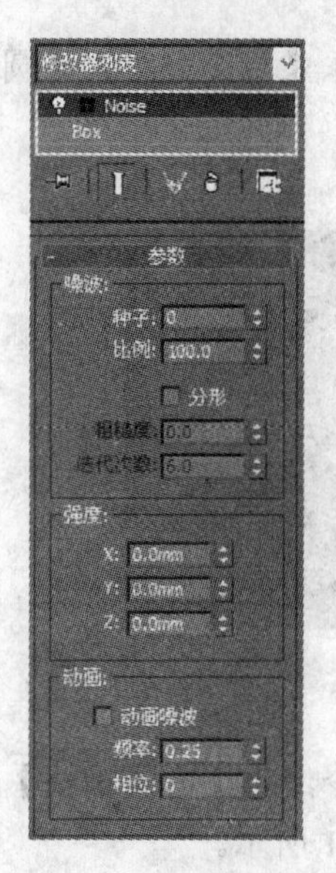

图 6-37 【噪波】命令面板

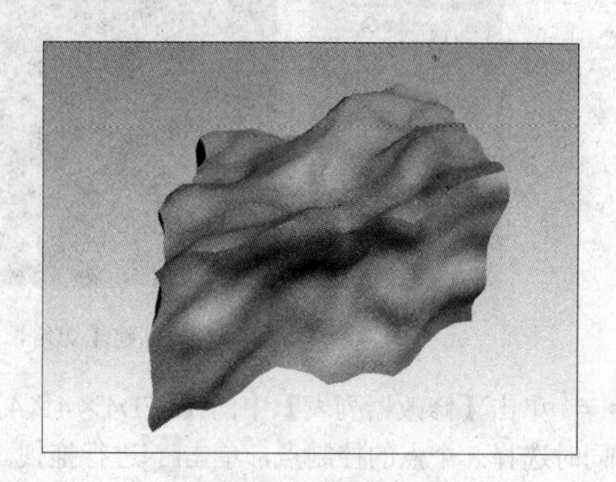

图 6-38 【强度】效果

6.3.5 【FFD4×4×4】命令

【FFD2×2×2】、【FFD3×3×3】、【FFD4×4×4】3 个修改器的参数设置参数是完全相同的，如图 6-39 所示。

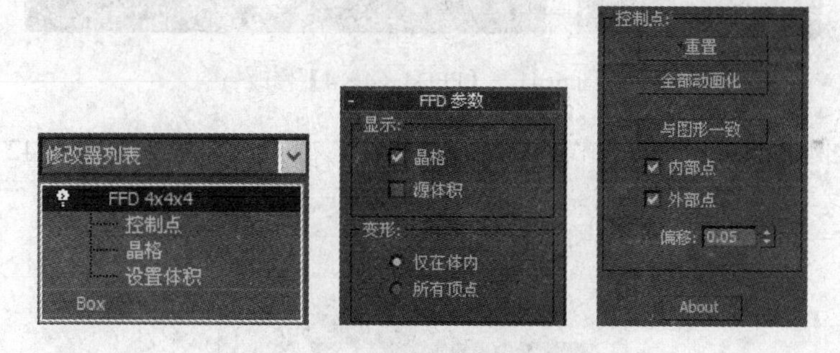

图 6-39 【FFD4×4×4】参数

- 【控制点】：主要是对晶格的控制点进行编辑，通过对控制点的拖拽来改变物体的外形，也可设置动画。
- 【晶格】：可以通过移动、旋转、缩放来编辑物体或与物体进行分离，也可制作动画。
- 【设置体积】：在次物体级别下，控制点呈现绿色，在移动、旋转、缩放时不会对物体的形态产生影响。
- 【晶格】：是否显示结构线框。
- 【源体积】：显示初始线框的体积。

【例 6-5】 制作靠枕

步骤 1 单击【顶视图】，单击创建命令面板中的几何体命令。单击中的【扩展基本体】，再单击 切角长方体 命令，在【参数】卷展栏下设置【长度】、【宽度】、【高度】、【圆角】分别为 400、400、100、5，设置【长度分段】、【宽度分段】、【高度分段】、【圆角分段】都为 8，如图 6-40 所示。

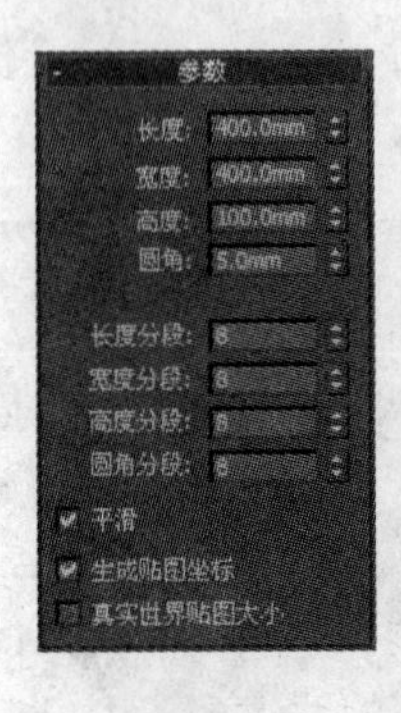

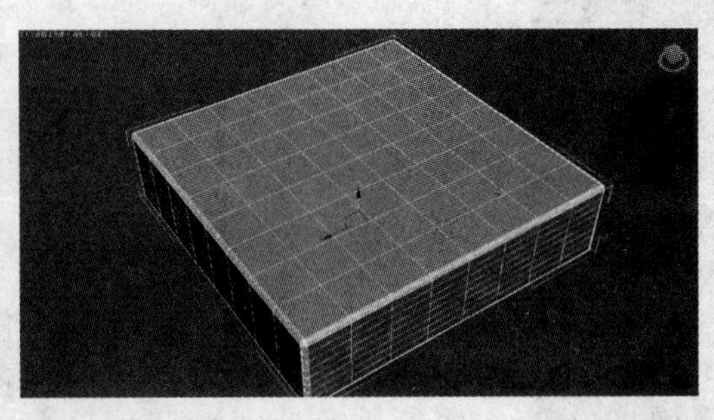

图 6-40　创建【切角长方体】

步骤 2 单击【修改器列表】中的【FFD4×4×4】修改命令，再单击【堆栈】中的【控制点】，同时选择 8 个点的控制点，单击进行拖拽。如图 6-41 所示。

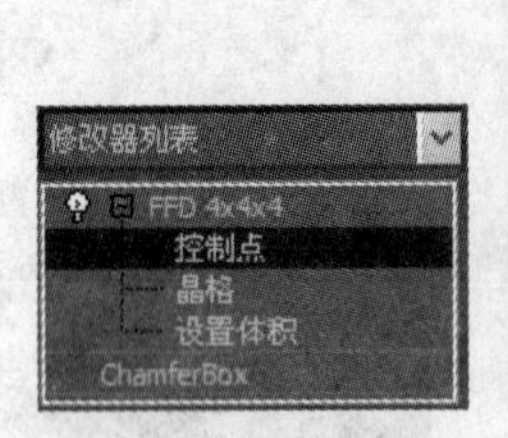

图 6-41　【FFD4×4×4】修改

步骤 3 此例可参见光盘中的“靠枕.max”文件，靠枕最终效果如图 6-42 所示。

图 6-42　靠枕最终效果

6.4　综合演练——制作长廊

二维图形转化为三维物体，使创建不规则的物体变得简单，容易操作，可以通过修改器中的修改命令对创建好的三维物体进行各种变化，例如【弯曲】、【锥化】等命令的综合应用。通过【实例】复制可以快速并保持相等的距离进行复制，达到设计者的要求。最终效果如图 6-43 所示。

步骤 1 在制作廊架前，对尺寸进行设置。单击菜单栏中的【自定义】，在出现的浮动菜单中单击【单位设置】，在弹出的【单位设置】中单击【公制】，将【公制】单位设置成【毫米】，再单击【系统单位设置】，在弹出的对话框中单击【系统单位比例】，将【厘米】设置成【毫米】。

步骤 2 制作石柱，单击【顶视图】，单击创建面板中的几何体命令，再单击 圆柱体 创建石柱，设置【半径】、【高度】分别为 200、2600，并进行水平复制，放置如图 6-44 所示的位置。

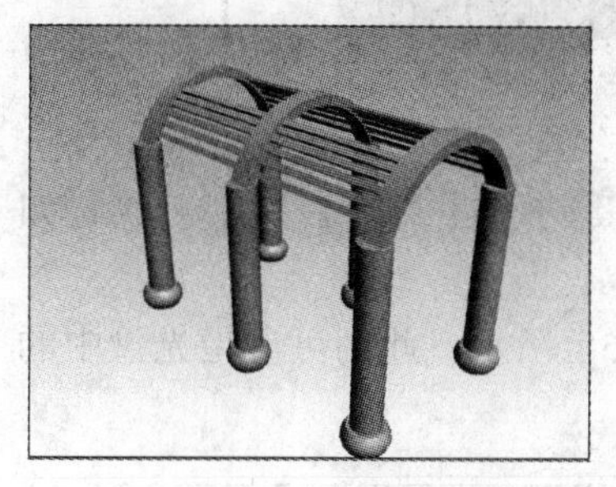

图 6-43 长廊

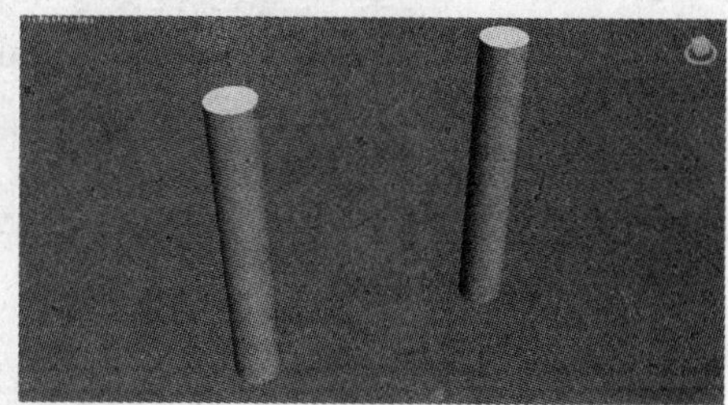

图 6-44 绘制石柱

步骤 3 制作柱基，设置【半径】、【高度】、【高度分段】分别为 250、300、5， 单击【修改器列表】中的【锥化】修改命令，在【参数】卷展栏下设置【曲线】为“1”。复制到如图 6-45 所示的位置。

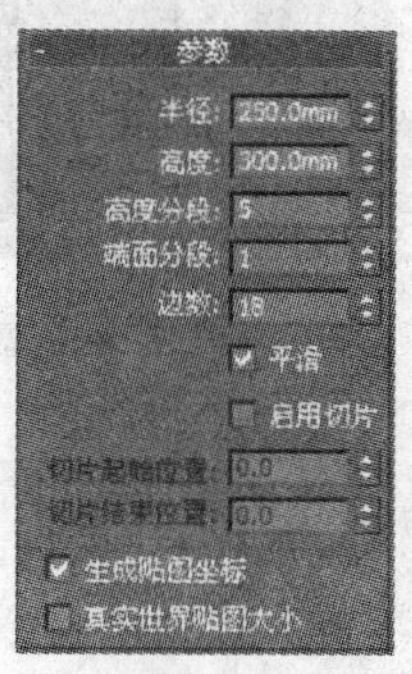

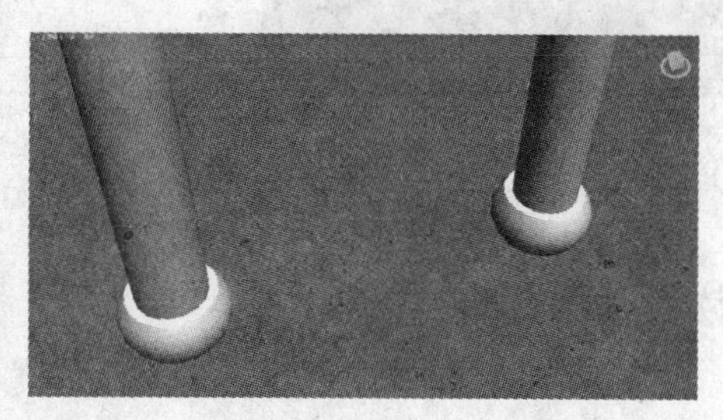

图 6-45 绘制柱基

步骤 4 下面制作带有弧形的架子。单击【前视图】，单击创建面板中的图形命令，单击 弧 命令，绘制出如图 6-46 所示的图形。

步骤 5 单击这条曲线，在修改命令面板中的【堆栈】栏中单击【样条线】，单击【几何体】卷展栏中的 轮廓 命令，将鼠标放置在曲线上进行单击并拖拽，绘制成如图 6-47 所示的图形。

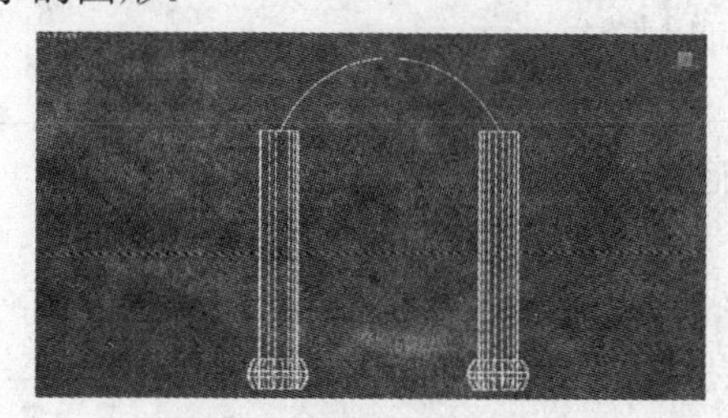

图 6-46 绘制弧形架子

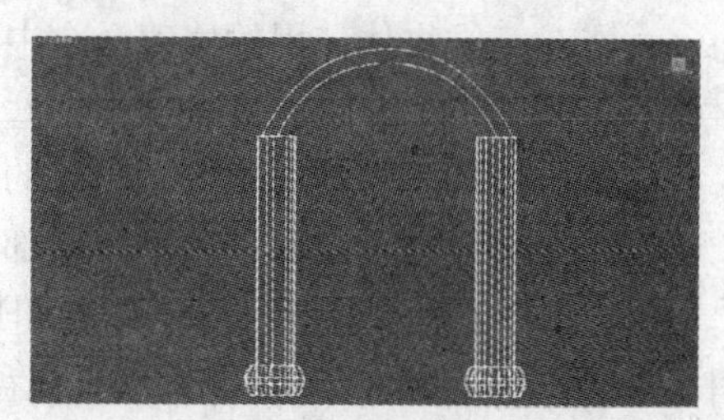

图 6-47 绘制曲线轮廓

步骤 6 单击这条曲线，在修改命令面板中，单击【修改器列表】右边的，在弹出的列表中单击【挤出】命令，设置【数量】为“300”。如图 6-48 所示。

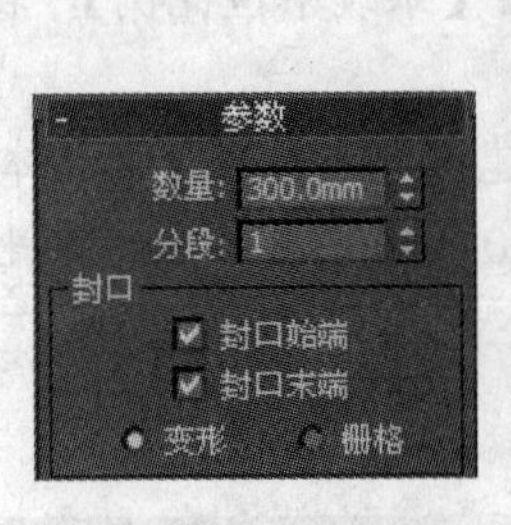

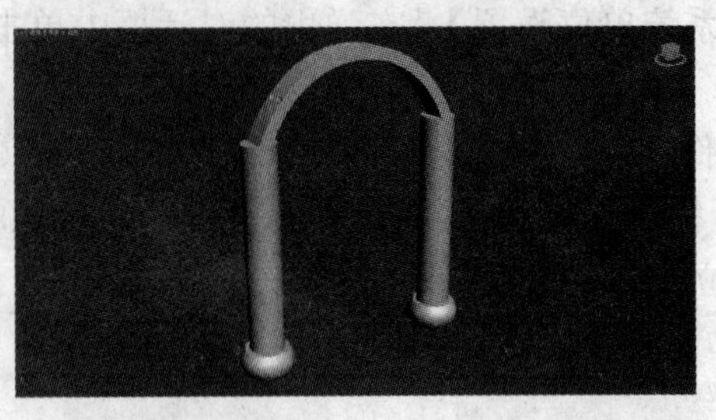

图 6-48 设置【数量】

步骤 7 全选物体后按住〈Shift〉键的同时单击鼠标左键进行【实例】复制，放置如图 6-49 所示的位置。

步骤 8 制作纵向梁，方法同步骤 6，最终效果如图 6-50 所示。此例可参见光盘中的“长廊.max”文件。

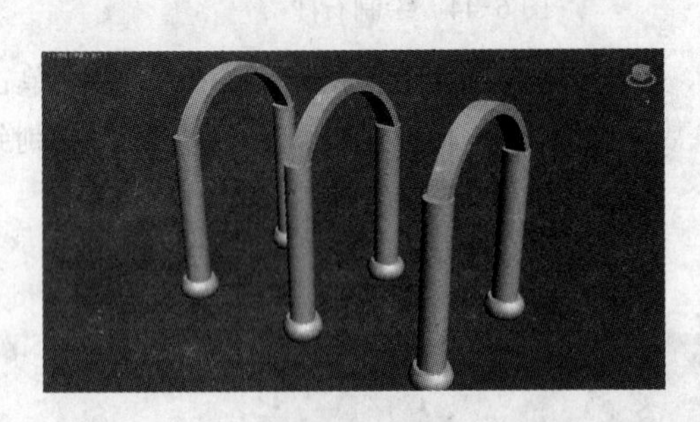

图 6-49 复制廊架

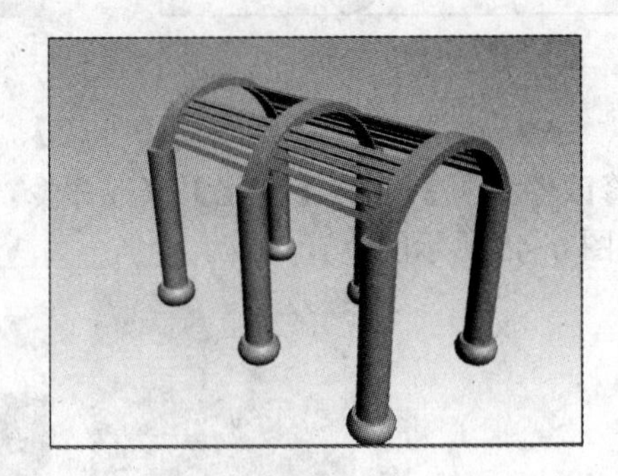

图 6-50 最终效果

6.5 思考与练习

（1）3ds Max 的命令面板有哪些？

（2）设计师将修改器中的修改命令应用于对象之后，所应用的修改名称会在哪里显示？每次添加的修改命令的顺序如何排列？

（3）怎样使用修改器堆栈修改场景已有模型？

（4）将二维线型转化为三维物体的常用修改命令有哪几个？

（5）对三维物体的造型进行修改的命令有哪几个？

（6）在对三维物体使用的修改命令中，哪几个可以形成动画？

（7）怎样去掉不需要的修改器命令？

（8）修改器堆栈中的修改命令顺序的颠倒是否能够影响模型最后的结果？

（9）如何通过修改命令设置物体局部造型？

（10）运用【车削】命令绘制灯罩和灯架，再给灯架添加一个【锥化】命令，使其产生如图 6-51 所示的台灯。最终效果参见光盘中的“台灯.max”文件。

（11）结合修改命令，运用【倒角剖面】命令绘制柜子的柜面并复制到柜底，用【弯曲】命令绘制柜门和 4 个支架，把手可用压扁的圆，绘制出图 6-52 所示的柜子。最终效果参见光盘中的“柜子.max”文件。

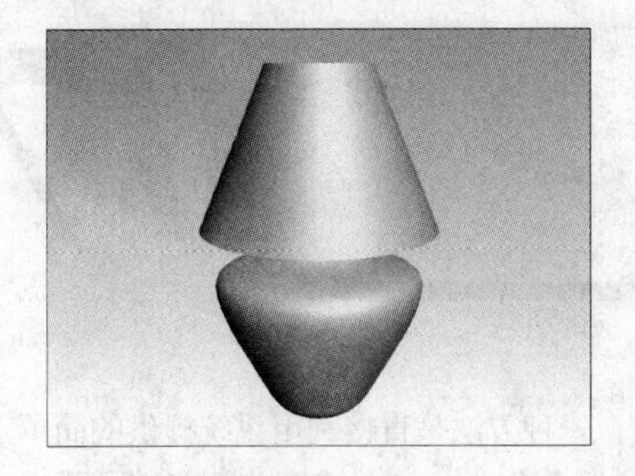

图 6-51　台灯

图 6-52　柜子

第 7 章　高级建模

07

在 3ds Max 2012 中，可以通过多种方法来建模。一种方法是直接利用系统提供的简单三维建模或平面建模，然后再对其施加修改器。但在实际创作中，简单建模并不能满足要求。3ds Max 2012 系统还提供了几种高级建模功能，如网格建模、面片建模、多边形建模等。曾经是独立脚本插件的 PolyBoost，目前被整合进入 3ds Max，并更名为 Graphite Modeling Tools 石墨工具。石墨工具是针对多边形建模使用的工具，工具大大加强了 3ds Max 多边形建模的能力。石墨工具在多边形模型处于修改编辑状态时可以使用，它将原来右侧卷展栏中的命令分类图示化，降低了命令操作的难度。特别值得一提的是它有一组类似于 Zbrush 的笔刷，可以调整笔刷大小，配合键盘使用，完成推、拉、挤压等一系列类似雕塑的动作，适合有机形态的模型创建，在制作建筑类效果图时优势不明显，在本章不作详细介绍。

本章将介绍 3ds Max 2012 系统提供的高级造型功能，通过本章的学习，读者可以了解网格建模、多边形建模和 NURBS 建模的方法以及这几种建模的编辑技巧与特点，还可以了解这几种建模方式各自的适用范围及其功能特征的异同。

重点知识

- 几种高级建模方式的简单介绍
- 网格建模
- 面片建模
- 多边形建模
- NURBS 建模

练习案例

- 挤出面
- 创建烟灰缸
- 创建陶罐
- 创建简单 mp3 播放器
- 创建苹果
- 多啦 A 梦

7.1　高级建模方式的简介

自然界中的物体总是呈现出多姿多彩的有机形态，如果只依靠几何体和复合对象等基础建模工具，就想模拟出丰富多彩的三维虚拟世界，是远远不够的，本章重点介绍网格建模、面片建模和 NURBS 建模等常见的高级建模工具。通过使用这些工具可以很容易地制作出花朵、飞机、汽车、人物等复杂的 3D 对象。

网格建模的基本过程就是通过在顶点、边和面等次对象层次进行移动、拉伸等编辑操作来生成复杂的对象，其思路比较简单。

多边形建模与网格建模的原理类似。网格建模是早期 3ds Max 版本的主要建模方式，而多边形建模则是最近的 3ds Max 版本逐渐引进和增加的建模功能。尤其 3ds Max 增加了石墨建模工具后，使 3ds Max 的多边形建模得到了质的飞跃。它相对于网格建模有许多进步之处，最主要的一点就是它所编辑的面不受边数的限制，可以是任意边数的多边形面。因此网格建模可以完成的建模工作，多边形建模也都可以实现。多边形建模可以胜任制作任何的3D对象。

面片建模通常也是通过编辑顶点、边和面片等次对象来完成的，但它又有一些不同于网格建模和多边形建模的地方。因为面片是基于Bezier样条曲线来定义的，所以面片建模的主要过程是通过编辑顶点及其矢量手柄来完成的。相对于面片建模而言，更有优势的是曲面建模方式。因为它的建模思路主要是编辑更容易操作的样条型，然后再使用曲面编辑修改器来生成面片对象。通过这种方法，使得复杂建模更加简单方便。

NURBS是Non-uniform Rational B-splines的缩写，即非均匀理性的B样条曲线。它非常擅长用复杂的曲线来建立曲面模型，精确度高，曲面光滑，而且可以交互地进行修改。在所有的建模技术中，最流行的技术也许就是NURBS建模技术了。它不仅擅长于创建光滑的表面，而且也适合于创建尖锐的边。NURBS建模尤其适用于创建人物的造型建模。与面片建模一样，NURBS建模允许创建可被渲染但并不一定必须在视图上显示的复杂细节，这意味着NURBS表面的构造和编辑都相当简单，而且NURBS建模的最大好处就是它具有多边形建模方法编辑操作中的灵活性，又无需依赖复杂网格来细化表面。

总之，本章所介绍的几种建模方法虽然比较复杂，但它们都是3ds Max 2012中非常重要的高级建模方式。

7.2 网格建模

直接利用系统提供的简单三维造型或平面造型来建立模型，然后通过编辑修改器可以将建立的对象转换成可编辑网格，在可编辑网格的基础上进行更精细的网格建模。

把一个对象转换成可编辑网格并对其次对象进行操作，通常有以下两种方法。

(1) 通过【编辑网格】编辑修改器。

(2) 单击鼠标右键，在弹出的菜单中选择【转换为可编辑网格】命令。

网格对象包括顶点、边、面、多边形和元素等次对象，编辑网格也是通过分别进入各个次对象层次进行编辑修改来完成的。

7.2.1 公用属性

在【修改】面板的下方会包含【选择】和【软选择】两个公用属性卷展栏。如图7-1和图7-2所示。这两个公用属性卷展栏总在每个次级对象的【修改】面板最前面。

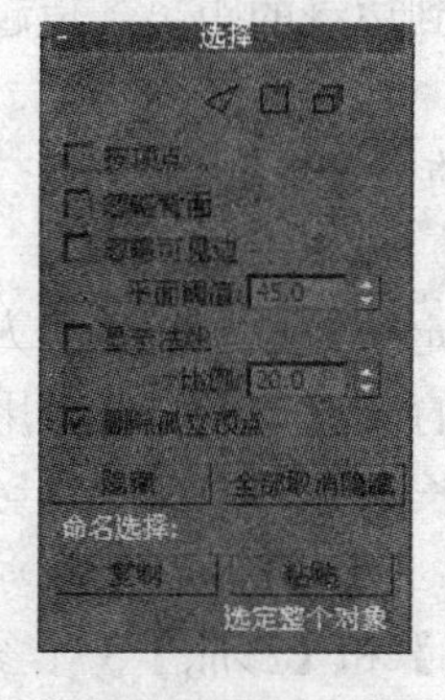

图7-1 【选择】卷展栏

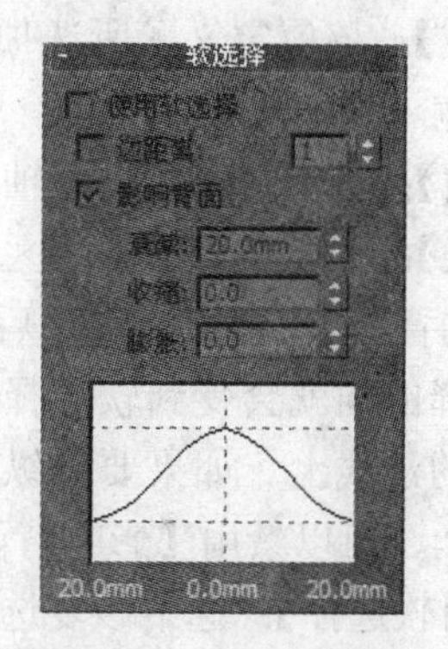

图7-2 【软选择】卷展栏

【选择】卷展栏的主要功能是协助对各种次对象进行选择。位于最上面的一行按钮用来决定选择的次对象模式，单击不同的按钮将分别进入网格对象的顶点、边、面、多边形和元素等次对象层次。对应不同的次对象，3ds Max 提供不同的编辑操作方式。

【按顶点】、【忽略背面】和【忽略可见边】3 个复选框是辅助次对象选择的 3 种方法。

- 【按顶点】：该复选框用来控制是否通过选择顶点的方式来选择边或面等次对象，通过单击顶点就可以选择共享该顶点所有的边和面。
- 【忽略背面】：该复选框选中时，选择次对象时在视图中只能选择法线方向上可见的次对象。取消选中该复选框，则可选择法线方向上可见或不可见的次对象。
- 【忽略可见边】：该复选框只有在多边形的模式下才能使用，用于在选择多边形时忽略掉可见边。该复选框是与【平面阈值】项同时使用的。
- 【平面阈值】：该选项的数值用来定义选择的多边形是平面（值为 1.0）还是曲面。
- 【隐藏】：该按钮可以用来隐藏被选择的次对象，隐藏后次对象就不能再被选择，也不会受其他操作的影响。使用隐藏工具可以大大避免误操作的发生，同时也有利于对遮盖住的顶点等次对象的选择。
- 【全部取消隐藏】：该按钮的功能正好与【隐藏】按钮的功能相反，选择它可将使所有的被隐藏的次对象都显示出来。
- 【命名选择】：该命令下面的选项用于复制和粘贴被选择的次对象或次对象集，适用于想用分离出选择的次对象来生成新的对象，但又不想对原网格对象产生影响的情况。

在【选择】卷展栏的最下方提供有选择次对象情况的信息栏，通过该信息可以确认是否多选或漏选了次对象。

【软选择】卷展栏也是各个对象操作都共有的一个属性卷展栏，该卷展栏控制对选择的次对象的变换操作是否影响其邻近的次对象。当对选择的次对象进行几何变换时，3ds Max 2012 对周围未被选择的顶点应用一种样条曲线变形。就是说当变换所选的次对象时，周围的顶点也依照某种规律跟随变换。在卷展栏中【使用软选择】复选框就是决定是否使用这一功能的，只有在选中该复选框后，下面的各个选项才会被激活。

卷展栏的底部图形窗口显示的就是跟随所选顶点变换的变形曲线，它主要受【衰减】、【收缩】和【膨胀】这 3 个参数的影响。在这 3 个因素中，【衰减】项最为重要，也最常用。

- 【衰减】：该值定义了所选顶点的影响区域从中心到边缘的距离，值越大影响的范围就越宽。
- 【收缩】：该值定义了沿纵轴方向变形曲线最高点的位置。
- 【膨胀】：该值定义了影响区域的丰满程度。
- 【影响背面】：启用该选项后，那些法线方向与选定子对象平均法线方向相反的、取消选择的面就会受到软选择的影响。在顶点和边的情况下，这将应用到它们所依附的面的法线上。如果要操纵细对象的面，诸如细长方体，但又不想影响该对象其他侧的面，可以禁用【影响背面】。
- 【使用软选择】：选中该复选框后，【衰减】、【收缩】和【膨胀】3 个参数被激活，对所选顶点进行移动，效果如图 7-3 所示。

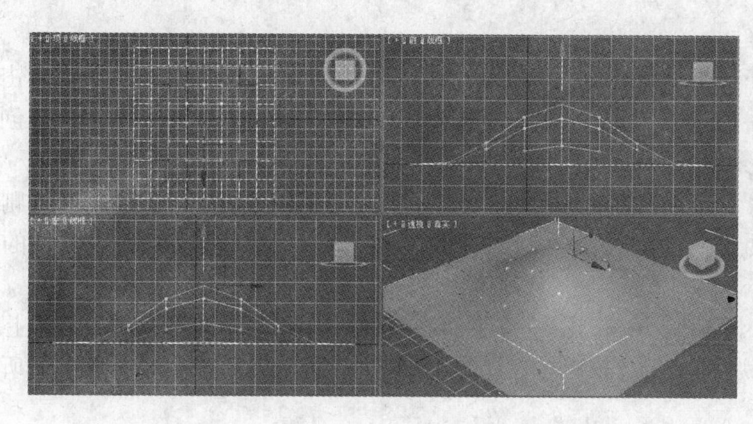

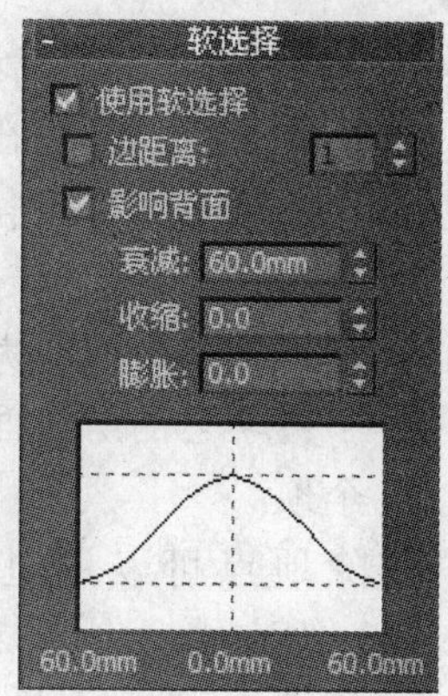

图 7-3 选中【使用软选择】复选框

在了解了以上两种公用属性卷展栏后，就可以具体地使用各种次对象模式了。在可编辑网格的这几种次对象模式中，每一种模式都有其使用的侧重点。

顶点模式重点在于改变各个顶点的相对位置来实现建模的需要，边模式重点在于满足网格面建模的需要。在这些模式中，面模式是最重要的，也是功能最强大的，许多对象的建模都是通过对面进行拉伸和倒角生成的。用顶点模式和边模式来辅助面模式建模，这就是最常用的一种网格建模的方法。

7.2.2 顶点模式

单击编辑修改器堆栈中【编辑网格】下的【顶点】或者单击【选择】卷展栏中的按钮 ▪，都将进入网格对象的顶点模式。同时，在视图中，网格对象的所有顶点也会以蓝色显示出来，用户可以选择对象上的单个或多个点。

网格对象在顶点模式下，通过【编辑几何体】卷展栏中的命令可以完成对顶点次对象的编辑操作，如图 7-4 所示。

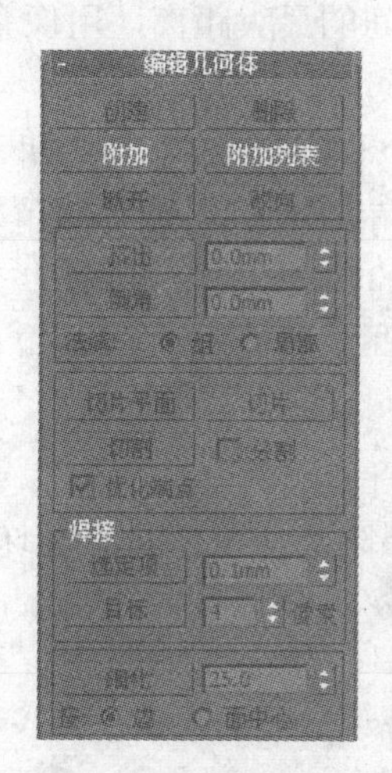

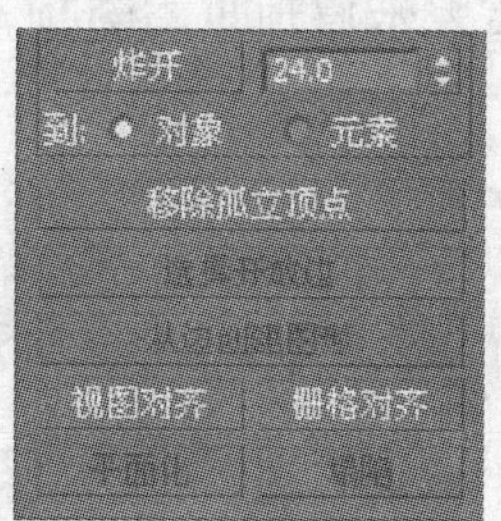

图 7-4 【编辑几何体】卷展栏

1. 创建和删除

由于面是由顶点定义的，所以在创建或复制网格对象时就可以创建顶点，这种方法可以提供其他建模所需的顶点。

- 创建：可以在精确的位置创建顶点。该按钮的功能是使屏幕上的每一次单击操作都在激活的栅格上创建一个顶点，创建的顶点将成为对象的一部分，并作为创建新面的一个基本要素。
- 删除：可以快速地清除掉不需要的部分网格。当删除一个顶点时，也就删除了共享它的所有面。例如，删除掉圆柱顶的中心顶点，结果也就删除了圆柱的整个顶。

删除顶点可以通过使用【编辑几何体】卷展栏中的 删除 按钮或键盘上的〈Delete〉键完成。此外，通过单击卷展栏中的 移除孤立顶点 按钮则可删除对象上的所有孤立顶点。

2. 附加和分离

- 附加：用于将场景中另一个对象合并到所选择的网格对象上，被合并的对象可以是样条或面片等任何对象。
- 分离：用于将选择的顶点以及相连的面从原对象中分离，从而成为独立的对象。有助于把整个对象分离成个别的对象来编辑修改，编辑修改完毕可以再把分离出来的对象合并到原来的对象上。

3. 断开与焊接

断开顶点即指将一组顶点以及由它们定义的面从网格对象上断开，以形成一个新的对象。断开顶点类似于分离面，只是断开顶点时更容易确定网格对象的范围．而分离面时就很容易漏掉某一个面。断开顶点的功能由卷展栏中的 断开 按钮来实现。

【编辑几何体】卷展栏中焊接顶点的部分提供有两种合并顶点的方式。

- 选定项：可以检查用户的当前顶点选择集。当两个或多个顶点处于同一个规定的阈值范围内时将合并这些顶点为一个顶点，阈值范围由右侧的数值框规定。
- 目标：使得用户能够选择一个顶点．并把它合并到另一个目标顶点上，其右侧的文本框用来设置鼠标光标与目标顶点之间的最大距离，用像素点表示。

4. 其他选项的功能

- 切角：用于在所选顶点处产生一个倒角。单击该按钮，然后在视图中拖动选择的顶点就会在该顶点处产生一个倒角。对顶点使用倒角其实就是删除原来的顶点，并在与该顶点相连的边上创建新的顶点，然后以这些新顶点来生成倒角面。该按钮右侧的数值表示原顶点与新顶点之间的距离，也可以调节它的值来生成倒角面。
- 平面化：强制选择的顶点位于同一个平面。
- 塌陷：将实现顶点的塌陷功能，塌陷功能虽然具有破坏性但却很有用。单击该按钮可以使当前的多个顶点合并为一个公共的顶点，新顶点的位置是所有被选顶点位置的平均值。

说明：

以上介绍的对顶点进行编辑操作的各项功能也可以通过右键快捷菜单来完成。3ds Max 2012 对所有的次对象模式都提供有这样的快捷菜单，它们常被作为 3ds Max 2012 操作的方便途径来使用。

7.2.3 边模式

【边】作为网格对象的另一个次对象，在网格建模中并不占主要的地位，基本上是作为创建面的副产品存在。尽管如此，在 3ds Max 2012 中使用边来处理面对象也是建模中经常用到的手段，而且使用【边】来创建新面也是一种很有效的方式。单击编辑修改器堆栈中【编辑网格】下的【边】，如图 7-5 所示，或者单击【选择】卷展栏中的按钮，如图 7-6 所示，都将进入网格对象的边模式。

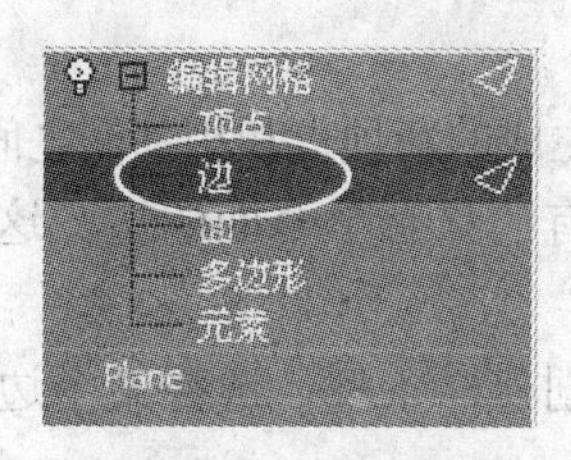

图 7-5 编辑修改器堆栈

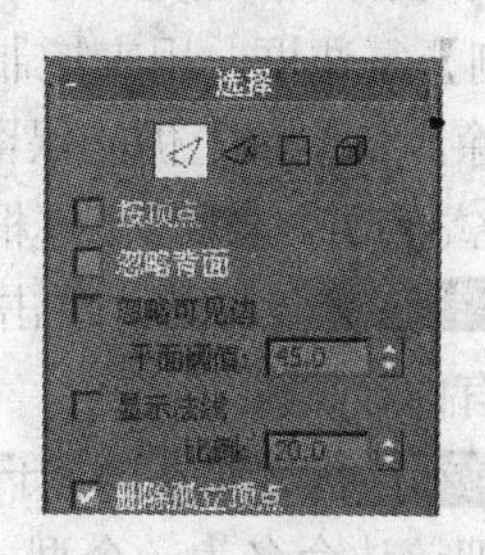

图 7-6 【选择】卷展栏

【边】模式对应的【编辑几何体】卷展栏如图 7-7 所示。与顶点模式相比较，除了一些功能基本相同的选项外，它又增添了几个属于自己特性的选项。

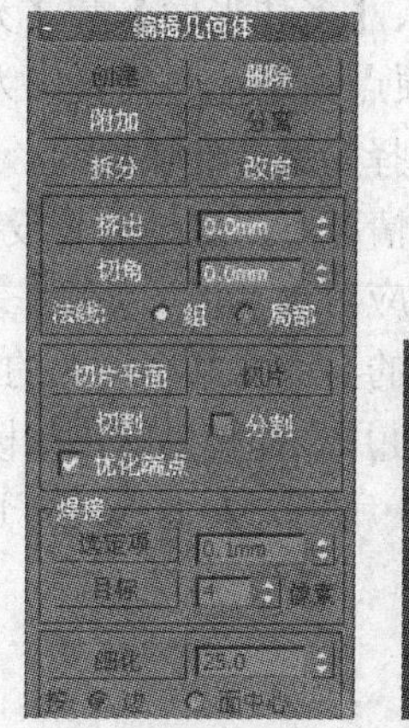

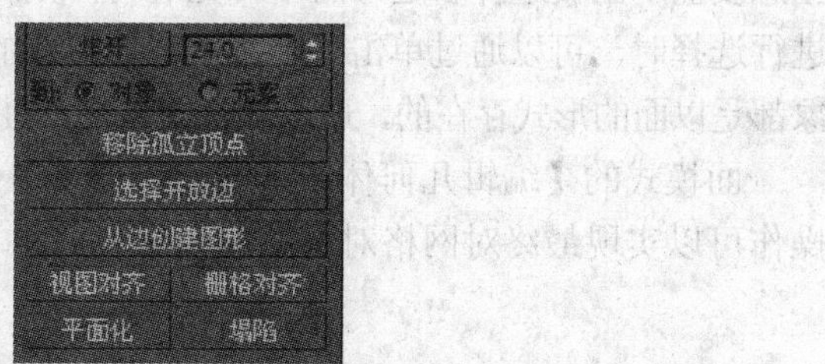

图 7-7 【边】模式对应的【编辑几何体】卷展栏

1. 拆分

卷展栏中的 拆分 按钮影响单个边。单击该按钮．然后选择要分割的边，将会在边的中点处插入一个新的顶点，这条边就会被分割，并将原来的面分成两个面。如果该边被两个面共享，那这两个面就都会被分割，最终将产生 4 个面，新创建的边也是可见的。分割边是引入顶点并在需要的网格区域增加面的一种常用的方法。

2. 挤出和切角

- 挤出 ：对选择的边进行拉伸，其结果是创建一个新的边和两个新面，在其右侧的数值框中可以输入数值来控制精确拉伸的程度。但是拉伸边并不像拉伸型或拉伸面那样，它的拉伸结果是不能确定的，因为单个边并不能确定拉伸的方向。
- 切角 ：功能与顶点模式下的原理类似。对选择的边倒角并删除该边，在该边的两侧即可生成新的边，并以新边形成倒角面。

3. 切割边

- 切片平面：用于创建一个切割平面，该平面可以移动和旋转。调整好切割平面的位置后单击切片按钮产生一个需要的切片平面。
- 切割：用来对边执行切割操作。单击切割按钮后从切割平面切割的一边上选取一点，然后在另一个被切割边上选取另一点，将会在这两点之间形成新的边。运用这种方法可以创建多个边和面。
- 【分割】复选框：用来控制在分割的新顶点处生成两套顶点. 这样即使它所依附的面被删除，该位置上仍能保留一套顶点。
- 【优化端点】：选中该复选框，可以保证切割后生成的新顶点和相邻面之间没有接缝。
- 选择开放边：单击该按钮将显示出所有的只有单个面的边，这样有利于查找是否有面被遗漏。
- 从边创建图形：用于借用网格对象的边创建样条型。选择某个边，单击该按钮可以把该边命名为一个型。
- 塌陷：由于最后塌陷的结果具有不可预测性，因此该项使用得不多。

7.2.4 面模式

在面的层次网格对象中包括【三角形面】、【多边形面】和【元素】等 3 种情况。【三角形面】是面层次中的最低级别，它通过 3 个顶点确定，并且被作为多边形面和元素的基础。

在构成面层次的选择集中，三角形面的选择是最方便快捷的，而且它可以显示出被选面的所有边，包括不可见的边。在选择多边形面的情况下，选择的是没有被可见边分开的多边形。当想要显示出被选择多边形的不可见边时，则应对该多边形使用三角形面选择。使用元素模式进行选择时，可以通过单击一个面来选择所有的与该面共享顶点的相连面。因为所有的网格对象都是以面的形式存在的，所以在次对象层次使用面建模是网格建模中最重要的一部分。

面模式的【编辑几何体】卷展栏如图 7-8 所示，在面模式下通过对卷展栏中各个选项的操作可以实现最终对网格对象的编辑修改。

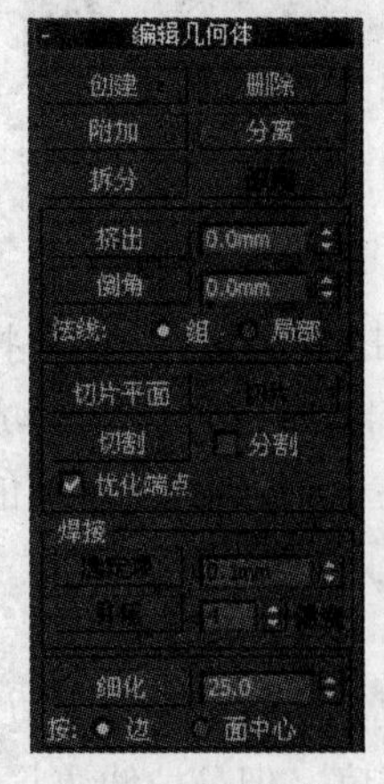

图 7-8　面模式的【编辑几何体】卷展栏

1. 创建和删除面

卷展栏中的创建按钮提供了创建新面的功能。要想创建新面，首先应单击该按钮，此时网格对象上的所有顶点都将亮度显示。拾取其中的一个顶点，也可以按住〈Shift〉键并在视图中的空白处单击以创建新的顶点，在【面】和【元素】模式下 3 次单击就可以创建一个新面。在【多边形】模式下，可以单击任意次来创建任意边数的多边形面，要结束创建只需双击即可。删除按钮用来删除选择的面。在进行删除之前，用户可以通过隐藏功能先隐藏这些选择的面。当对隐藏后的效果感到满意时，即可使用删除按钮确认删除。

2. 细化面

面的细分主要用来增加网格的密度。可以通过给选择的区域创建附加的顶点和面来进行更细节化的处理，或者给对象的总体增加细节以便于使用其他修改器。

使用拆分按钮可以实现面的进一步细分。单击该按钮，然后选择要细分的面，可以使面细分为 3 个更小的面。

细化选项组也提供有对面的细分功能，它包括下面两种方式。

- 【边】方式：将在选择面的每条边的中点处增加新顶点，并产生新的边来连接这些顶点，结果将被细分为多个面。
- 【面中心】方式：将在选择面的中心增加一个新顶点，并且会产生边，把该顶点和原顶点连接起来以生成多个面。

【细化】按钮右侧的数值框用来设置边的张力值，同时也控制新顶点的位置。当使用正的张力值时，新顶点向外，会造成膨胀的效果；当使用负的张力值时，新顶点向内，会造成收缩的效果。如果希望细分后的面与原面共面，那么可以设置该值为 0.0，此时细分只增加网格的密度，而不会影响对象的轮廓。

3. 挤出面

在【面】模式下的所有功能选项中，【挤出】和【倒角】功能是最强大的。它们不但可以创建出新的面，而且可以在原始的网格对象上以拉伸倒角面的形式创建出各种复杂的网格对象。

【例 7-1】 挤出面

创建一个扩展几何体，将其转化为可编辑网格，选择其中的单个面和一组面执行挤出和倒角命令观察结果。参见光盘中的文件“挤出.max”、“挤出-组.max”、“挤出-局部.max”。

步骤 1 新建一个场景文件。

步骤 2 单击新建选项卡，选择新建几何体按钮，然后选择新建标准几何体，单击球体按钮新建一个球体，如图 7-9 所示，调整球体的参数如图 7-10 所示，半径为 40。

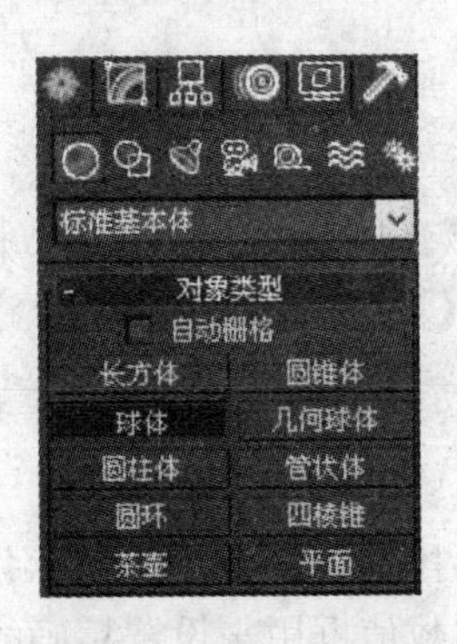

图 7-9 新建一个球体

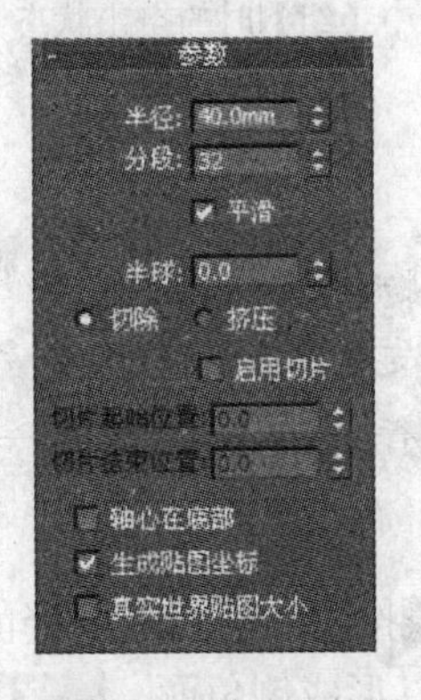

图 7-10 球体的参数

步骤 3 单击选项卡，在球体上单击鼠标右键，在弹出的菜单中选择将几何体转化为可编辑网格。

步骤 4 打开【选择】卷展栏，单击多边形按钮。打开【编辑几何体】卷展栏，在新建对象上单击鼠标左键选择一个多边形。

步骤 5 输入挤出的数值 20，然后单击 挤出 按钮，结果如图 7-11 所示。

步骤 6 选择另一个多边形，输入挤出的数值-10，然后单击 挤出 按钮，结果如图 7-12 所示，挤出是向内进行的。右侧的数值框用来设置精确的挤出值，数值可正可负，正值向外拉伸，负值向内拉伸。

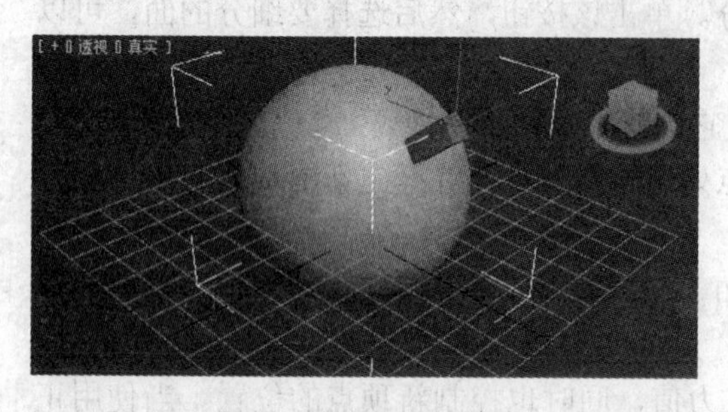

图 7-11 挤出的数值 20

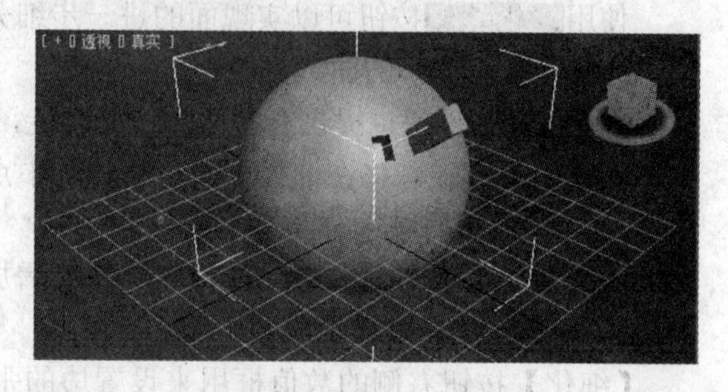

图 7-12 挤出的数值-10

步骤 7 选择一组面，在【法线】项选中【组】单选按钮，挤出量为 20，拉伸将沿着连续组面的平均法线方向进行，如图 7-13 所示。

步骤 8 按〈Ctrl+Z〉组合键取消上一步操作，在【法线】项选中【局部】单选按钮，挤出量为 20，拉伸将沿着每个被选择面的法线方向进行，如图 7-14 所示。

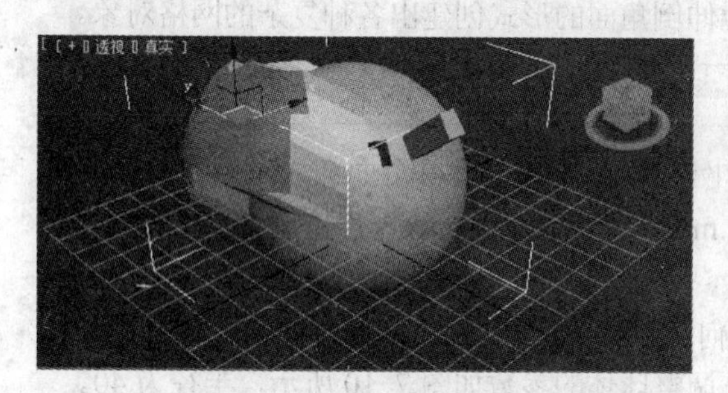

图 7-13 选中【组】时的挤出状态

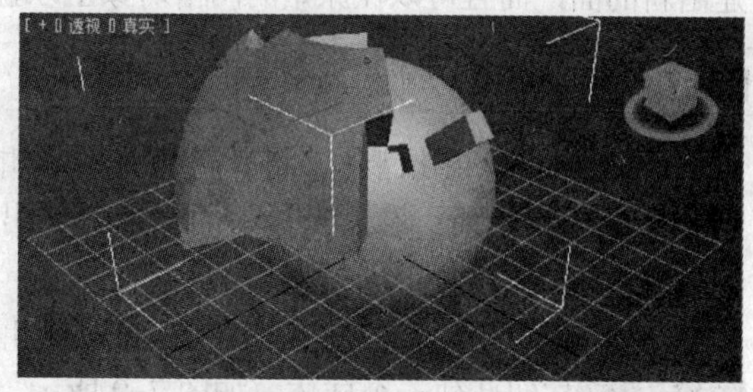

图 7-14 选中【局部】时的挤出状态

说明：

如果选择集是平的或者共面，挤出将垂直于平面；如果选择集不共面，当选中【组】单选按钮时，挤出将沿着连续组面的平均法线方向进行；若选中【局部】单选按钮，挤出将沿着每个被选择面的法线方向进行。

4. 倒角面

单击 倒角 按钮，然后对选择的面垂直拖动以拉伸该面，释放鼠标并沿与拖动垂直的方向移动鼠标可以形成倒角面。倒角 按钮右侧的数值框用来设置精确的倒角值。数值可正可负，正值表示对拉伸后的面放大，负值表示对拉伸后的面缩小。对应的两种倒角的情况如图 7-15 所示。

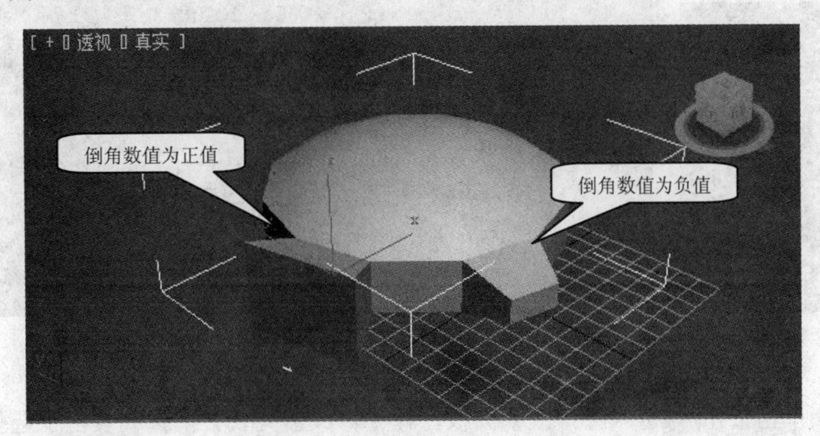

图 7-15 倒角面

5. 炸开面和塌陷面

炸开面是分解网格对象的一种工具。炸开通过创建重复的顶点和没有合并的面来分离网格对象。炸开后的网格对象是分解为面还是元素，取决于其文本数值框设置的角度阀值。面之间的角度大于角度阀值时被爆炸成元素，当角度阀值为 0 时将炸开所有的面。

究竟是炸开为【对象】还是【元素】，这完全取决于用户的需要。如果想使炸开后的部分有它自己的编辑历史和运动轨迹，则应选中【对象】单选项；如果想使炸开的部分仍是原对象的一部分，就应选中【元素】单选型。

塌陷面是删除面的一种独特的方式。单击 塌陷 按钮可以删除选择的面，原先的面将被其中心的顶点代替，并且共享被删除面顶点的每个相邻面将被拉伸以适应新的顶点位置。

【例 7-2】 创建烟灰缸

下面通过创建一个烟灰缸模型来学习网格建模方式，如图 7-16 所示。结果可以参见光盘中的文件“烟灰缸.max”。

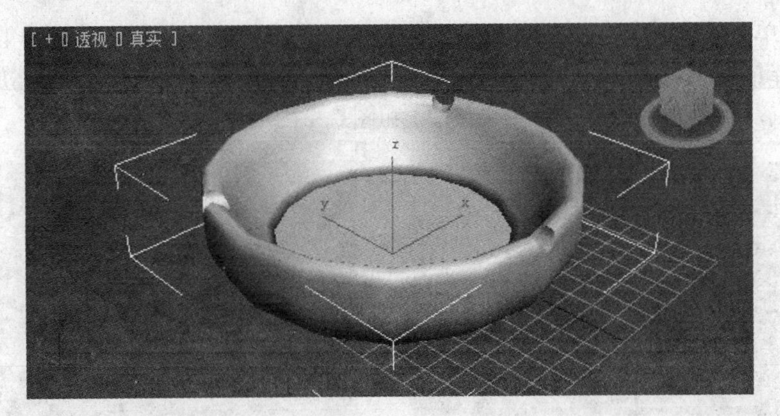

图 7-16 烟灰缸模型

步骤 1 创建一个圆柱体，设定【半径】为 80，【高度】为 40，将【高度分段】设为 4，【端面分段】设为 10，【边数】设为 8，将【平滑】选项前的勾选取消，结果如图 7-17 所示。

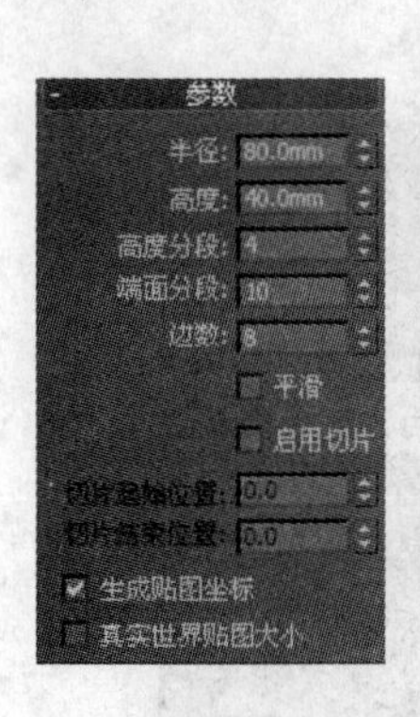

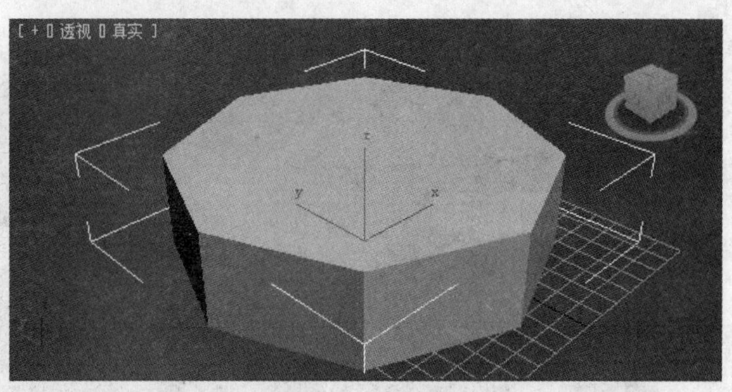

图 7-17　创建圆柱体

步骤 2 单击按钮进入【修改】面板，在【修改器列表】下拉列表框中选择【编辑网格】修改器。单击【选择】卷展栏中的按钮，在顶视图中选定圆柱体的上表面，如图 7-18 所示。

步骤 3 在【编辑网格】修改器中的【编辑几何体】卷展栏中，单击 挤出 按钮，将挤出量设为-20，单击 倒角 按钮，将倒角量设为-10，再次单击 挤出 按钮，将挤出量设为-5，再次单击 倒角 按钮，将倒角量设为-10，选定的表面将向内挤出并倒角，结果如图 7-19 所示。

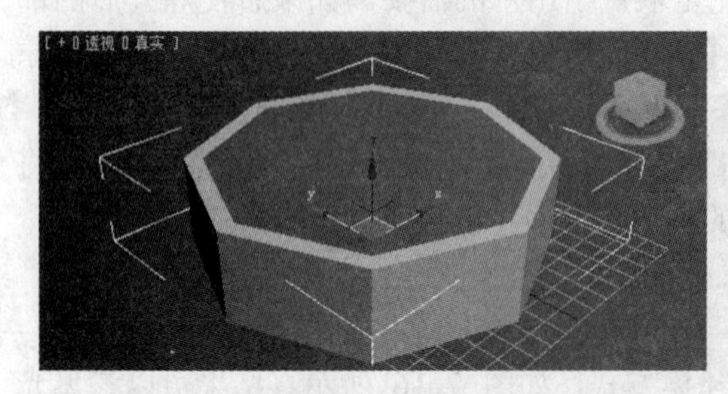

图 7-18　转化为可编辑网格并选定上表面

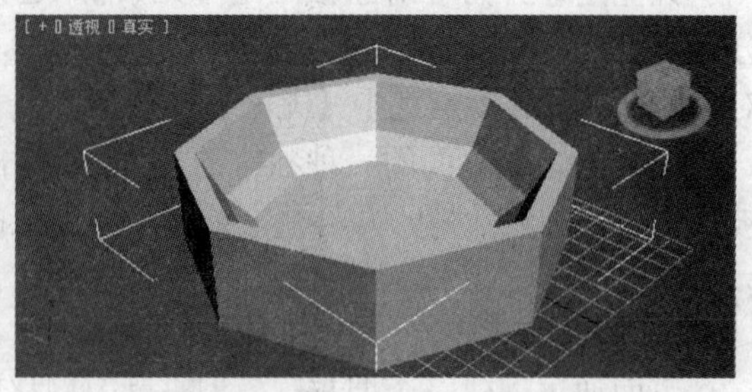

图 7-19　挤出并倒角

步骤 4 单击【选择】卷展栏中的按钮，选择顶点模式，单击工具栏中的按钮，在左视图中选择最底层表面的点，然后在顶视图中对选择的点进行适当的比例缩放。再调整倒数第二层的点，取得柔和的外形，如图 7-20 和图 7-21 所示。

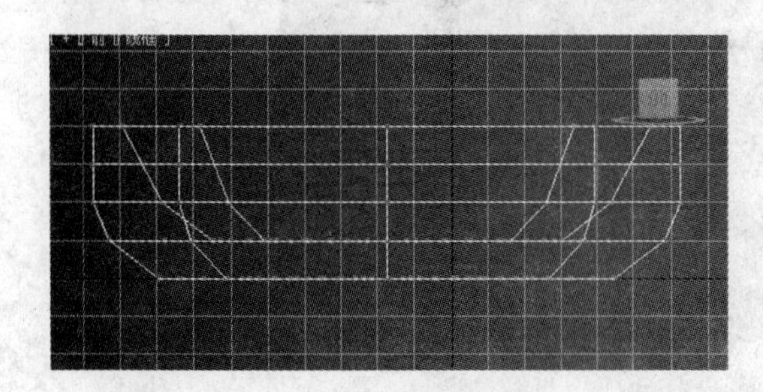

图 7-20　调整后的前视图

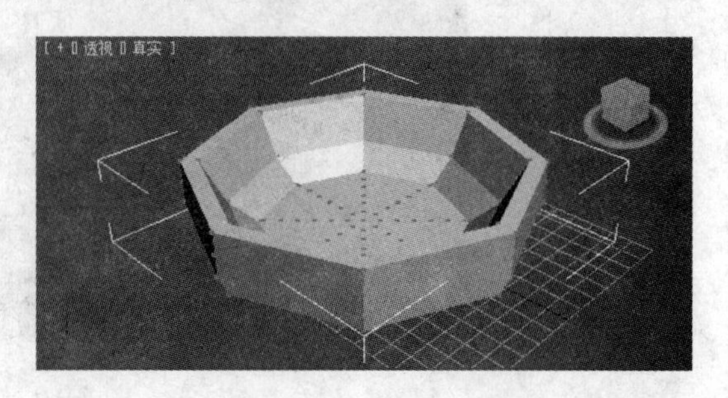

图 7-21　调整后的外形

步骤 5 选择创建的烟灰缸模型，在【修改器列表】下拉列表框中选择【网格平滑】编辑器，然后在【细分量】卷展栏中将【迭代次数】设为 1，得到光滑后的烟灰缸效果。如

图 7-22 所示。

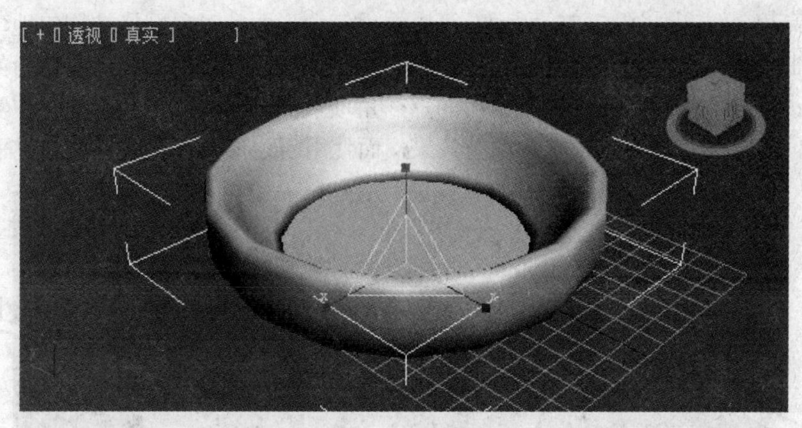

图 7-22 光滑后的烟灰缸效果

步骤 6 创建一个半径为 50 的圆柱体，旋转 120° 复制两份后与创建好的烟灰缸做布尔运算，结果如图 7-16 所示。

7.3 面片建模

面片即 Bezier 面片的简称。面片建模类似于缝制一件衣服，是用多块面片拼贴制作出光滑的表面。面片的制作主要是通过改变构成面片的边的形状和位置来实现的，因此面片建模中对边的把握非常重要。面片建模的最大优点在于它使用很少的细节就能制作出表面光滑且与对象轮廓相符的形状。

7.3.1 面片的相关概念

1. 面片的类型

在 3ds Max 2012 中存在着两种类型的面片，它们是【四边形面片】和【三角形面片】。通过在【创建】面板的【几何体】下拉列表中选择【面片栅格】选项，将会在弹出的【对象类型】卷展栏中看到这两种面片类型。如图 7-23 所示。

从图 7-24 中可以看出，面片对象是由产生表面的栅格定义的。【四边形面片】由 4 边的栅格组成，而【三角形面片】则是由 3 边的栅格组成的。对于面片对象，格子的主要作用是显示面片的表面效果，但不能对它直接编辑。最初工作的时候可以使用数量较少的格子，当编辑变得越来越细或渲染要求较密的格子时，可以增加格子的段数来提高面片表面的密度。

图 7-23 面片的标准创建方法

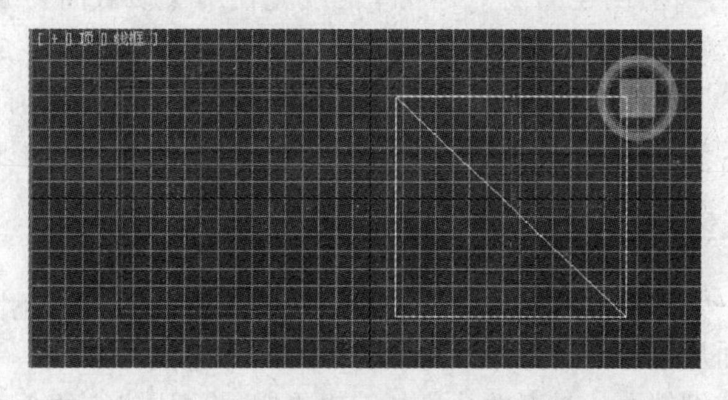

图 7-24 用标准的创建方法创建这两种类型的面片

对【四边形面片】和【三角形面片】两种类型的面片进行基本编辑，都将其中的一角点提高一定的高度，结果如图 7-25 所示。可以看出三角形面片对象网格被均匀地弯曲，而四边形面片的弯曲不仅均匀且更富有弹性。这是因为影响连接控制点的四边形，对角的点也相互影响对方的面；而三角形面片只影响共享边的点，角顶点的表面不会受到影响。在实际工作中，使用三角形面片弯曲可以带来较好的褶皱效果，而使用四边形面片弯曲将得到更平滑的表面。

图 7-25　两种类型的面片进行基本编辑

2. 矢量手柄

无论是三角形面片还是四边形面片，都是基于 Bezier 样条曲线来定义的。一般情况下的 Bezier 样条曲线都是使用 4 个顶点来定义的，即两个端点和中间的两个插值点。面片对象的顶点就是 Bezier 曲线的端点控制点，控制面片对象的矢量手柄为样条曲线的中间控制点。

矢量手柄类似于在介绍编辑样条线编辑修改器时样条顶点对应的切线手柄。单击面片上的任何一个顶点，将在该顶点的两侧显示出由线段和一个小方体组成的图形标记，这个小方体代表矢量手柄，它实际上就是定义面片边的 Bezier 样条曲线的中间控制点，连接小方体的线段即为代表该顶点处的矢量手柄。因此每个顶点都有两个矢量手柄，通过调整矢量手柄可以控制顶点两侧的面片的边形状。

3. 创建面片的几种方法

除了使用标准的面片创建方法外，在 3ds Max 2012 中还包括很多常用的创建面片的方法。

- 对创建的线使用诸如【车削】和【挤出】一类的编辑修改器，然后把它们的生成对象输出为面片对象。
- 对创建的多个有规律的线先使用【横截面】编辑修改器把各条线连接起来。再使用【曲面】编辑修改器在连接型框架的基础上生成表面，然后使用【编辑面片】编辑修改器把生成的对象转换为面片对象，这是目前面片建模的一种最常见的思路。
- 直接对创建的几何体使用【编辑面片】编辑修改器，把网格对象转换为面片对象。

7.3.2　使用编辑面片修改器

无论通过哪一种方式创建面片，最终都不可避免地要通过使用【编辑面片】编辑修改器对面片进行编辑操作来完成复杂的面片建模。

编辑面片是对面片进行编辑来实现面片建模的主要工具，使用方法如下。

（1）首先通过对场景创建的对象使用【编辑面片】编辑修改器以将其转变为面片对象。

（2）进入面片对象的各次对象层次来完成具体的编辑操作。

下面具体地介绍面片对象在各个次对象模式下的使用方法。

在对各个次对象进行编辑之前，首先来认识一下【编辑面片】编辑修改器的一个重要的公用参数卷展栏——【选择】卷展栏，如图 7-26 所示。

【选择】卷展栏主要提供有次对象选择的各种方式及提示信息。

- 顶点：在顶点模式下，可以在面片对象上选择顶点的控制点及其矢量手柄，然后通过对控制点及矢量手柄的调整来改变面片的形状。
- 控制柄：在控制柄模式下，可以对面片的所有控制手柄进行调整来改变面片的形状。
- 边：在边模式下，可以对边再分和从边上增加新的面片。
- 面片：在面片模式下，可以选择所需的面片并且把它细分成更小的面片。
- 元素：在元素模式下，可以选择和编辑整个面片的对象。

图 7-26 【选择】卷展栏

- 【命名选择】选项组用来命名选择的次对象选择集进行操作，是可以通过单击复制按钮选择次对象选择集，然后单击粘贴按钮来创建新的顶点、边或面片的一种方式。
- 在任何一个次对象模式下，【过滤器】选项组都可以使用，而且在顶点模式下该选项组十分有用。【过滤器】选项组中包括【顶点】和【向量】两个复选框，当两个复选框都被选中时（默认状态），在视图中单击顶点，顶点和矢量手柄就都会被显示出来。不选中【顶点】复选框将过滤掉顶点，只能显示矢量手柄；同理，不选中【向量】复选框便只能显示顶点。
- 【锁定控制柄】复选框是针对【角点】顶点设置的项。选中该复选框时，顶点的两个矢量手柄会被锁在一起，移动其中的一个手柄将带动另一个手柄。
- 【按顶点】复选框是通过选择顶点来快速地选择其他次对象（边或界面）的一种方式，单击一个顶点将选择所有的共享该顶点的边或面片。
- 【忽略背面】复选框和选择开放边按钮与在网格建模中介绍的功能相同。

【编辑面片】编辑修改器对应的另一个公用卷展栏是【软选择】卷展栏，该卷展栏中的选项和在网格建模中介绍的【软选择】卷展栏各个选项的原理完全相同。在通过调整顶点、边或面片的相对位置来改变对象的形态的过程中，该卷展栏会被经常使用。

7.3.3 面片对象的次对象模式

单击【选择】卷展栏中各个次对象模式的对应按钮，将会发现与【编辑网格】编辑修改器一样，【编辑面片】修改器也使用了类似的【几何体】卷展栏来增强对各个次对象进行编辑操作的功能。【几何体】卷展栏中的大部分选项与【编辑网格】修改器对应的选项的功能是相同的，只是面向操作的对象发生了改变。下面在各个次对象模式中将重点介绍能反映面片对象编辑操作特性的一些选项的功能。

1. 顶点模式

顶点层是面片建模的主要层，这是因为顶点层是惟一能访问顶点矢量手柄的层。与网格顶点明显不同的是，通过调整面片上的顶点及其矢量手柄则会对面片的表面产生很大的影响，这也正是面片建模的特色所在。

在面片建模中，几乎所有对面片的编辑都涉及变换顶点和它的矢量手柄。由于在一个顶点处共享该顶点的每个边都有矢量手柄，所以移动、旋转或缩放面片顶点时也会对手柄产生影响。在顶点模式下，矢量手柄是非常有价值的工具，通过变换它将直接影响共享该点所在边的两个面片的曲线度。以下为一些选项的功能。

（1）顶点模式【几何体】卷展栏中的 创建 按钮是通过单击顶点位置创建面片的一种方式。单击该按钮，然后在视图的不同位置单击 3 次，用鼠标右键单击结束将创建一个三边形面片，单击 4 次将直接创建一个四边形面片。

（2）在面片对象上焊接顶点将使面片结合在一起。与网格顶点的焊接不同，焊接面片的顶点要遵守一些规则。首先是不能焊接同一个面片面上的顶点，其次焊接也必须在边上进行。所以在面片建模中焊接顶点经常使用在制作对称结构的面片对象的过程中，只要制作好其中的一半再镜像出另一半，最后通过焊接顶点就可以使它们结合为完整的面片对象。

（3）绑定顶点通常用于连接两个起不同作用的面片（例如通过绑定来连接动物的脖子和头），并在两个面片之间形成无缝连接。但是用于绑定的两个面片必须属于同一个面片对象。当绑定顶点时，单击 绑定 按钮，然后从要绑定的顶点（不能是角点顶点）位置拖出一条直线到要绑定的边上，当经过符合标准的边时鼠标就会转变成一个十字光标，然后释放鼠标即可完成绑定。

（4）【几何体】卷展栏中的【曲面】选项组存在于顶点、边、面片和元素的各个模式下，它主要控制对象的所有面片表面网格的显示效果。

（5）选项组中的步数参数类似于样条曲线的步数设置，通过增加该数值可以使表面更加光滑。【视图步数】控制显示在视图中的表面效果。【渲染步数】控制在渲染时的表面效果。

（6）选中【显示内部边】复选框可以看到面片对象中内部被遮盖的边，取消选中该复选框将只显示面片对象的外轮廓。

2. 边模式

以下为一些选项的功能。

（1）使用【几何体】卷展栏中的【细分】按钮将对选择的边进行细分，其结果可使原来的面片细分为更多的面片。

（2）选中【细分】按钮右侧的【传播】复选框，将使这种细分的倾向传递给相邻的面片，这样相邻的面片也将被细分。

（3）增加面片是边模式操作的一项主要功能，卷展栏中的【添加三角形】和【添加四边形】按钮就是通过边来增加面片的方式。

（4）选择边，然后单击【添加三角形】按钮，将沿着与选择边的面片相切的方向增加三角形面片。

（5）单击【添加四边形】按钮将增加一个四边形面片。

说明：

当选择多个边执行增加面片的功能时，一定要注意对边的选择，应避免出现增加面片后发生重叠或错位的现象。

3. 面片模式

面片模式主要用来完成细分和拉伸面片的操作。

- 【细分】：在面片上是将每个被选的面片分为 4 个小面片。无论是三角形面片还是四边形面片，所有的新面片都有一个边的顶点在原始面片边的中点处。
- 【传播】：该复选框用来根据需要传播细分面片的特性，使面片的分割影响到相邻的面片。
- 【分离】：执行该面片操作，将分离出新的面片对象，新的面片不再属于原面片对象。对分离出的面片对象单独编辑操作后，还可以通过【附加】功能把它再合并到原来的面片对象中。
- 【挤出】：该按钮用于对选择的面片进行挤出，【挤出】数值框用来控制精确的挤出数量。
- 【倒角】：该按钮用于对选择的面片进行倒角。
- 【轮廓】：该数值框用来设置倒角值，数值可正可负，正值将放大拉伸的面片，负值将缩小拉伸的面片。
- 【法线】：右侧的两个单选按钮主要用于对选择的面片集进行拉伸的情况。
- 【倒角平滑】：该选项组用来控制倒角操作生成的表面与其相邻面片之间相交部分的形状，这个形状由相交处顶点的矢量手柄来控制。
- 【开始】：表示连接倒角生成面片的线段与被倒角面片相邻面片的相交部分。
- 【结束】：表示倒角面片与连接线段的相交部分。
- 【平滑】和【线性】：通过矢量手柄来控制相交部分形状的方式。选中【平滑】单选按钮则可通过矢量手柄调节，使倒角面片和相邻面片之间的角度变小，以产生光滑的效果。

说明：

对【倒角平滑】选项组的设置必须在进行倒角面片之前完成。倒角之后再改变该设置，对倒角效果不会产生任何影响。

- 【线性】：该单选按钮用来在相交部分创建线性的过渡。
- 【无】：选中该单选按钮则表示不会修改矢量手柄来改变相交部分的形状。

4. 元素模式

在元素模式下，主要是完成合并其他面片对象的过程，同时可以控制整个面片对象的网格密度来得到比较好的视图或渲染的效果。

合并面片对象可以通过【几何体】卷展栏中的 附加 按钮来完成，而且如果连接的不是面片对象，连接时将自动地把它转换为面片对象。当选中【重定向】复选框时，选定的所有面片对象都要重新定向，以便这些对象的变换与原来的面片对象相匹配。

【例 7-3】 创建陶罐

下面通过面片建模的方式来创建一个陶罐，然后通过简单的编辑调整陶罐的外形。结果如图 7-27 所示，可以参见光盘中的文件“面片-陶罐.max”。

图 7-27　陶罐

步骤 1 单击按钮进入【创建】面板，单击按钮，选择创建【样条线】，单击 圆 按钮，在顶视图中建立一个圆，设定【半径】为 400，结果如图 7-28 所示。

步骤 2 单击工具栏中的按钮，选中创建好的圆，在前视图中按住〈Shift〉键向上移动圆，在弹出的【克隆】对话框中输入 5，选择复制 5 个圆，如图 7-29 所示。

图 7-28　创建圆

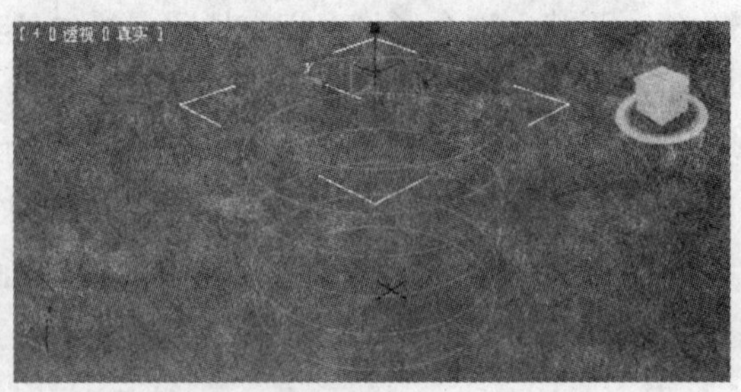

图 7-29　附加多个

步骤 3 单击按钮，逐个调整圆的大小，调整后如图 7-30 所示。

步骤 4 单击按钮进入【修改】面板，在【修改器列表】下拉列表框中选择【编辑样条线】修改器。单击【选择】卷展栏中的按钮，在【几何体】卷展栏中单击 附加多个 按钮，在弹出的对话框中选择所有的样条线，如图 7-31 所示。

图 7-30　调整圆的大小

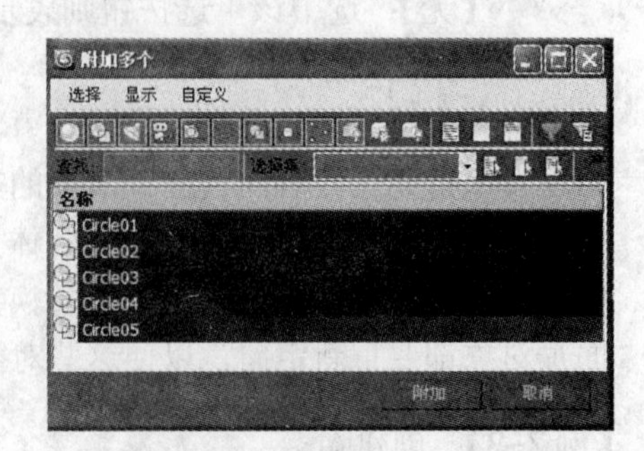

图 7-31　附加多个

步骤 5 在【几何体】卷展栏中单击 横截面 按钮，选中【平滑】单选项，依次选取样条线上的节点，如图 7-32 所示。

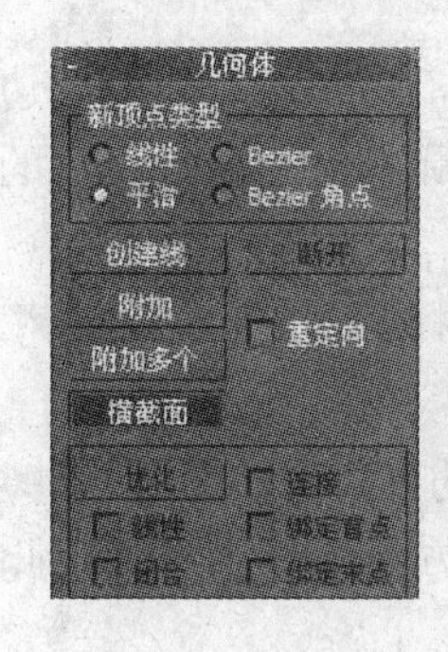

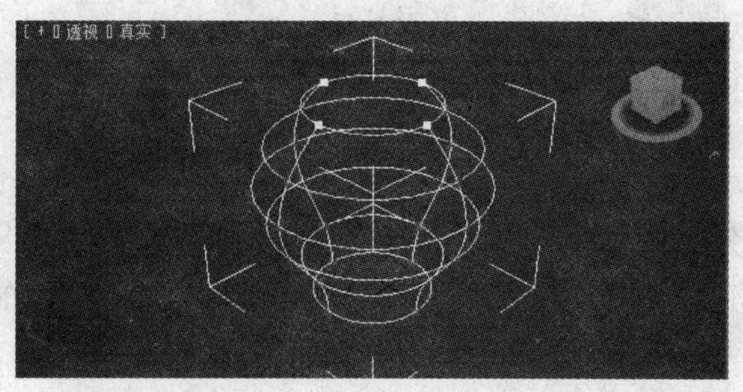

图 7-32　横截面选项

步骤 6 在【修改器列表】下拉列表框中选择【曲面】修改器，修改结果如图 7-33 所示。

步骤 7 在【修改器列表】下拉列表框中选择【编辑面片】修改器，将创建的陶罐转化为可编辑面片。单击【选择】卷展栏中的 按钮，选择顶点模式，利用【移动】和【缩放】工具调整顶点的位置。

步骤 8 单击【选择】卷展栏中的 按钮，选择控制柄模式，调整陶罐的外形曲率，前视图如图 7-34 所示。

图 7-33　【曲面】修改器

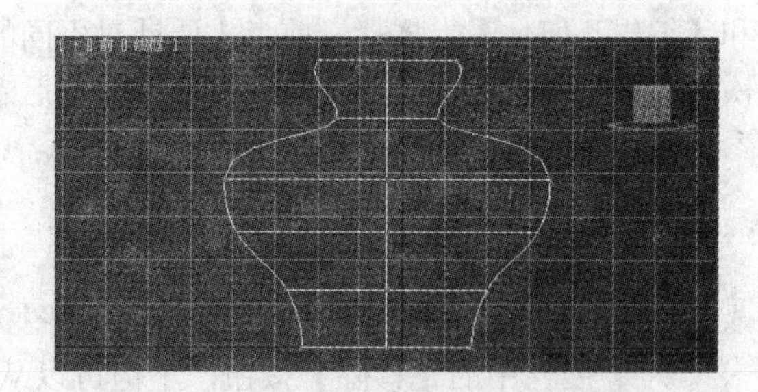

图 7-34　调整陶罐的外形

7.4　多边形建模

多边形建模是 3ds Max 2012 中除了线建模、网格建模和面片建模之外的又一种建模方式。和网格建模的过程类似，它首先使一个对象转换为可编辑的多边形对象，然后通过对该多边形对象的各种次对象进行编辑和修改来实现建模过程。对于可编辑多边形对象，它包含了顶点、边、边界、多边形和元素等 5 种次对象模式。与可编辑网格相比，可编辑多边形具有更大的优越性，即多边形对象的面不仅可以是三角形面和四边形面，而且可以是具有任意多个顶点的多边形面。所以，一般情况下网格建模可以完成的建模，多边形建模也一定能够完成，而且多边形建模的功能更加强大。

7.4.1　公用属性卷展栏

与可编辑网格相类似，进入可编辑多边形后，首先看到的是它的一个公用属性卷展栏。在【选择】卷展栏中提供进入各种次对象模式的按钮，同时也提供便于次对象选择的各个选项。

在多边形对象的 5 种次对象中，大部分与网格对象对应的次对象的意义相同，这里重点解释一下多边形对象特有的边界次对象。当进入边界模式后，用户就可以在多边形对象网格面上选择由边组成的边界，该边界由多个边以环状的形式组成并且要保证最后的封闭状态。在边界模式下，可以通过选择一个边来选择包含该边的边界。

与网格对象的【选择】卷展栏相比，多边形对象的【选择】卷展栏中包含了几个特有的功能选项，分别为收缩、扩大、环形和循环。

- 【收缩】：该按钮可以通过取消选择集最外一层次对象的方式来缩小已有次对象选择集。
- 【扩大】：该按钮将使已有的选择集沿着任意可能的方向向外拓展，因此它是增加选择集的一种方式。
- 【环形】：该按钮只在边模式下才可用，它是增加边选择集的一种方式。对已有的边选择集使用该按钮，将使所有的平行于选择边的边都被选择。
- 【循环】：该按钮也是增加次对象选择集的一种方式，使用该按钮将使选择集对应于选择的边尽可能地拓展。

7.4.2 顶点编辑

在 3ds Max 2012 中，对于多边形对象各种次对象的编辑主要包括【编辑顶点】卷展栏和【编辑几何体】卷展栏。前者主要针对不同的次对象提供特有的编辑功能，因此在不同的次对象模式下它表现为不同的卷展栏形式；后者可对多边形对象及其各种次对象提供全面的参数编辑功能，它适用于每一个次对象模式，只是在不同的次对象模式下各个选项的功能和含义会有所不同。

1. 【编辑顶点】卷展栏

3ds Max 2012 的【编辑顶点】卷展栏如图 7-35 所示。

- 卷展栏中的【移除】按钮，不但可以从多边形对象上移走选择的顶点，而且不会留下空洞。移走顶点后，共享该顶点的多边形就会组合在一起。
- 【断开】按钮用于对多边形对象中选择的顶点分离出新的顶点。但是对于孤立的顶点和只被一个多边形使用的顶点来说，该选项是不起作用的。
- 对多边形对象顶点使用【挤出】功能是非常特殊的。【挤出】功能允许用户对多边形表面上选择的顶点垂直拉伸出一段距离以形成新的顶点，并且在新的顶点和原多边形面的各个顶点之间生成新的多边形表面。
- 单击【挤出】按钮右侧的■按钮，将弹出如图 7-36 所示的【挤出顶点】对话框，从中可以精确地设置挤出的长度和挤出底面的宽度，当为负值时顶点将向里挤压。对该对话框参数的设置与手动挤出是互动的，即手动挤出也会影响对话框中的参数数值，因此利用手工挤出和该对话框可以更好地完成挤出操作。

图 7-35 【编辑顶点】卷展栏

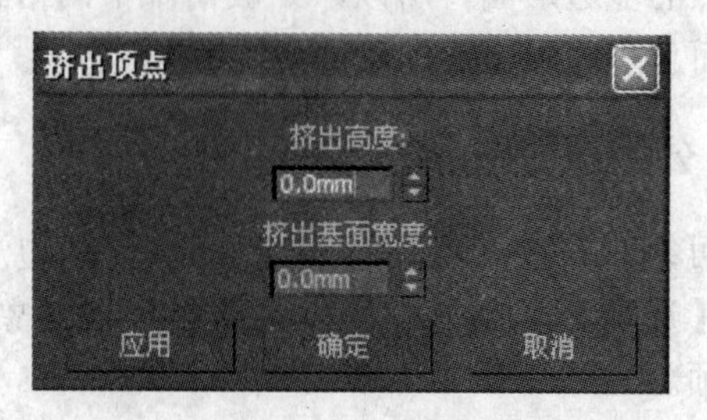

图 7-36 【挤出顶点】对话框

- 卷展栏中的【焊接】按钮用来焊接选择的顶点，单击其右侧的□按钮将打开【焊接顶点】对话框，从中可以设置焊接的阈值。
- 【目标焊接】按钮用于把选择的顶点合并到需要的目标顶点上。
- 多边形对象的顶点切角与网格对象的顶点切角在原理上是相同的，所不同的是，在消除掉选择的顶点后，将在多边形对象上生成多顶点的倒角面，而不仅仅是三顶点的倒角面。
- 【连接】按钮提供了在选择的顶点之间连接线段以生成边的方式。但是不允许生成的边有交叉现象出现，例如对四边形的4个顶点使用连接功能，则只会在四边形内连接其中的两个顶点。
- 【移除孤立顶点】按钮来删除所有不能被使用的贴图顶点。

2. 【编辑几何体】卷展栏

顶点编辑的【编辑几何体】卷展栏给出了各种次对象编辑的一些公用选项，通过它们可以辅助【编辑顶点】等卷展栏来完成对次对象的编辑操作，如图7-37所示。

- 【重复上一个】按钮可以对选择顶点重复最近的一次编辑操作命令。需要注意的是，并不是所有的命令都可以重复使用，如变换功能就不能通过【重复上一个】按钮重复使用。
- 【约束】选项可以对各种次对象的几何变换产生约束效应。其中【无】表示不提供约束功能，【边】表示把顶点的几何变换限制在它所依附的边上，【面】表示把顶点的几何变换限制在它所依附的多边形表面上。
- 【切片】和【切割】选项组是通过平面切割（称为分割面）来细分多边形网格的两种方式，可分别通过单击【切片】和【切割】两个按钮来执行操作。
- 【快速切片】选项使用户无需再对 Gizmo 进行操作，就能快速地对多边形对象进行切割操作。

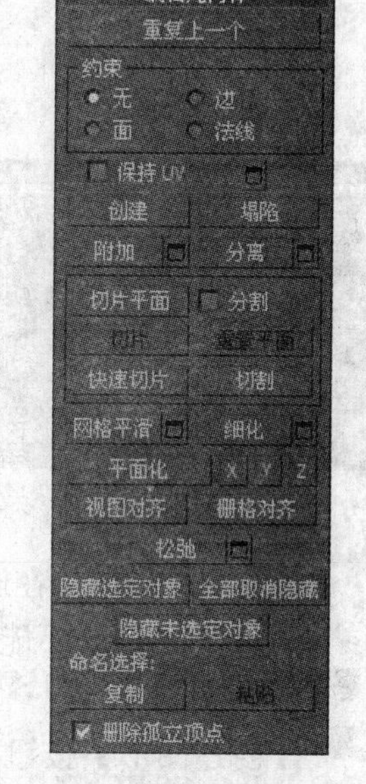

图7-37 【编辑几何体】卷展栏

- 【网格平滑】按钮是对次对象选择集提供光滑处理的一种方式，在功能上它与【网格平滑】编辑修改器类似。单击其右侧的□按钮将弹出【网格平滑选择】对话框，从中可以设置控制光滑程度的参数。

以上介绍的都是多边形对象顶点编辑中特有的几个选项，除此之外的一些选项的功能与可编辑网格的【编辑几何体】卷展栏中的相同。例如，【创建】按钮用来在多边形对象上创建任意多个顶点，【塌陷】按钮用来将选择的所有顶点塌陷为一个顶点，【附加】按钮和【分离】按钮用来添加和分离多边形对象，【细化】按钮用来细分选择多边形，【平面化】按钮的功能是强制所选择的顶点处于同一个平面，【视图对齐】和【栅格对齐】按钮用来设置视图对齐和网格对齐，【隐藏选定对象】和【全部取消隐藏】按钮用来隐藏次对象和解除隐藏。这些功能在各种次对象的编辑中都是经常要用到的。

7.4.3 边编辑

多边形对象的边和网格对象的边的含义是完全相同的，都是在两个顶点之间起连接作用的线段。在多边形对象中，边也是一个被编辑的重要的次对象。【编辑边】卷展栏如图 7-38 所示。与【编辑顶点】卷展栏相比，它相应地改变了一些功能选项。

- 【移除】按钮依然是删除选择的边并同时合并共享该边的多边形。与删除功能相比，虽然使用【移除】按钮可以避免在网格上产生空洞，但也经常会造成网格变形和生成的多边形不共面等情况。

图 7-38 【编辑边】卷展栏

- 【插入顶点】按钮是对选择的边手工插入顶点来分割边的一种方式。使用【插入顶点】按钮插入顶点的位置比较随意。
- 在边模式下使用【挤出】功能是对选择的边执行挤出操作并在新边和原对象之间生成新的多边形，如图 7-39 所示为【挤出边】对话框和拉伸边后出现的效果。

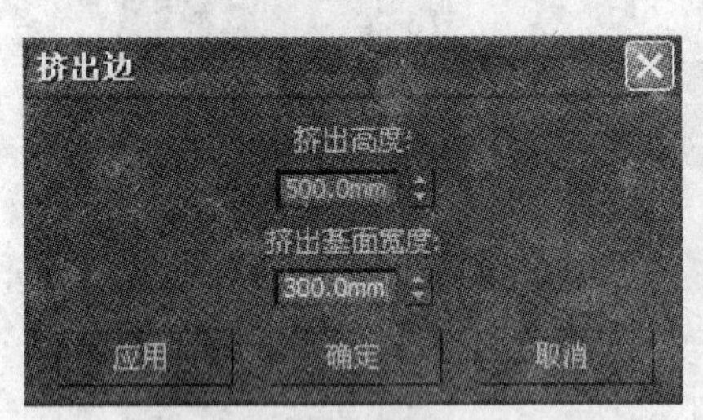

图 7-39 挤出边

- 【连接】按钮将在选择的边集中生成新的边。可以在同一个多边形中使用连接功能来连接边，但是不能有交叉的边出现。单击其右侧的按钮即可弹出用来设置连接参数的对话框。
- 【创建图形】按钮用来通过选择的边来创建样条型。执行该操作后将弹出【创建图形】对话框。在该对话框中可以输入型的名字和确定型的类型(平滑或线型)，而且新建图形的轴点被设置在多边形对象的中心位置上。
- 【编辑三角剖分】选项是一种在多边形上手工创建三角形的方式。单击该按钮，多边形对象所有隐藏的边都会显示出来。首先单击一个多边形的顶点，然后拖动鼠标到另一个不相邻的顶点上，再一次单击即可创建出一个新的三角形。

边模式的【编辑几何体】卷展栏和顶点模式的【编辑几何体】卷展栏中对应选项的功能几乎相同。

7.4.4 边界编辑

边界可以理解为多边形对象上网格的线性部分，通常由多边形表面上的一系列边依次连接而成。边界是多边形对象特有的次对象属性，通过编辑边界可以大大地提高建模的效率。【编辑边界】卷展栏如图 7-40 所示。

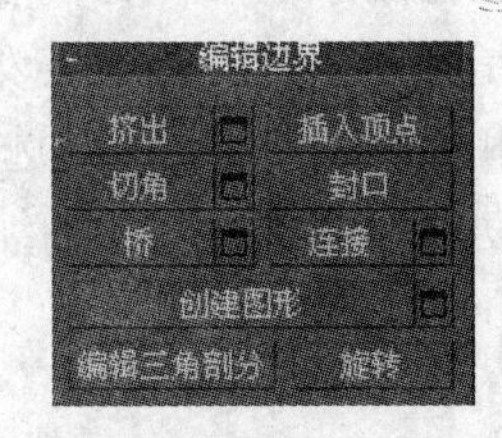

图 7-40 【编辑边界】卷展栏

- 在边界模式下的【插入顶点】按钮同样也是通过插入顶点来分割边的一种方式，所不同的是该选项只对所选择边界中的边有影响，对未选择边界中的边没有影响。在插入顶点分割边后，通过再次单击鼠标右键可以退出这种状态。

- 同边编辑一样，边界编辑也包含了【挤出】选项，它用来对选择的边界进行挤出，并且可以在挤出后的边界上创建出新的多边形面。
- 【封口】按钮是边界编辑的一个特殊的选项，它可以用来为选择的边界创建一个多边形的表面，类似于为边界加了一个盖子，这一功能常被用于样条型。

在手工创建好一个样条型后，首先对其使用【编辑多边形】编辑修改器使它转换为多边形对象，然后进入边界模式，单击【封口】按钮使其转换为一个多边形面。这样就便于在多边形面的层次下，对其挤出来最终制作出复杂的对象。这种方法非常适合于由复杂型面开始多边形建模的过程。

其他选项（如切角、连接等）与边编辑模式下的含义和作用基本上相同。

7.4.5 多边形和元素编辑

【多边形】就是在平面上由一系列的线段围成的封闭图形，是多边形对象的重要组成部分，同时也为多边形对象提供了可供渲染的表面。元素与多边形面的区别就在于元素是多边形对象上所有的连续多边形面的集合，它是多边形对象的更高层，可以对多边形面进行挤出和倒角等编辑操作，是多边形建模中最重要也是功能最强大的部分。

同顶点和边等次对象一样，多边形和元素也有自己的编辑卷展栏，如图 7-41 所示。在【编辑多边形】卷展栏中包含了对多边形面进行挤出、倒角等多个功能选项。

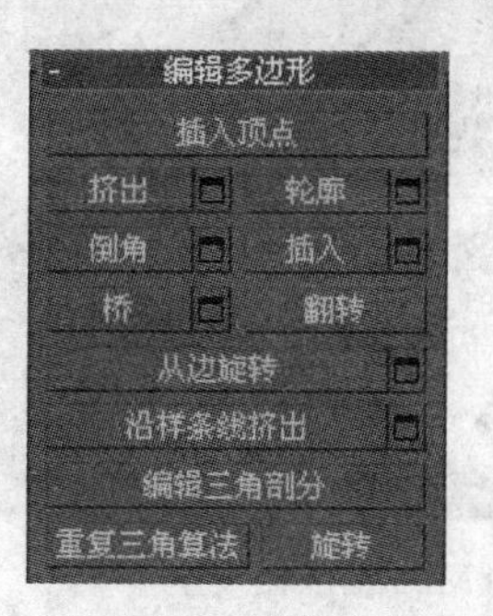

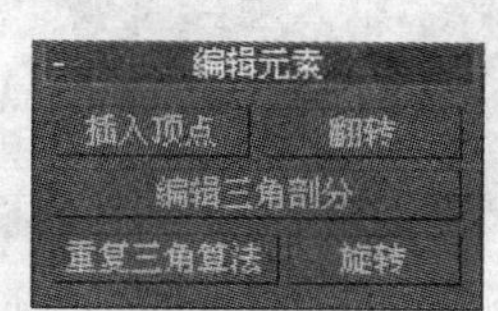

图 7-41 【编辑多边形】和【编辑元素】卷展栏

- 在多边形模式下，单击【插入顶点】按钮并在视图中相应的多边形面上单击，这样在插入顶点的同时也就完成了分割多边形面的过程，这是一种快速增加多边形面的方法。
- 多边形面的挤出与倒角功能是多边形建模中最常使用的，通过不断地挤出可以拓展各种复杂的对象。挤出的使用原理与在前面各种次对象中讲述的完全相同。稍有区别的是，在【编辑多边形】卷展栏中提供了【轮廓】按钮来调整挤出和倒角的效果。
- 【轮廓】按钮主要用来调整挤出形成多边形面的最外部边。单击其右侧的□按钮将弹出【多边形加轮廓】对话框。
- 【插入】按钮是对选择的多边形面进行倒角操作的另一种方式。与倒角功能不同的是，倒角生成的多边形面相对于原多边形面并没有高度上的变化，新的多边形面只是相对于原多边形面在同一个平面上向内收缩，打开对选择的多边形面进行精确插入的对话框，其中的【插入量】数值框用来设置多边形面的缩进量。
- 单击【桥】按钮，3ds Max 2012 将自动地对选择的多边形面或多边形面选择集进行三角形最优化处理。

- 【翻转】按钮用来选择多边形面的法线反向。
- 【从边旋转】按钮用于通过绕某一边来旋转选择的多边形面。这样在旋转后的多边形面和原多边形面之间将生成新的多边形面。单击【从边旋转】按钮右侧的■按钮将弹出可用于精确旋转多边形面的对话框，在该对话框中可以设置旋转的角度和挤出生成新多边形面的段数。

说明：

旋转边不必是选择的一部分，它可以是网格的任何一条边。另外，选择不必连续。

- 【沿样条线挤出】按钮可以使被选择的多边形面沿视图中某个样条型的走向进行挤出。单击【沿样条线挤出】按钮右侧的■按钮将弹出【沿样条曲线挤出多边形】对话框，从中可以选择视图中的样条型，也可以调整挤出的状态。

【例 7-4】 创建简单的 MP3 播放器

下面通过多边形建模的方法来创建一台简单的 MP3 播放器模型。结果如图 7-42 所示，可以参见光盘中的文件“MP3.max”。

图 7-42 简单的 MP3 播放器模型

步骤 1 在视图中建立长方体对象。在修改面板中对它的参数进行设置：【长度】为 70、【宽度】为 53、【高度】为 5、【长度分段】为 5、【宽度分段】为 4、【高度分段】为 3，将透视视图中的显示模式改为【边面】，如图 7-43 所示。

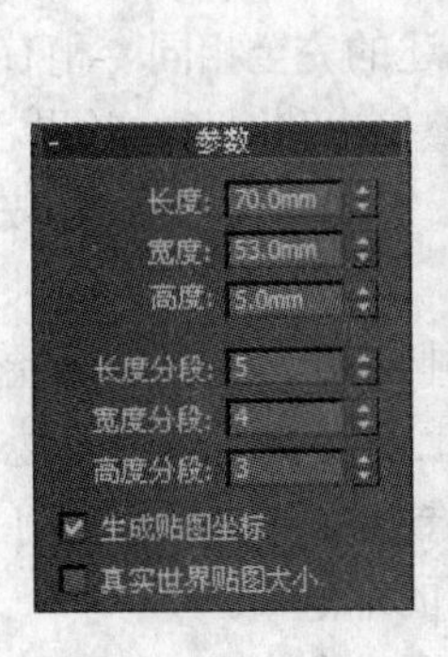

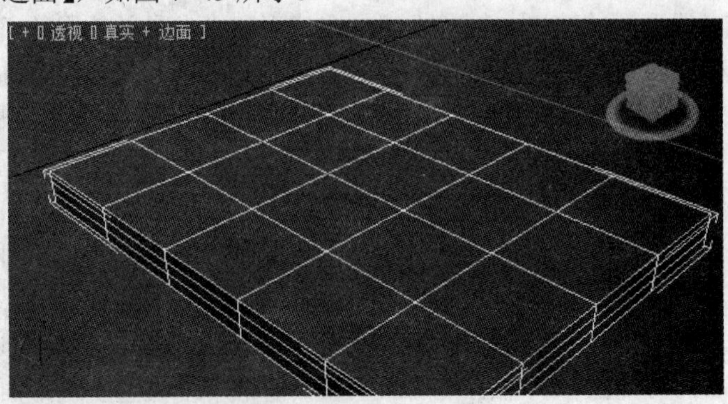

图 7-43 建立长方体对象

步骤 2 用鼠标右键单击长方体模型，从弹出的快捷菜单中选择【转化为可编辑多边形】命令，将它转化为多边形对象。

步骤 3 在修改器堆栈中选择【顶点】选项，进入【编辑多边形】卷展栏中的【顶点】层级，在顶视图中使用移动工具调节顶点的位置，对基本物体的外形进行加工。切换至左视图，继续对侧面的外形进行加工，利用缩放工具在顶视图中调整底面的顶点位置，得到大致的外形如图 7-44 所示。

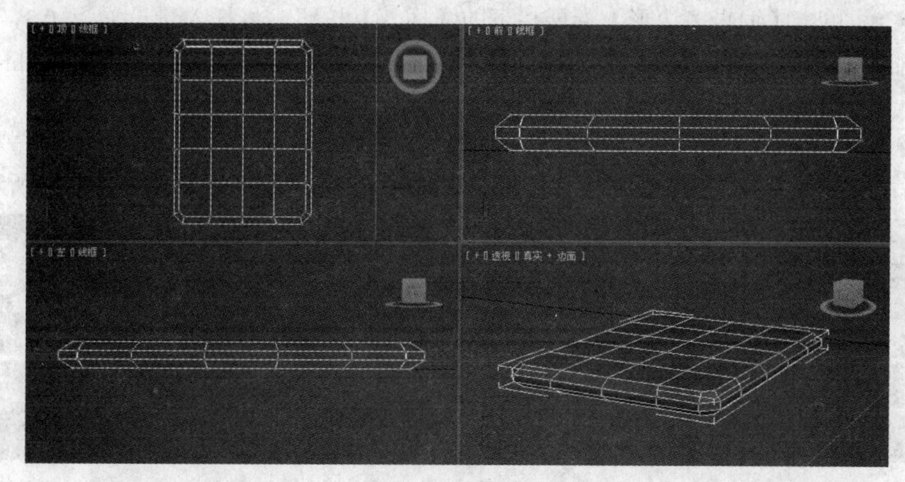

图 7-44　调整顶点

步骤 4 利用移动工具调整中间顶点的位置，框出为屏幕位置。

步骤 5 切换到【多边形】层级，选择调整顶点后为屏幕位置预留的面。单击【编辑多边形】卷展栏下的【插入】按钮，将插入量设置为-0.5，制作出一个内缩面来。然后使用【挤出】命令，将【挤出】参数设置为-1，如图 7-45 所示，将得到的面向内挤出 1 个单位。

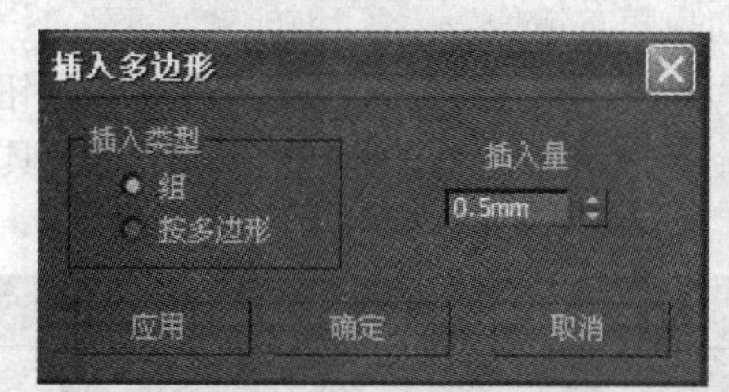

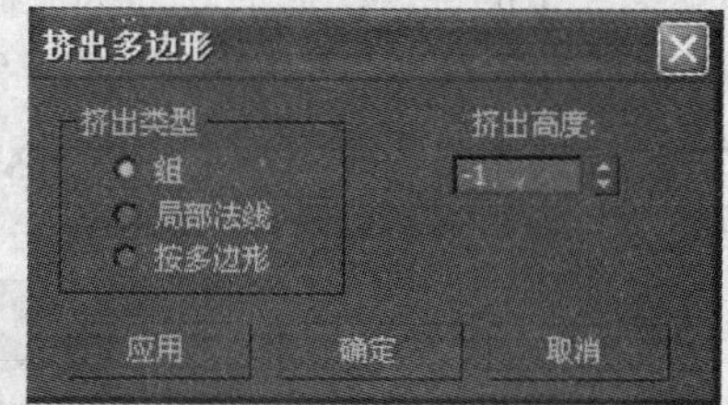

图 7-45 【插入】和【挤出】参数

步骤 6 单击【编辑多边形】卷展栏下的【轮廓】命令，将【轮廓量】参数设置为-0.5，将挤出后得到的面缩小一些。这样就加工出了屏幕凹陷的基本外形，如图 7-46 所示。

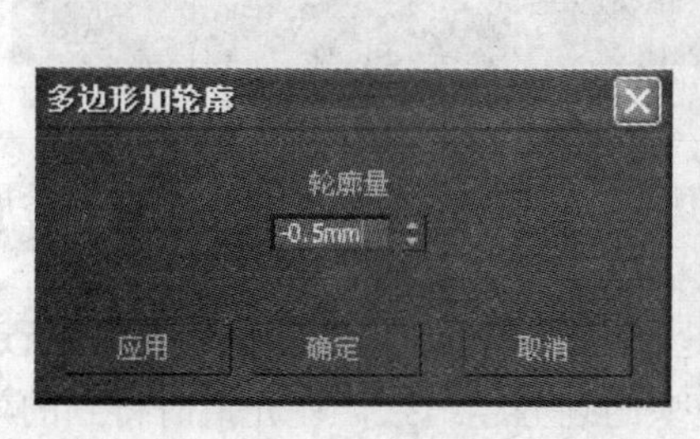

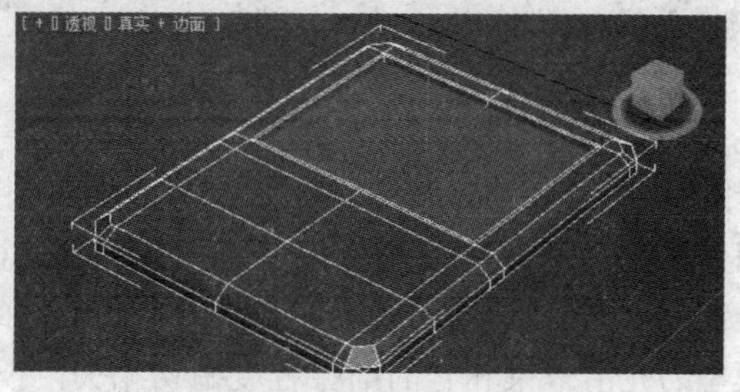

图 7-46　屏幕凹陷的基本外形

步骤 7 在修改器堆栈中选择【边】选项，进入边模式。使用【编辑几何体】卷展栏下的【快速切割】命令，在模型的下部添加一排划分线。继续重复使用【快速切割】命令，在模型上添加划分线，以便制作按键。

步骤 8 在修改器堆栈中选择【顶点】选项，进入顶点模式。使用移动工具对刚才制作的划分线的顶点位置进行调整，制作出和按键吻合的外形，然后切换回多边形模式，选择按键部位的多边形，如图 7-47 所示。

步骤 9 单击【编辑多边形】卷展栏下的【插入】按钮，将插入量设置为-0.3，制作出一个内缩面来。然后使用【挤出】命令，将【挤出】参数设置为-2，得到的面向内挤出 1 个单位。

步骤 10 单击【编辑多边形】卷展栏下的【轮廓】命令，将【轮廓量】参数设置为-0.5，将挤出后得到的面缩小一些。这样就加工出了按键部分凹陷的基本外形，如图 7-48 所示。

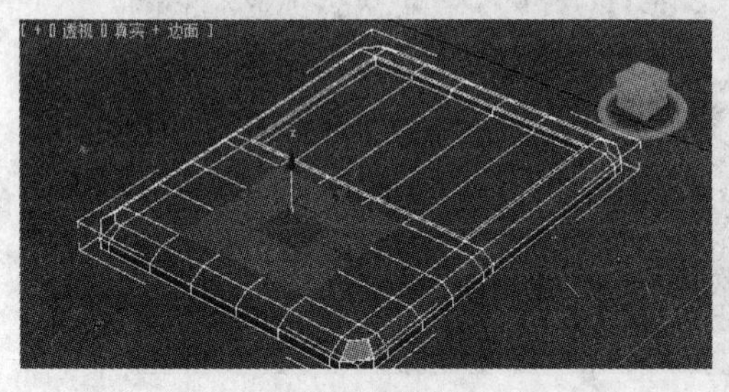

图 7-47 按键部位的多边形

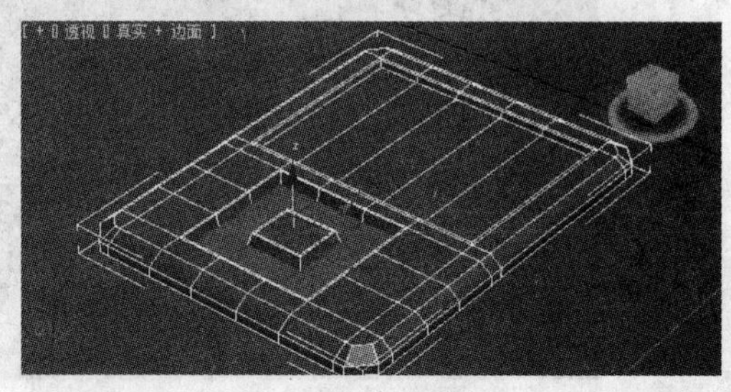

图 7-48 按键部分凹陷的基本外形

步骤 11 在多边形模式下，选择按键凹陷处的几个表面。选择【分离】命令，在弹出的【分离】对话框中选中【分离为克隆】复选框，将所选面以副本的形式分离出去，将这个物体命名为“按钮”。

步骤 12 退出多边形模式，然后选择“按钮”，单击工具栏中的按钮，将按钮镜像过来，按钮呈现为完全的黑色，此时法线的方向也随着镜像发生了翻转。

步骤 13 再次切换回多边形模式，选择“按钮”所有的面，单击【翻转】按钮，将法线翻转，“按钮”呈现正常的状态，赋予“按钮”一种单色的材质。使用移动工具调整“按钮”和原模型的相对位置，如图 7-49 所示。

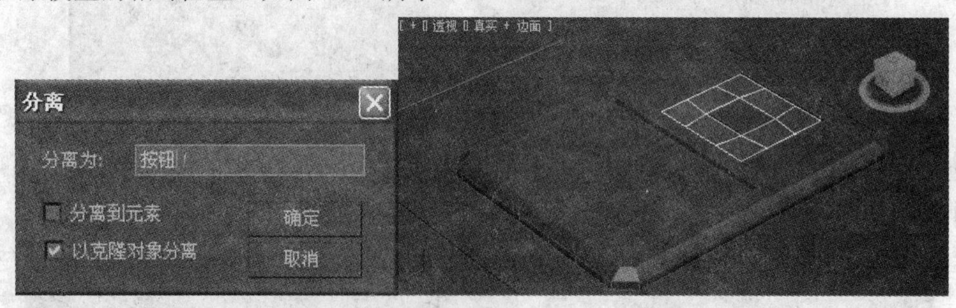

图 7-49 创建按钮

步骤 14 分别在多边形模式下选择主体和按钮所有的面，单击【编辑几何体】卷展栏中的【细化】按钮，对主体和按钮模型进行一次棋盘格划分。

步骤 15 分别添加【网格平滑】修改器，观察此时得到的光滑效果，如图 7-50 所示。多边形模型的光滑效果和它的细分程度密切相关，模型的划分越细致，在光滑时得到的效果越准确。

图 7-50 添加【网格平滑】修改器

步骤 16 建立一个平面对象，将它放到模型的屏幕凹陷面内，作为屏幕。调整机身主体、屏幕和按钮的材质，完成模型的创建，创建好的模型如图 7-42 所示。

7.5 NURBS 建模

NURBS 建模是一种优秀的建模方式，可以用来创建具有流线轮廓的模型，如植物、动物等。本节介绍如何使用 NURBS 建模方式。

7.5.1 NURBS 建模简介

在所有的建模技术中，NURBS 建模技术可能是最流行的。NURBS 的全称是 Non—uniform Rational B—Splines。其中，Non—uniform（非均匀）意味着不同的控制顶点对 NURBS 曲面或曲线的影响力权重可以不同。

NURBS 建模很容易通过交互式的方法操纵，而且用途十分广泛，所以 NURBS 建模可以说已经成为了建模中的一个工业标准。它尤其适合用来建立具有复杂曲面外形的对象。

因为 NURBS 建模可以在网格保持相对较低的细节的基础上，获得更加平滑、更加接近轮廓的表面，所以许多动画设计师都使用 NURBS 来建立人物角色以及表面光滑的物体（例如轿车）等。另外，由于人物一类的对象都比较复杂，所以和其他多边形建模方法相比，使用 NURBS 可大大地提高对象的性能。也可以使用网格或面片建模来建立类似的对象模型，但是和 NURBS 表面相比，网格和面片有如下一些缺点。

- 使用面片很难创建具有复杂外形的曲面。
- 因为网格是由小的面组成的，这些面会出现在渲染对象的边缘，因此用户必须使用数量巨大的小平面来渲染一个理想的平滑的曲面。

NURBS 曲面则不同，它能更有效率地计算和模拟曲面，使用户能渲染出几乎可以说是天衣无缝的平滑曲面。

NURBS 建模的弱点在于它通常只适用于制作较为复杂的模型。如果模型比较简单，使用它反而要比其他方法需要有更多的面来拟合，另外它不太适合用来创建带有尖锐拐角的模型。

7.5.2 创建 NURBS 对象

在一个 NURBS 模型中，顶层对象不是一个 NURBS 曲面就是一个 NURBS 曲线。子对象则可能是任何一种 NURBS 对象。

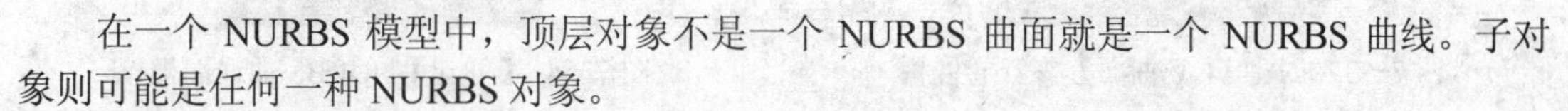

1. 创建 NURBS 曲面

NURBS 曲面对象是 NURBS 建模的基础。可以在创建物体面板中创建出一个具有控制顶点的平面作为创建一个 NURBS 模型的出发点。一旦建立了最开始的表面，就可以通过使用移动控制点或者 NURBS 曲面上的点以及附着在 NURBS 曲面上的其他对象等方法来修改它。

单击按钮进入【创建】面板，单击按钮，在类型下拉列表框中选择【NURBS 曲面】，如图 7-51 所示。有以下两种类型的 NURBS 曲面。

- 点曲面：点曲面就是所有的点都被强迫在面上的 NURBS 曲面。由于一个最初的 NURBS 曲面需要被编辑修改，所以曲面的创造参数在【修改】面板上不再出现。在这一方面，NURBS 曲面对象不同于其他对象。【修改】面板提供有其他方法可以让用户改变初始的创建参数。创建参数卷展栏如图 7-52 所示。

图 7-51 【创建】NURBS 曲面面板

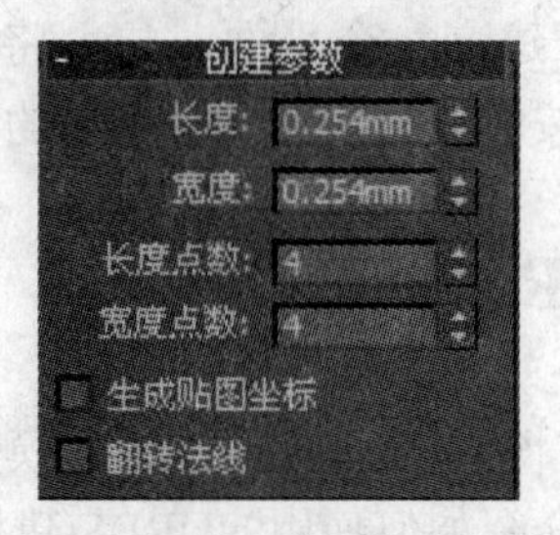

图 7-52 创建【点曲面】参数卷展栏

- CV 曲面：CV 曲面是一个被控制顶点所控制的 NURBS 曲面。控制顶点(CVS)在曲面上实际上并不存在，它定义了一个封闭 NURBS 曲面的控制网格。每一个控制顶点都有一个 WEIGHT 参数，可以用它来调整控制顶点对曲面形状的影响权重。创建参数卷展栏如图 7-53 所示。

2. 创建 NURBS 曲线

NURBS 曲线属于二维图形对象，可以像使用一般的样条曲线一样来使用它们。可以使用【挤出】或【车削】修改器来创建一个基于 NURBS 曲线的三维曲面；也可以使用 NURBS 曲线作为放样对象的路径或剖面；可以将 NURBS 曲线用做路径限制或沿路径变形等修改器工具中的路径；还可以给一个 NURBS 曲线一个厚度参数，使它能被渲染，但这种渲染是把三维曲面作为一个多边形的网格对象来处理，而不是 NURBS 曲面。

单击按钮进入【创建】面板，单击按钮，在类型下拉列表框中选择【NURBS 曲线】，如图 7-54 所示。有以下两种类型的 NURBS 曲线。

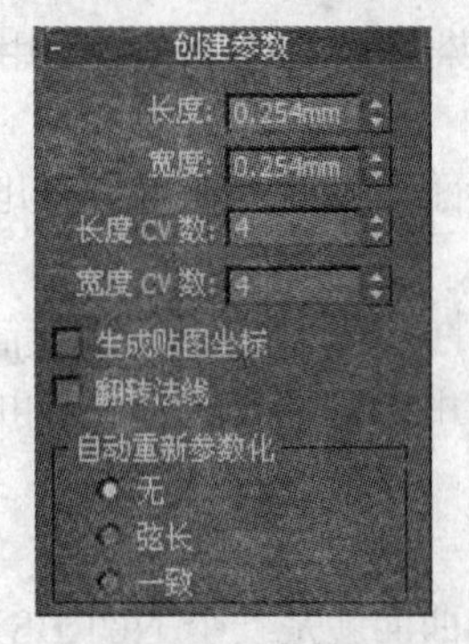

图 7-53 创建【CV 曲面】参数卷展栏

图 7-54 【创建】NURBS 曲线面板

- 点曲线：点曲线是指所有的点被强迫限制在 NURBS 曲线上。点曲线可以作为建立一个完整的 NURBS 模型的起点，如图 7-55 所示。

- CV 曲线：CV 曲线是被控制顶点控制的 NURBS 曲线。控制顶点定义一个附着在曲线上的网格，如图 7-56 所示。

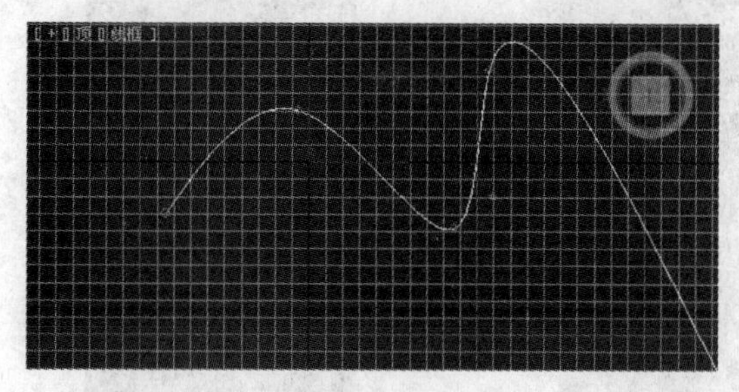

图 7-55 点曲线

图 7-56 CV 曲线

说明：

创建 CV 曲线的时候，可以通过在一个地方多次单击鼠标在相同的位置上创建超过一个 CV 控制顶点，从而在曲线的这个区域中增加 CV 控制顶点的影响权重。在同一个位置创建两个 CV 控制顶点将使曲线更加尖锐，而在同一个位置创建 3 个 CV 控制顶点将在曲线中创建一个尖锐的拐角。

如果想在三维空间中创建一个 CV 曲线，则可采用以下两种方法实现。

- 在所有视图中绘制：这个复选框可以让用户在不同的视图中绘制不同的点，从而实现在三维空间中绘制曲线的目的。
- 绘制一条曲线的时候，使用〈Ctrl〉键将 CV 控制点拖离当前平面。当按下〈Ctrl〉键的时候，鼠标的上下移动可将最后创建的一个 CV 控制点抬高或者降低，以离开当前平面。

7.5.3 编辑 NURBS 对象

在 3ds Max 2012 中，可以通过以下各种途径创建 NURBS 对象。

- 在【创建】面板中的图形面板里创建一个 NURBS 曲线。
- 在【创建】面板中的几何体面板里创建一个 NURBS 曲面。
- 将一个标准的几何体转变成一个 NURBS 对象。
- 将一个样条线对象(Bezier 样条曲线)转变成一个 NURBS 对象。
- 将一个面片对象转变成一个 NURBS 对象。
- 将一个放样对象转变成 NURBS 对象。

创建一个【CV 曲面】，打开【修改】面板，在修改器堆栈中，展开【NURBS 曲面】节点，即可看到【NURBS 曲面】的两个次对象：【曲面】和【曲面 CV】。单击【曲面 CV】，此时该次对象以黄色显示，如图 7-57 所示。此时在面板上出现【CV】卷展栏和【软选择】卷展栏，可用来对【曲面 CV】次对象进行选择和编辑。

【常规】卷展栏包含常用的对 NURBS 曲线进行编辑的选项，可对 NURBS 曲线集合总体进行设置，如图 7-58 所示。【附加】可把曲线配属到当前选择状态下的 NURBS 曲线集中。【导入】可把曲线作为一条【导入】曲线合并入当前选择状态下的 NURBS 曲线集中。

在【常规】卷展栏的右边有一个【NURBS 创建工具箱】按钮，该按钮是【NURBS 曲面】浮动工具箱切换按钮，分 3 栏提供了多种点、曲线、曲面的建立工具图标，如图 7-59

所示。它完全对应于命令面板下方的【创建点】、【创建线】、【创建面】3 个卷展栏。

图 7-57 【NURBS 曲面】的两个次对象

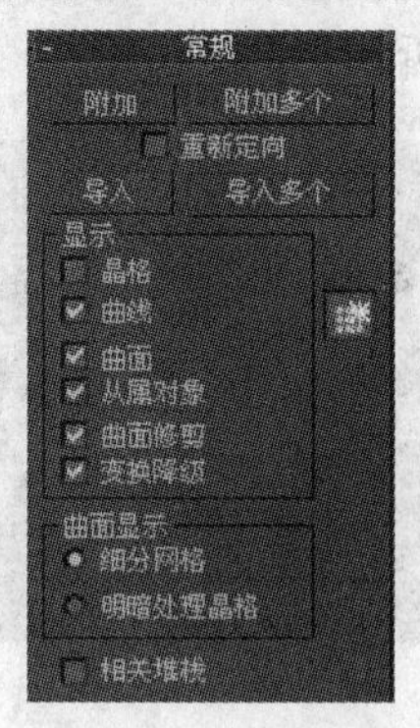

图 7-58 【常规】卷展栏

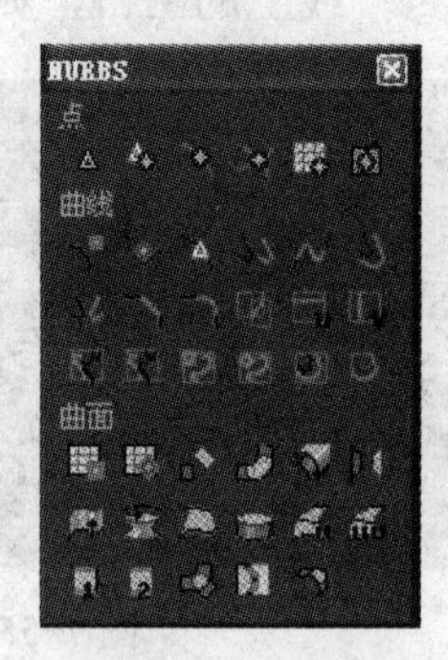

图 7-59 【NURBS】创建工具箱

从这些对象的【创建】面板中可以看到，3ds Max 2012 提供了种类繁多的 NURBS 对象创建工具，不过最基本的、独立的 NURBS 对象只有几种，其他的都是不独立对象。一个非独立子对象是以其他子对象为基础的。

此外，选择一个 NURBS 对象以后，在其鼠标右键快捷菜单中提供 NURBS 对象的主要创建、变换工具以及快速的子对象层级选择命令。

1. 创建和编辑点次级对象

对于 NURBS 曲线，可以进入相应的顶点次物体层级。对于【点曲线】对象，其顶点次物体层级为【点】，而对于【CV 曲线】对象，其顶点次物体层级为【CV】。两者相应的参数面板如图 7-60 所示。

【CV】卷展栏下的参数含义如下。

- 【单个 CV】按钮为单点选择模式，如果要选择多个节点，按住〈Ctrl〉键单击可以加入其他的点，按住〈Alt〉键单击可以取消一个已选择点的选择状态，并且该模式支持鼠标框选。
- 【熔合】按钮可以牵引两个点，使它们融合为一个点。
- 【优化】按钮可以在曲线上加入一个新点，同时改变曲线形态。

【点曲线】的修改和【CV 曲线】的修改类似，只是在修改器堆栈中选择【点】次对象，然后使用【点】卷展栏下的功能按钮来进行修改。【点】卷展栏还具有【使独立】按钮，可以将点曲线独立出来。

【创建点】卷展栏如图 7-61 所示，其中的内容与 NURBS 工具箱中的点区域相对应。

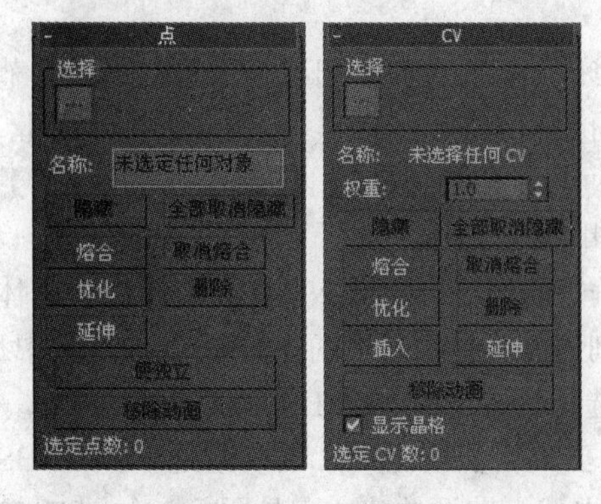

图 7-60 【点】和【CV】卷展栏

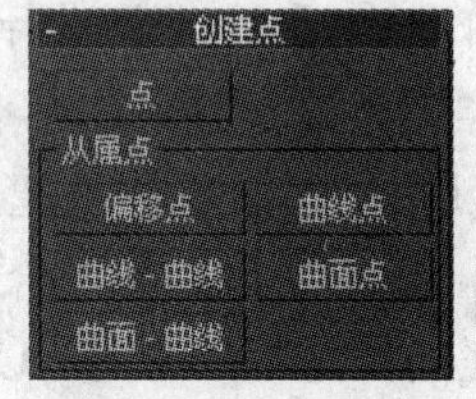

图 7-61 【创建点】卷展栏和工具箱

- 【创建点】：创建一个自由独立的顶点。
- 【创建偏移点】：在距离选定点一定距离的偏移位置创建一个顶点。
- 【创建曲线点】：创建一个依附在曲线上的顶点。
- 【创建曲线曲线点】：在两条曲线的交叉处创建一个顶点。
- 【创建曲面点】：创建一个依附在曲面上的顶点。
- 【创建曲面和曲线点】：在曲面和曲线的交叉处创建一个顶点。

2. 创建和编辑曲线次级对象

【创建曲线】卷展栏如图 7-62 所示，其中在工具箱的曲线区域包括了创建 NURBS 曲线的各种方法。下面介绍工具箱中的相关工具。

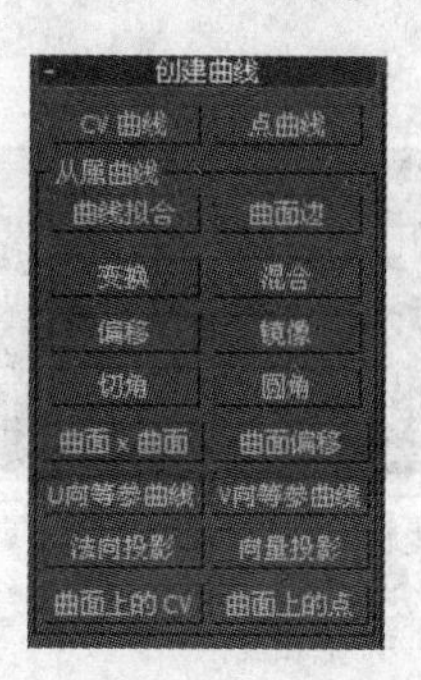

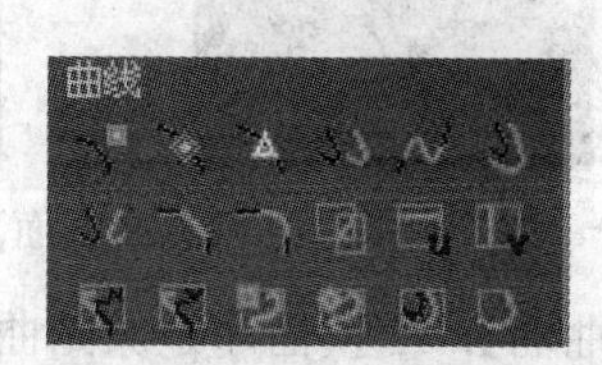

图 7-62 【创建曲线】卷展栏和工具箱

- 【创建拟合曲线】：可以使一条曲线通过 CV 顶点、独立顶点，曲线的位置与顶点相关联。
- 【创建变换曲线】：可以创建一条曲线的副本，并使副本与原始曲线相关联。
- 【创建混合曲线】：将一条曲线的端点过渡到另一条曲线的端点。这个命令要求至少有两条 NURBS 曲线次级对象，生成的曲线总是光滑的，并与原始曲线相切。
- 【创建偏移曲线】：这个工具和可编辑样条曲线的【轮廓】按钮作用相同。它创建一条曲线的副本，拖动鼠标改变曲线与原始曲线的距离，并且随着距离的改变，其大小也随之改变。
- 【创建镜像曲线】：创建原始对象的一个镜面副本。
- 【创建切角曲线】：在两条曲线的端点之间生成一段直线。
- 【创建圆角曲线】：在两条曲线的端点之间生成一段圆弧形的曲线。
- 【创建曲面-曲面相交曲线】：在两个曲面交叉处创建一条曲线。如果两个曲面有多个交叉部位，交叉曲线位置在靠近光标的地方。
- 【创建 U / V 向等参曲线】：在曲面上创建水平和垂直的等参曲线。
- 【创建法线投影曲线】：以一条原始曲线为基础，在曲线所组成的曲面法线方向曲面投影。
- 【创建向量投影曲线】：这个工具类似于创建标准投影曲线工具，只是它们的投影方向不同，向量投影是在曲面的法线方向，而标准投影则是在曲线所组成曲面的法线方向。
- 【创建曲面上的 CV 曲线】：和 CV 曲线非常相似，只是它们与曲面关联。
- 【创建曲面上的顶点曲线】：这个功能和上一个类似，只是它们所创建的曲线类型不一样。

- 【创建曲面偏移曲线】：建立一条与曲面关联的曲线，偏移沿着曲面的法线方向，大小随着偏移量而改变。

3. 创建和编辑曲面次级对象

【创建曲面】卷展栏如图 7-63 所示。在工具箱的曲面区域包括了创建 NURBS 曲面的各种方法。下面介绍工具箱中的相关工具。

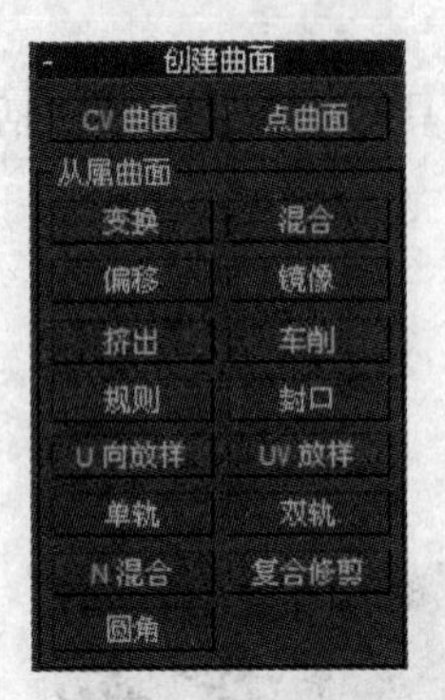

图 7-63 【创建曲面】卷展栏和工具箱

- 【创建变换曲面】：变换曲面是原始曲面的一个副本。
- 【创建混合曲面】：在两个曲面的边界之间创建一个光滑曲面。
- 【创建偏移曲面】：偏移曲面是在原始曲面的法线方向，在指定距离创建出一个新的关联曲面。
- 【创建镜像曲面】：镜像曲面是原始曲面在某个轴方向上的镜像副本。
- 【创建挤出曲面】：将一条曲线挤出为一个与曲线相关联的曲面，它和【基础】修改器功能类似。
- 【创建旋转曲面】：旋转一条曲线生成一个曲面，和【车削】修改器功能类似。
- 【创建规则曲面】：在两条曲线之间创建一个规则曲面。
- 【创建盖子曲面】：在一条封闭的曲线上加一个盖子，它通常与【挤出】命令联用。
- 【创建 U 向放样曲面】：在水平方向上创建一个横穿多条 NURBS 曲线的曲面，这些曲线变成曲面水平轴上的轮廓。
- 【创建 UV 放样曲面】：水平垂直放样曲面和水平放样曲面类似，不仅可以在水平方向上放置曲线，还能在垂直方向上放置曲线，因此它可以更为精确地控制曲面的形状。
- 【创建单轨扫描曲面】：它和放样物体很类似，1 轨扫描至少需要两条曲线，一条作为路径，另一条作为曲面的交叉界面。在制作时先选择路径曲线，然后再选择交叉界面曲线，最后按鼠标右键结束。
- 【创建双轨扫描曲面】：2 轨扫描曲面和 1 轨扫描曲面类似，但它至少需要 3 条曲线，其中两条曲线作为路径，其他的曲线作为交叉界面，它比 1 轨扫描曲线更能够控制曲面的形状。
- 【创建多边混合曲面】：在两个或两个以上的边之间创建融合曲面。
- 【创建多重曲线修剪曲面】：通过多条曲线生成曲面。
- 【创建圆角曲面】：在两个交叉曲面结合的地方建立一个光滑的过渡曲面，通常用它来联合几个关节的连接部分。

【例 7-5】 创建苹果

NURBS 建模方式一般被用来创建一些光滑的曲面效果，例如汽车模型、灯具模型和玩具模型等。下面我们通过一个简单的苹果模型来了解 3ds Max 2012 的 NURBS 建模的基本方法。最终效果如图 7-64 所示，结果可以参见光盘中的文件“苹果.max”。

图 7-64 苹果

步骤 1 在【创建】面板中单击按钮，在下拉列表框中选择【NURBS 曲线】选项，进入 NURBS 曲线面板。

步骤 2 单击 CV 曲线 按钮，在前视图中创建一条 CV 曲线，如图 7-65 所示。

步骤 3 单击按钮，进入修改命令面板，在堆栈器中选择【曲线 CV】，并选择【单个 CV】模式。选择工具栏中的按钮，逐个修改 CV 点的位置，如图 7-66 所示。

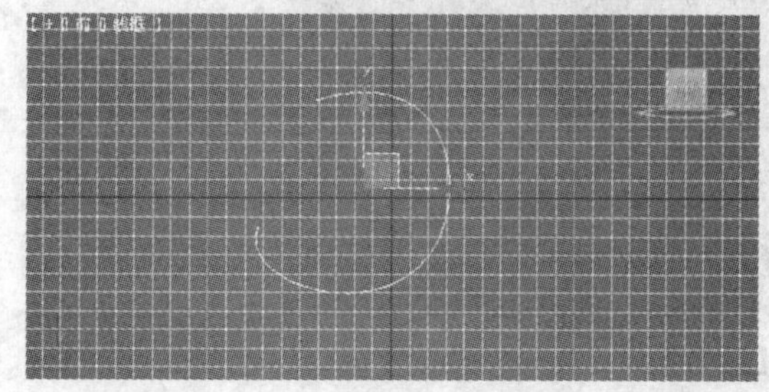

图 7-65 创建一条 CV 曲线

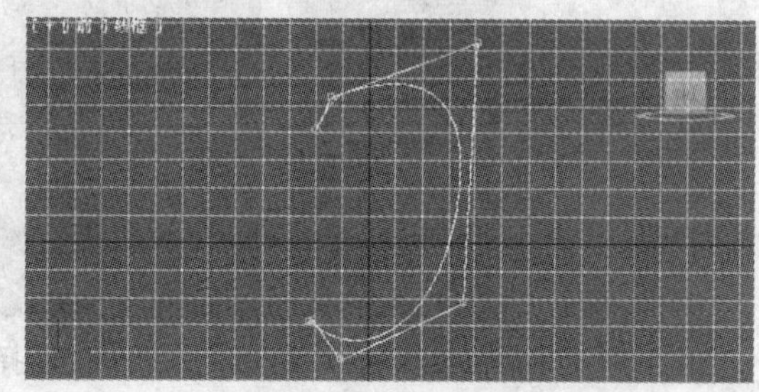

图 7-66 修改 CV 曲线

步骤 4 在堆栈器中切换回【NURBS 曲线】选项，打开【创建曲面】卷展栏，单击 车削 按钮，在前视图中选择 CV 曲线，生成苹果的模型，如图 7-67 所示。

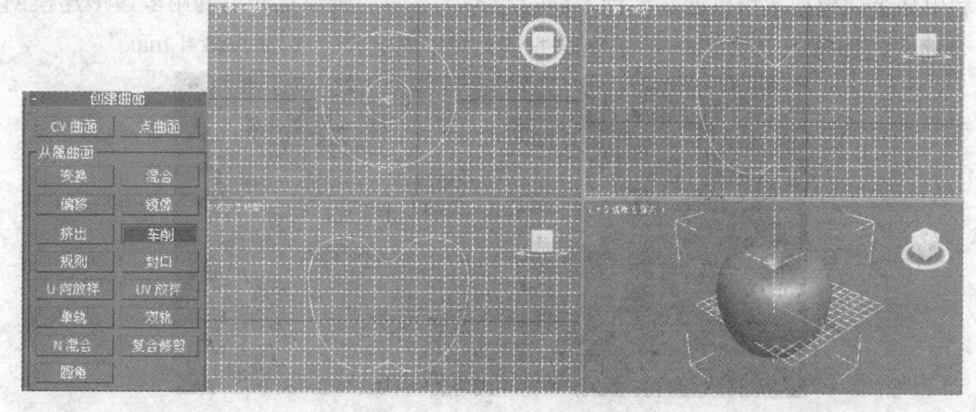

图 7-67 生成苹果的模型

说明：
如果模型的形状不理想，可以在堆栈器中切换到【曲线 CV】选项进行调整。

步骤 5 单击 点曲线 按钮，在前视图中创建一条点曲线，使用同样的方法创建苹果的蒂，如图 7-68 所示。

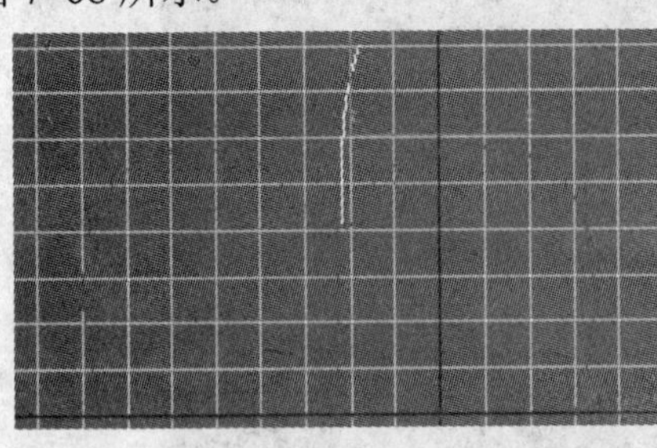
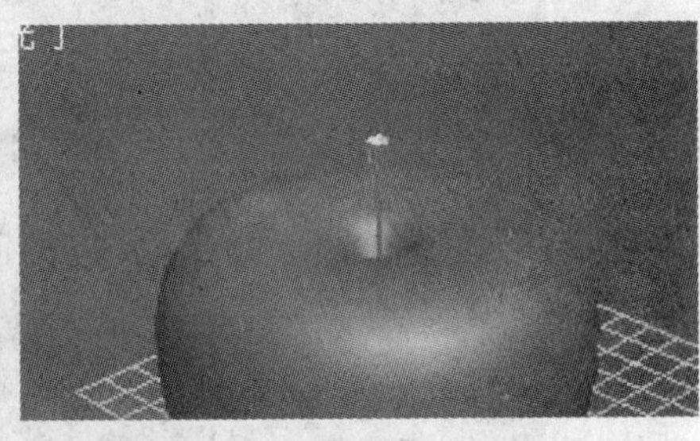

图 7-68　创建苹果的蒂

步骤 6 在【修改列表器】下拉列表框中选择【弯曲】命令，按图 7-69 所示设置弯曲参数。最后结果如图 7-64 所示。

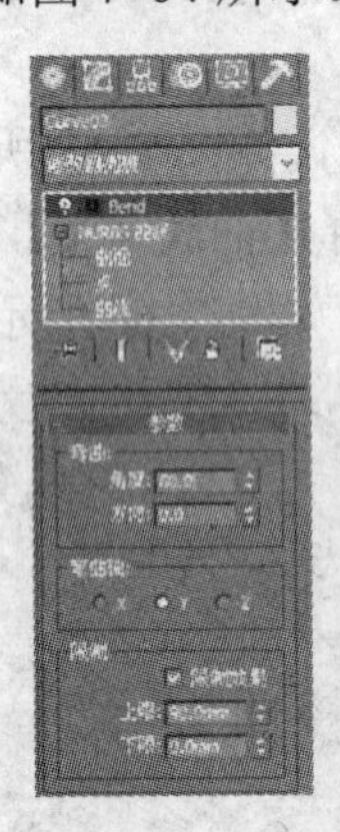
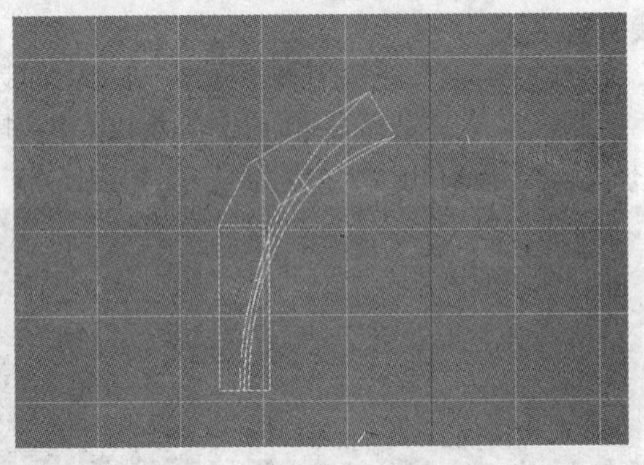

图 7-69　选择【弯曲】命令

7.6　综合演练——制作卡通人物

利用高级建模技术可以创建多种多样的形态，下面的例子里介绍利用多边形建模创建多啦 A 梦的头，如图 7-70 所示。结果可以参见光盘中的文件“多啦 A 梦-1.max”。

图 7-70　多啦 A 梦

1. 创建头像的大体块

步骤 1 打开光盘中的文件“多啦 A 梦.max”，如图 7-71 所示。文件的前视图中加载了作为参照的背景文件。

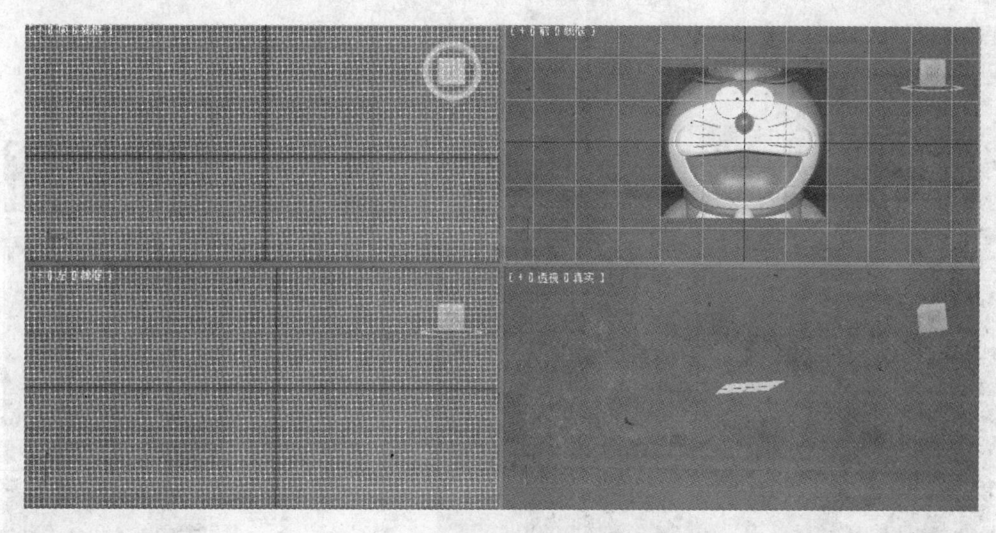

图 7-71 “多啦 A 梦.max”

步骤 2 创建一个标准球体，半径大约为 186mm，段数设为 18，与前视图中背景图像的大小相仿，如图 7-72 所示。

步骤 3 选择球体，单击右键，在弹出的右键菜单中将球体转化成可编辑多边形。在多边形的编辑状态下，选择编辑顶点，在前视图中依照背景使用缩放工具依次调整球体的顶点，使其与背景的轮廓线相吻合。如图 7-73 所示。

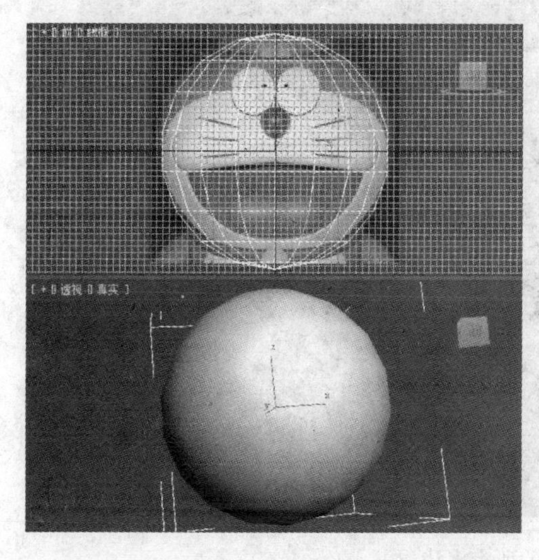

图 7-72 创建球体

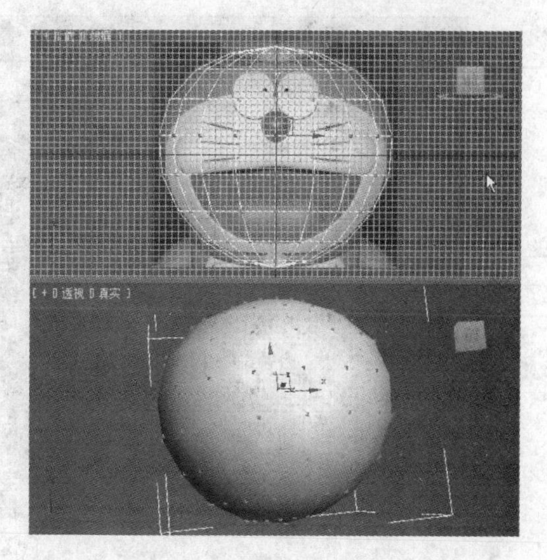

图 7-73 调整球体的顶点

2. 创建脸部轮廓

步骤 1 选择编辑多边形，圈选球体的右半边所有的多边形，使用键盘上的〈Del〉键将其删除，如图 7-74 所示。

步骤 2 在【修改器列表】下拉菜单中选择【对称】命令，如图 7-75 所示。选择 X 轴作为镜像轴，勾选【翻转】选项。这样我们只要在一侧进行编辑，就可以得到对称的一个完整模型，只是要注意交接处点和面的编辑。

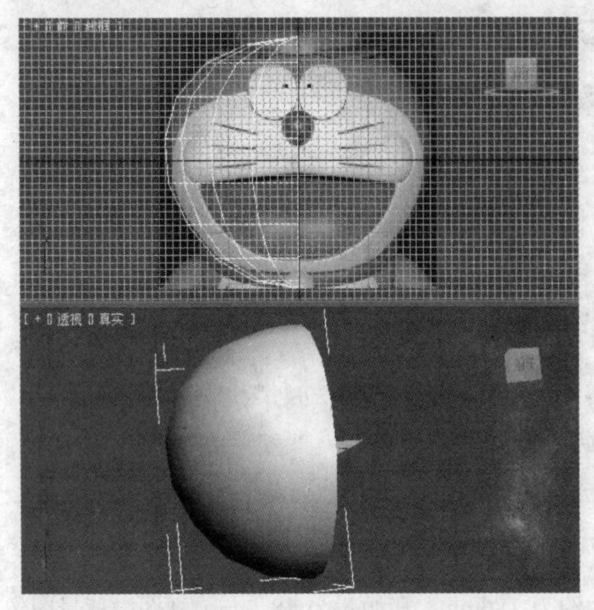

图 7-74 删除一半的多边形

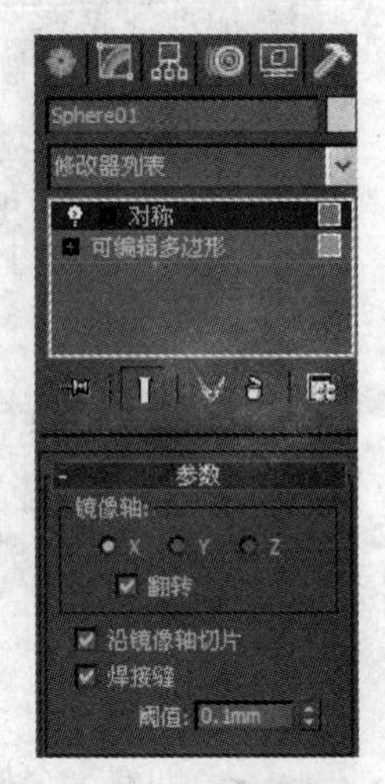

图 7-75 【对称】命令

步骤 3 在堆栈中切换回【可编辑多边形】，选择编辑顶点，对照透视图和其他三个视图调整脸部轮廓的顶点的位置。以有背景的前视图为主，注意其他视图中点的位置。

步骤 4 调整好顶点后，选择编辑多边形，选择脸部轮廓内的所有多边形，如图 7-76 所示。

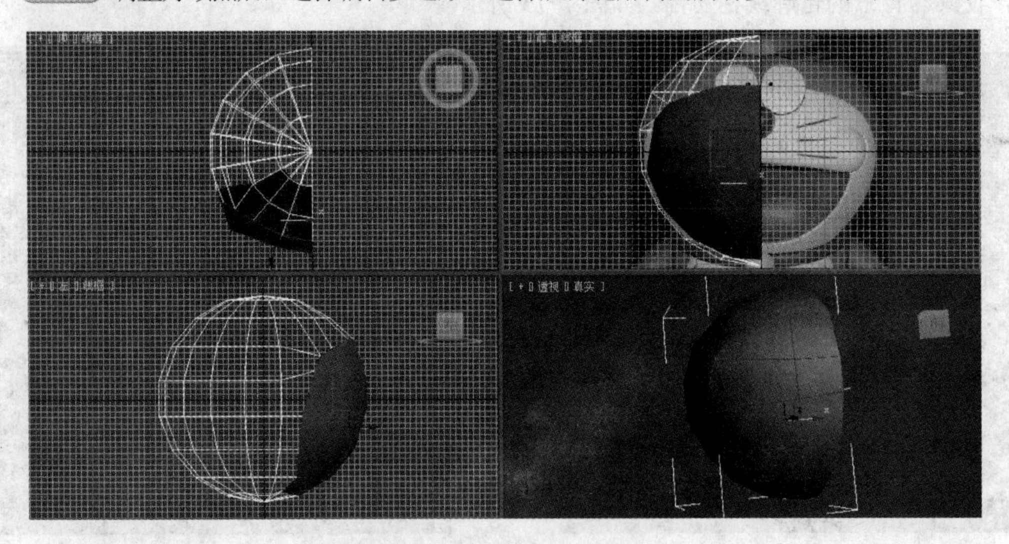

图 7-76 脸部轮廓内的所有多边形

步骤 5 执行【编辑几何体】卷展栏下的【插入】命令，在视图中插入一组插入量约为 7mm 的多边形。然后执行【挤出】命令，将挤出值设置为 4mm，如图 7-77 左所示。

步骤 6 将交接线处生成的多边形删除，然后将由于插入面而产生的偏移了的顶点移至中线处，这样对称后才不会产生错误。如图 7-77 右所示。

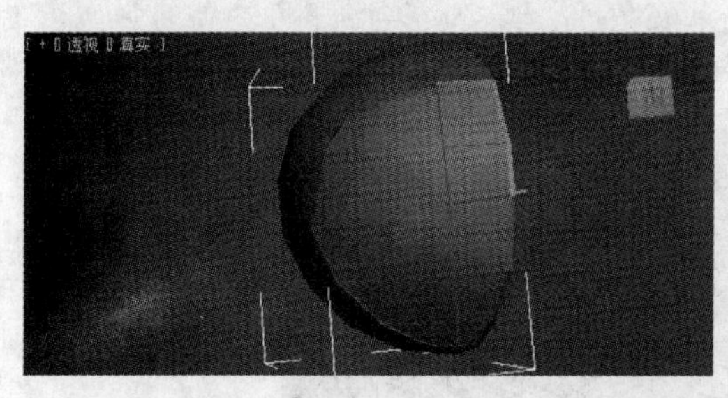
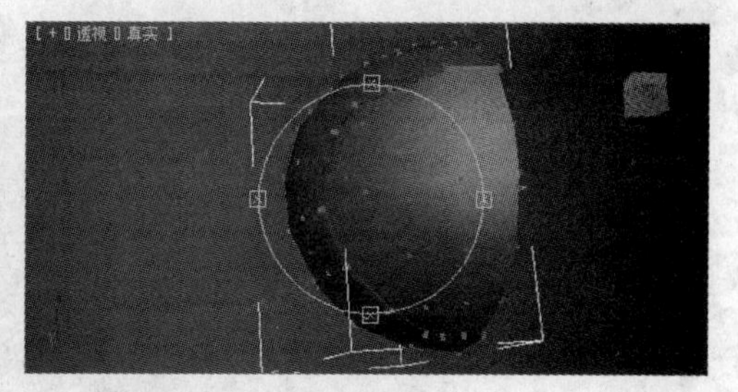

图 7-77 创建脸部的多边形

3. 创建上唇和嘴

步骤 1 使用同样的方法，先移动点确定上唇的轮廓，然后插入面，挤出面，得到上唇的多边形组。使用【从边旋转】命令将这组多边形向外转一下，如图 7-78 所示。

步骤 2 在交接中线上也同样生成多余的多边形，同样需要删除并调整有关顶点。

步骤 3 在【修改器列表】下拉菜单中选择【涡轮平滑】命令，看一下初步的效果，如图 7-79 所示。

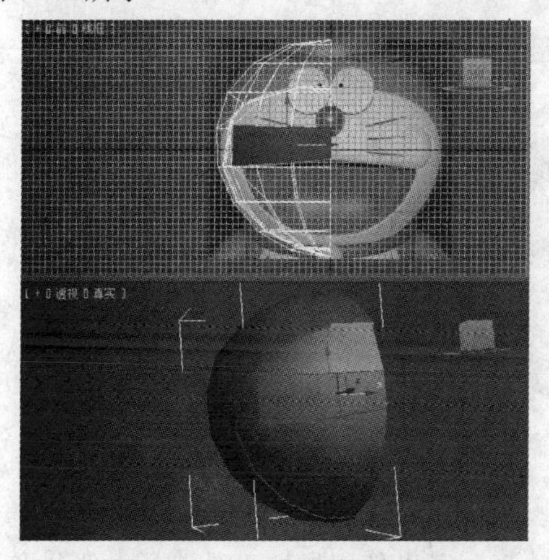

图 7-78 上唇的多边形组

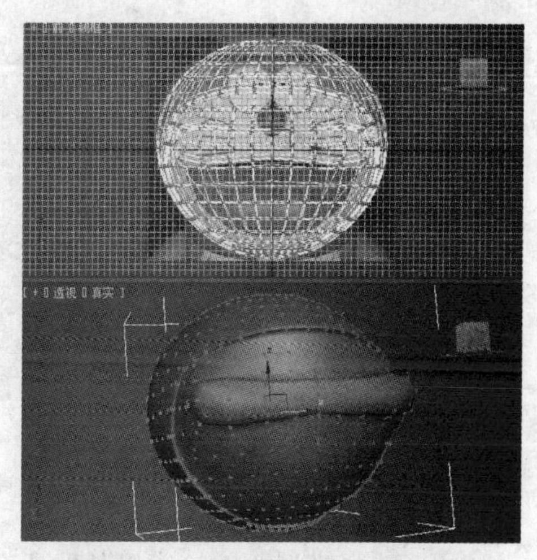

图 7-79 【涡轮平滑】命令

步骤 4 张开的嘴也用同样的方法创建，注意要从多个视图观察，尤其是旋转的过程，要从两个纬度都产生旋转，多视图观察显得尤其重要，如图 7-80 所示。

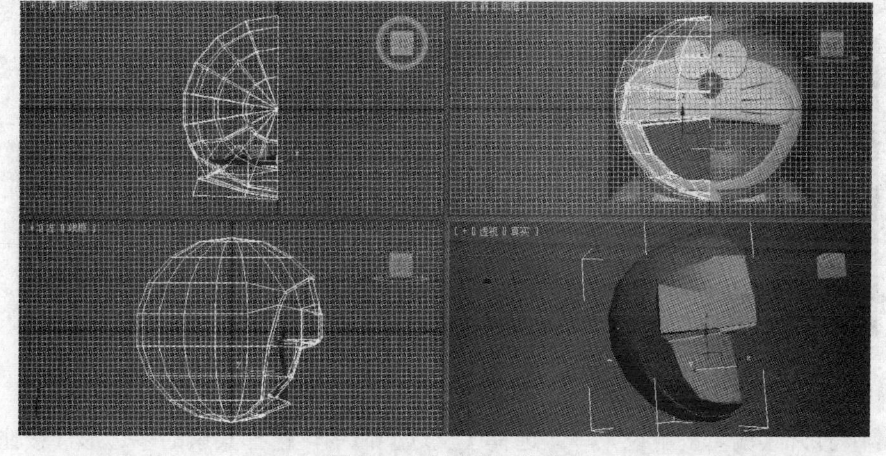

图 7-80 创建张开的嘴

步骤 5 调整完成后回到涡轮平滑，观察一下效果，如图 7-81 所示。

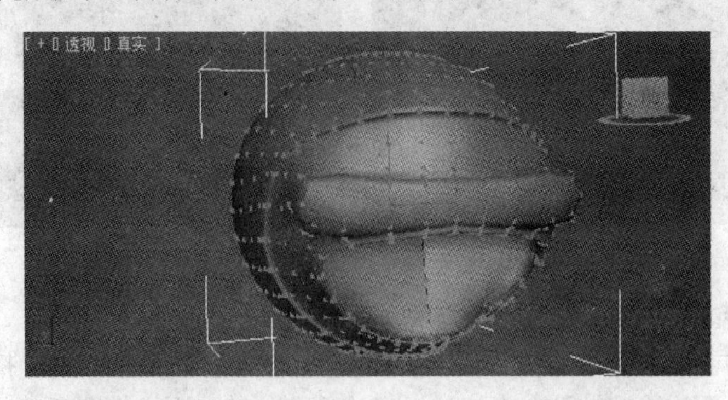

图 7-81　创建张开的嘴巴

步骤 6 眼睛和鼻子是由简单的球体经过缩放和旋转移动完成的，这里要注意的也是几个视图的配合利用，结果如图 7-82 所示。

图 7-82　创建眼睛和鼻子

4．赋予模型多维材质

步骤 1 选择模型脸部轮廓以外的所有的多边形，可以使用框选工具选择大部分多边形，然后再按住〈Ctrl〉键仔细地将轮廓以外的所有的多边形选中，如图 7-83 左所示。

步骤 2 打开【多边形：材质 ID】卷展栏，在【设置 ID】后的数字框中输入 1，将所选多边形的材质 ID 设为 1，如图 7-83 右所示。

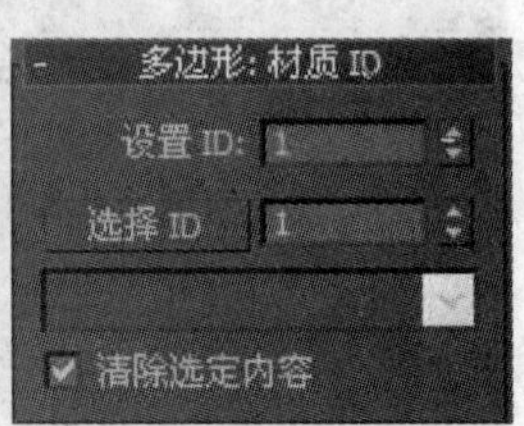

图 7-83 【多边形：材质 ID】卷展栏

步骤 3 打开【编辑】下拉菜单，选择【反选】命令，选择其余的多边形，按住〈Alt〉

键将张开的嘴内部的多边形去除选择，然后设置材质 ID 设为 2。

步骤 4 最后将刚才去除的张开的嘴内部的多边形设置材质 ID 设为 3。

步骤 5 打开【材质编辑器】，选择一个样本球，单击 Standard 按钮，打开【材质/贴图浏览器】，选择【多维/子对象】，如图 7-84 所示。

步骤 6 【材质编辑器】出现【多维/子对象基本参数】卷展。可以单击按钮将多余的子材质删除，只剩下三个。分别调整三个子材质，如图 7-85 所示。

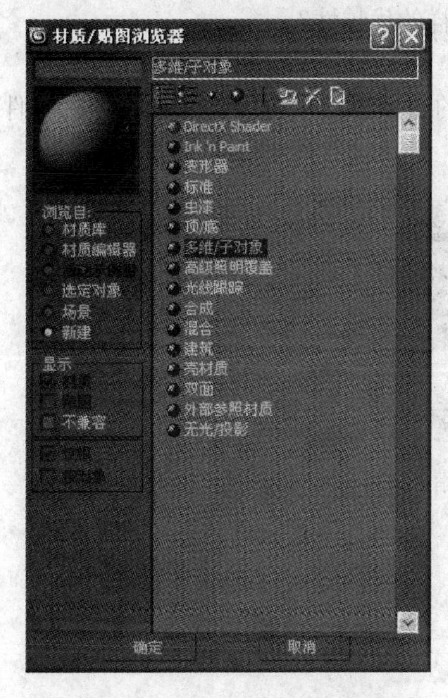

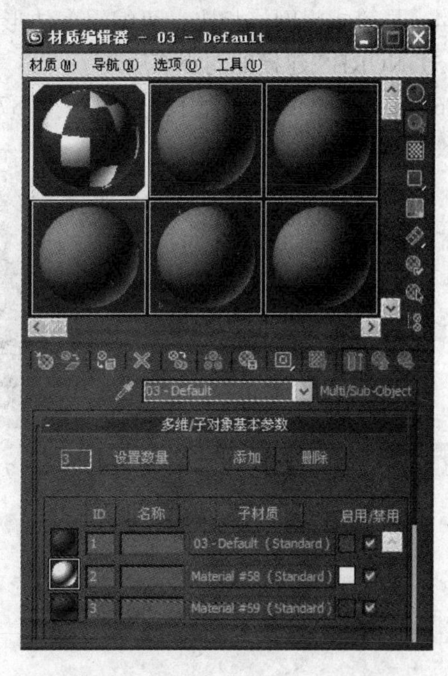

图 7-84 【材质/贴图浏览器】

图 7-85 分别调整三个子材质

步骤 7 单击按钮将多维材质赋予建好的模型，效果如图 7-86 所示。

图 7-86 赋予模型材质

步骤 8 在前视图中胡须的位置创建线段，然后设置线段的径向厚度大约为 3mm，并在视口和渲染中都显示，在其他视图中也调整好胡须的位置，最终效果如图 7-70 所示。

7.7 思考与练习

（1）3ds Max 2012 有几种高级建模方式？分别是哪几种？

（2）网格对象包括哪些次对象？

（3）在 3ds Max 2012 中存在着几种类型的面片？分别是哪几种？

（4）与可编辑网格相比，可编辑多边形具有怎样的优越性？

（5）NURBS 建模的弱点有哪些？

（6）利用 NURBS 建模创建如图 7-87 所示的窗帘，结果可以参见光盘中的文件“窗帘.max”。

图 7-87 窗帘

第 8 章　材质基础应用

08

在效果图的制作过程中，可以通过颜色、自发光、凹凸程度等要素来模拟金属、玻璃、陶瓷等真实物体的材质，以求更好地表现物体的质感以及视觉上的效果，使其可与真实物体媲美，因此可以采用赋予材质的手法来使场景中的物体呈现出有真实质感的效果。

重点知识

- 对【材质编辑器】面板的认识
- 了解材质基本操作
- 了解标准材质
- 了解复合材质

练习案例

- 制作陶瓷材质
- 制作塑料材质
- 制作【多维/子对象】材质
- 制作镜面材质
- 制作玻璃板材质
- 制作木地板材质
- 制作场景中的材质

8.1　材质编辑器

【材质编辑器】是 3ds Max 中最常使用的功能之一，它的地位至关重要，物体材质的最终效果都取决于它。【材质编辑器】主要可分为五大部分，即菜单栏、材质示例窗、工具栏、工具列以及参数卷展栏。在启动 3ds Max 之后，单击工具栏中的 【材质编辑器】按钮，或按下〈M〉键打开窗口，如图 8-1 所示。

图 8-1 【材质编辑器】命令面板

- 【菜单栏】：菜单栏中的命令与下方的【工具栏】、【工具列】的命令一致。
- 【材质球】：材质球是用来显示材质最终效果的，一个材质对应一个材质球。
- 【工具栏】：工具栏是执行【获取材质】、【将材质放入场景】、【将材质指定给选定对象】以及【显示材质贴图】等操作的，主要是将制作完成的材质赋予场景内的物体，如图 8-2 所示。

图 8-2 【工具栏】

：单击后，可将【材质/贴图浏览器浏览器】窗口打开，调用其中的材质或贴图。
：单击后，可将选定的【材质球】中的材质赋予场景中被选择的物体。
：单击后，可以删除已选定【材质球】中的贴图。
：单击后，可将当前【材质球】中的材质保持到【材质库】中。
：单击后，可在场景中显示出物体材质的最终效果。但尽量不要在大的场景中将所有材质显示出来，这样会增加系统的负担。
：单击后，可在【材质示例窗】中显示其最终的效果，反之则只显示所在级别的效果。
：单击后，可返回上一级别。
：单击后，可以转到下一个同级材质。

- 【参数卷展栏】：进行基本参数的设置，以及制作贴图的特殊的纹理效果等。
- 【材质示例窗】：主要用于显示物体的材质，图 8-1 为 6 个材质球，由于实际的需要，一般会用到很多不同的材质，所以就需要更多的材质球。可在材质球上单击鼠标右键来增加材质球的数量，如图 8-3 所示。
- 【工具列】：可以将材质球中的贴图以几种不同的形状显示出来，并且可以很好地观察物体材质的纹理效果及颜色效果，如图 8-4 所示。

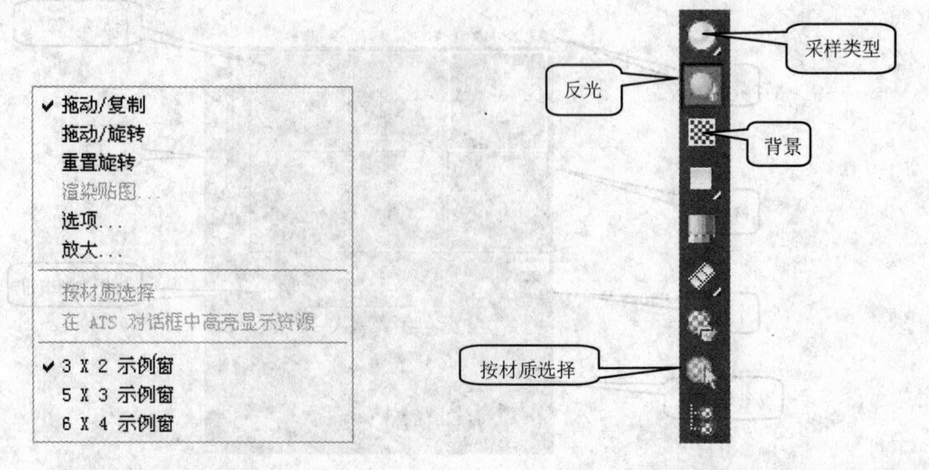

图 8-3 材质球快捷菜单　　图 8-4 工具列示意图

：单击后，可以使【材质球】呈现不同的形态，包括球体、方体和圆柱体。

：单击后，可使【材质球】产生一个反光效果。

：单击后，可使【材质球】的背景变为彩色的方格背景，便于观察到类似于玻璃与金属这样的材质效果。

：单击后，会弹出【选择对象】对话框，可以选中场景中具有相同材质的物体，功能与【按名称选择】按钮一致。

8.2 材质基本操作

材质的基本操作主要在【材质/贴图浏览器】中完成。单击【材质编辑器】面板的 Standard 按钮即可打开【材质/贴图浏览器】对话框，如图 8-5 所示。

- 【材质】：显示标准材质的类型。
- 【场景材质】：显示场景中的材质。
- 【示例窗】：显示已选操作的效果，以便于根据其功能来赋予材质纹理及其他效果。

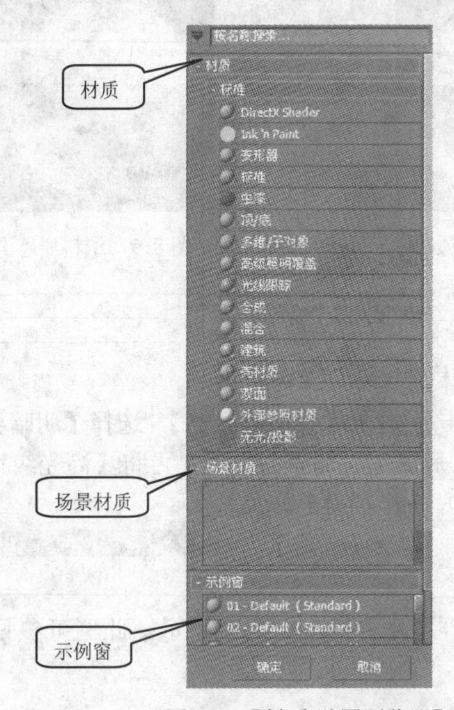

图 8-5 【材质/贴图浏览器】

8.3 标准材质

标准材质是 3d Max 初始设置的默认材质，根据对其【明暗器基本参数】、【Blinn 基本参数】、【扩展参数】、【超级采样】等参数卷展栏的设置，来使物体呈现不同的材质效果。

8.3.1 【明暗器基本参数】卷展栏

【明暗器基本参数】用于处理物体表面材质在光线照射下的效果，其卷展栏可以选择材质的质感，也可以调整物体在渲染中显示的方式，如图 8-6 所示。

● 【明暗参数】:【明暗参数】下拉列表中有 8 种不同的明暗类型，如图 8-7 所示。

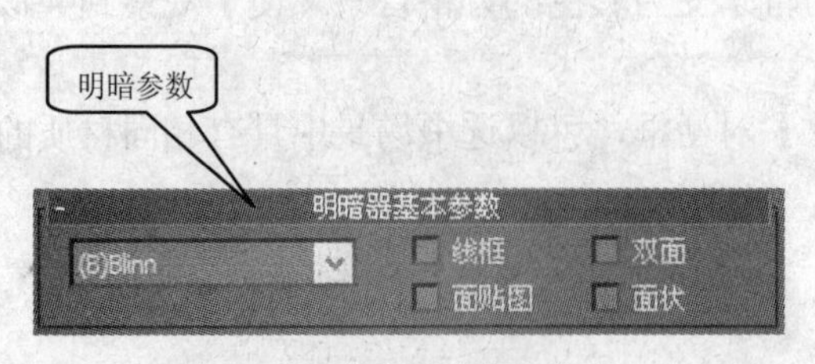

图 8-6 【明暗器基本参数】

图 8-7 【明暗类型】

● 【各向异性】: 该项可调节可见高光尺寸的差值，产生“叠光”的高光效果。可用来表现陶瓷、油漆类等材质表面的质感，如图 8-8 所示。

● 【Blinn】: 由于增大【柔化】后其高光是圆滑的，所以该项主要可用来表现塑料类的材质，如图 8-9 所示。

图 8-8 光滑质感

图 8-9 塑料质感

【例 8-1】 制作陶瓷材质

步骤 1 打开光盘中的“陶瓷材质.max”文件。

步骤 2 选择“洗手盆”，单击进入【材质编辑器】，选择【明暗类型】下拉菜单中的【各向异性】选项，将【漫反射】后的色块调整为白色，再将【高光级别】、【光泽度】、【各向异性】分别设置为 200、90、50，如图 8-10 所示。

步骤 3 打开【贴图】卷展栏，勾选【反射】，单击 None 按钮为物体添加一个【衰减】贴图。

步骤 4 将材质赋予“座便器”并将其在场景中显示。此例可参见光盘中的“陶瓷材质.max”文件，如图 8-11 所示。

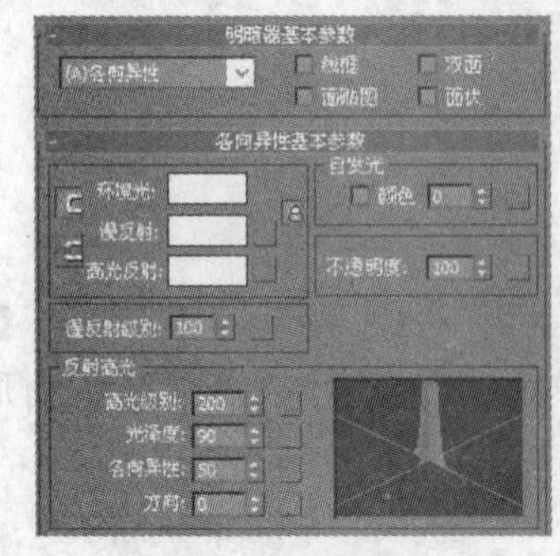

图 8-10 参数调整

图 8-11 渲染后的效果

【例 8-2】 参数化的长方体塑料材质

步骤 1 打开光盘中的“塑料材质.max”文件。

步骤 2 再打开【材质编辑器】，选择一个材质球，单击【明暗类型】下拉菜单中的【各向异性】选项，勾选【双面】选项。

步骤 3 单击【漫反射】后的色块，将【红】、【绿】、【蓝】分别设置为200、255、255。

步骤 4 单击【高光反射】后的色块，将其调整为白色，将【高光级别】和【光泽度】分别设置为200、40。并将【各向异性】和【方向】分别设置为83、-12，如图8-12所示。

步骤 5 将材质赋予物体并将其在场景中显示。此例可参见光盘中的“塑料材质.max”文件，如图8-13所示。

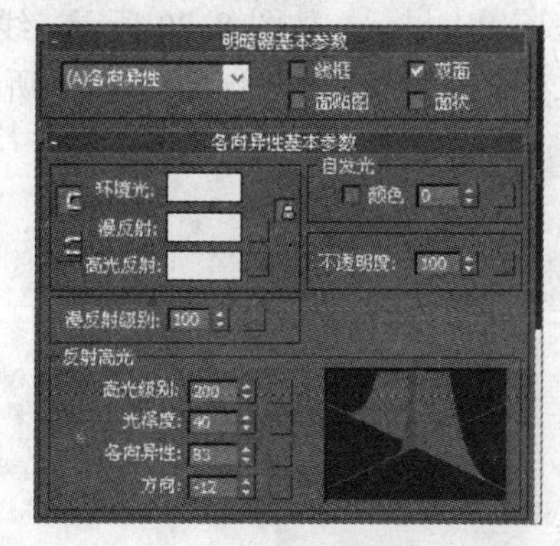

图 8-12 参数设置

图 8-13 最终效果

● 【金属】：它可以准确表现金属的质感，效果如图8-14所示。
● 【多层】：较【各向异性】来说，它可以产生比其更复杂的高光效果，如图8-15所示。

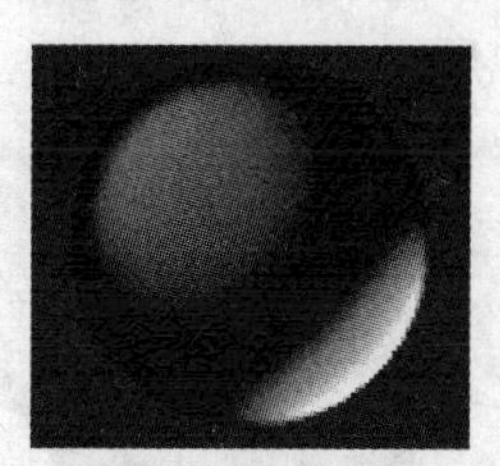

图 8-14 金属质感

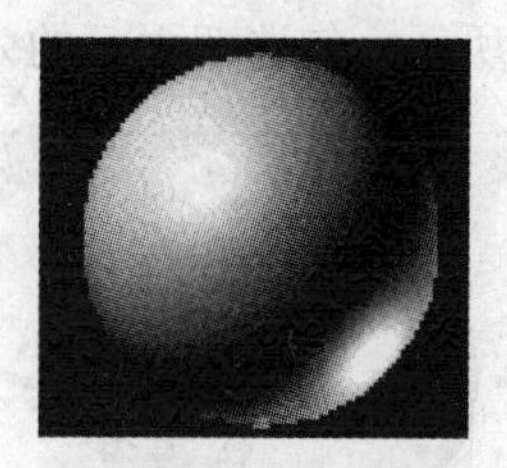

图 8-15 多层的效果

● 【Oren-Nayar-Blinn】：它是比【Blinn】更高级的明暗类型，该项主要可用来表现粗陶、纺织物品等表面质感，如图8-16所示。
● 【Phong】：它是较【Blinn】低一级的敏感类型，由于反光成梭形，所以更适合表现暖色的材质效果，如图8-17所示。

图 8-16 粗陶质感

图 8-17 【Phong】的效果

- 【Strauss】：它与【金属】较类似，可用于金属和非金属表面，如图 8-18 所示。
- 【半透明明暗器】：它可以制作物体半透明的效果，用来表现纱帘、透明玻璃杯等轻薄物体的质感，如图 8-19 所示。

图 8-18　非金属质感

图 8-19　半透明明暗器

- 【线框】：勾选该项后，物体将以线框的形态在场景中显示，如图 8-20 所示。线框的粗细可以通过在【扩展参数】卷展栏中调整【大小】的参数来实现，如图 8-21 所示。

图 8-20　勾选线框效果

图 8-21　改变线框粗细后效果

- 【双面】：勾选该项可将物体的反正两面在场景中显示，由于法线的指向不同，物体会分为正反两面，单面材质反面不赋予材质，所以渲染后的效果会出现丢失面的情况，如图 8-22 所示。勾选双面后的效果如图 8-23 所示。

图 8-22　未勾选双面效果

图 8-23　勾选双面后的效果

- 【面贴图】：勾选该项可将材质赋予物体的每个表面，如图 8-24 和图 8-25 所示。

图 8-24　未勾选面贴图

图 8-25　勾选面贴图后

● 【面状】：勾选该项可使物体表面产生块面的效果，如图 8-26 和图 8-27 所示。

图 8-26　未勾选面状

图 8-27　勾选面状后

8.3.2 【Blinn 基本参数】卷展栏

【Blinn 基本参数】是对【明暗器基本参数】卷展栏下的【明暗类型】中的【Blinn】进行进一步设置的卷展栏。若在【明暗类型】中选择其他选项，【Blinn 基本参数】卷展栏则会随之改变为与其对应的卷展栏。下面将以其为例进行介绍，如图 8-28 所示。

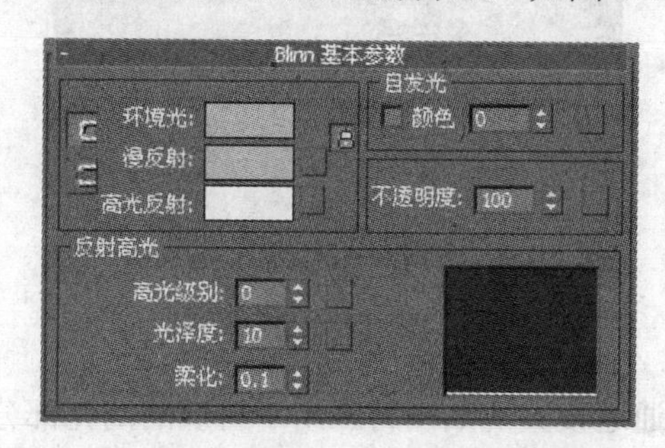

图 8-28 【Blinn 基本参数】卷展栏

● 【环境光】：指物体阴影部位的颜色，与【漫反射】相互锁定，改变一个的颜色，另一个也会随着改变。单击【环境光】后的色块，可以设置不同的【环境光】颜色。
● 【漫反射】：指物体在受光后经过反射所呈现出来的颜色。
● 【高光反射】：指物体受光面产生的最亮部分的颜色。
● 【锁定】按钮：单击▣可将【环境光】和【漫反射】锁定起来，使其有相同的贴图。
● 【无】按钮：单击■可弹出【材质/贴图浏览器】对话框来为其赋予材质。
● 【自发光】：可以制作物体本身发光的物体，例如筒灯、灯泡等自发光的物体。【颜色】选项和后面的微调框可以设置物体自发光的程度。
● 【不透明度】：可以调节物体本身的透明度，后面的微调框可以设置物体不透明的程度。
● 【高光级别】：可以调节物体的反光强度。微调框中输入的值越大，反光的强度就越大，反之则越小。
● 【光泽度】：可以调节物体反光的范围大小。微调框中输入的数值越小，反光的范围就越大。
● 【柔化】：可以调节物体的高光区反光，使之变得柔和、模糊。适合对反光面较强的材质进行【柔化】处理。

8.3.3 【贴图】卷展栏

【贴图】卷展栏是调整材质贴图的【环境光颜色】、【漫反射颜色】、【自发光】、【不透明度】、【凹凸】等参数的卷展栏。可以根据材质的不同属性和性质进行设置，来达到真实材质的效果，如图 8-29 所示。

- 【贴图】通道：可对贴图的【环境光颜色】、【漫反射颜色】等进行不同类型和属性的设置。
- 【环境光颜色】：指物体阴影部分的颜色。系统默认为与【漫反射颜色】锁定使用。
- 【漫反射颜色】：在该通道中设置的贴图会代替【漫反射】。它可以真实地表现出材质的纹理。

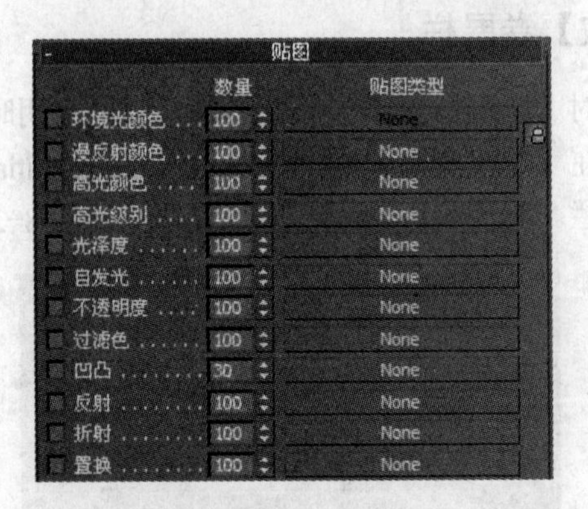

图 8-29 【贴图】卷展栏

- 【高光颜色】：在该通道设置的贴图将应用于材质的高光部分。
- 【高光级别】：与【高光颜色】类似，效果明显与否取决于高光强度的设置。
- 【光泽度】：该通道设置的贴图会应用于物体的高光区域，控制高光区域的模糊程度。
- 【自发光】：该通道可以使物体的部分区域发光，贴图上的黑色区域表示无自发光，白色区域表示有自发光。在其【贴图类型】中添加【衰减】贴图，可以用来做灯具。
- 【不透明度】：该通道的贴图可以根据其明暗程度在物体表面产生透明效果，贴图上颜色深的部分是透明的，浅的部分是不透明的。
- 【过滤色】：该通道中可通过像素深浅程度使物体产生透明的颜色效果。
- 【凹凸】：该通道中可通过位图的颜色使物体表面产生凹凸不平的效果，贴图深色部分产生凸起效果，浅色部分产生凹陷效果。
- 【反射】：该通道中的贴图可以从物体表面反射图像，若移动周围的物体，则会出现不同的贴图效果。
- 【折射】：该通道的贴图可以使光线弯曲，并且可以透过透明的对象显示出变形的图像，主要用来表现水、玻璃等材质的折射效果。
- 【置换】：该通道的贴图可以使物体产生一定的位移，从而产生一定的膨胀效果。还可以使物体的造型进行扭曲。
- 【数量】：可用来设置贴图变化的程度。例如勾选【自发光】后设置【数量】为 100，则物体将呈现自身发光的效果，类似于灯泡这类光源物体。设置【数量】为 50，则发光程度减弱。

- 【贴图类型】：可为【贴图方式】增加一个贴图，来进一步增强所调整材质的真实度。并可以通过不同的类型进行叠加，从而产生其他特殊的效果。【贴图类型】的操作需要大家重点掌握。单击 None 即可打开【材质/贴图编辑器】进行材质的设置。

8.4 复合材质

复合材质是除了标准材质以外的其他材质类型，它是由两种或两种以上的材质相互融合、相互交错而形成的材质。可以使物体的表面呈现多种不同的纹理效果。这一点是标准材质所不能表现的。

单击按钮，打开【材质编辑器】，再单击 Standard 按钮打开【材质/贴图浏览器】，其中的【顶/底】、【多维子对象】、【光线跟踪】、【混合】等都属于复合材质。

8.4.1 【顶/底】材质

【顶/底】材质是可以将材质球分为两种材质，并可以对这两种材质进行混合操作的一种复合材质类型，如可以制作海与沙滩这类表面两种颜色呈融合过渡状态的场景效果等。双击【材质/贴图浏览器】对话框中的【顶/底】，打开其操作面板，如图 8-30 所示。

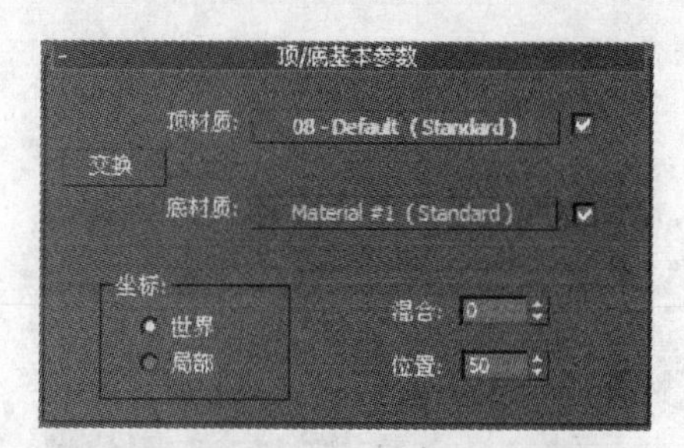

图 8-30 【顶/底基本参数】卷展栏

- 【顶材质】：指材质球上半部分的材质。
- 【底材质】：指材质球下半部分的材质。
- 【交换】：可以将【顶材质】与【底材质】相互对调的操作。
- 【混合】：指【顶材质】与【底材质】混合的程度。【混合】微调框中的数值越大，【顶材质】与【底材质】混合的程度越大。设置【混合】为 0 时只显示【顶材质】，设置【混合】为 100 时只显示【底材质】。设置【混合】微调框不同数值的效果如图 8-31 所示。

a）【混合】微调框数值为 20

b）【混合】微调框数值为 80

图 8-31 【混合】效果

- 【位置】：指【顶材质】和【底材质】所占面积的大小，以材质球最底端为 0，最顶端为 100 时为例，若微调框中输入数值为 30，则【底材质】所占的面积少，若微调框中输入数值为 70，则【底材质】所占的面积多，如图 8-32 所示。

【位置】微调框数值为 30

【位置】微调框数值为 70

图 8-32 【位置】效果

8.4.2 【多维/子对象】材质

【多维/子对象】材质可在一个材质球上赋予多种材质，使一个物体可以有多种材质。但每种材质需要设置其 ID 号，根据不同的 ID 号来对场景中物体赋予不同的材质，让每种材质都可以对号入座。打开【多维/子对象】材质面板的操作可参照 8.4.1 节中打开【顶/底】材质面板的操作方法，在弹出的对话框中点击【确认】按钮即可。【多维/子对象】面板如图 8-33 所示。

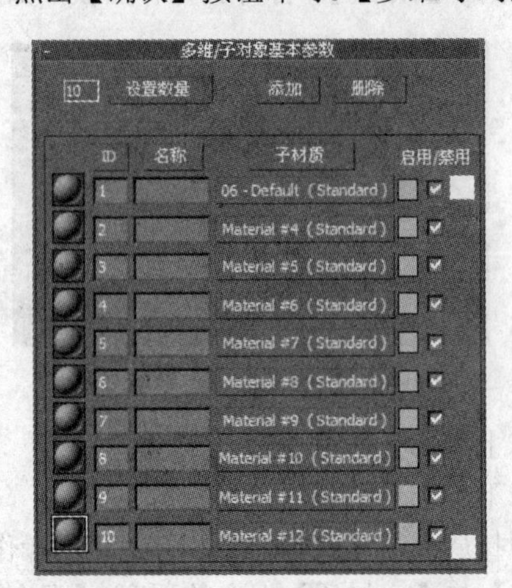

图 8-33 【多维/子对象基本参数】

- 【设置数量】：单击该按钮可在弹出的对话框中设置所选物体的材质数量，如图 8-34 所示。

图 8-34 【设置材质数量】

- 【添加】：单击该按钮可以增加子材质的数量。
- 【删除】：单击该按钮可以减少子材质的数量。
- 【ID】：子材质的编号。
- 【名称】：为了更好地区分每种材质，可以为子材质进行命名。
- 【子材质】：单击下面的按钮可以赋予所选物体一个【子材质】。操作和面板可参考 8.3 节【标准材质】的操作和面板。
- ■：单击该按钮可弹出【颜色选择器】，若物体无需赋予材质，只需赋予颜色，则可在【颜色选择器】中为物体设置一个颜色。

【例 8-3】制作【多维/子对象】材质

步骤 1 打开光盘中的“多维子对象.max”文件。

步骤 2 选中物体，单击鼠标右键，在列表中选择【转换为可编辑多边形】。在【修改器列表】中选择【编辑多边形】堆栈中的【多边形】选项，选中图 8-35 所示多边形。

步骤 3 在【多边形】子层级中找到多边形属性卷展栏，设置其 ID 号为 1，如图 8-36 所示。

步骤 4 退出【多边形】子层级，打开【材质编辑器】面板，选中一个材质球，单击 Standard 按钮打开【材质/贴图浏览器】中的【多维/子对象】材质。

步骤 5 将子材质【数量】设置为 2，单击 ID 号为 1 的子材质，进入【材质编辑器】面板。

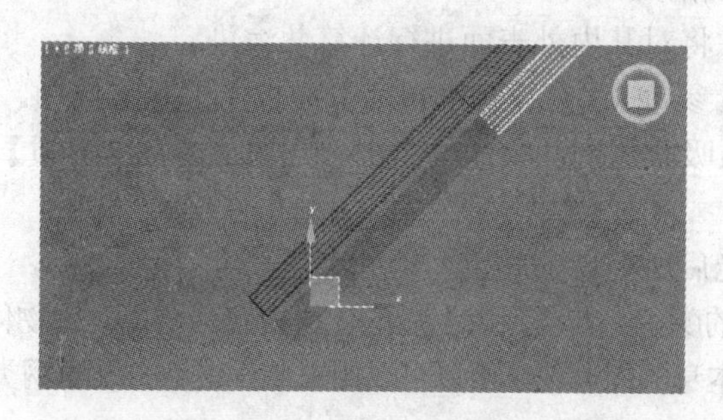

图 8-35 选中的区域

图 8-36 多边形属性

步骤 6 单击【漫反射】后的 按钮，给其赋予一个材质贴图。

步骤 7 将材质赋予物体并在场景中显示,效果如图 8-37 所示。

步骤 8 赋予其他子材质，操作步骤如上所述。此例可参见光盘中的“多维子对象材质.max”文件，最终效果如图 8-38 所示。

图 8-37 赋予材质后效果

图 8-38 最终效果

8.4.3 【光线跟踪】材质

【光线跟踪】材质应用的范围要较其他复合材质广泛，而且其卷展栏的操作命令也比较多，不仅有标准材质参数面板的特性，而且还可以模拟出真实物体的反射、折射等效果。它可以几乎完美地表现玻璃、不锈钢、陶瓷等物体的质感，是复合材质中应用最多的材质类型。【光线跟踪】面板的打开方式可参照 8.4.1 节【顶/底】材质面板的打开方式，如图 8-39 所示。

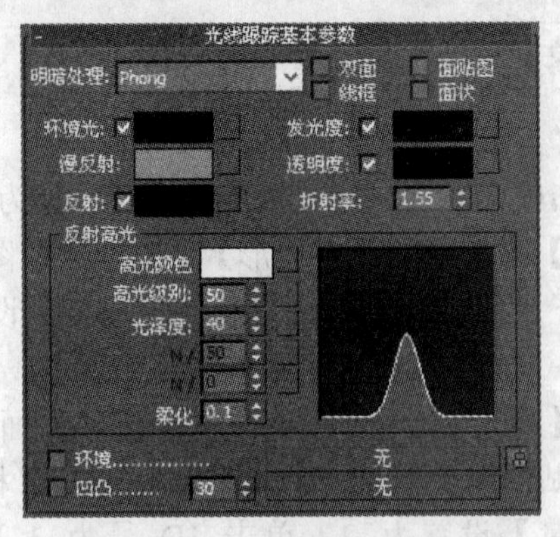

图 8-39 【光线跟踪基本参数】

- 【明暗处理】：该下拉菜单列表中有【Phong】、【Blinn】、【金属】等 5 种渲染方式,性质与属性基本与标准材质中的相似。
- 【双面】：勾选该项，光线跟踪将对其内外表面进行计算并渲染。
- 【面贴图】、【线框】、【面状】：参考 8.3 节【标准材质】面板中的相应选项。
- 【环境光】：决定光线跟踪材质吸收周围环境光的多少，此项与【标准材质】面板中的有所差异，请注意理解。
- 【漫反射】：用于设置物体受光后所呈现的颜色，即固有色。
- 【反射】：可设置物体高光反射的颜色。若【反射】后的色块设置为白色，则物体表面为全反射，这种情况下看不到物体本身的固有色，所以可以用来制作镜面、不锈钢类的材质。

【例 8-4】 制作镜面材质

步骤 1 打开光盘中的“镜面材质.max”。单击按钮，选择一个材质球，打开【材质编辑器】，然后单击 Standard 按钮，在弹出的【材质/贴图浏览器】中选择【光线跟踪】选项。

步骤 2 选择【明暗处理】下拉菜单中的【金属】选项，将【漫反射】后的色块调整为白色，按住鼠标左键不放，将白色色块拖动到【反射】后的色块上，在弹出的对话框中单击【复制】选项。

步骤 3 设置【高光级别】、【光泽度】分别为 200、90，如图 8-40 所示。

步骤 4 单击按钮，将材质赋予场景中的物体，然后再单击按钮，将镜面材质在场景中显示，最后单击进行快速渲染。此例可参见光盘中的“镜面效果.max”文件，渲染效果如图 8-41 所示。

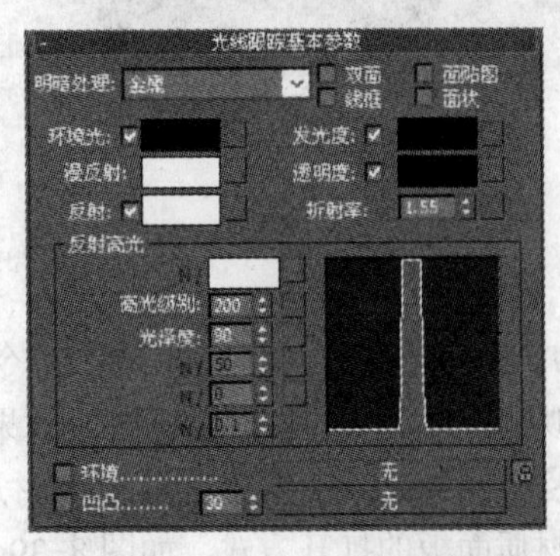

图 8-40 光线跟踪基本参数

图 8-41 镜面材质

- 【发光度】：功能类似于标准材质中的【自发光】，也可制作自身发光的物体。
- 【透明度】：可以调整物体的透明度，是通过过滤来表现出的颜色。若【透明度】后的色块为白色时物体为全透明，可以用来制作玻璃材质或其他透明、半透明的材质。

【例 8-5】 制作玻璃材质

步骤 1 打开光盘中的“玻璃材质.max”文件。单击按钮，打开【材质编辑器】，选择一个材质球，然后单击 Standard 按钮，双击【光线跟踪】选项。

步骤 2 单击【漫反射】后的色块，并将其调整为白色，按住鼠标左键不放，将白色色块拖动到【透明度】后的色块上。在弹出的对话框中单击【复制】选项。单击【反射】后的选择【衰减】命令。

步骤 3 设置【高光级别】、【光泽度】分别为 200、90，如图 8-42 所示。

步骤 4 若想改变玻璃的颜色，则可以在【漫反射】和【透明度】后面的颜色框中进行修改。

步骤 5 单击按钮，将材质赋予玻璃杯，然后再单击按钮，将玻璃材质在场景中显示，最后单击进行快速渲染。此例可参见光盘中的“玻璃效果.max”文件，渲染效果如图 8-43 所示。

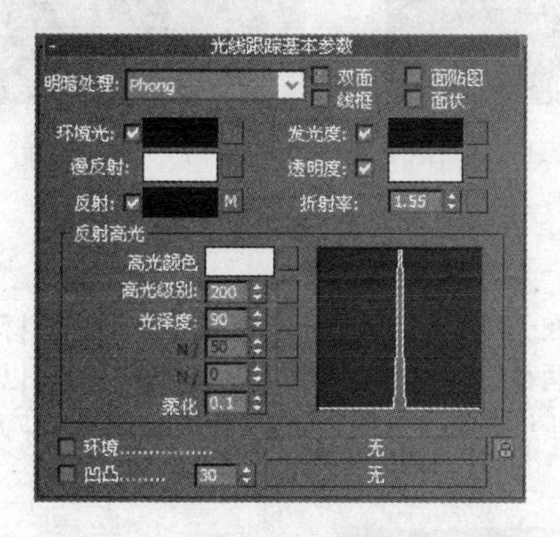

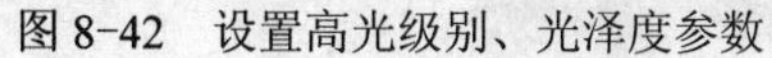
图 8-42 设置高光级别、光泽度参数

图 8-43 玻璃材质

- 【折射率】：可以根据不同材质的属性来设置【折射率】，以增加其材质的真实度，例如玻璃的折射率在 1.5～1.85 的范围，可以根据所制作玻璃的性质来进行设置。
- 【反射高光】：面板内的操作基本与标准材质类似，可参考 8.3 节【标准材质】中的相应内容进行操作。
- 【环境】：可以为场景中的物体指定一个环境贴图。
- 【凹凸】：可以为物体指定一个贴图，使物体表面有凹凸的质感，来增强物体的真实感。凹凸的程度可由其后面的微调框进行设置。

【例 8-6】 制作木地板材质

步骤 1 打开光盘中的“木地板.max”文件。单击按钮，打开【材质编辑器】，选择一个材质球，然后单击 Standard 按钮，双击【光线跟踪】选项。

步骤 2 单击【漫反射】后的 无按钮，在打开的【材质/贴图浏览器】中找到【位图】选项，在【选择位图图像文件】对话框中单击“木地板材质.jpg”。

步骤 3 单击 按钮，返回上一级，设置【高光级别】和【光泽度】分别为 200、90 如图 8-44 所示。

步骤 4 打开【贴图】卷展栏，勾选【凹凸】选项，在其后面的 无 中添加一个位图，打开“木地板材质.jpg”文件，设置【数量】为 90，如图 8-45 所示。

步骤 5 将材质赋予所选物体并在场景中显示即可。此例可参见光盘中的“木地板材质.max”文件，如图 8-46 所示。

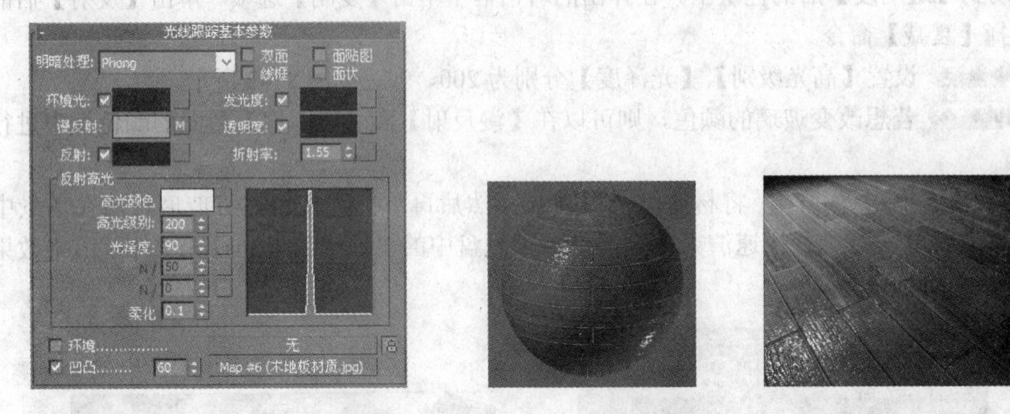

图 8-44 【光线跟踪基本参数】　　图 8-45 添加凹凸贴图效果　　图 8-46 木地板材质

8.4.4 【混合】材质

【混合】材质是指将两种不同的材质混合在一起，设置其混合参数来控制两种材质的显示程度，也可利用【遮罩】的明暗度来决定两种材质的融合程度。【混合】材质可以用来做锈蚀、粗糙的混凝土墙面等。打开方式可参照 8.4.1 节【顶/底】材质面板的打开方式。【混合基本参数】面板如图 8-47 所示。

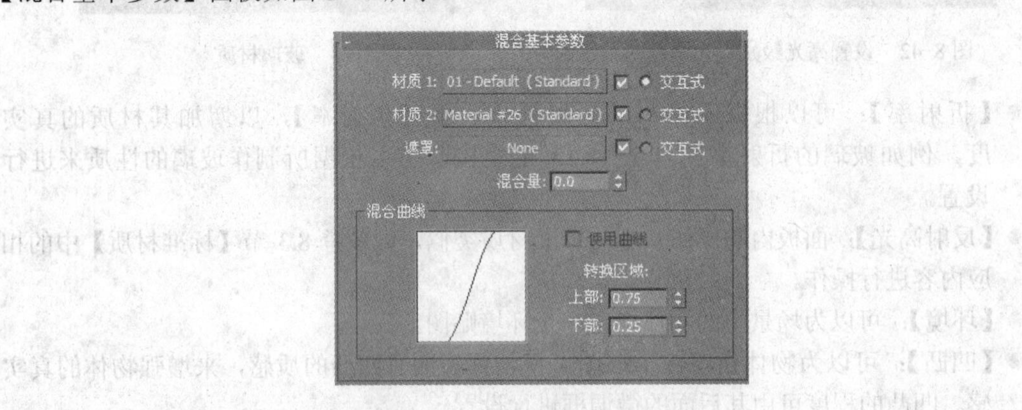

图 8-47 【混合基本参数】面板

- 【材质 1】：单击右侧按钮，可在【材质/贴图浏览器】中设置第 1 个材质。在两种材质都已指定并不进行其他设置的时候，系统默认只显示【材质 1】。
- 【材质 2】：单击右侧按钮，可在【材质/贴图浏览器】中设置第 2 个材质。

- 【遮罩】：单击右侧按钮，可设置一张贴图作为【遮罩】，通过【遮罩】的明暗度可以设置两种材质的融合程度。
- 【交互式】：单击该选项可设置哪一个材质在物体上显示。
- 【混合量】：可以控制两种材质的混合比例和混合的程度，当【混合量】微调框中数值为 0 的时候，【材质 1】在物体上显示，反之，则【材质 2】在物体上显示。
- 【混合曲线】：可以控制【遮罩】贴图对材质的融合程度。
- 【使用曲线】：勾选该选框，可利用曲线影响材质的混合效果。
- 【转换区域】：利用微调框来调节曲线，从而影响材质的混合效果。

8.5 综合演练——制作场景中的材质

步骤 1 打开光盘中“场景.max”文件。

步骤 2 制作一个啤酒瓶的材质，选择场景中的“啤酒瓶”，单击打开【材质编辑器】，选择一个材质球，单击 Standard 选择【光线跟踪】选项。单击【漫反射】后的色块，在弹出的【颜色选择器：漫反射】中设置【红】、【绿】、【蓝】均为 29、144、67，按住鼠标左键不放，将【漫反射】上的色块拖动到【透明度】后的色块上。在弹出的对话框中单击【确认】按钮。设置【高光级别】、【光泽度】分别为 200、90，效果如图 8-48 所示。

步骤 3 玻璃杯和玻璃桌面的材质基本与啤酒瓶相似，此处不再叙述。

步骤 4 制作一个瓷花瓶，选择场景中的“花瓶”，打开【材质编辑器】，选择【明暗参数】下的【各向异性】选项，单击【漫反射】后的色块，在弹出的【颜色选择器：漫反射】中设置【红】、【绿】、【蓝】均为 255。设置【高光级别】、【光泽度】分别为 200、90。在【贴图】卷展栏中勾选【反射】，单击 无 给物体赋予一个【衰减】贴图，效果如图 8-49 所示。

图 8-48 调整高光级别和光泽度后的效果

图 8-49 陶瓷效果

步骤 5 利用【光线跟踪】制作桌子底部的支撑物，同上，为物体添加一个【光线跟踪】材质。选择【明暗处理】下拉菜单中的【金属】选项，将【漫反射】后的色块调整为白色，单击鼠标左键不放，并将其拖动到【反射】后的色块上，设置【高光级别】、【光泽度】分别为 200、90，效果如图 8-50 所示。

步骤 6 制作一个“木地板”的地面，选择“地面”，同上，为物体添加一个【光线跟踪】材质，在【漫反射】后的中添加一个“木地板.jpg”贴图，设置【高光级别】、【光泽度】分别为 200、90，在【贴图】卷展栏中添加一个【凹凸】贴图即可，可参照例 8-4。效果如图 8-51 所示。

图 8-50　调整高光级别和光泽度后的效果　　图 8-51　添加凹凸贴图后的效果

步骤 7 将所有制作好的材质一一赋予所选物体，并将其在场景中显示。此例可参见光盘中的“场景.max”文件，效果如图 8-52 所示。

图 8-52　场景最后效果

8.6　思考与练习

（1）材质球有几种形态？

（2）3ds Max 中默认的材质编辑器是什么？

（3）【材质编辑器】面板分为哪几部分？

（4）【明暗类型】下拉菜单中有几种明暗类型？分别是什么？

（5）【明暗器基本参数】中的【线框】、【双面】、【面贴图】和【面状】有什么区别？

（6）【标准材质】都有哪些卷展栏？

（7）【复合材质】主要有哪几种？如何利用【光线跟踪】制作玻璃材质？

（8）【光线跟踪】通常可以用来制作哪些材质？

（9）运用【光线跟踪】制作一个啤酒瓶，如图 8-53 所示，参见光盘中的文件“练习 9.max”。

（10）制作一个场景，场景中要包括木地板、一个玻璃杯和一个魔方。木地板和玻璃可以运用【光线跟踪】来制作，运用【多维/子对象】可以来制作模仿，如图 8-54 所示，参见光盘中的文件“练习 10.max”。

图 8-53 啤酒瓶

图 8-54 场景制作

第 9 章　贴图基础应用

09

贴图基础应用一般包括贴图类型、贴图坐标设置、贴图通道等。贴图是表现物体表面的纹理，好的贴图能够更好地表现物体的质感，使作品更生动，而且使用贴图可以不用增加模型的复杂程度就能够表现模型的细节，还能够创造出反射、凹凸等多种效果。

重点知识

- 了解贴图类型
- 了解贴图坐标设置
- 掌握常用贴图的参数及操作步骤

练习案例

- 制作破旧大理石
- 制作天鹅绒沙发椅
- 贴壁纸
- 制作地板凹凸感
- 制作不锈钢
- 制作毛边玻璃
- 地板坐标贴图
- 客厅材质贴图

9.1　贴图类型

贴图主要单击【漫反射】右边的■，在弹出的【材质/贴图浏览器】选择相应的命令。在此只讲述【渐变】、【衰减】、【位图】、【光线跟踪】、【噪波】等几个常用的贴图，如图 9-1 所示。

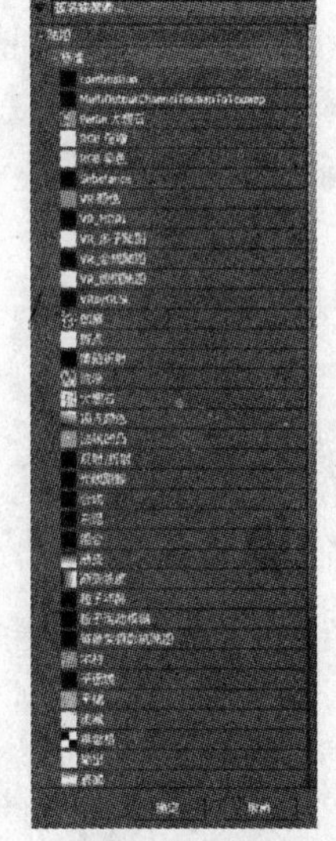

图 9-1　【材质/贴图浏览器】

9.1.1　【渐变】贴图

渐变贴图是将 3 种颜色或贴图渐变过程的效果，也可作不透明贴图。它有线性渐变和反射渐变两种，3 种颜色或贴图可以随意调节，颜色区域比例也可调节，且可以与【噪波】命令结合，控制区域之间的效果 ，如图 9-2 所示。

- 【颜色#1】、【颜色#2】、【颜色#3】：3 个选项分别设置 3 个渐变区域。单击每个选项右侧的色块可打开相对应的【颜色选择器】，如图 9-3 所示。
- None：单击此选项，弹出【材质/贴图浏览器】命令面板，用于指定贴图。

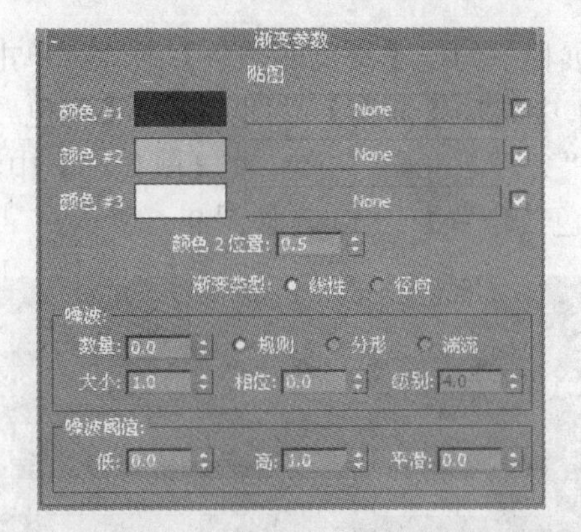

图 9-2 【渐变参数】卷展栏

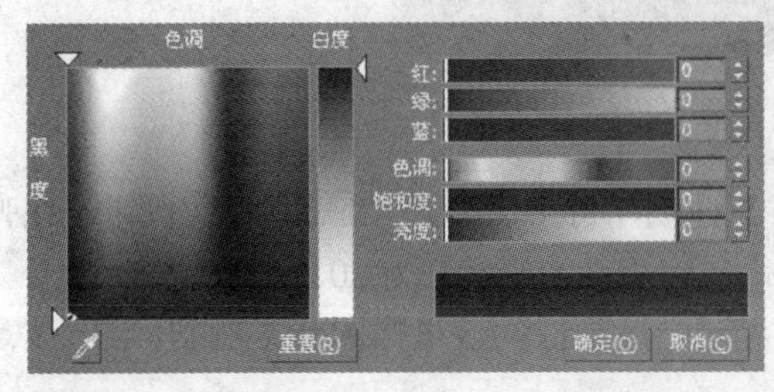

图 9-3 设置渐变颜色

- 【颜色 2 位置】：设置物体中间色的位置，数值为 0.5 时，3 种颜色是平均分配的；数值为 1 时，【颜色#2】将代替【颜色#1】，模型将显示为【颜色#3】和【颜色#2】的渐变贴图。
- 【渐变类型】：选择两种渐变方式。
- 【噪波】：可利用【数量】、【大小】微调框来设置噪波的参数。
- 【规则】、【分形】、【湍流】：分别代表 3 种不同强度的噪波。
- 【噪波阈值】：可利用【低】、【高】、【平滑】微调框来设置噪波的阈值。

【例 9-1】 制作破旧大理石

渐变命令可以表现一些陈旧的木制、生锈的金属、裸露的墙体等表面不够光滑且粗糙的物体材质，使物体表面更加具有真实感，通过不同材质的叠加，上下材质的互相融合来完成最终效果，参见光盘中的文件“制作破旧大理石.max”，如图 9-4 所示。

步骤 1 打开附带光盘中的“制作破旧大理石.max”文件。单击【前视图】，设置【反射高光】中的【高光级别】、【光泽度】分别为 70、40，如图 9-5 所示。

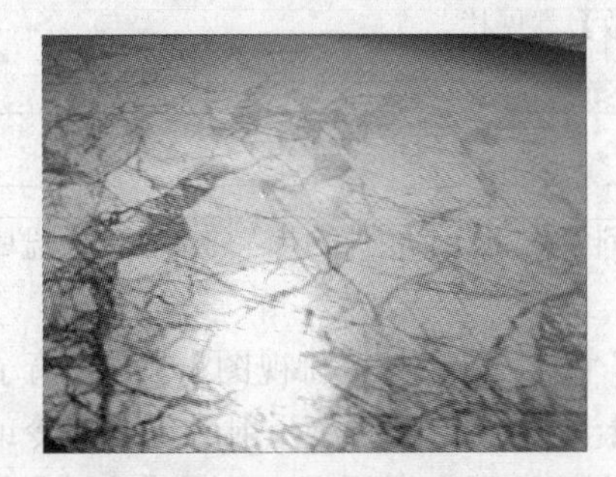

图 9-4 制作破旧大理石

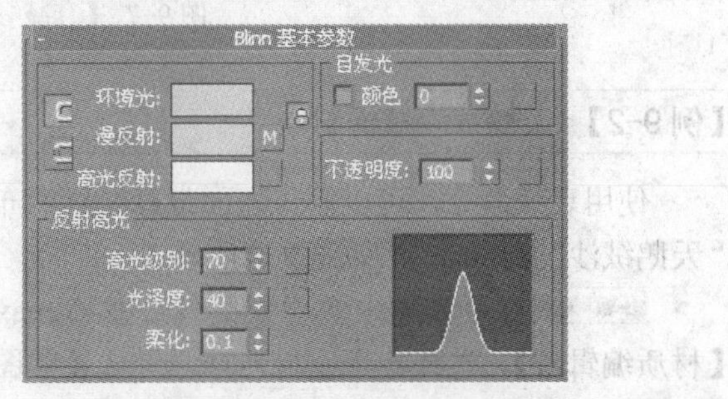

图 9-5 设置参数

步骤 2 在【贴图】卷展栏下勾选【漫反射颜色】通道，单击 None 按钮，在弹出的【材质/贴图浏览器】中选择【渐变】贴图，单击【颜色#2】后的 None 按钮，添加一个 【位图】的“大理石.jpg”贴图，在【颜色#3】中添加一个【位图】的“纹理贴图. jpg”贴图，设置【颜色 2 位置】为 1.0，如图 9-6 所示。

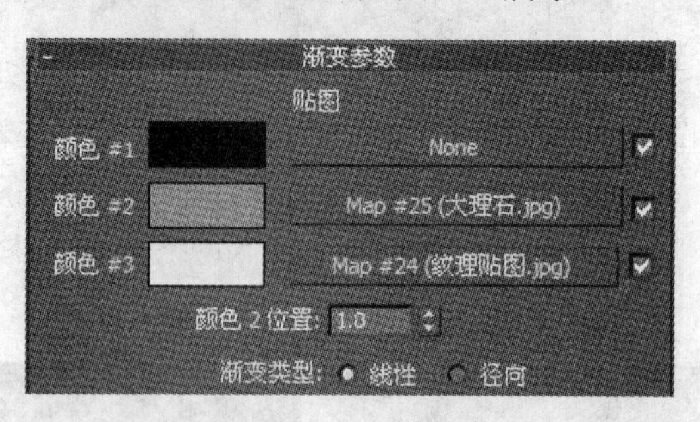

图 9-6 【渐变参数】

步骤 3 单击返回上一级，勾选【反射】选项，再单击 None 按钮，在弹出的【材质/贴图浏览器】中双击【光线跟踪】命令，设置【数量】为 20。

步骤 4 将材质赋予物体并将其在场景中显示，渲染后的效果如图 9-4 所示。

9.1.2 【衰减】贴图

【衰减】贴图通常用于制作玻璃、天鹅绒等材质，产生由明到暗的效果，强的地方透明，弱的地方不透明，也常常与【遮罩】贴图、【混合贴图】结合，制作渐变的效果，如图 9-7 所示。

图 9-7 【衰减参数】卷展栏

【例 9-2】 天鹅绒沙发椅制作

使用衰减命令，可以制作表面带有绒感的布料，体现出布料的质感。参见光盘中的文件“天鹅绒沙发椅.max”，如图 9-8 所示。

步骤 1 打开光盘中的“天鹅绒沙发椅.max”文件。单击【前视图】，框选椅子，打开【材质编辑器】，选择一个空材质球，勾选【贴图】卷展栏下的【漫反射颜色】命令或直接单击【漫反射】后的贴图通道，在弹出的【材质/贴图浏览器】对话框中选择【衰减】贴图。

图 9-8 “天鹅绒沙发椅”效果

步骤 2 在【贴图】卷展栏下勾选【凹凸】通道，单击 None 添加一个【位图】贴图，可参见光盘中的“015s.jpg”文件，设置【数量】为 50，

步骤 3 将材质赋予物体并将其在场景中显示，渲染后的效果如图 9-8 所示。

9.1.3 【位图】贴图

【位图】是最常用的贴图类型，可将二维图片作为纹理贴图贴到物体上，使其具有材质和真实的纹理。【位图】贴图支持多种图片格式，如 bmp、gif、jpg、tga、tif、psd 等格式，也支持 avi、fli、flc、cel 等动画文件。【位图】贴图一定要给予【贴图坐标】，以便更好地确定【位图】的位置。

单击按钮打开【材质编辑器】，单击【漫反射】右边的按钮，在弹出的【材质/贴图浏览器】中选择【位图】贴图，任意打开一个“jpg”格式的文件，其【材质编辑器】下的【位图参数】卷展栏如图 9-9 所示。

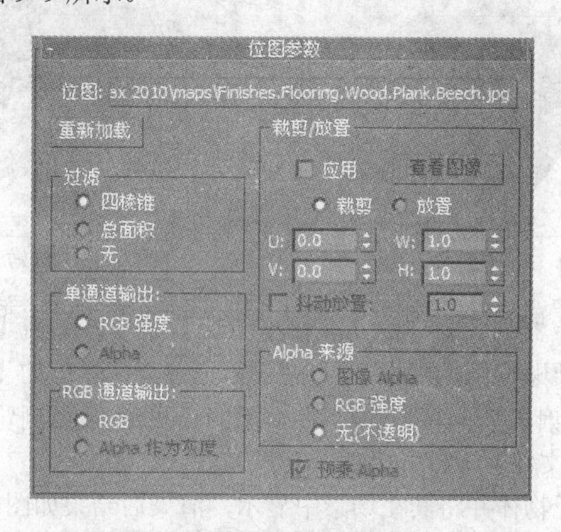

图 9-9 【位图参数】卷展栏

【例 9-3】 贴壁纸

在创建完物体后，要给物体表面贴图，使室内的物体有丰富的材质变化，产生千变万化的装饰效果。参见光盘中的文件“贴壁纸.max”，如图 9-10 所示。

图 9-10 “贴壁纸”效果

步骤 1 在制作模型前，对尺寸进行设置,单击菜单栏中的【自定义】,在出现的对话框中单击【单位设置】，在弹出的【单位设置】中单击【公制】下拉菜单中的【毫米】，对【公制】单位设置完成后，再单击【系统单位设置】，在弹出的对话框中单击【系统单位比例】，将【厘米】设置成【毫米】。

步骤 2 单击【顶视图】，单击【创建】命令面板中的【几何体】命令，再单击 长方体 ，在【顶视图】创建一个长方体，效果如图 9-11 所示。

步骤 3 单击创建好的模型，再单击进入【修改】命令面板，设置长方体的【长度】、【宽度】、【高度】分别为 3000mm、3000mm、2600mm，再单击【修改器列表】下的【法线】命令，对物体进行法线反转,效果如图 9-12 所示。

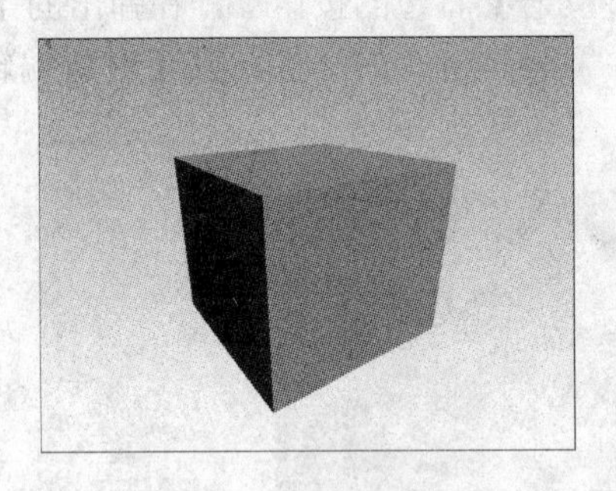

图 9-11　创建的长方体

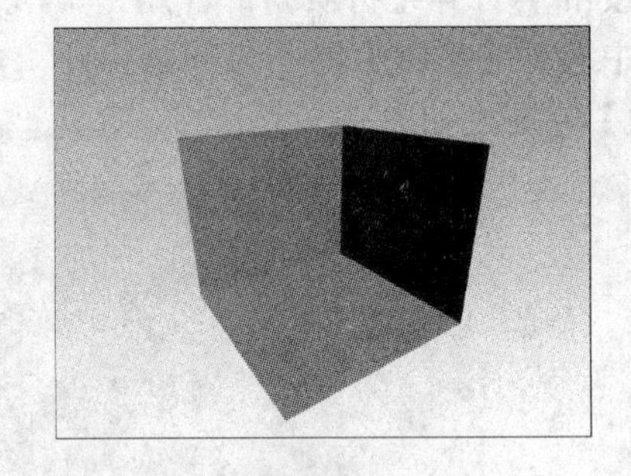

图 9-12　反转法线后

步骤 4 单击【修改器列表】中的【编辑多边形】命令，单击【修改器堆栈】命令下的【多边形】选项，选择要贴壁纸的墙面，再单击按钮，在弹出的【材质编辑器】中选择一个材质球，单击【漫反射】后的按钮，在弹出的【材质/贴图浏览器】中选择【位图】贴图，在【选择位图图像文件】下打开“壁纸.jpg”文件。

步骤 5 将材质赋予物体并将其在场景中显示，渲染后结果如图 9-10 所示。

9.1.4 【凹凸】通道

【凹凸】通道经常与 9.1.3 节的【位图】命令相结合，产生很好的效果。【凹凸】通道是根据对物体表面的凹凸处理的模拟，进行深浅的变化。为了让模型的表面和凹凸纹理一致，常用的就是将表面的贴图复制到【凹凸】贴图通道，如图 9-13 所示。

【例 9-4】 制作地板凹凸感

凹凸命令用于创建表面不平整的物体，可以用来制作磨砂玻璃、带有模糊效果的地板、拉丝金属、海面和水体等物体。参见光盘中的文件“凹凸地板.max”，如图 9-14 所示。

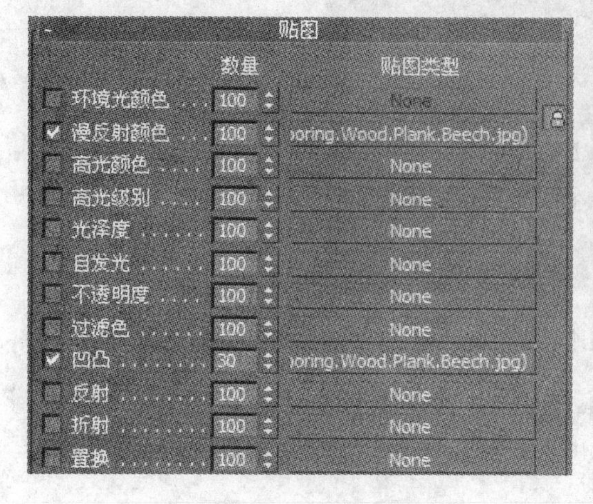

图 9-13 【凹凸】贴图通道

图 9-14 “地板凹凸感”效果

步骤 1 打开光盘中的“凹凸地板.max”文件。单击按钮，在弹出的【材质编辑器】中选择一个材质球，设置【高光级别】、【光泽度】分别为 90、30，如图 9-15 所示。

步骤 2 为材质赋予一个【位图】贴图，由于贴图方法在前面已经讲过，这里不再赘述。可参阅光盘中的“抱枕.jpg”文件，效果如图 9-16 所示。

步骤 3 打开【贴图】卷展栏，勾选【漫反射颜色】通道，在【贴图类型】中选择【位图】贴图，赋予物体一个木地板材质，可参见光盘中的“木拼地板.jpg”文件。

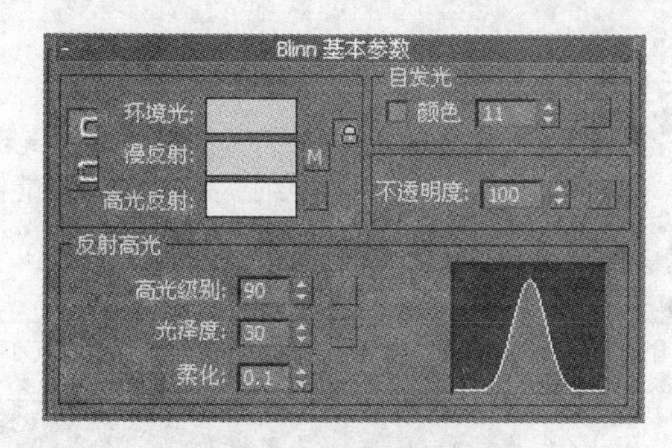

图 9-15 设置参数

图 9-16 抱枕

步骤 4 单击【凹凸】命令，设置【数量】为 150。按住鼠标左键不放，将【漫反射颜色】的【贴图类型】复制到【凹凸】后的【贴图类型】中。

步骤 5 将材质赋予物体并将其在场景中显示即可，如图 9-14 所示。

9.1.5 【光线跟踪】贴图

【光线跟踪】是一种比标准材质要高级的材质类型，这个命令应用比较广泛，在玻璃制作、金属的制作中都用得到，可以作出真实的反射和折射效果，且效果要高于【折射/反射】贴图，但渲染速度较慢，如图 9-17 所示。

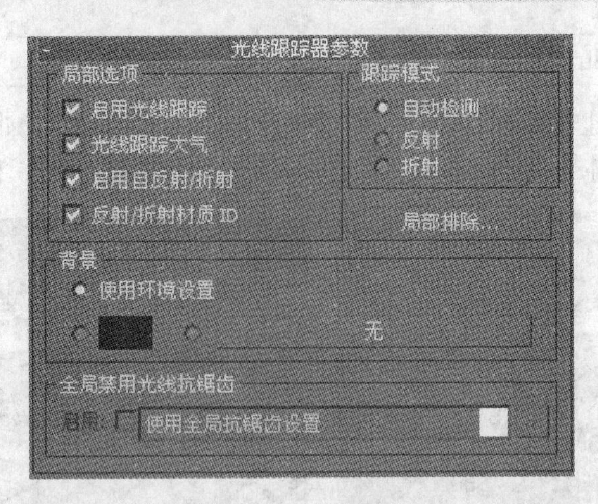

图 9-17 【光线跟踪参数】

- 【跟踪模式】：包括 3 个命令【自动检测】、【反射】、【折射】。
- 【自动检测】：单击该选项，系统将自动进行计算检测，【反射贴图】进行反射计算，【折射贴图】进行折射计算。
- 【反射】：单击该选项，将手动控制【反射贴图】计算。
- 【折射】：单击该选项，将手动控制【折射贴图】计算。
- 【使用环境设置】：单击该选项，系统在进行光线跟踪计算时将考虑到当前场景的计算。
- ：单击该选项，用指定的颜色代替当前的环境进行光线跟踪。
- 无：单击该选项，可将一张贴图作为场景环境。
- 单击 局部排除... 命令，可以打开【排除/包含】选项，可以选择对物体进行或不进行光线跟踪的计算。

【例 9-5】 制作不锈钢

光线跟踪命令是一个非常有用的命令，能体现表面光滑、质地细腻的材质，最能够体现其光线跟踪特点的是镜面、玻璃、不锈钢、金属等材质的物体，参见光盘中的文件“制作不锈钢.max”，如图 9-18 所示。

步骤 1 单击【前视图】，打开光盘中的“制作不锈钢.max”文件，如图 9-19 所示。

图 9-18 制作不锈钢

图 9-19 不锈钢

步骤 2 选择茶壶模型，单击命令，单击【环境光】后的色块，弹出【颜色选择器】命令，将【红】、【绿】、【蓝】均设置为96。设置【反射高光】中的【高光级别】、【光泽度】分别为150、40，如图9-20所示。

步骤 3 在【贴图】卷展栏下勾选【反射】通道，单击 None 按钮，在弹出的【材质/贴图浏览器】中选择【光线跟踪】贴图，在【光线跟踪器参数】卷展栏的【跟踪模式】下选择【反射】选项，单击返回上一级，如图9-21所示。

步骤 4 单击【顶视图】，选择“餐具”模型，将材质赋予物体并将其在场景中显示，渲染后的效果如图9-18所示。

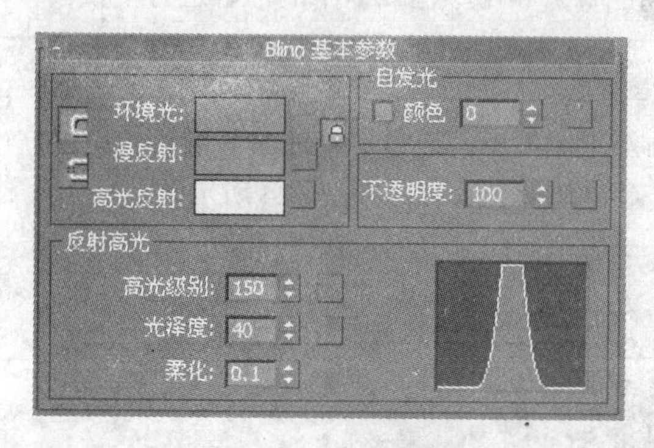

图9-20 设置参数

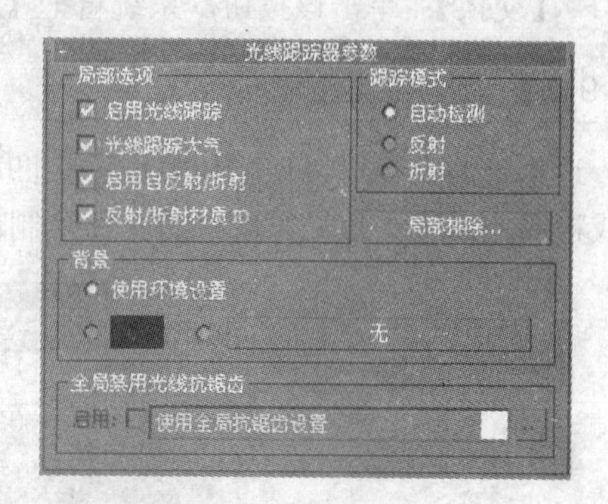

图9-21 【光线跟踪器参数】

9.1.6 【噪波】贴图

【噪波】贴图是使用频率比较高的贴图类型，通过两种颜色的混合产生一种噪波效果。常用于制作毛玻璃、拉毛墙等材质。但是数值过大会影响渲染速度，如图9-22所示。

- 【噪波类型】：包括【规则】、【分形】、【湍流】3个选项，会有不同效果。
- 【噪波阀值】：控制噪波颜色的限制。
- 【高】、【低】：控制两种邻近色阀值的大小，增大【低】数值使【颜色#1】更强烈，减小【高】数值使【颜色#2】更强烈。

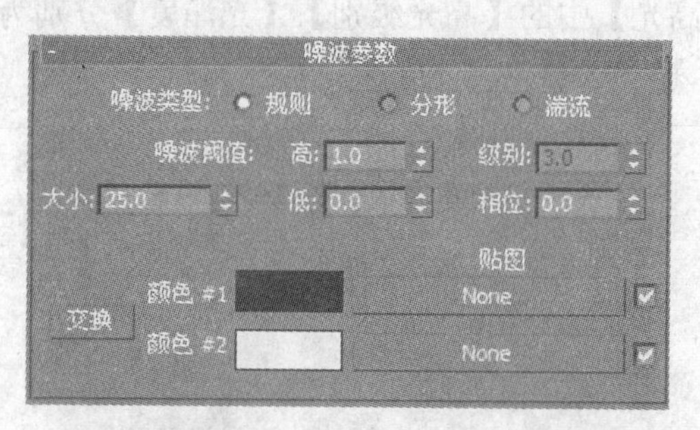

图9-22 【噪波参数】

- 【级别】：在选择【分形】命令时，数值越大，噪波越大。
- 【相位】：控制噪波产生动态效果。
- 【大小】：控制噪波纹理的大小，数值越大，噪波越粗糙，数值越小，噪波越细腻，如图9-23所示。

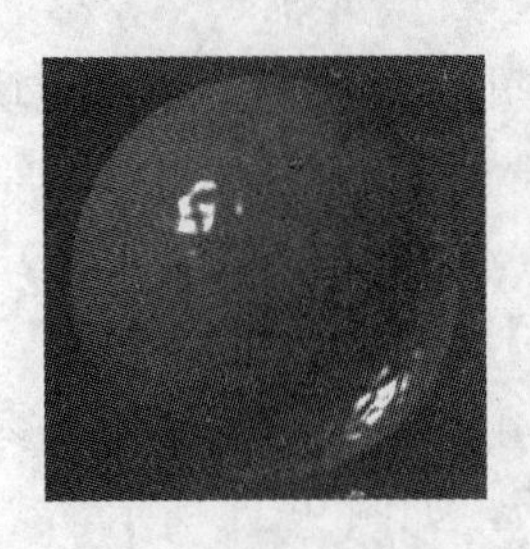 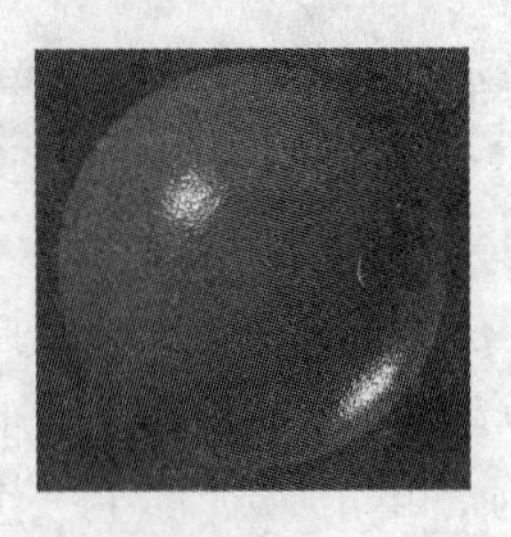

图 9-23　设置【大小】参数

- 【交换】：单击该按钮，系统将把【颜色#1】和【颜色#2】中的内容进行交换。

【例 9-6】 制作毛边玻璃

运用噪波命令可以使物体表面产生凹凸不平的质感，通过对噪波参数的设置可以产生细腻或粗糙的质感。参见光盘中的文件“制作毛边玻璃.max”，如图 9-24 所示。

图 9-24　制作毛边玻璃

步骤 1 打开光盘中的“制作毛边玻璃.max”文件。单击【前视图】，打开【材质编辑器】对话框，选择一个空材质球，单击【环境光】后的色块，在弹出的【颜色选择器】中设置【红】、【绿】、【蓝】分别为 215、226、248。

步骤 2 设置【反射高光】中的【高光级别】、【光泽度】分别为 70、40，设置【不透明度】为 60，如图 9-25 所示。

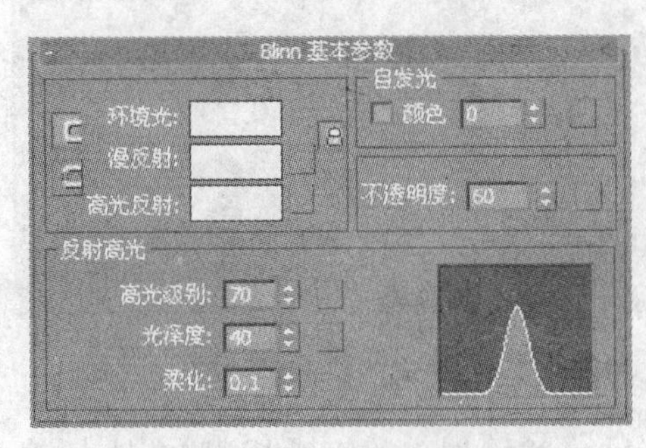

图 9-25　设置参数

步骤 3 在【贴图】卷展栏下勾选【凹凸】通道，在弹出的【材质/贴图浏览器】对话框中双击【噪波】贴图，在【噪波参数】卷展栏下设置【大小】为 1.0，【凹凸】为 40。

步骤 4 单击按钮返回上一级，在【贴图】卷展栏下勾选【反射】通道，在弹出的

【材质/贴图浏览器】对话框中双击【光线跟踪】贴图，设置【数量】为20。

步骤 5 单击返回上一步，将材质赋予物体并将其在场景中显示，渲染后的效果如图9-24所示。

9.2 贴图坐标设置

贴图坐标可用来确定以何种方式将二维的贴图映射在物体上，所以如果赋予物体的材质中包含任何一种二维贴图，物体都必须有贴图坐标，它使用的是UV或UVW坐标系。

打开光盘中的“贴图坐标.max”文件。选择【修改器命令面板】下拉菜单中的【UVW贴图】选项，此时会出现【贴图坐标】的【参数】面板，如图9-26所示。

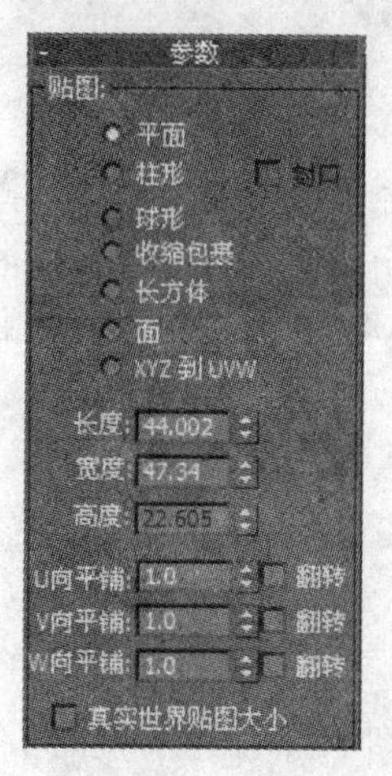

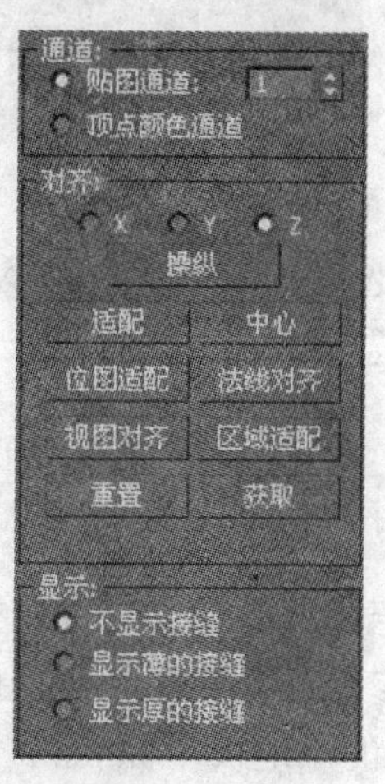

图9-26 贴图坐标参数

- 【平面】：系统默认的类型，一般用于大面积平面。
- 【柱形】：柱形物体，单击该项，然后选择后面的【封口】，将模型的贴图坐标封闭。
- 【球形】：该选项适用圆模型。
- 【收缩包裹】：该选项多用于球体，但不会产生明显的接缝。
- 【长方体】：该选项可将一张或多张二维图像贴在表面上，这种类型也是最常用的类型。
- 【面】：该类型对对象的每一个面应用一个平面贴图，其贴图效果与几何体面的多少有很大关系。
- 【XYZ到UVW】：该选项将3ds Max程序贴图锁定到物体表面。
- 【长度】、【宽度】、【高度】：该选项可设置贴图坐标Gizmo物体的坐标。
- 【U向平铺】、【V向平铺】、【W向平铺】：设置3个方向贴图平铺次数。
- 【适配】：该选项可将贴图坐标自动锁定到物体外围边界。
- 【中心】：该选项可将Gizmo物体中心对齐到物体中心。
- 【位图适配】：单击该选项，可弹出【选择图像】对话框，如图9-27所示。
- 【法线对齐】：单击该选项，在物体表面单击并拖动，Gizmo会放置在鼠标表面。
- 【视图对齐】：单击该选项，将试图坐标与当前激活的视图对齐。
- 【区域适配】：单击该选项，可在视图上拉出一个范围确定贴图坐标。

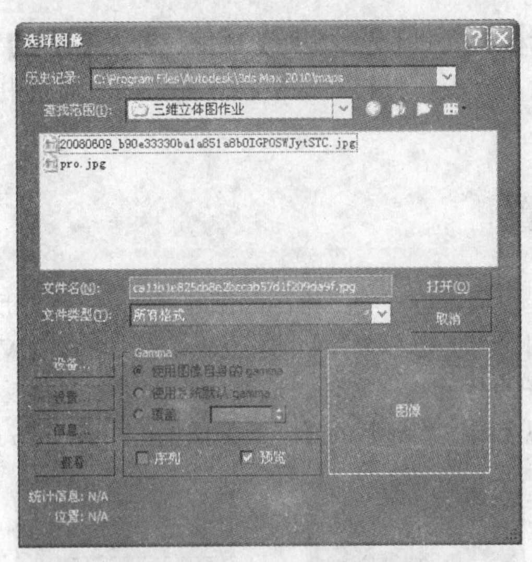

图 9-27 【选择图像】对话框

- 【重置】：单击该选项，可恢复贴图坐标初始设置。
- 【获取】：单击该选项，在视图中点取另一个物体，并将它的贴图坐标设置导入到当前物体中。

【例 9-7】 地板坐标贴图

贴图坐标主要是对已贴好的贴图进行调整，主要是通过 U、V、W 坐标轴对贴图纹理进行大小和方向的调整。参见光盘中的文件“地板坐标.max”。

步骤 1 打开光盘中的“地板坐标.max”文件。单击【前视图】，选择物体，打开【材质编辑器】后，选择一个空材质球，单击【漫反射】后的按钮，在弹出的【材质/贴图浏览器】中选择【位图】贴图，在【选择位图图像文件】下打开“地板.jpg”文件。

步骤 2 单击返回上一步，在【贴图】卷展栏下勾选【反射】命令，单击【贴图类型】下的按钮 None ，在弹出的【材质/贴图浏览器】中选择【光线跟踪】选项，单击返回上一步，设置【数量】为 20。设置【反射高光】中的【高光级别】、【光泽度】分别为 70、40。再单击按钮打开【修改命令面板】，选择下拉菜单中的【UVW 贴图】命令，设置【长度】、【宽度】分别为 2200、1200。

步骤 3 将材质赋予物体，并将其在场景中显示。渲染后的效果如图 9-28 所示。

图 9-28 “地板坐标贴图”效果

9.3 综合演练——客厅材质贴图

各种贴图的综合运用是做好效果图的重要条件，各种材质对真实材料的模拟都需要结合贴图命令，才能做出好的效果。下面我们来做客厅中的几种简单的材质，最终效果如图 9-29 所示。

图 9-29 渲染效果

步骤 1 打开光盘中的“客厅.max”文件。单击【顶视图】，选择沙发物体，打开【材质编辑器】，选择一个空材质球，在【贴图】卷展栏下勾选【漫反射颜色】通道，单击 None 按钮，在弹出的【材质/贴图浏览器】中选择【衰减】贴图，如图 9-30 所示。

步骤 2 在【顶视图】选择茶几模型，打开【材质编辑器】，选择一个空材质球，单击【环境光】后的色块，在弹出的【颜色选择器】中设置【红】、【绿】、【蓝】分别为 188、236、186。设置【反射高光】中的【高光级别】、【光泽度】分别为 70、40，设置【不透明度】为 30，勾选【贴图】卷展栏中的【反射】通道，在弹出的【材质/贴图浏览器】对话框中选择【光线跟踪】贴图，单击返回上一级，设置【数量】为 20。再勾选【凹凸】通道，将【数量】设置为 80，单击 None 按钮为其添加一个【噪波】贴图，设置【大小】为 3。

步骤 3 单击返回上一步，将材质赋予物体并将其在场景中显示，渲染后的效果如图 9-31 所示。

图 9-30 衰减效果

图 9-31 渲染效果

步骤 4 选择地毯模型，选择一个新材质球，单击命令，在弹出的【材质编辑器】对话框中单击【漫反射】后的按钮，选择【材质/编辑浏览器】中的【位图】贴图。参见光盘中的“墙面材质.jpg”文件。

步骤 5 再单击进入【修改】命令面板，选择【修改器列表】下拉菜单中的【UVW贴图】命令，设置【长度】、【宽度】、【高度】都为5000。

步骤 6 将材质赋予物体并将其在场景中显示，渲染后的效果如图9-32所示。

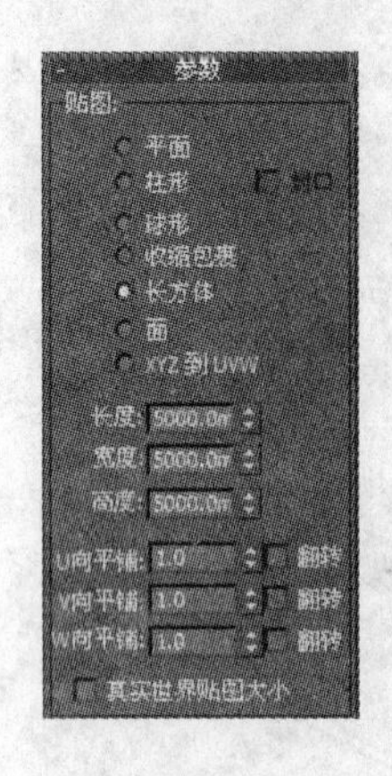

图 9-32 渲染效果

步骤 7 选择地面，再单击命令，在弹出的【材质编辑器】对话框中单击【漫反射】后的按钮，选择【材质/编辑浏览器】中的【位图】贴图。参见光盘中的 “地板材质.jpg”。

步骤 8 单击返回上一级，设置【反射高光】中的【高光级别】、【光泽度】分别为70、40，勾选【贴图】卷展栏下的【凹凸】命令，设置【数量】为100，按住鼠标左键不放，将【漫反射颜色】后的贴图类型复制到【凹凸】通道后的贴图类型中，勾选【反射】通道，单击 None 按钮，在弹出的【材质/贴图浏览器】对话框中双击【光线跟踪】贴图，设置【数量】为20。单击按钮打开【修改命令面板】，选择【修改器列表】下拉菜单中的【UVW贴图】命令，设置【长度】、【宽度】都为800mm。

步骤 9 将材质赋予物体并将其在场景中显示，渲染后的效果如图9-32所示。

9.4 思考与练习

（1）贴图类型主要有哪几种？

（2）常用的贴图有哪些？至少列举4种。

（3）【UVW贴图】参数中有哪几种贴图方式？

（4）【衰减】贴图可以用来制作什么样材质的物体？

（5）什么是【噪波】贴图？【噪波】贴图有哪几类？

（6）哪一种贴图可以真实地表现材质的折射和反射效果？

（7）【位图】贴图可以支持哪几种格式的文件？

（8）利用【位图】贴图赋予沙发一个布艺贴图，参见光盘中“沙发.max”文件、“布艺.jpg”文件,效果如图9-33所示。

（9）利用【噪波】贴图制作一扇带有磨砂玻璃的门。注意在模型底部添加参照物，以便能更好地观察因为【噪波】参数不同而制作出磨砂玻璃材质的不同，参见光盘中“磨砂玻璃门.max”文件，渲染效果如图 9-34 所示。

图 9-33 渲染效果

图 9-34 渲染效果

第 10 章　灯光与摄影机

10

灯光与摄影机是效果图制作中极其重要的一部分。灯光的种类繁多，想要制作出真实的效果图，就必须熟练掌握各种灯光，使 3ds Max 2012 制作的虚拟三维空间更加真实、美观。摄影机则是模拟视角，是动画制作中必不可少的组成部分。

重点知识

➢ 创建各种不同类型的灯光
➢ 修改灯光的基本参数
➢ 使用各种灯光模拟室内灯光
➢ 摄影机的创建与参数设置。

练习案例

➢ 简单的灯光制作
➢ 简单的太阳光制作
➢ 夜间简单室内灯光制作
➢ 光线跟踪的使用
➢ 创建目标摄影机
➢ 多视角观察室内灯光

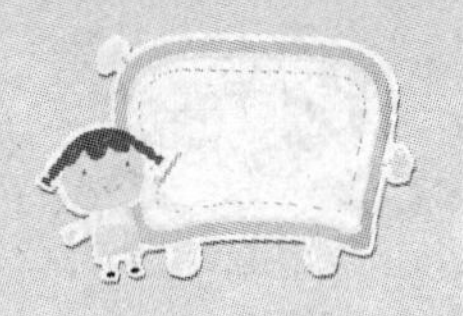

10.1　灯光的类型

灯光在 3ds Max 2012 中主要分为【标准】灯光和【光度学】灯光两类，在【创建】命令面板中单击按钮即可选择灯光。在【标准】灯光和【光度学】灯光中又细分成各种不同的灯光，来满足不同的需要，如图 10-1 所示。

图 10-1　灯光类型

10.1.1 【标准】灯光

【标准】灯光在三维场景中主要用来计算直射光，由于无法计算场景中其他物体的反射光源，所以由【标准】灯光制作出来的场景都会显得比较生硬，且明暗的反差也很强。在【创建】命令面板单击按钮后，系统默认的灯光为【标准】灯光，如图 10-2 所示。

图 10-2　标准灯光类型

- 【目标聚光灯】：产生锥形照射区域，由目标点和发光点确定方向。方向调整便捷，适合静态效果图运用，在动画中较少运用。
- 【自由聚光灯（Free Spot）】：与【目标聚光灯】照射效果相同，只有一个发光点来做调节，在静态表现中由于没有目标点而较少使用。但是在动画中由于特殊需要，在灯光经常摆动时需要此类灯光，通常用于模拟各种灯光。

● 【目标平行光】：可以产生某个特定方向的平行照射区域，【目标平行光】由目标点和发光点来确定方向。通常被用做室内外太阳光的模拟，也可以模拟部分特殊光源起到特殊效果，如图 10-3 所示。

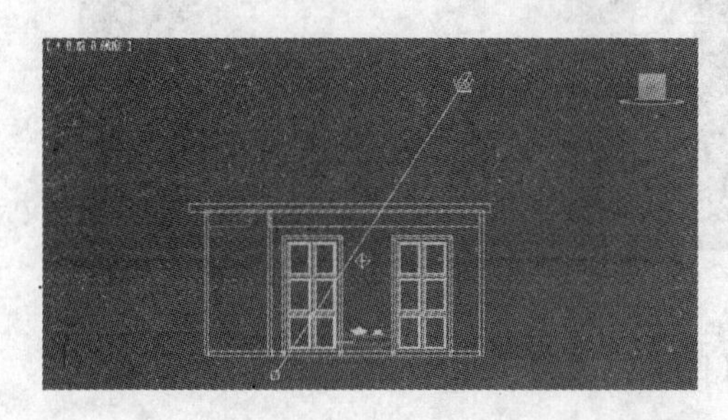

图 10-3 【目标平行光】

● 【自由平行光】：与【目标平行光】一样产生一个平行照射区域，但是没有目标点，所以在静态效果图时较少使用。在制作动画时，对灯光的范围有固定要求，可以使用自由平行光，保证光线照射范围不发生变化。

● 【泛光灯】：可以全方位地、均匀地发出光线。没有方向性，照射区域大，可以用来模拟灯泡及其他真实光源，如图 10-4 所示。

图 10-4 【泛光灯】效果

● 【天光】：能够准确的模拟日照效果。配合 3ds Max 中的不同渲染方式，可以准确生动地表现天光效果。天光是一个圆顶型光源，可以独立使用。

10.1.2 【光度学】灯光

【光度学】灯光较【标准】灯光而言更能表现出真实世界的物体在受光情况下的效果，物体本身所接收的光线并不是全部来自光源，还包括周围物体的反光和空气中散射的光。【光度学】灯光可以将物体自身和周围光线的相互作用表现得淋漓尽致，使其更加接近于真实世界的灯光。在【创建】命令面板中单击按钮后，选择下拉菜单中的【光度学】，如图 10-5 所示。

图 10-5 【光度学】灯光

● 【目标点光源】：可以向周围发光，同时有一个固定的照射方向，可以通过对目标点的调整改变光照方向，通常用来模拟效果图中点状灯光，如图 10-6 所示。

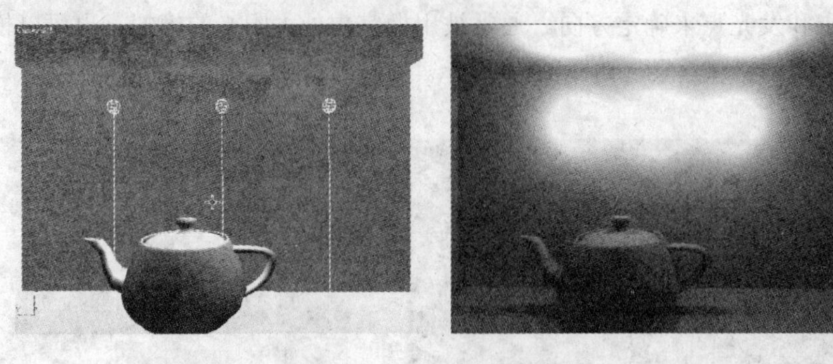

图 10-6 【目标点光源】效果

- 【自由点光源】：与【目标点光源】发光形式相同，多用于动画制作中，通常用来模拟动画中摆动的点状灯光。
- 【目标线光源】：以线为发光源，向周围发射光线进行照射，可以通过对目标点的调整改变光照方向，通常用来模拟效果图中的日光灯管、反光灯槽，如图 10-7 所示。

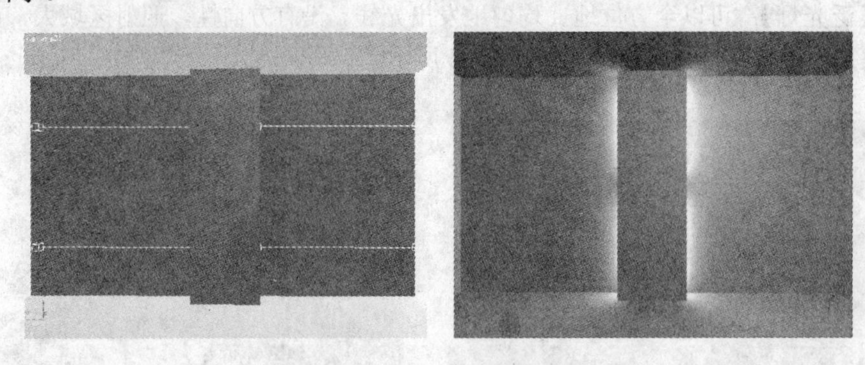

图 10-7 【目标线光源】效果

- 【自由线光源】：以线为发光源，向周围发射光线进行照射，多用于动画的制作中。
- 【IES 太阳光】、【IES 天光】：这两种灯光通常用于模拟真实日光照射，多用于室外的效果图与动画制作。

10.2 灯光参数

在 3ds Max 虚拟的三维空间里，要创建各种不同类型的灯光，使其更加真实，就不能离开对灯光基本参数的设置。通常，设置参数中包括亮度、阴影、色彩、照射区域以及光域网。无论是【标准】灯光还是【光度学】灯光，在设置的时候都有很多共同的参数，在设置上有很多类似的地方。下面我们就介绍一部分参数的修改。

10.2.1 【常规参数】卷展栏

【常规参数】卷展栏用于各种类型的灯光，可以用来控制灯光、启用阴影、选择灯光和

阴影类型等操作。下面以【目标平行光】为例，介绍此卷展栏中的各项命令，如图 10-8 所示

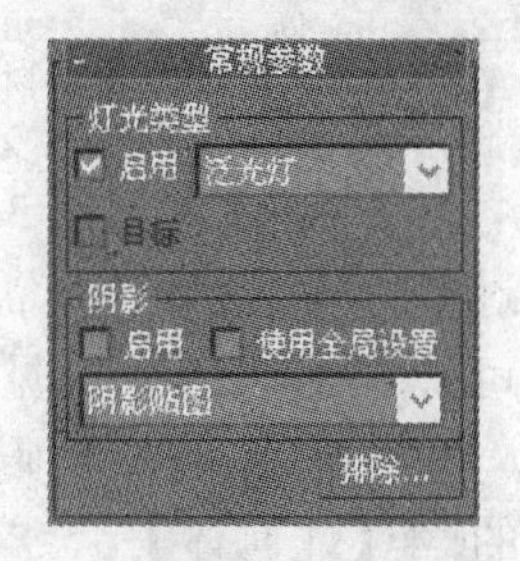

图 10-8 【常规参数】卷展栏

- 【灯光类型】：可以修改灯光的类型，通常不做修改。
- 【目标】：选择是否取消目标点，可以使灯光在目标灯光与自由灯光之间转换，改变灯光类型。
- 【启用】：单击勾选后开启灯光阴影。
- 【阴影贴图】下拉菜单：选择阴影种类。
- 【排除】：可以选择部分物体在此灯光下无阴影。

10.2.2 【强度/颜色/衰减】卷展栏

【强度/颜色/衰减】卷展栏主要用来设定灯光的强度、颜色和灯光的衰减参数。下面以 目标平行光 为例，介绍此卷展栏中各项命令，如图 10-9 所示。

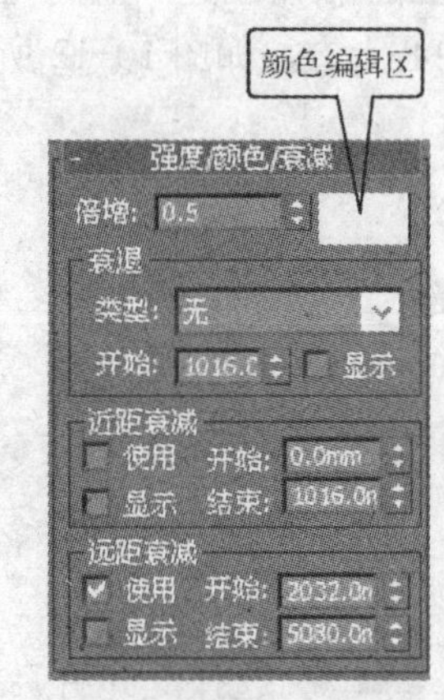

图 10-9 【强度/颜色/衰减】卷展栏

【倍增】：控制灯光亮度，倍增数值只能为正。数值越高，灯光越亮。

【颜色编辑区】：用于选择灯光的颜色。

【衰减】：用于控制该灯光衰减的强弱，通过修改下面的参数可以得到不同的衰减效果。

【类型】：单击下拉菜单，可以选择衰减种类。

【开始】：可以设置灯光衰减的位置。

【显示】：单击勾选后，可以使衰减灯光在视图中显示出来，并且显示范围。

【近距/远距衰减】：调整光线开始衰减的位置和光线衰减距离。

10.2.3 【高级效果】卷展栏

【高级效果】卷展栏主要用于调整在灯光影响下的物体表面产生的效果和阴影的贴图。下面我们通过 目标平行光 为例，介绍此卷展栏中各项命令，如图 10-10 所示。

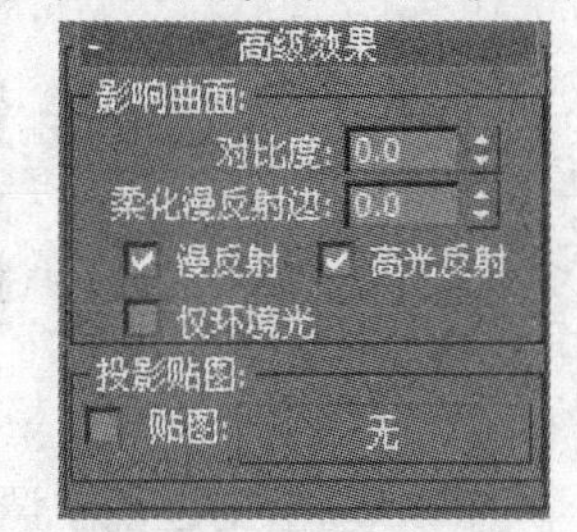

图 10-10 【高级效果】卷展栏

【对比度】：用于调整照射区域中高光与中间区域的亮度的对比。

【柔化漫反射边】：用于柔化灯光照射区域与周围产生的阴影边缘。设置得当就可以避免产生明显的边缘。调整后会影响灯光照射区域的亮度。

【漫反射】：单击勾选开启后，表明对整个物体产生照射作用。如果不勾选，则灯光只对照射物体的高光起照射作用。

【高光反射】：通常与漫反射共同使用，对反光和高光进行单独控制。

【仅环境光】：单击勾选开启后，灯光成为环境光。影响照射物体的表面色彩，会对三维虚拟空间内所有物体产生作用。

【投影贴图】：单击勾选开启后，可以单击 无 按钮开启材质贴图，给其指定贴图。

【例 10-1】 简单的灯光制作

【标准】灯光是 3ds Max 灯光类型中的基本灯光，没有过多的辅助设置，只需要简单的亮度、色彩、衰减等参数就可以将物体照亮。参见光盘中的文件“10.1 例.max”。

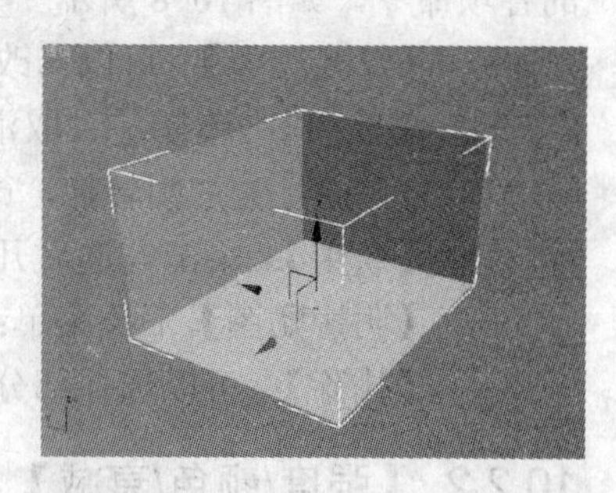

图 10-11 对长方体进行法线修改

步骤 1 单击【顶视图】，然后单击【创建】命令面板中的【几何体】命令，再单击 长方体 按钮创建一个长方体，将【长】、【宽】、【高】分别设置为 5000、4000、2800，单击【修改该器列表】中的【法线】命令，如图 10-11 所示。

步骤 2 单击【创建】命令面板中的按钮，再单击 泛光灯 按钮创建一盏泛光灯，并调整位置使其位于长方体内中心上方，如图 10-12 所示。

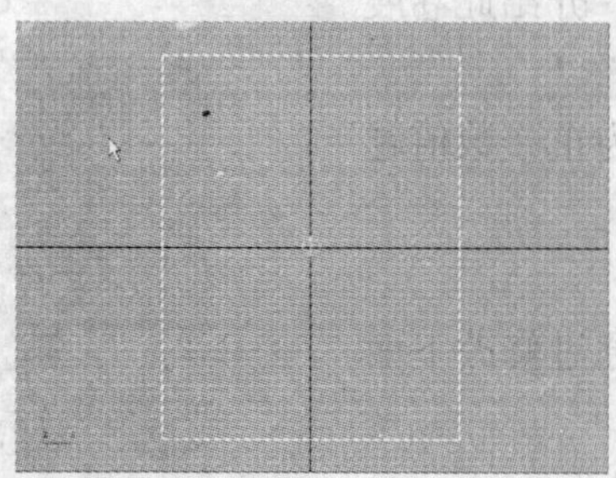

图 10-12 创建泛光灯

步骤 3 选择泛光灯后单击修改命令，在【常规参数】卷展栏中单击勾选启用【阴影】，在【强度/颜色/衰减】卷展栏中修改【倍增】数值为 0.7，【色块】调整为淡黄色，如图 10-13 所示。

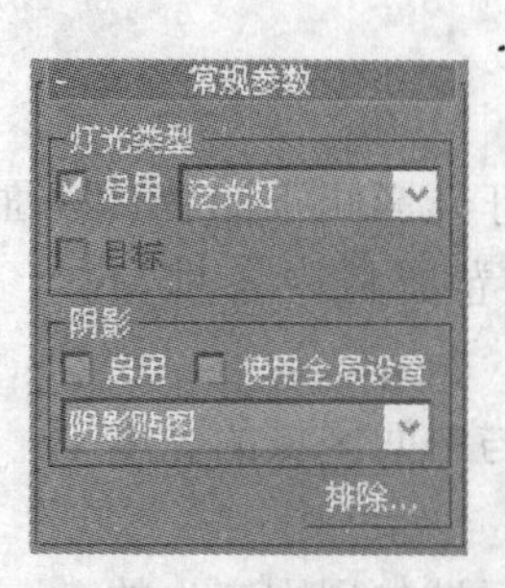

图 10-13 设置灯光参数

步骤 4 单击透视图调整透视角度，单击进行渲染，如图 10-14 所示。

图 10-14 泛光灯的渲染效果

10.2.4 目标平行光参数设置

在 3ds Max 灯光的使用中，很多情况下要使用不同的灯光对虚拟空间进行照明，利用各种灯光之间的特性模拟真实灯光，所以对于各种灯光的特殊设置一定要了解。下面主要介绍 目标平行光 的常规设置方法。

首先打开光盘中“模拟简单室内灯光.max”文件。单击选中其中的目标平行光光源，单击修改命令。设置完常规灯光参数后，设置平行光特有参数，如图 10-15 所示。

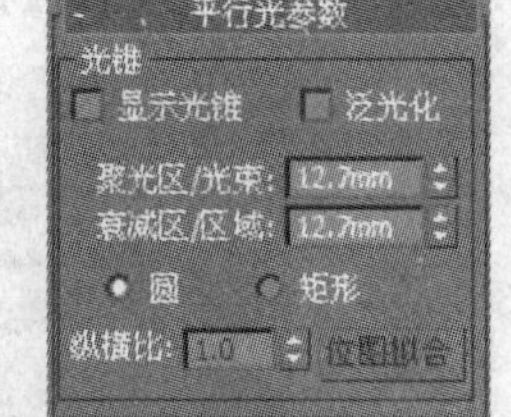

图 10-15 【平行光参数】

【显示光锥】：用于调整灯光是否显示灯光范围。

【泛光化】：单击勾选后，平行光会同时具有泛光灯效果。如果是场景内惟一光源，通常开启此选项。

【聚光区/光束】：用来调整灯光聚光区域范围，数值永远小于衰减区数值。

【衰减区/区域】：用来调整灯光在聚光区以外的衰减区范围，数值永远大于聚光区。

【圆/矩形】：用于调整灯光照射区域的形状。通常情况下为圆形模拟常规灯光，但在特殊情况下会修改该为方形，便于使用投影仪、放映机。

【纵横比】：在选择矩形灯光后，该选项变为可调，可以控制长宽比例达到用户要求。

【位图拟合】：使用所选位图的纵横比，确保比例准确。

【例 10-2】 简单的太阳光制作

利用【目标平行光】来模拟太阳的照射，可以控制太阳的入射角度，模拟出光束的效果。参见光盘中的文件“模拟简单室内灯光. max”。

步骤 1 打开光盘中的“模拟简单室内灯光.max”文件。

步骤 2 单击选择其中【目标平行光】光源，单击修改命令，对【目标平行光】进行常规设置。

步骤 3 打开【平行光参数】卷展栏，将【聚光区/光束】、【衰减区/区域】参数分别设置为 1000、1500。

步骤 4 单击进行效果渲染，如图 10-16 所示。

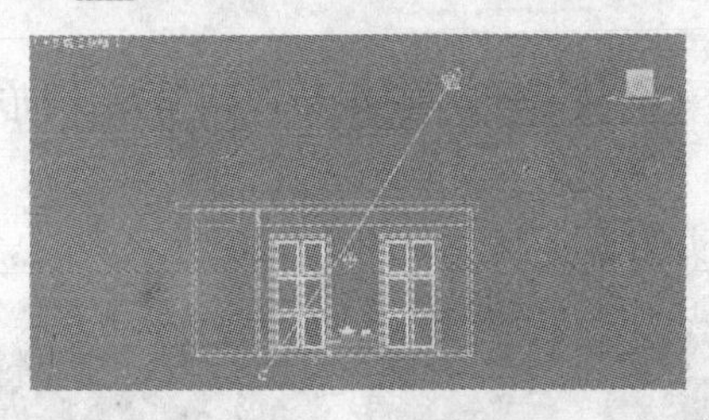

图 10-16 平行光最终效果

10.2.5 夜间简单室内灯光设置

在夜间，室外环境光较少。为满足日常生活的需要，可以制作许多人造光源。夜间的灯光设置就是模拟人造光源。通常需要制作的有主光源、辅助光源，使用【目标点光源】、【目标线光源】、【泛光灯】进行模拟。

【例 10-3】 夜间简单室内灯光制作

室内灯光的设置主要是由主光源、辅助光以及环境光组成，灯光位置的摆放可按照实际场景灯的位置放置。参见光盘中的文件“夜间简单室内灯光.max”。

步骤 1 打开光盘中的“夜间简单室内灯光.max”文件。

步骤 2 单击【创建】命令面板中的灯光，选择 目标灯光 在示例位置进行创建。单击修改命令，在【图形/区域阴影】中选【线】，如图 10-17 所示。

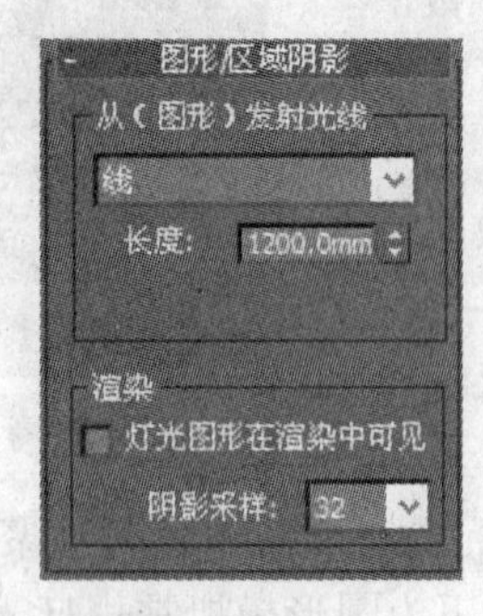

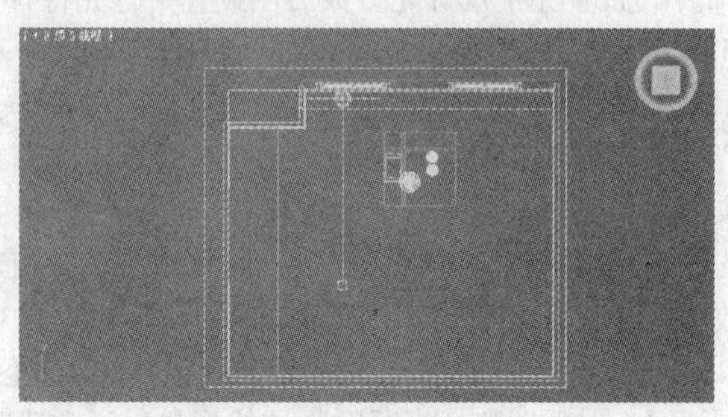

图 10-17 目标线光源具体位置

步骤 3 同时选择光源与目标点，按住〈Shift〉键在顶视图中沿 X 轴方向移动进行复制，复制时选择【实例】选项，数量设置为 2。同时制作另外 3 条反光灯槽，如图 10-18 所示。

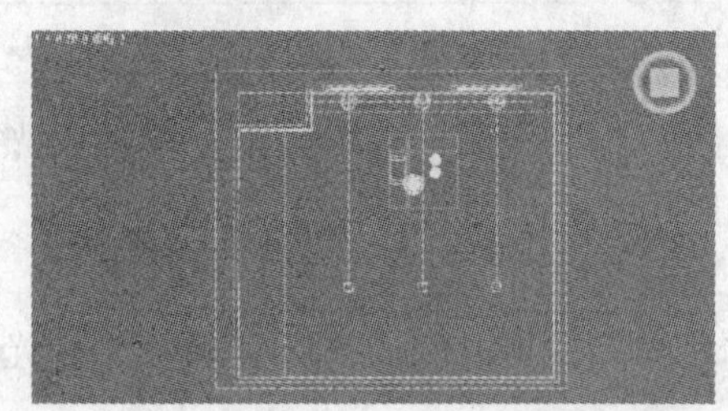
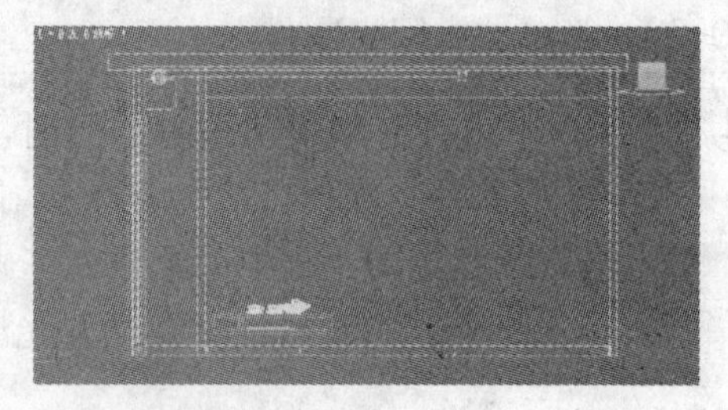

图 10-18 反光灯槽中线光源位置

步骤 4 对参数进行设置。单击【修改】命令，在【常规参数】卷展栏中开启【阴影】，在【强度/颜色/分布】卷展栏中将【强度】设置为“400cd”，在【线光源参数】卷展栏中将【长度】设置为 1200。

步骤 5 单击创建面板中的灯光，选择 目标灯光 在左视图上从上而下进行拖曳。建立【目标灯光】，如图 10-19 所示。

步骤 6 与线光源选择方法相同进行【实例】复制，如图 10-20 所示。

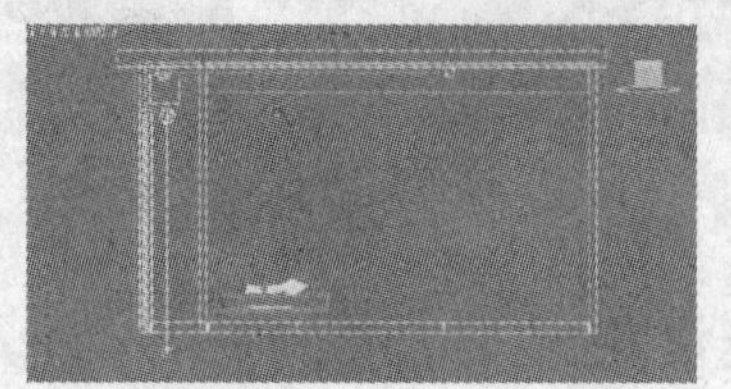

图 10-19 目标灯光创建位置

图 10-20 目标灯光具体位置

步骤 7 单击点光源进行设置。单击修改，在【常规参数】卷展栏中开启【阴影】，【强度/颜色/分布】卷展栏中修改【分布】为“web”，在【web】卷展栏中单击 <选择光度学文件> 后选择光盘中“资源”文件夹下“17.ies”光域网。在【强度/颜色/分布】卷展栏中将【强度】设置为“2500cd”。

步骤 8 在正方体中心上方放置 泛光灯 。

步骤 9 单击进行渲染，结果如图 10-21 所示。

图 10-21 最终效果

10.3 高级照明

【高级照明】其实就是目前 3ds Max 所带的高级渲染方式。3ds Max 2012 所支持的有两种，即光线跟踪与光能传递。其中光线跟踪比较常用，用于所有灯光并且设置简便。而光能传递则要调整较多参数，但是比较准确。在进行高精度制作时通常会使用光能传递。

开启【高级照明】的具体方法为单击，开启场景渲染对话框，单击【高级照明】选项卡。单击选择【高级照明】卷展栏下的下拉菜单按钮，就可以选择【高级照明】的具体方式，即光线跟踪与光能传递两种。在这里主要讲解【光线跟踪】参数设置，如图 10-22 所示。

10.3.1 光线跟踪

【光线跟踪】可以真实地反映物体周围光线的反射和折射情况，以及物体与物体之间的相互作用。单击【选择高级照明】卷展栏下的下拉菜单，单击【光线跟踪】，则出现【光线跟踪】的控制面板，如图 10-23 所示。

图 10-22 【高级照明】选项卡

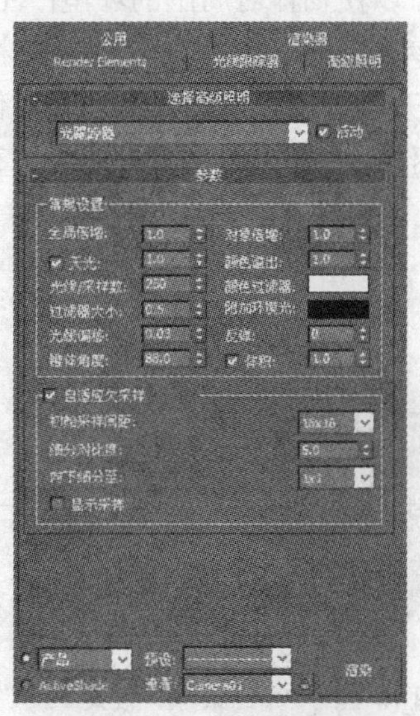

图 10-23 【光线跟踪】面板

【全局倍增】：增加光线跟踪的效果，使得灯光更加的明亮。

【对象倍增】：可以控制各物体反射光能的量。

【天光】：单击勾选后，可以开启天光，其后面的数值可以调节天光的强弱。

【颜色溢出】：通过对其后面数值的调整，可以增加物体反射光的强弱，增加环境色。

【光线/采样数】：通过调整后面的数值，可以增加光线的细分程度，从而增加渲染效果，减少最终效果颗粒。但是数值过高会严重地影响显然速度。通常采用默认数值。

【颜色过滤器】：设置调整滤镜的色彩。

【过滤器大小】：通过调整控制渲染时产生的噪波。在空间不够明亮的时候，可以通过修改该参数，调整画面质量。

【附加环境光】：通过调整控制附加的环境光颜色。

【光线偏移】：通过调整控制光线在物体边缘偏移的范围。

【反弹】：通过调整控制光线在物体之间的反弹次数。最小为 0，最大为 10。数值高低会影响到环境光强弱与渲染时间。

【锥体角度】：通过调整控制光线投射的锥形范围。

【体积】：单击勾选开启后可以控制雾、光等大气效果的强弱。

【自适应欠采样】：单击勾选后开启，可以增加对比以及物体边缘的分界等位置。开启后可以具体控制细分值等具体参数。

【初始采样间距】：可以具体控制采样间距。数值范围为 1～32，减少间距可以帮助避免出现在不被自动细分的大表面上的噪波。

【细分对比度】：用于调整物体与阴影之间边缘的对比。数值越大，效果越好，但会降低渲染速度。

【向下细分至】：用于控制最小细分值。

【显示采样】：在渲染图像上，以红点具体显示各个采样。

【例 10-4】 光线跟踪的使用

光线跟踪可以使物体对周围的环境产生一定的环境色，通过反射、折射使物体间有一定的相互作用。参见光盘中的文件“光线跟踪.max”，如图 10-24 所示。

步骤 1 打开光盘中“光线跟踪使用实例.max”。

步骤 2 制作一个目标面光源对物体进行投射，产生阴影，如图 10-25 所示。

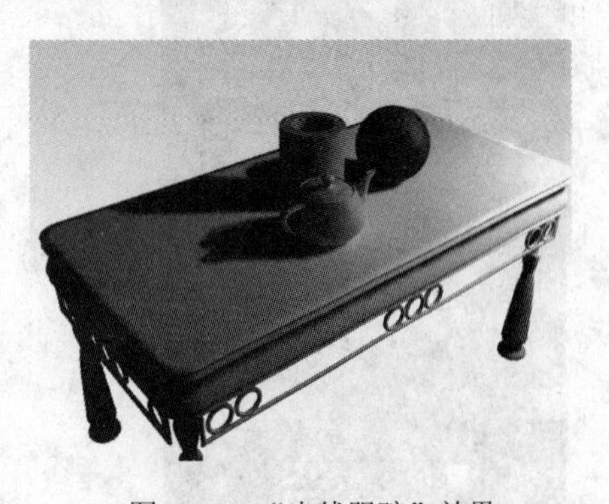

图 10-24 “光线跟踪”效果

图 10-25 “目标面光源的阴影”效果

步骤 3 打开【高级照明】面板，开启【光线跟踪】照明方式。

步骤 4 设置【全局倍增】为 1.2，设置【颜色溢出】为 30，设置【反弹】为 4。

步骤 5 进行渲染，对比效果。

对比后可以明显看出，使用【光线跟踪】后，渲染效果更加真实自然，所以通常在渲染时会开启【高级照明】。

10.3.2　光能传递

【光能传递】用于在三维空间内模拟真实自然的灯光环境。【光能传递】可以精确地按材质属性、颜色之间的关系，通过合理设置得到相当柔和的效果。不过【光能传递】只能配合【光度学】灯光使用，如果使用【标准】灯光则会影响最终效果。在使用【光能传递】时，应该注意尽量减少模型的面块及复杂程度，这样可以显著提高渲染速度。

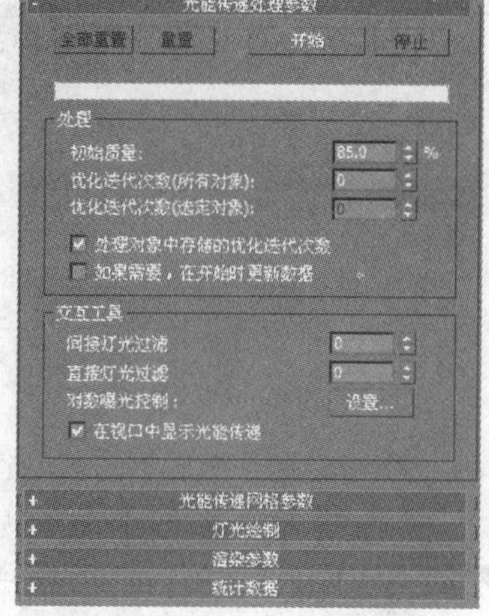

图 10-26 【光能传递】参数设置

【光能传递】设置比【光线跟踪】设置更加复杂。下面简单介绍【光能传递】的面板，如图 10-26 所示。

此卷展栏中，可以设置具体的【光能传递】参数，其中【光能传递网格参数】的设置对最终效果起到关键作用。

10.4　摄影机

摄影机是可以帮助用户确定透视角度、观察方向的得力工具。用户通常都是通过摄影机透视窗口渲染最终效果。同时摄影机作为模拟视角，可以调整参数以达到所需要的透视效果。

10.4.1　摄影机的种类

摄影机分为目标摄影机和自由摄影机两类，想要在场景中使用摄影机首先要创建【摄影机】。单击创建面板中的摄影机，在这里可以选择摄影机的种类，如图 10-27 所示。

图 10-27　摄影机的种类

【目标】：带有目标点的摄影机。通过对于摄影机与目标点的设置调整可以轻松地控制摄影机位置以及其所观察的角度。在目标摄影机中，摄影机就好比是用户的眼睛，目标点的方向就像用户所看到方向。通常目标摄影机在渲染静态效果中被大量运用。

【自由】：没有目标点的自由摄影机。由于可以所以随意变动，通常用于动画的制作中。

10.4.2　创建【目标摄影机】

目标摄影机多用于场景视角的固定拍摄。

【例 10-5】 创建目标摄影机

通过摄影机的设置，来确定目标物体的位置、远近，以及透视的方式。参见光盘中的文件“创建目标摄影机”，如图 10-28 所示。

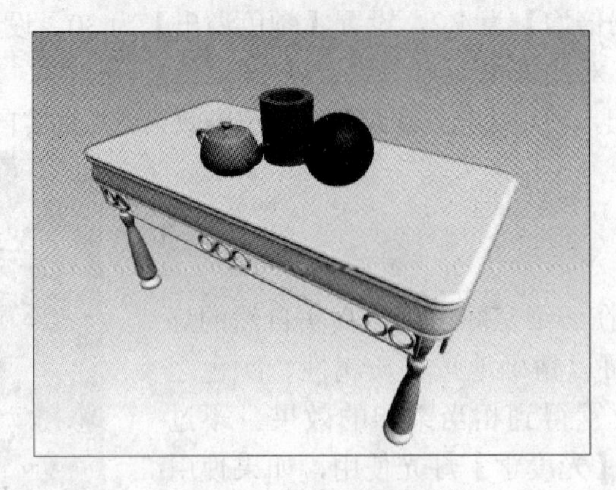

图 10-28　创建目标摄影机

步骤 1 打开光盘中的“创建目标摄影机.max”文件。

步骤 2 单击创建面板中的摄影机。单击选择【顶面图】后单击 目标 目标摄影机，单击顶面图确定照射物体。

步骤 3 单击【前视图】中的【目标点】，然后单击移动工具对目标点进行移动，移动至物体所在位置。

步骤 4 单击摄影机移动位置至合适角度，如图 10-29 所示。

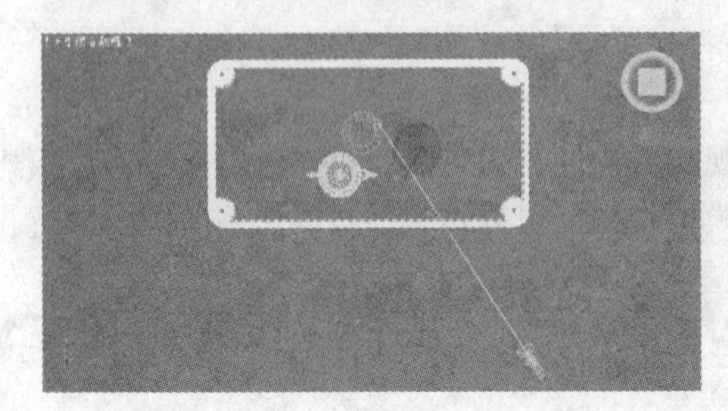

图 10-29　摄影机位置

步骤 5 最终效果如图 10-28 所示。

10.4.3　创建【自由摄影机】

与创建自由灯光类似，只需要单击创建面板中的摄影机，然后单击 自由 自由摄影机，单击视图中任意位置就创建完成。

创建结束后，可以通过移动、缩放、旋转等命令对其进行调整。

10.4.4　设置【摄影机】参数

【目标摄影机】与【自由摄影机】参数基本相同，下面介绍如何调整【摄影机】参数。选择摄影机后单击修改，进入修改面板。在这里我们将修改【摄影机】的所有参数，通过修改可以得到需要的视角，如图 10-30 所示。

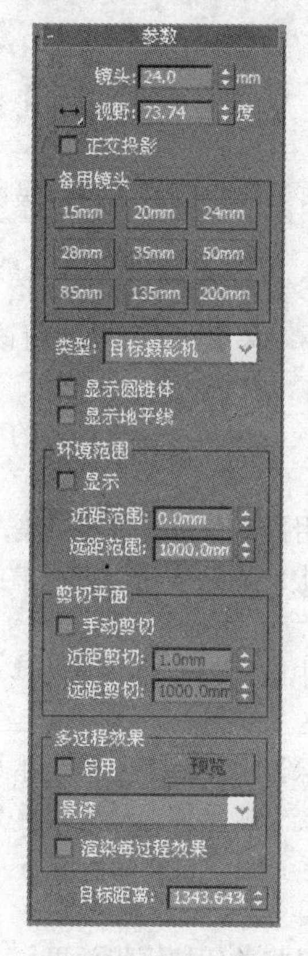

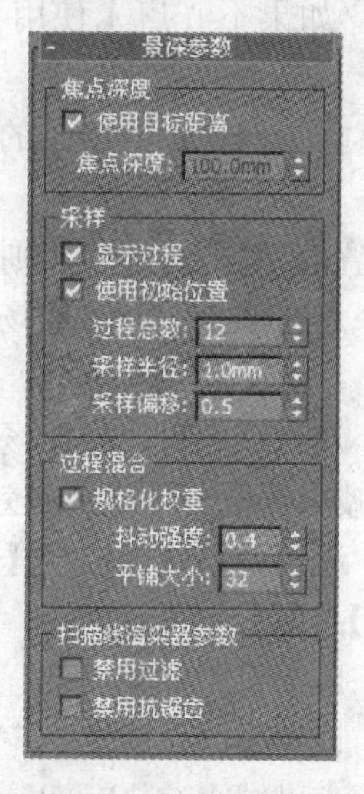

图 10-30 【摄影机】参数

- 【镜头】：用于设置摄影机焦距。模拟人类视角时通常为 48，过短的【镜头】设置会产生鱼眼效果，过长的【镜头】则不会产生物体变形，通常用来展现较远的景色。
- ⟷按钮：单击鼠标不放，会弹出下拉按钮，可以分别选择控制【水平】、【垂直】、【对角】3 个视角方向的视野范围。
- 【视野】：通过左侧按钮选择后，调整摄影机视野。
- 【正交投影】：单击勾选开启后，在摄影机视图中取消靠后物体的透视变形，同时显示其实际尺寸。
- 【备用镜头】：包括 9 种，分别为 15、20、24、28、35、50、85、135、200。选择相应镜头按钮后，镜头和视角会自动更新为所选镜头。
- 【类型】：改变摄影机类型，在【目标摄影机】与【自由摄影机】中切换。
- 【显示圆锥体】：单击勾选开启后，在摄影机视图以外的视图显示摄影机范围。
- 【显示地平线】：在摄影机视图中显示地面水平线位置。
- 【环境范围】：该区域用来控制大气影响范围。其中单击勾选【显示】开启大气开效果。【近距/远距范围】决定黄灰色方框位置。
- 【剪切平面】：用于控制渲染时的范围。其中【近距/远距剪切】通过调整，可以调控远距离与近距离切面位置。
- 【多过程效果】：用于制作摄影机【景深】或【运动模糊】效果。单击勾选【启用】后可以产生特效，单击【预览】可以在摄影机视图中展示特殊效果。
- 【多过程效果】下拉菜单：用于选择多过程效果的类型，有【景深 mental ray】、【景深】、【运动模糊】3 种可供选择。

- 【渲染每过程效果】：单击勾选启用后，使用【多过程效果】特效渲染都会进行逐层渲染，渲染速度降低但效果好。
- 【目标距离】：【自由摄影机】无该选项。此数值是【目标摄影机】特有数值，可以控制目标点与摄影机之间的距离。
- 【使用目标距离】：单击勾选后可使用参数中的【目标距离】。
- 【焦点深度】：如果不开启【使用目标距离】，则可以使用该参数改变指定焦距深度。
- 【显示过程】：单击勾选后，渲染的时候显示其中多重过滤的变化，关闭后只显示最终效果。
- 【使用初始位置】：单击勾选后，则使用摄影机位置进行渲染，默认为勾选。
- 【过程总数】：通过修改控制渲染场景中的周期数量，可以渲染特殊效果，但同时增加渲染时间。
- 【采样半径】：通过调整可以控制场景中的模糊变化效果的移动距离，增加数值会增加模糊效果，减少数值会降低模糊效果。
- 【采样偏移】：通过调整可以控制【景深】模糊效果，数值在 0.0～1.0 之间调整。
- 【规格化权重】：单击勾选开启后，将统一权重值，使效果更为光滑。
- 【抖动强度】：用于设置周期抖动强度。
- 【平铺大小】：调整控制点的大小。
- 【禁用过滤】：可以减少渲染时间，但是将关闭抗锯齿效果。
- 【禁用抗锯齿】：单击勾选后抗锯齿失效。

10.5 综合演练——多视角观察室内灯光

通过摄影机与灯光的设置，可以为室内景观模拟夜间人造灯光。多角度的摄影机设置有利于设计者更好地表达其设计意图，全方位地呈现真实的三维空间。在选择一个极佳的摄影机角度后，对室内的灯光进行综合布光，营造一定的环境氛围。参见光盘中的文件“多视角观察室内灯光.max”，最终效果如图 10-31 所示。

图 10-31　多角度灯光效果

步骤 1 打开光盘中的“综合演练.max”文件。

步骤 2 首先制作室内主光源，利用【泛光灯】照亮室内空间。同时调整【泛光灯】参数，设置【倍增】为 0.1 ，其他参数配合调整使灯光柔和。

步骤 3 在周围放置【目标点光源】与墙边，单击修改面板，选择【强度/颜色/分布】中的【分布】，选择“web”在【web】卷展栏中赋予光盘中“17.ies”光域网，设置【强度】为2500。

步骤 4 参考【例10-3】制作吊顶反光灯槽，如图10-32所示。

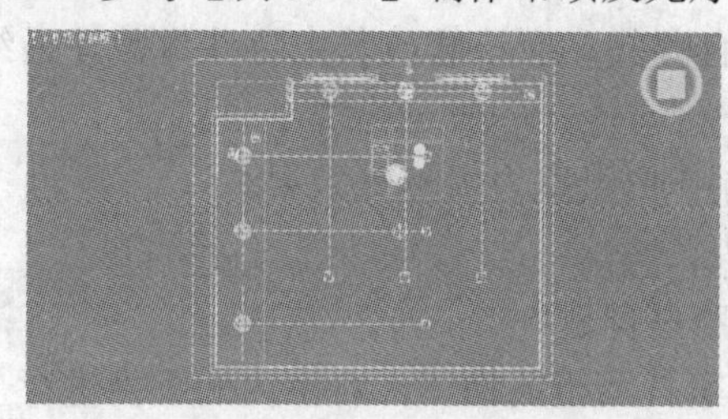
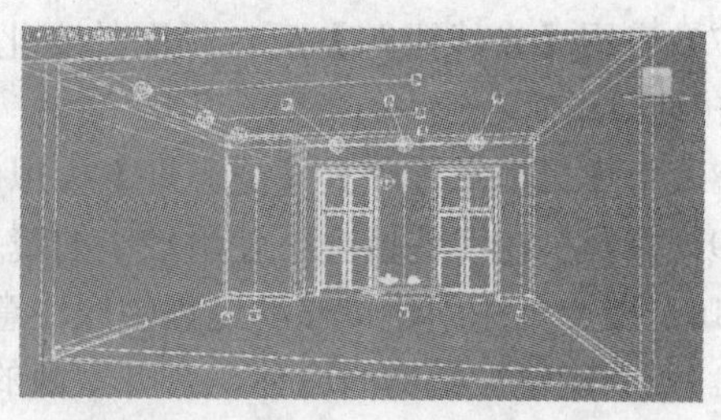

图10-32　灯光位置详图

步骤 5 在室内预想位置，创建【目标建摄影机】移动至指定位置。单击透视视图，按键盘中的〈C〉键，切换到【摄影机】视图，观察摄影机视图，调整【摄影机】高度至于空间中间偏上高度，模拟成年人视角,如图10-33所示。

步骤 6 单击【摄影机】后单击修改面板，设置【镜头】为28。调整后视图如图10-34所示。

图10-33　创建后的摄影机视角

图10-34　调整镜头后的摄影机视图

步骤 7 创建另外两个【目标摄影机】，创建多角度观察物体视图，如图10-35所示。

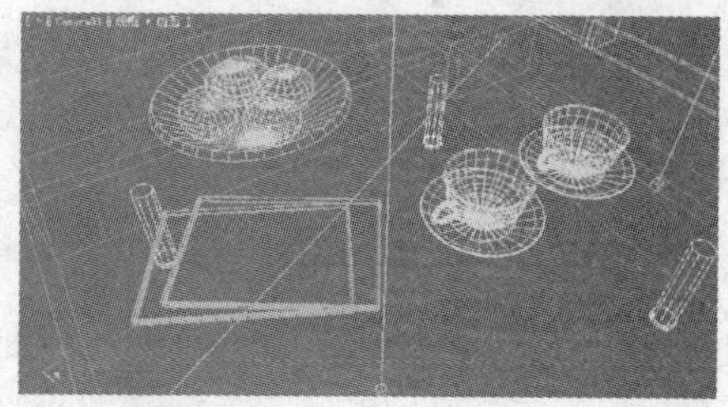

图10-35　微距、特殊视角摄影机视图

步骤 8 渲染3个角度的【摄影机视图】，效果如图10-31所示。

步骤 9 根据渲染结果决定是否开启【光线跟踪】。

10.6　思考与练习

（1）3ds Max中的灯光有哪些种类？

（2）如何建立灯光？

（3）怎样修改已建立的灯光参数？

（4）泛光灯的使用方法什么？怎样修改参数？

（5）怎样移动目标光源？应该注意哪些问题？

（6）如何处理灯光不真实的效果？

（7）启用【光线跟踪】后，画面的变化有哪些？应该修改其中哪些参数使最终渲染效果达到预期要求？

（8）用【目标平行光】、【泛光灯】模拟制作白天室内天然光效果。

（9）摄影机在哪些情况下使用较小的镜头？

（10）摄影机在创建、移动过程中应注意哪些问题？

（11）创建建筑结构的墙体，合并室内的家具及相关物体，对室内的阳光进行全局光模拟，利用摄影机创建室内角度，参见光盘中"餐厅和玄关.max"文件，如图 10-36 所示。

（12）利用各种光源，设置室内的射灯、反光灯槽中的灯管以及用于模拟室内环境光的辅助光源，创造出有一定氛围的效果，参见光盘中"卫生间.max"文件，如图 10-37 所示。

图 10-36 "餐厅和玄关"效果图

图 10-37 "卫生间"效果图

第 11 章 mental ray 渲染器

11

场景制作的最后一步是渲染。灵活运用渲染命令或各种渲染器，可以将场景的模型效果以最佳的视觉效果展现于用户面前。因此，掌握渲染的常识是必不可少的。

3ds Max 中包含了许多不同的渲染器，如 3ds Max 默认渲染器 Radiosity（光能传递）渲染器、mental ray 渲染器、Renderman 渲染器等，3ds Max 2012 又增加了 iray 渲染器，每种渲染器都有自己的优势和缺陷，用户可以根据不同的工作需要，选择不同的渲染器。本章主要介绍 mental ray 渲染器。

mental ray 是一种功能强大的高级渲染器。默认的扫描渲染器需要手工或通过生成光能传递解决方案来模拟复杂的照明效果，而 mental ray 渲染器是对真实场景来模拟灯光的照明效果，包括光线的折射、反射、散焦、运动模糊和景深、光线追踪、全局照明等功能。通过这些功能可以渲染出具有真实感的高质量图像。

重点知识

- mental ray 渲染器的基本参数面板
- 【间接照明】选项卡
- mental ray 的光线跟踪功能
- mental ray 的焦散功能
- mental ray 渲染器的全局照明功能
- 利用 Mental ray 渲染器设置玻璃、金属、油漆材质

练习案例

- 选择使用 mental ray 渲染器进行渲染
- 装饰瓶的反射效果
- 玻璃花瓶的折射效果
- 透过酒杯的光线
- 使用全局照明功能渲染办公室
- 使用 mental ray 渲染卫生间

11.1 mental ray 渲染器的基本使用方法和参数设置

mental ray 渲染器的渲染过程和其他渲染器的渲染过程不同，它是以块的方式逐渐对视图进行渲染的。下面来讲解 mental ray 渲染器的基本使用方法和参数设置。

11.1.1 mental ray 渲染器的基本使用方法

模型创建完毕之后，单击工具栏中的按钮，渲染场景，此时系统启动默认的渲染器进行渲染，使用下面的步骤可以改变为使用 mental ray 渲染器进行渲染。

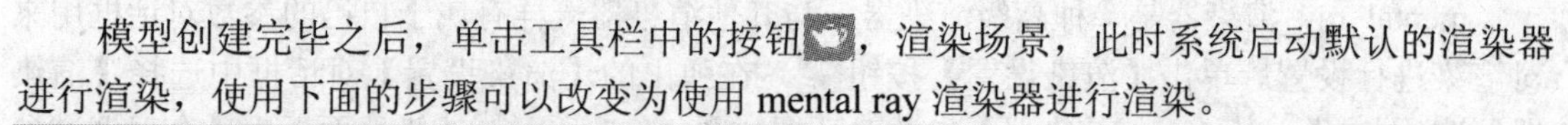

【例 11-1】 选择使用 mental ray 渲染器进行渲染

步骤 1 打开一个已经创建好的待渲染场景，参见光盘中的文件“沙发.max”，如图 11-1

所示。此时渲染器为默认扫描线渲染器，下面将其改为 mental ray 渲染器。

步骤 2 在工具栏中单击【渲染设置】按钮，在弹出的【渲染设置】对话框中选择【公用】选项卡，如图 11-2 所示。

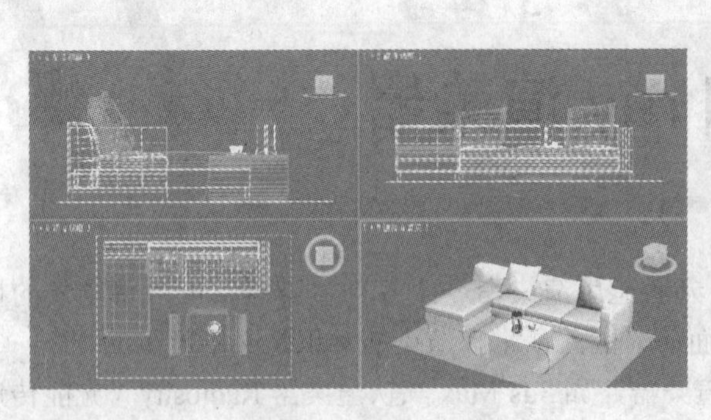

图 11-1　沙发.max

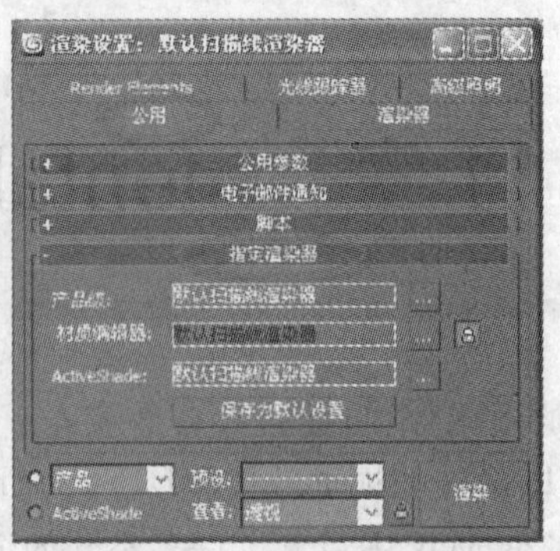

图 11-2　【渲染设置】对话框

步骤 3 在【公用】选项卡中打开【指定渲染器】卷展栏，在【指定渲染器】卷展栏中单击【产品级】右面的按钮，弹出【选择渲染器】对话框，如图 11-3 所示。

步骤 4 在弹出的【选择渲染器】对话框中选择“mental ray 渲染器”，然后单击按钮 确定 。此时默认的渲染器已转换成了 mental ray 渲染器。

步骤 5 单击【渲染设置】对话框中的按钮 渲染 ，对透视图进行渲染，在渲染窗口中会以块状的方式对图像进行渲染，如图 11-4 所示。

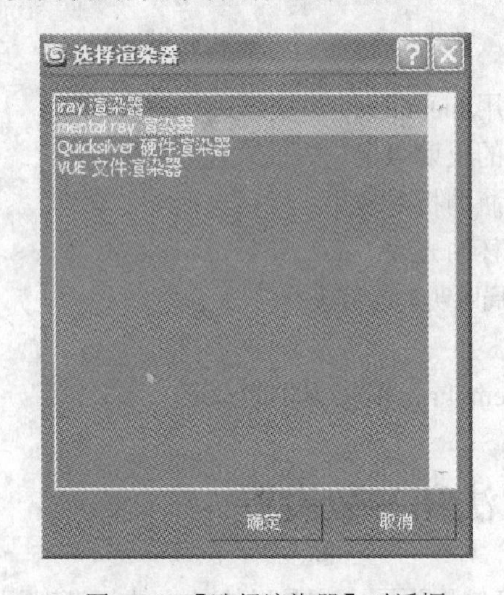

图 11-3　【选择渲染器】对话框

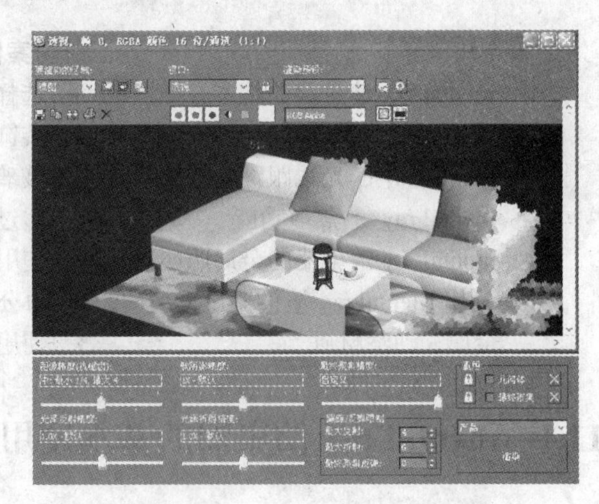

图 11-4　用 mental ray 进行渲染

11.1.2　mental ray 渲染器的基本参数面板

mental ray 渲染器是一种高级渲染器，与其他渲染器一样有属于自己的参数对话框用来对渲染进行设置。单击【渲染设置】按钮，在弹出的【渲染设置】对话框中选择【渲染器】选项卡。【mental ray 渲染器】参数对话框如图 11-5 所示。渲染器面板由【全局调试参数】、【采样质量】、【渲染算法】、【摄影机效果】、【阴影与置换】5 个卷展栏组成。

1.【全局调试参数】卷展栏

【全局调试参数】卷展栏，如图 11-6 所示。有 3 个可以控制全局的参数，分别是【软阴影精度（倍增)】、【光泽反射精度（倍增)】和【光泽折射精度（倍增)】。3 个参数的默认值均为 1，可以通过上、下箭头来调整参数。

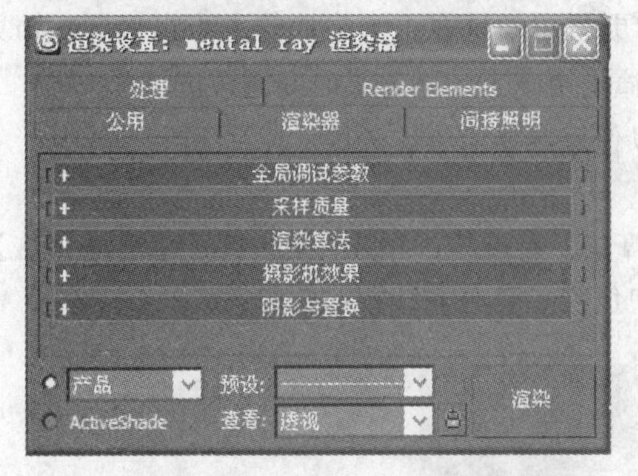

图 11-5【mental ray 渲染器】参数对话框

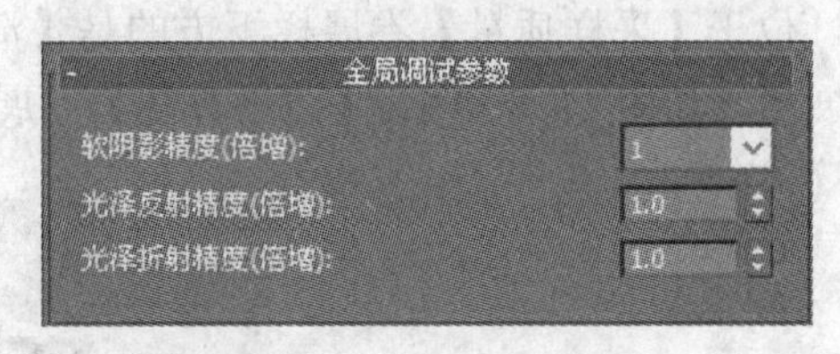

图 11-6 【全局调试参数】卷展栏

2.【采样质量】卷展栏

【采样质量】卷展栏，如图 11-7 所示。

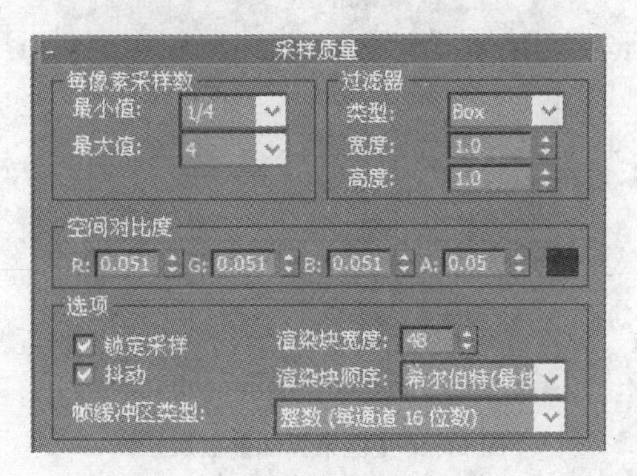

图 11-7 【采样质量】卷展栏

（1）【每像素采样数】选项区域

- 【最小值】：用于设置最小采样率。此值代表每像素采样数。大于等于 1 的值代表对每个像素进行一次或多次采样。分数值代表对多个像素进行一次采样。
- 【最大值】：用于设置最大采样率。

（2）【过滤器】选项区域

- 【类型】：用于设置将多个采样合并成一个单个的像素值。可以通过【类型】下拉列表框选择过滤器的类型。
- 还可以通过对【宽度】和【高度】的设置改变过滤区域的大小。加大过滤区域可以使图像变得更柔和，但同时也会增加渲染的时间。

（3）【空间对比度】选项区域

【空间对比度】选项区域内的参数一般用于设置控制采样的阈值。

（4）【选项】选项区域

- 【锁定采样】：选择此复选框后，mental ray 渲染器将对动画的每一帧使用同样的采样模式。取消此复选框的选择，mental ray 渲染器将在帧与帧之间的采样模式中引入拟随机变量。改变采样模式将避免动画中出现人工渲染效果。

- 【抖动】：在采样位置引入一个变量，选择该复选框可以避免锯齿现象。
- 【渲染块宽度】：在渲染场景的过程中，mental ray 渲染器会将渲染图像分成渲染块。渲染块的尺寸越小，渲染时生成的更新图像越多。渲染块的大小直接影响渲染的速度，渲染块越小，渲染时间越长，渲染块越大，则渲染时间越短。
- 【渲染块顺序】：在其下拉列表框中可以任意选择渲染块顺序。

3.【渲染算法】卷展栏

位于【采样质量】卷展栏下方的是【渲染算法】卷展栏。单击按钮+打开【渲染算法】卷展栏，如图 11-8 所示。【渲染算法】卷展栏中包含了有关光线跟踪的设置。

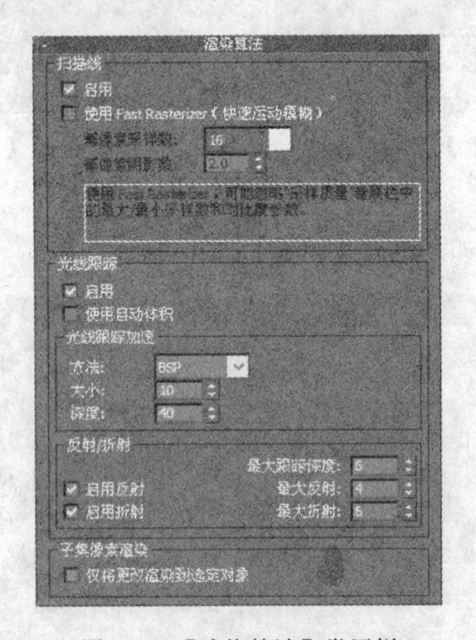

图 11-8 【渲染算法】卷展栏

（1）【扫描线】选项区域

- 【启用】：选择该复选框，对场景的渲染将使用扫描线渲染的渲染方式。虽然扫描线渲染方式比光线跟踪的渲染方式快很多，但是扫描线渲染方式不能反映出物体之间的反射、折射、阴影、景深等。
- 【使用快速运动模糊】：选择该复选框，将使扫描线方法用于快速运动模糊。如果取消选择将会在整体上提高渲染质量。在选择此复选框后，下面的【每像素采样数】和【每像素阴影数】文本框才能被激活使用。

（2）【光线跟踪】选项区域

- 【启用】：选择该复选框，对场景的渲染将使用光线跟踪的渲染方式。mental ray 渲染器将会使用光线跟踪方式渲染反射、折射、阴影、景深等。如果取消选择，场景将以扫描线方式进行渲染。
- 【使用自动体积】：选择此复选框后，将会使用 mental ray 自动体积模式。

（3）【光线跟踪加速】选项区域

- 【方法】：选择【方法】下拉列表框中的选项，可以选择不同的光线跟踪加速方法。而光线跟踪加速方法的改变会使其他设置也发生改变。

（4）【反射/折射】选项区域

- 【启用反射】和【启用折射】：选择复选框，对场景的渲染将使用光线跟踪的渲染方式。mental ray 渲染器将会使用光线跟踪方式渲染反射、折射、阴影、景深等。如果取消选择，场景将以扫描线方式进行渲染。
- 【最大跟踪深度】：此选项区域用来控制光线的折射和反射的次数，如果场景中不需要发生折射和反射，可以将数值设置为 0，数值越大，需要的渲染时间越长，场景也就越真实。

4.【摄影机效果】卷展栏

【摄影机效果】卷展栏主要用于设置摄影机的效果，它使用 mental ray 渲染器设置景深、运动模糊、轮廓着色以及添加摄影机明暗器。【摄影机效果】卷展栏如图 11-9 所示。

（1）【运动模糊】选项区域

此选项区域中的设置主要用于设置摄影机镜头快门速度较低，而被拍摄的物体运动速度较快的情况下拍摄的照片效果。

- 【启用】：选中该复选框后，该面板中的其他命令才能被激活。
- 【快门】：主要用于模拟照相机的快门设置，其值越大，模糊得越厉害。
- 【运动分段】：主要用于动画的模糊处理。
- 【模糊所有对象】：选中该复选框将对透视图中的所有对象进行模糊处理。

（2）【轮廓】选项区域

此选项区域主要用于设置对象的轮廓，并可以通过调整这些参数来调整轮廓的明暗关系。

- 【启用】：选择该复选框后就可以进行轮廓渲染。

（3）【摄影机明暗器】选项区域

主要用于指定 mental ray 摄影机明暗器。单击相应的按钮将明暗器指定给相应的组件。

- 【镜头】：选择该复选框，指定相应的镜头明暗器。
- 【输出】：选择该复选框，指定输出明暗器。
- 【体积】：选择该复选框，将一个体积明暗器指定给摄影机。

（4）【景深（仅透视视图）】选项区域

仅可应用于透视图中，与摄影机景深控制相似。可以对摄影机或透视图进行渲染，对其他视口不能实现景深效果。

- 【启用】：只有选择此复选框后，再通过使用 mental ray 渲染器对透视图进行渲染才能计算景深效果。对面板中的其他命令才能进行设置。
- 在下拉列表框中可以选择【f 制光圈】或【焦距范围】选项，在通常情况下，使用【f 制光圈】方法控制光圈的参数比较容易掌握。【焦距范围】方法是通过选择【近】和【远】的值来控制景深。通常情况下，在使用【f 制光圈】方法不能控制景深时，可使用【焦距范围】方法帮助控制景深。
- 选择【f 制光圈】选项时，面板如图 11-10 上所示。当在【方法】下拉列表框中选择【焦距范围】选项时，参数选项发生变化，如图 11-10 所示。

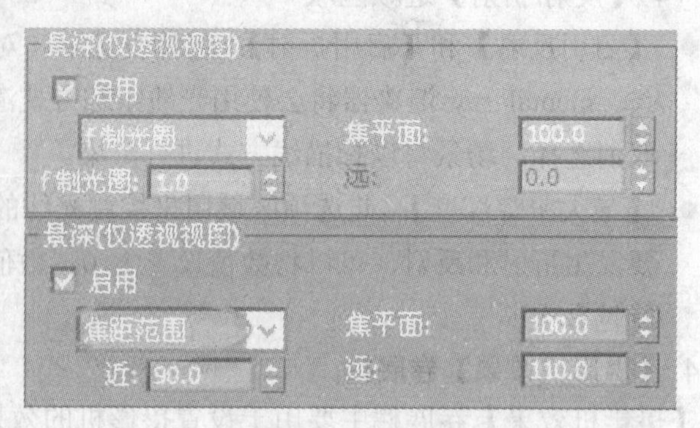

图 11-9 【摄影机效果】卷展栏　　　图 11-10 【景深（仅透视视图）】选项区域

- 【制光圈】：当采用【f 制光圈】方法来控制景深时，对 f 制光圈的设置直接影响景深的大小，值越大景深越大，否则相反。当然 f 制光圈的值为 0 时，在渲染后的场景图像中看不到场景中的对象，随着数值的不断调大，图像将会由虚变实，如图 11-11 所示，三张图像分别是 f 制光圈值为 25、60、100 时，同一场景的渲染结果。

图 11-11　f 制光圈值为 25、60、100 时同一场景的渲染结果

- 【焦平面】：指对透视图以 3ds Max 单位设置离开摄影机的距离，在这个单位内场景能够完全聚焦。对摄影机视图，焦平面由摄影机的目标距离设置。

5.【阴影与置换】卷展栏

【阴影与置换】卷展栏如图 11-12 所示。此卷展栏中的参数主要用于设置阴影与置换。

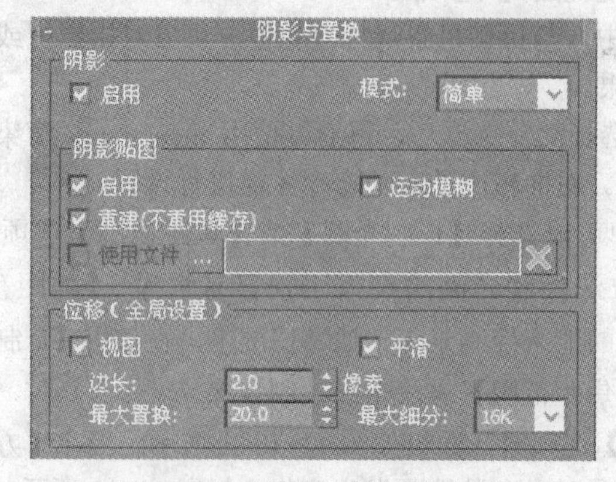

图 11-12 【阴影与置换】卷展栏

（1）【阴影】选项区域

选择【启用】复选框后，mental ray 渲染器将对阴影进行渲染。还可以通过【模式】下拉列表框中的选项来对阴影模式进行调整。

（2）【阴影贴图】选项区域

其中的参数命令用于设置渲染阴影的阴影贴图。

- 【启用】：选择该复选框时，可以对渲染阴影的阴影贴图进行处理。
- 【运动模糊】：选择该复选框时，可以对阴影贴图进行运动模糊处理。

（3）【位移】选项区域

- 【视图】：选择该复选框可设定置换的空间。
- 【边长】：选择该复选框后单位将转换成像素。

11.2 mental ray 渲染器的间接照明

在 mental ray 渲染器的【渲染场景】对话框中选择【间接照明】选项卡，它由【焦散和全局照明（GI）】卷展栏、【最终聚集】卷展栏和【重用（最终聚焦和全局照明磁盘缓存）】卷展栏三部分组成，如图 11-13 所示。

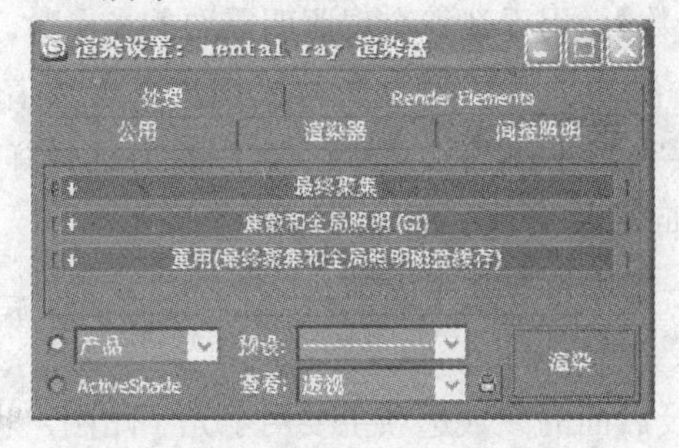

图 11-13 【间接照明】选项卡

11.2.1 【焦散和全局照明(GI)】卷展栏

打开【焦散和全局照明(GI)】卷展栏，此卷展栏的参数设置相对复杂，如图 11-14 所示。这些参数设置主要用于控制 mental ray 渲染器中的焦散和全局照明功能。

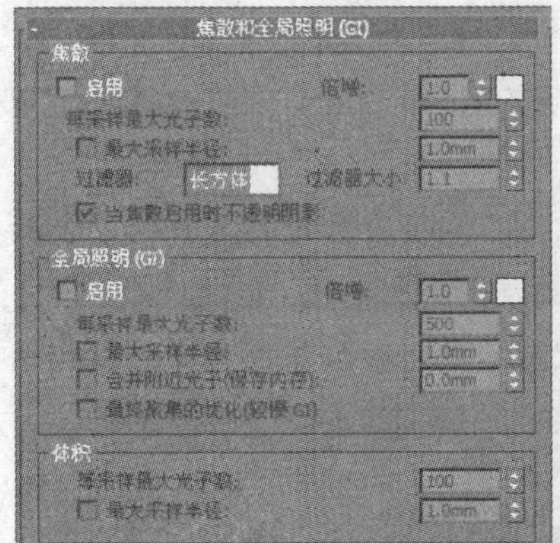

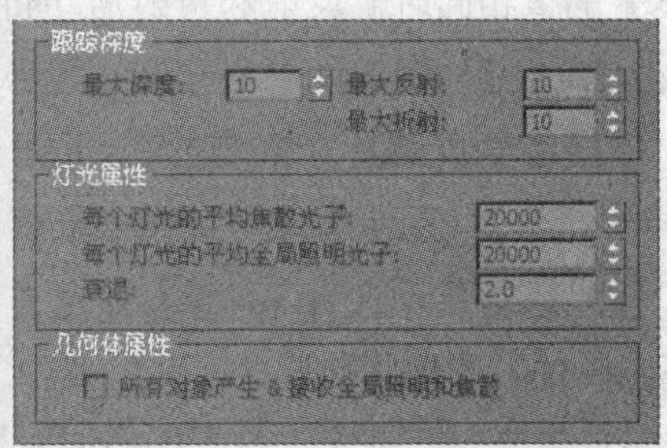

图 11-14 【焦散和全局照明（GI）】卷展栏

1.【焦散】选项区域

通过对面板参数的设置可以制作光被一个物体反射回来或穿过透明物体折射出来，投射到另一个物体上的效果。选择【启用】复选框，将激活此选项区域中的其他参数设置。

- 【每采样最大光子数】：用于计算焦散强度的光子数。它的数值增加或减小直接关系到渲染的效果和时间。数值的增加使焦散产生的噪波减少，同时渲染效果也就变得更模糊。反之使噪波增大，用户也可以得到相应比较清晰的渲染效果。
- 【最大采样半径】：通过后面的文本框来改变光子大小，单位为 mm；当不启用该复选框时，系统将用默认值来设置光子的大小。
- 【过滤器】：主要用于锐化焦散的过滤器。可以在其下拉列表框中选择不同的过滤器类型，如【长方体】、【圆锥体】和【Gauss】。其中【长方体】类型所需要的渲染时间最短。
- 【当焦散启用时不透明阴影】：通过选择或取消选择该复选框来设置阴影。

2.【全局照明(GI)】选项区域

【全局照明(GI)】选项区域主要用于 mental ray 渲染器在渲染过程中进行的全局照明计算。用少量的光源生成平滑的自然光效果。选择【启用】复选框，激活此选项区域中的其他参数设置。

- 【每采样最大光子数】：用于计算全局照明需要的光子数。数值的增加会使全局照明出现少量的噪波，渲染的效果也会变得模糊。随着数值的减小，会产生较多的噪波，同时渲染效果变得不再那么模糊。数值的大小同样会影响渲染速度，数值越大，需要的渲染时间越长。
- 【最大采样半径】：用来设置光子大小。

3.【体积】选项区域

【体积】选项区域以及后面的参数选项主要用于光子贴图，也用于控制体积焦散。这些参数还用于计算焦散和全局照明效果。

- 【每采样最大光子数】：用于设置着色体积的光子数，系统默认为 100。
- 【最大采样半径】：用来设置光子大小。

4.【跟踪深度】选项区域

【跟踪深度】选项区域虽然与计算反射、折射的参数设置类似，但是主要用于设置焦散和全局照明使用的光子。

- 【最大深度】：主要用于限制反射和折射的组合。当光子的反射和折射总数与【最大深度】的值相同时，反射和折射活动将停止。
- 【最大反射】：用于设置光子反射的次数。当将参数设置为 0 时，表示不会发生反射。如果将参数设置为 3，则表示光子会发生 3 次反射，依此类推。
- 【最大折射】：用于设置光子折射的次数。当将参数设置为 0 时，表示不会发生折射。如果将参数设置为 3，则表示光子会发生 3 次折射，依此类推。

5.【灯光属性】选项区域

其中的参数主要用于设置计算间接照明时影响灯光的行为方式。

- 【每个灯光的平均焦散光子】：主要用于设置在焦散时每束光线产生的光子数量。

- 【每个灯光的平均全局照明光子】：可以通过后面的文本框来设置用于全局照明时每束光线产生的光子数量。
- 【全局能量倍增】：通过文本框中数值来设置每束光线的能量。
- 【衰退】：用于设定远离光源时光子能量衰减的方法。

6.【几何体属性】选项区域

【所有对象产生＆接收全局照明和焦散】：选择此复选框，用于设置在渲染场景时所有场景中的对象都产生并接收焦散或全局照明，不再考虑对象本身的属性。启用该选项后能产生焦散和全局照明，但同时也会延长渲染时间。当然，如果不启用该命令，就会由物体本身的对象属性来决定是否接收焦散和全局照明。

11.2.2 【最终聚集】卷展栏

【最终聚集】卷展栏也包含了很多参数设置，如图 11-15 所示。这些参数设置主要用于计算全局照明的可选附加步骤。

由于使用光子贴图计算全局照明时有可能引起渲染的人工效果，所以可以选择【启用最终聚集】复选框来减弱或消除渲染的人工效果。而且【启用最终聚集】复选框还可以增加用于计算全局照明的光线数目。

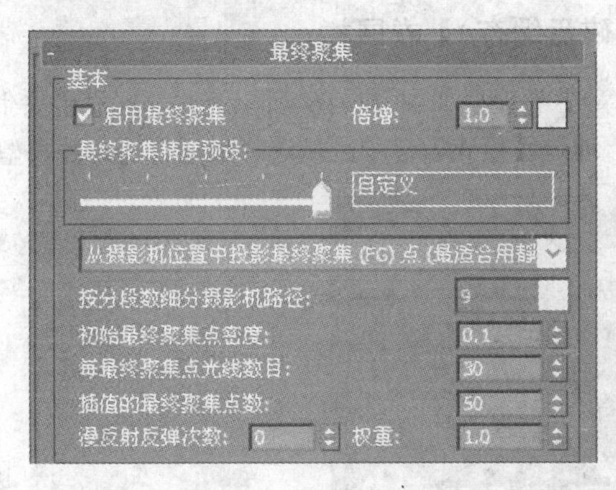

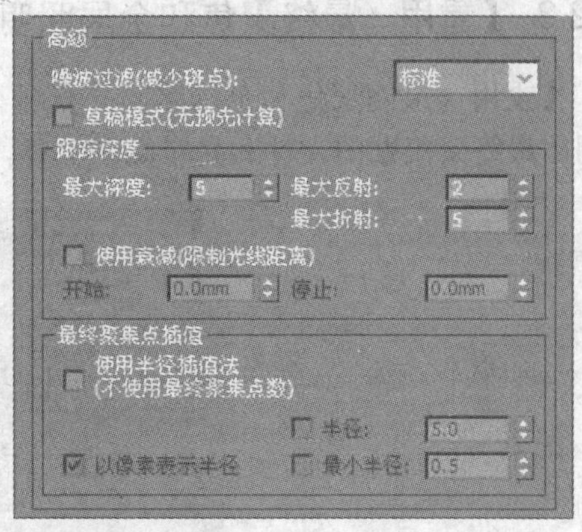

图 11-15 【最终聚集】卷展栏

1.【基本】选项区域

此选项区域只对具有总体漫反射照明的场景效果最佳，而对于存在间接照明点的场景（例如焦散）则效果不明显。

- 【启用最终聚集】：选择后可启动该选项，即 mental ray 渲染器将会通过运用最终聚集来调节全局照明的质量。
- 【初始最终聚集点密度】：用于设置需要有多少光线参与计算最终的间接照明。如果增大数值设置将会降低全局照明的噪波，但也会使渲染时间增长。
- 【每最终聚集点光线数目】：主要用于设定最终聚集点光线。增加该数值可以改善质量，同时也会增加渲染时间。

2.【高级】选项区域

- 【噪波过滤（减少斑点）】：可以通过下拉列表框选择过滤器。

● 【草稿模式（无预先计算）】：主要用于试渲染。选择此命令后，在渲染的过程中最终聚集将跳过预先计算阶段，这样会导致渲染的效果不真实，但是会提高渲染的速度，所以一般在进行试渲染时选择此项。

3.【跟踪深度】选项区域

主要用于设置最终聚集使用的光子。

● 【最大深度】：主要用于限制反射和折射。当光子的反射和折射总数与【最大深度】的值相同时，反射和折射活动将停止。

● 【最大反射】：用于设置光子反射的次数。

● 【最大折射】：用于设置光子折射的次数。

● 【使用衰减（限制光线距离）】：主要通过【开始】和【停止】命令来设置重新聚集的光线长度。【开始】设置光线开始的距离，【停止】设置光线的最大长度。

4.【最终聚集点插值】选项区域

● 【以像素表示半径】：选择此复选框后，半径值将以像素来指定。

● 【半径】和【最小半径】：分别选择这两项后，将使用最终聚集的最大半径或最小半径。可以通过减小半径值来改善渲染质量，但是会增加渲染时间。也可以通过增加最小半径值来改善渲染质量，但是同样会增加渲染时间。

11.2.3 【重用（最终聚焦和全局照明磁盘缓存）】卷展栏

【重用（最终聚焦和全局照明磁盘缓存）】卷展栏如图 11-16 所示。此卷展栏用来生成和调用最终聚集贴图文件和光子贴图文件，通过【模式】选项区域选择最适合的文件类型。

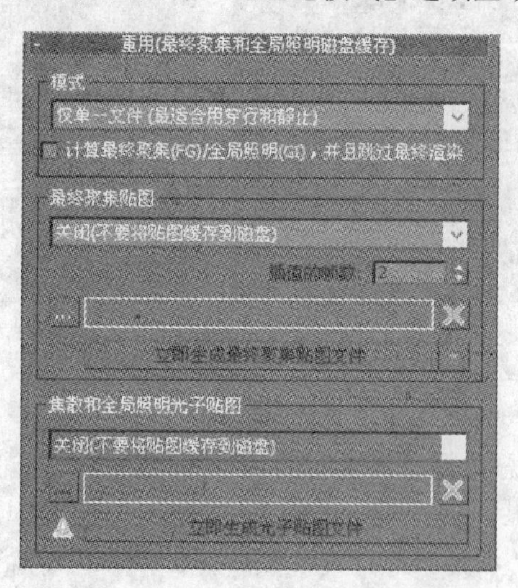

图 11-16 【重用（最终聚焦和全局照明磁盘缓存）】卷展栏

1.【最终聚集贴图】选项区域

此选项区域中的参数主要用于设置 mental ray 渲染器怎样计算间接照明的最终聚集贴图。通过下拉式菜单可以选择使用贴图的方式。

● 单击按钮...，用于加载现有文件。

● 【立即生成最终聚集贴图文件】：主要用于保存最终聚集贴图。mental ray 渲染器将把重新计算的最终聚集贴图保存到通过【浏览】按钮指定的文件中。

2.【焦散和全局照明光子贴图】选项区域

此选项区域主要用于控制 mental ray 渲染器如何计算间接照明的光子贴图。

- 单击按钮…，用于加载现有文件。
- 【立即生成光子贴图文件】：mental ray 渲染器会把光子贴图以“光子贴圈（BMAP）”的文件格式保存到【浏览】按钮指定的文件中。

11.3　mental ray 的渲染功能

mental ray 渲染系统包括光线跟踪反射、折射、焦散和全局照明、区域灯光、摄影机景深效果和运动模糊效果等功能。本节就其中的几项功能进行重点介绍。

11.3.1　mental ray 渲染器的光线跟踪功能

光线跟踪功能能够准确地表现真实世界中光线的反射、折射现象，其中反射是光线跟踪最基本的一项功能。用户可以通过 mental ray 渲染系统设置追踪深度，也就是光线来回反射的次数。mental ray 渲染系统中的折射效果与系统默认的渲染器的折射效果相似，但是当使用 mental ray 系统渲染折射效果时，必须使用一个包含反射 / 折射或光线跟踪的贴图作为物体的折射材质。

【例 11-2】 装饰瓶的反射效果

本例将以装饰瓶的场景渲染来观察反射效果的运用，如图 11-17 所示。结果可以参见光盘中的文件“瓶-1.max”。

步骤 1 打开光盘中的文件“瓶.max”，如图 11-18 所示。

图 11-17　反射效果的运用

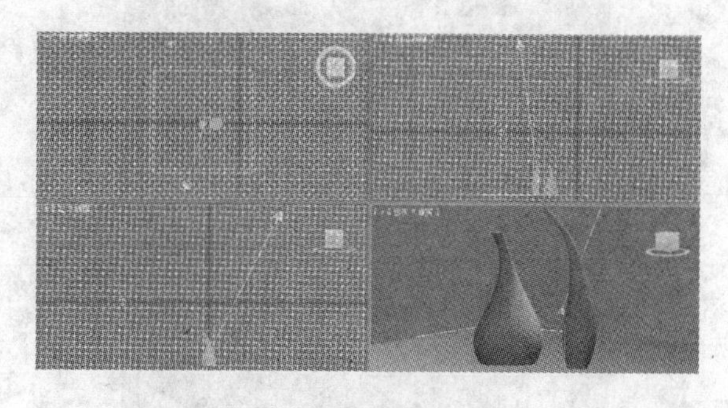

图 11-18 “瓶.max”

步骤 2 单击工具栏中的按钮，打开【材质编辑器】对话框，选择一个材质球，如图 11-19 所示，设置材质球的基本参数和反射高光。将此材质赋给场景中的地面。

步骤 3 选择另一个材质球，设置材质球的基本参数和反射高光，如图 11-20 所示，将此材质赋给场景中的瓶。

步骤 4 单击工具栏中的按钮，得到如图 11-21 所示的效果。

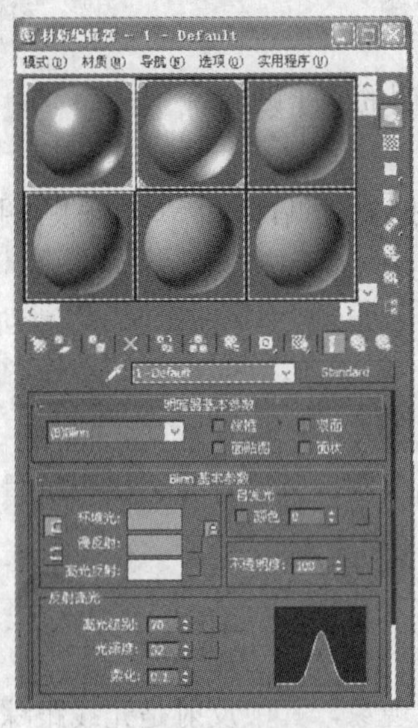

图 11-19 地面材质球

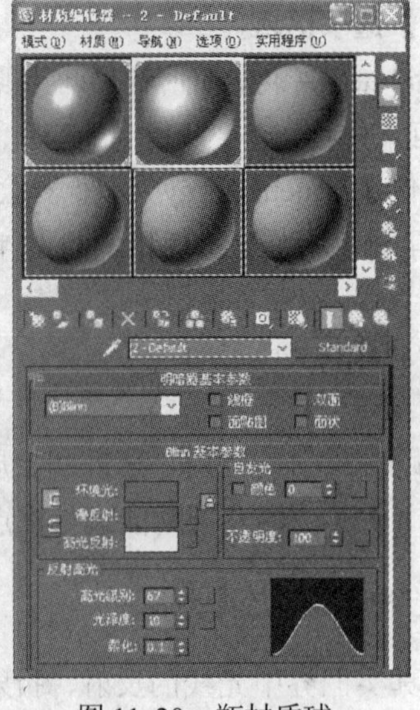

图 11-20 瓶材质球

图 11-21 没有反射的默认渲染效果

步骤 5 返回【材质编辑器】对话框，选择编辑好的瓶材质球，打开【贴图】卷展栏，选择【反射】复选框，并单击右侧的【贴图】按钮打开【材质 / 贴图浏览器】对话框，如图 11-22 所示。

步骤 6 在浏览器列表中双击【光线跟踪】选项，返回【贴图】卷展栏，设置反射参数为 40，这样就得到了光线跟踪的反射贴图。

步骤 7 单击工具栏中的按钮，打开【渲染设置】对话框，将【公用】选项卡中的【指定渲染器】卷展栏打开，如图 11-23 所示。

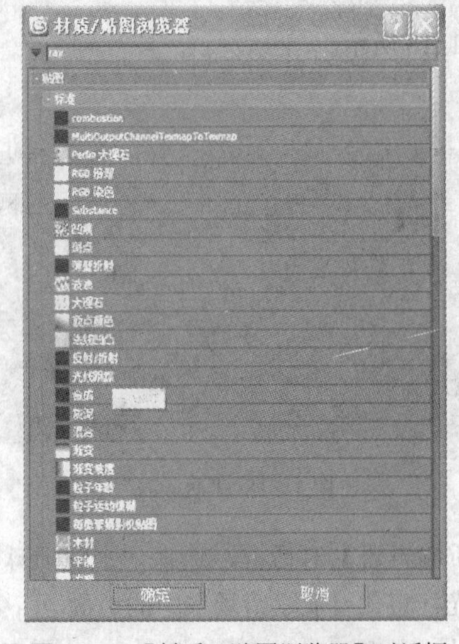

图 11-22 【材质 / 贴图浏览器】对话框

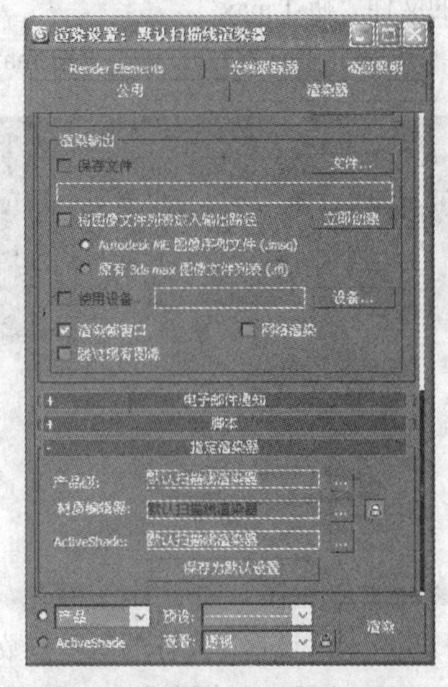

图 11-23 【指定渲染器】卷展栏

步骤 8 单击【产品级】右侧的按钮，在弹出的【选择渲染器】对话框中选择“mental ray 渲染器”，然后单击 确定 按钮退出对话框。这样就完成了对 mental ray 渲染器的指定。

步骤 9 在【渲染设置】对话框中打开【渲染器】选项卡，打开【渲染算法】卷展栏，将【反射/折射】选项区域中的【最大跟踪深度】值设置为 7，这就表明光线将在物体间来回进行 7 次跟踪反射。渲染效果如图 11-17 所示。

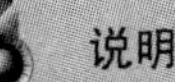

说明：

【最大跟踪深度】的数值设置得越大，跟踪反射的次数越多。可以根据这一特性，为不同属性的物体设置不同的反射效果，使最终的渲染结果更加真实。

【例 11-3】 玻璃花瓶的折射效果

本例将以玻璃花瓶的场景渲染来观察折射效果的运用，如图 11-24 所示。结果可以参见光盘中的文件“玻璃花瓶-1.max”。

步骤 1 打开光盘中的文件“瓶.max”，选择透视视图，单击工具栏中的按钮，渲染透视视图，得到如图 11-25 所示的效果。场景中的材质还没有加入折射特性。

图 11-24 玻璃花瓶的折射效果

图 11-25 玻璃花瓶没有加入折射特性的效果

步骤 2 单击工具栏中的按钮，打开【材质编辑器】对话框，选择“玻璃”材质球，打开【贴图】卷展栏，选择【折射】复选框，并单击右侧的【贴图】按钮打开【材质 / 贴图浏览器】对话框。

步骤 3 在浏览器列表中双击【光线跟踪】选项，返回【贴图】卷展栏，设置折射参数为 15。这样就得到了光线跟踪的折射贴图。

步骤 4 用同样的方法制作“水”材质贴图，并将折射率设置为 12。

步骤 5 单击工具栏中的按钮，打开【渲染设置】对话框，将【公用】选项卡中的【指定渲染器】卷展栏打开。

步骤 6 单击右侧的...按钮，在弹出的【选择渲染器】对话框中选择“mental ray 渲染器”，然后单击确定按钮退出对话框，完成对 mental ray 渲染器的指定。

步骤 7 在【渲染设置】对话框中打开【渲染器】选项卡，打开【渲染算法】卷展栏，将【反射/折射】选项区域中的【最大跟踪深度】值设置为 6，这就表明光线将在物体间来回进行 6 次跟踪折射。渲染花瓶细部效果如图 11-26 所示。

图 11-26 花瓶细部折射效果

步骤 8 在【材质编辑器】中给花瓶材质加入轻微反射，一般玻璃器材都带有一定程度的反射效果，将参数设置为 20，并将【光泽度】设置为 80，使它的高光面积变小。场景的最终渲染效果如图 11-24 所示。

11.3.2 mental ray 渲染器的焦散功能

焦散是光线反射或折射之后投射在对象上产生的效果。例如，光线照射在海面上，海面将光线反射到临水的建筑物外墙上，墙面出现波光粼粼的效果。这些都是利用了光子的发射技术来实现的。现实生活中的光源发射出一定数量的光子，它们通过一些介质反射到其他物体上，被反弹回来的光子形成一定的图案，人们就看见了波光粼粼的画面。

焦散一般可以分为反射焦散和折射焦散两种。

【例 11-4】 透过酒杯的光线

折射焦散是指光线穿过透明的物体折射出来，投射到另外的物体上。下面结合光线穿过酒杯的实例来讲解折射焦散效果，如图 11-27 所示。结果可以参见光盘中的文件“酒杯-1.max”。

步骤 1 打开光盘中的文件“酒杯.max”，选择透视视图，单击工具栏中的按钮，渲染透视视图，得到如图 11-28 所示的效果。

图 11-27 酒杯的折射焦散效果

图 11-28 原始的酒杯渲染效果

步骤 2 在视图中单击酒杯物体．单击右键打开快捷菜单，选择【对象属性】，打开【对象属性】对话框，如图 11-29 所示。

步骤 3 切换到【mental ray】选项卡，选择【生成焦散】复选框，如图 11-30 所示。

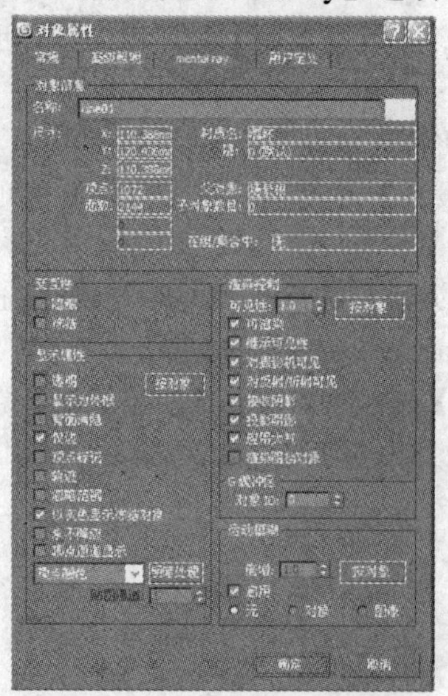

图 11-29 【对象属性】对话框

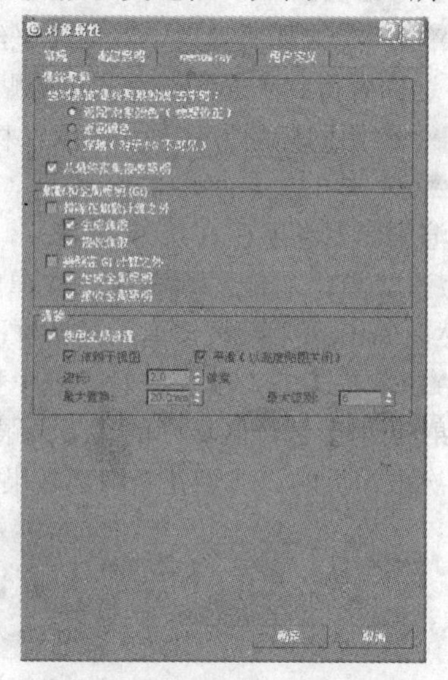

图 11-30 【mental ray】选项卡

步骤 4 单击工具栏中的按钮，打开【渲染设置】对话框，将默认的渲染器切换为 mental ray 渲染器，然后打开【间接照明】选项卡，在【焦散】选项区域中选择【启用】复选框。并在【过滤器】下拉列表框中选择【圆锥体】选项，如图 11-31 所示。

步骤 5 在【灯光属性】选项区域下，设置【每个灯光的平均焦散光子】的参数为 60000，如图 11-32 所示。

步骤 6 单击【渲染】按钮，对透视图进行渲染。得到最终渲染效果如图 11-27 所示。这时会发现在地上有光斑的效果，这样就完成了折射焦散效果的制作。

> 说明：
>
> 选【互成焦散】的意义是确定当前物体是否参与聚光灯计算并发射反射光。【接收焦散】的意义是确定当前物体是否参与聚光灯计算并接收其他物体发出的反射光。

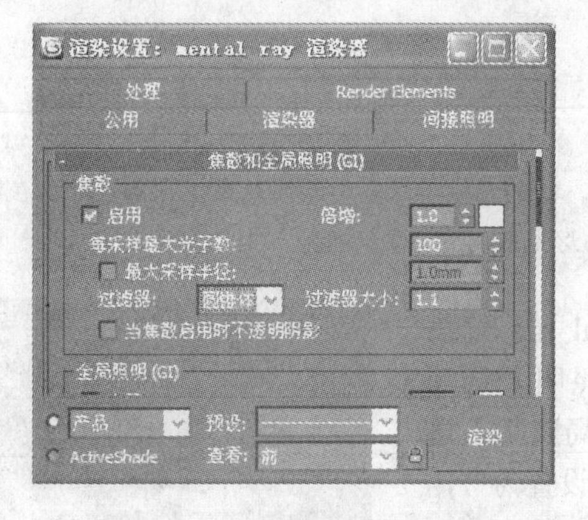

图 11-31 【间接照明】选项卡

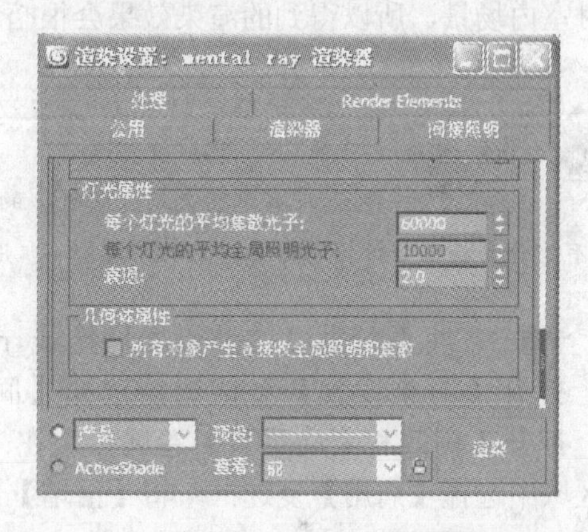

图 11-32 【灯光属性】选项区域

反射焦散一般是指光子被物体反弹回来，投射到其他的物体上的效果。利用和折射焦散同样的方法生成焦散，然后打开【间接照明】选项卡，并在【焦散】选择区域中选择【启用】复选框，就可以制作出反射焦散效果。

11.3.3 mental ray 渲染器的全局照明功能

全局照明也属于光能传递类型。在 mental ray 渲染器中，全局照明与焦散计算都是利用光子的反弹和衰减来进行渲染的，又称为间接照明。在现实的世界中，光线是从一个物体到另一个物体不断来回反射的，能量也会逐渐衰减，这就会形成具有渐变效果的衰减阴影和间接照明。

【例 11-5】 使用全局照明功能渲染办公室

比较使用全局照明功能前后办公室渲染的两种效果，使用后效果如图 11-33 所示，结果可以参见光盘中的文件“办公室-1.max”。

步骤 1 打开光盘中的文件“办公室.max”，如图 11-34 所示，这是一个简单的室内场景文件。

图 11-33 使用全局照明功能渲染办公室

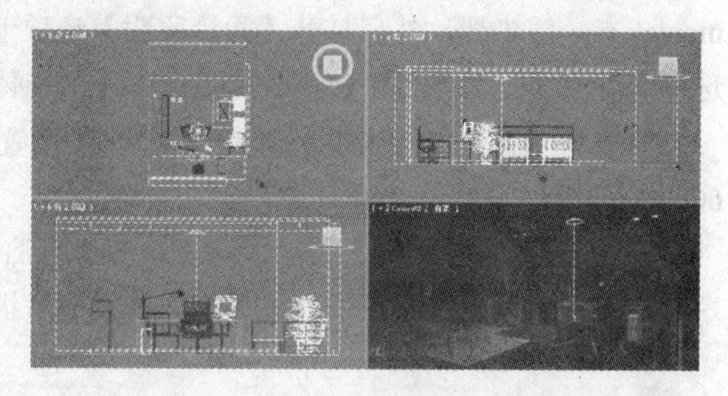

图 11-34 “办公室.max”

步骤 2 先使用系统 (扫描线性渲染器)进行渲染。选择透视视图，单击工具栏中的按钮，渲染透视视图，得到如图 11-35 所示的效果。由于在场景中只使用了一个目标聚光灯来照射室内场景，所以得到的渲染效果会很暗。

说明：

这种情况一般是没有进行全局照明计算的结果。暗部光线不通透，光线产生了死角。所以在没有进行全局照明计算的场景渲染中，需要采取用辅助灯光来调节场景的明暗。

步骤 3 将系统默认的渲染器切换成 mental ray 渲染器。打开【渲染设置】对话框，选择【间接照明】选项卡，打开【焦散和全局照明】卷展栏，在【全局照明】选项区域中选择【启用】复选框，将【倍增】参数设置为 1，如图 11-36 所示。

步骤 4 在【几何体属性】选项区域中选择【所有对象产生&接收全局照明和焦散】复选框，如图 11-37 所示。

图 11-35 默认的渲染器渲染效果

图 11-36 【全局照明】选项区域

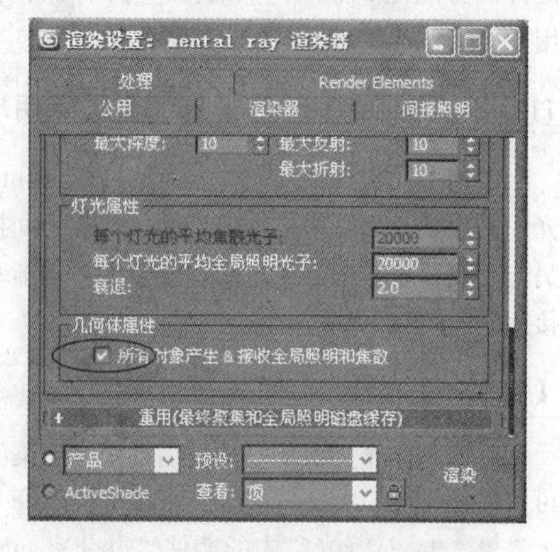

图 11-37 【几何体属性】选项区域

步骤 5 单击【渲染】按钮用 mental ray 渲染器对场景进行渲染，渲染效果如图 11-38 所示。虽然场景的整体效果好了一些，但是在场景中大面积的天花板出现了不均匀现象，这是因为 mental ray 系统使用模拟光子，而现在的效果只是因为光子数量比较少，过于稀疏造成的。

说明：

为了得到比较好的渲染效果，还需要增加光子的数量，进一步提高光子的采样

步骤 6 在视图中选择目标聚光灯，单击【命令】选项卡中的按钮，进入【修改】命令面板，调整一下目标聚光灯的参数。在灯光的【mental ray 间接照明】卷展栏中，将能量数值调高为 4，增加【GI 光子】的数量为 10，如图 11-39 所示。

图 11-38 初步设置后的渲染效果

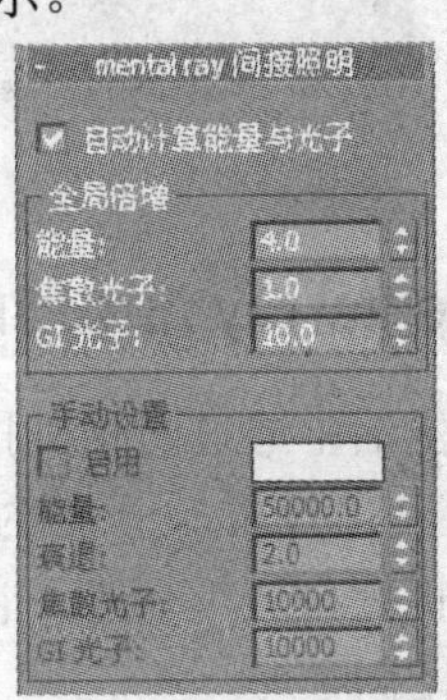

图 11-39 【mental ray 间接照明】

步骤 7 设置完成后单击【渲染】按钮对场景进行渲染，效果如图 11-33 所示。

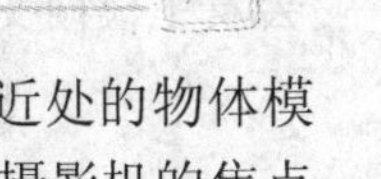

11.3.4 mental ray 渲染器的景深效果

在现实生活中通过摄影机镜头观看周围环境时，远处的物体看上去要比近处的物体模糊。景深效果模拟的就是这一现象，它限制了物体的聚焦范围。即当物体位于摄影机的焦点平面上时会很清晰，反之就会变得很模糊。

执行菜单命令【渲染】→【效果】，弹出【环境和效果】对话框。单击右侧的【添加】按钮，弹出【添加效果】对话框，在对话框中双击选择【景深】选项，如图 11-40 所示。参数面板中多了一个【景深参数】卷展栏，如图 11-41 所示。

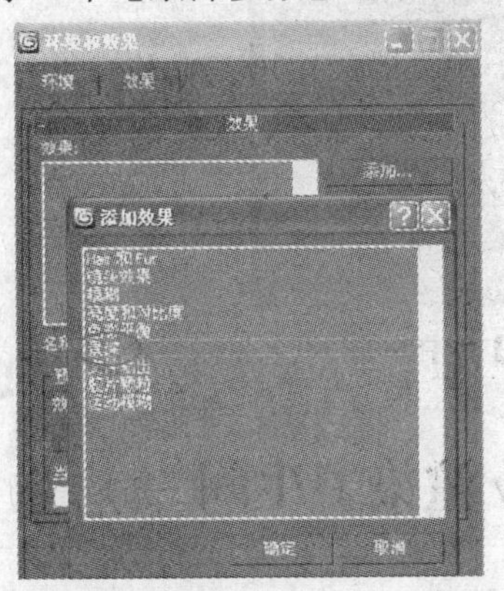

图 11-40 【添加效果】对话框

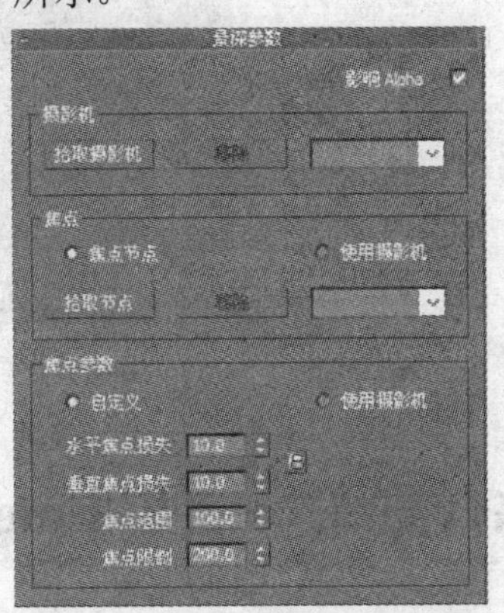

图 11-41 【景深参数】卷展栏

景深效果将场景分为前景、背景以及焦点图像等几个部分来进行处理。图像的模糊程度取决于景深特效的参数设置。

使用系统默认的渲染器（扫描线性渲染器）和运用 mental ray 景深效果渲染的同一个场景加以比较，就会发现在 mental ray 景深效果渲染的渲染效果中，物体由近及远开始模糊。而在默认的渲染器下渲染出的效果就没有这种现象，整幅画面都处于清晰状态。如图 11-42 所示，左图使用系统默认的渲染器，右图运用 mental ray 景深效果。

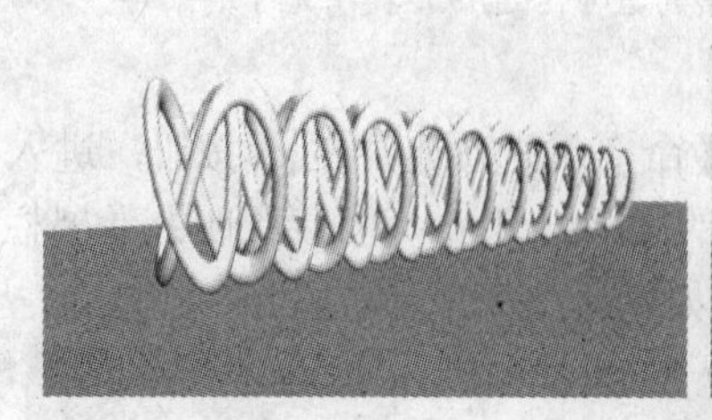
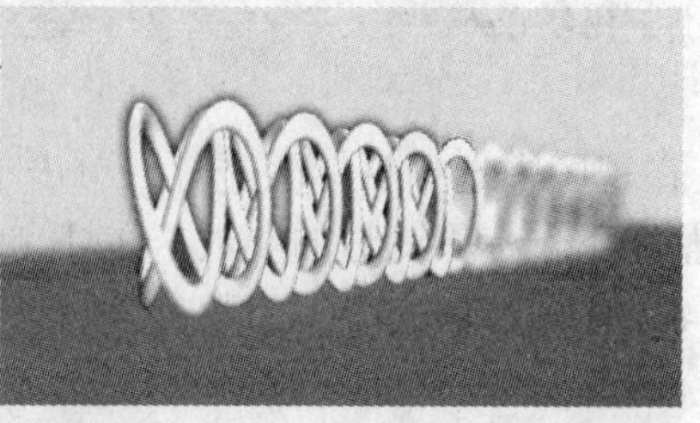

图 11-42　比较效果

11.3.5　mental ray 渲染器的运动模糊效果

在现实生活中通过照相机拍照时，在照相机快门开启过程中如果物体有相对的移动，就会产生运动模糊效果。一般的三维动画软件都带有运动模糊的处理功能，但效果一般。Mental ray 也提供这项功能，它不仅能更真实地对物体进行运动模糊处理，还能对灯光的投影进行运动模糊处理。

mental ray 的运动模糊只要求物体属性面板中【运动模糊】被启用，渲染效果只由一个快门参数控制，与物体属性里的图像等运动模糊无关。通常只要在渲染参数面板中打开【运动模糊】就可以了，如图 11-43 所示，因为通常默认物体的运动模糊是启用的，物体投影也会发生模糊变化。

图 11-43　【运动模糊】选择区域

11.4　综合演练——使用 mental ray 渲染卫生间

本节的综合演练通过一个卫生间的渲染，学习利用 mental ray 渲染器设置玻璃、金属、油漆这 3 种材质，创造效果逼真的场景渲染效果。如图 11-44 所示，结果可以参见光盘中的文件“洁具-1.max”。

1．打开原始文件，选择 Mental ray 渲染器

步骤 1 打开光盘中的文件“洁具.max”，如图 11-45 所示。此时渲染器为默认扫描线渲染器。

图 11-44 卫生间的渲染

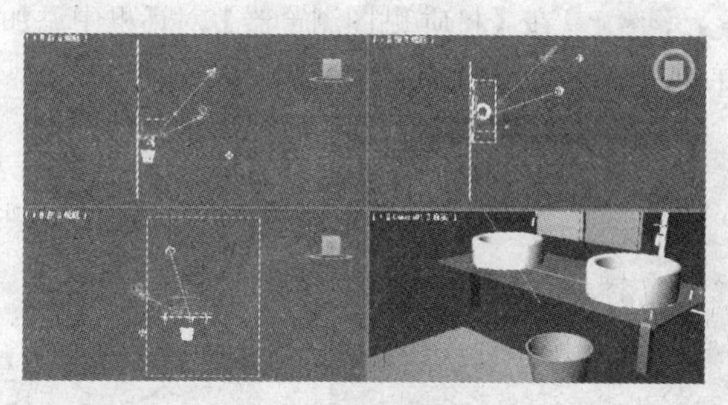

图 11-45 洁具

步骤 2 在【渲染设置】对话框中选择【公用】选项卡，打开【指定渲染器】卷展栏，将默认的渲染器转换成 mental ray 渲染器。

2．编辑玻璃材质

步骤 1 单击工具栏中的按钮，打开【材质编辑器】对话框，选择“玻璃”材质球，在【明暗器基本参数】下拉列表框中选择 Phong 也就是塑料材质类型，选择【双面】复选框，在【反射高光】选项区域中增加【高光级别】与【光泽度】两项的值，如图 11-46 所示。

步骤 2 打开【贴图】卷展栏，在【反射】与【折射】贴图类型中增加【光线跟踪】贴图类型，如图 11-47 所示。编辑中的“玻璃”材质球是热材质球，场景中的玻璃材质已联动变化。玻璃材质制作完成，局部效果如图 11-48 所示。

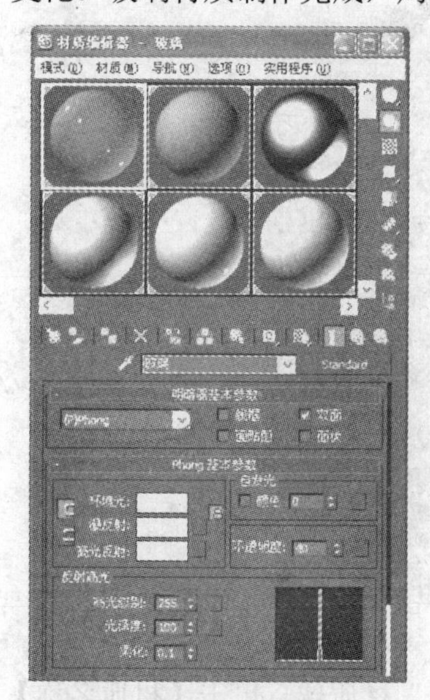

图 11-46 【材质编辑器】对话框

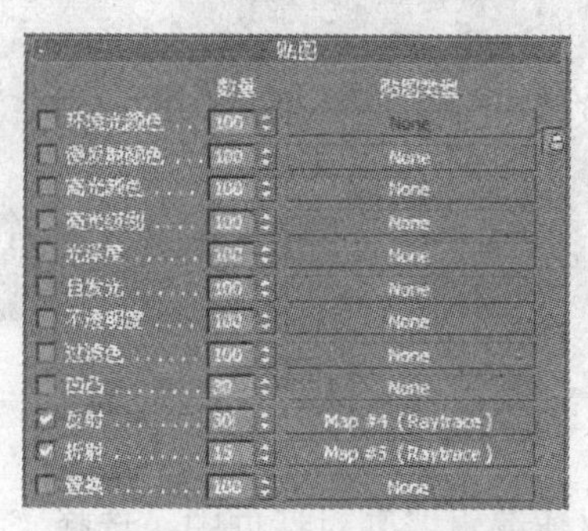

图 11-47 【贴图】卷展栏

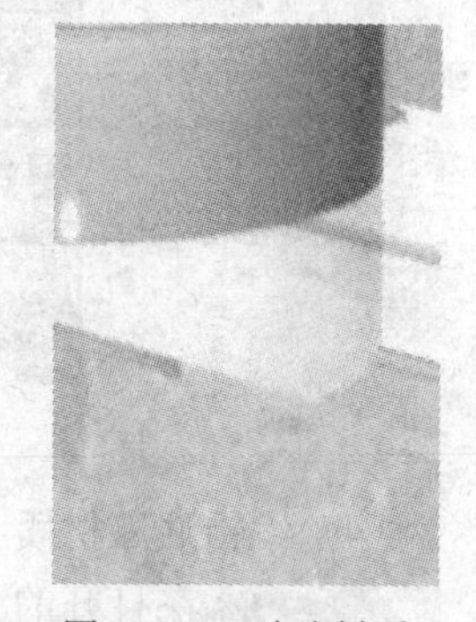

图 11-48 玻璃材质

3．编辑金属材质

步骤 1 制作洁具模型中的金属材质效果并不很困难，因为 mental ray 中是有金属材质效果的。在打开的【材质编辑器】对话框中，选择“金属”材质球，单击【材质名称】下拉菜单旁边的 Standard 按钮，打开【材质/贴图浏览器】对话框，在浏览器中选择 mental ray 材质并双击，如图 11-49 所示。

步骤 2 进入 mental ray 材质的【材质明暗器】卷展栏，单击【曲面】复选框右侧按钮，如图 11-50 所示。打开【材质/贴图浏览器】对话框，增加贴图类型。

步骤 3 在【材质/贴图浏览器】对话框中添加【金属】材质类型，如图 11-51 所示。这样 mental ray 的金属材质就制作完成了。

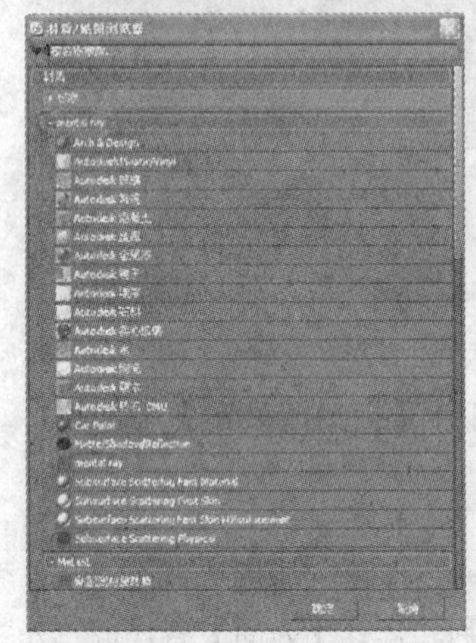

图 11-49 【材质/贴图浏览器】对话框

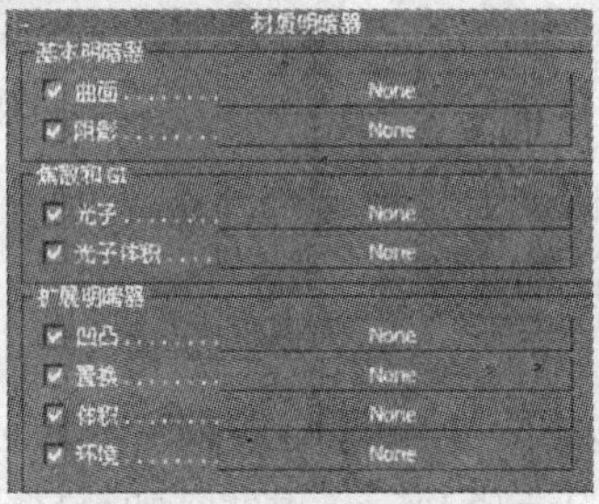

图 11-50 【材质明暗器】卷展栏

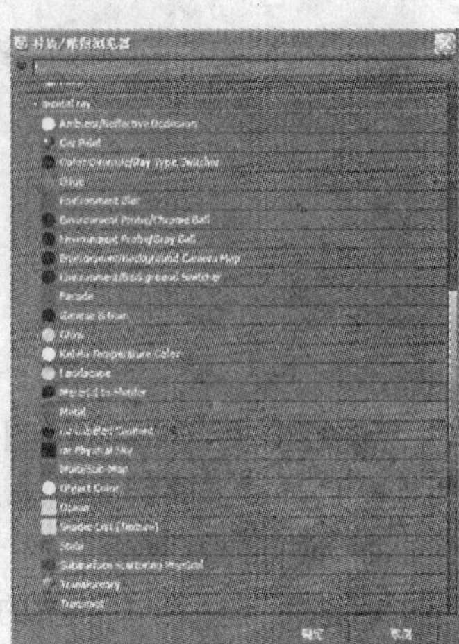

图 11-51 【材质/贴图浏览器】对话框

步骤 4 如果感觉金属亮度还不够，可以通过对【metal（lume）参数】卷展栏中反射颜色的控制来实现金属的亮度的调整，如图 11-52 所示。

图 11-52 【metal（lume）参数】卷展栏

4．编辑油漆材质

步骤 1 在打开的【材质编辑器】对话框中，选择“木桶”材质球，单击【材质名称】下拉菜单旁边的 Standard 按钮，打开【材质/贴图浏览器】对话框，在浏览器中选择【虫漆】材质并双击，如图 11-53 所示。

步骤 2 如图 11-54 所示，进入【基础材质】，在这里设置漆面的固有色。此处选择了蓝绿色作为木桶的主色调。

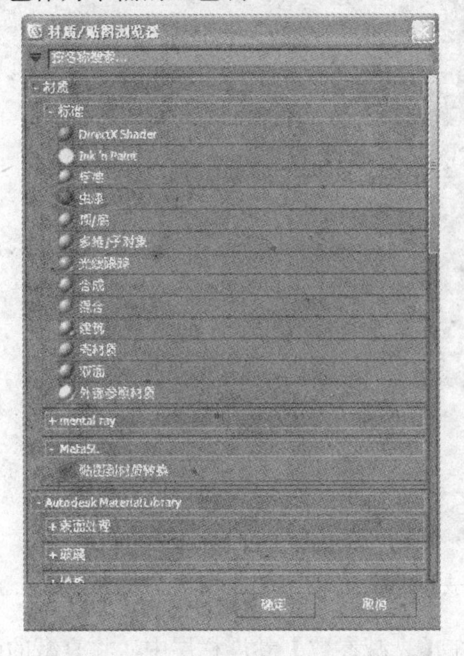

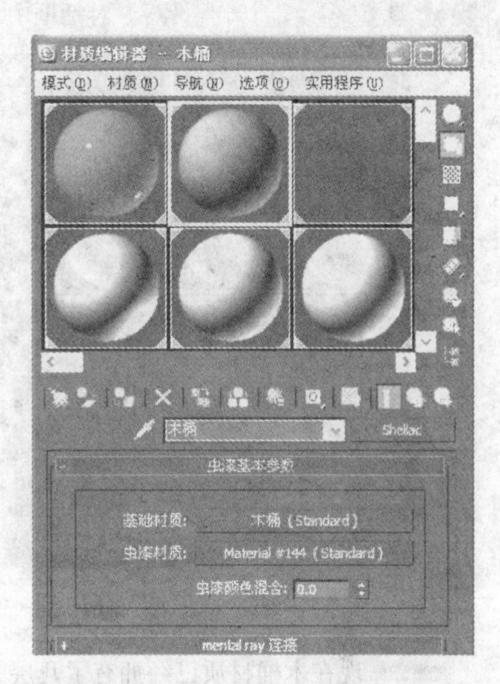

图 11-53 【材质/贴图浏览器】对话框

图 11-54 【虫漆基本参数】卷展栏

步骤 3 单击按钮，返回上一级，再对【虫漆】材质一项进行设置。单击【虫漆】材质旁的按钮进入【材质编辑器】对话框，单击 Standard 按钮，给【虫漆】材质添加一个【光线跟踪】贴图，如图 11-55 所示。

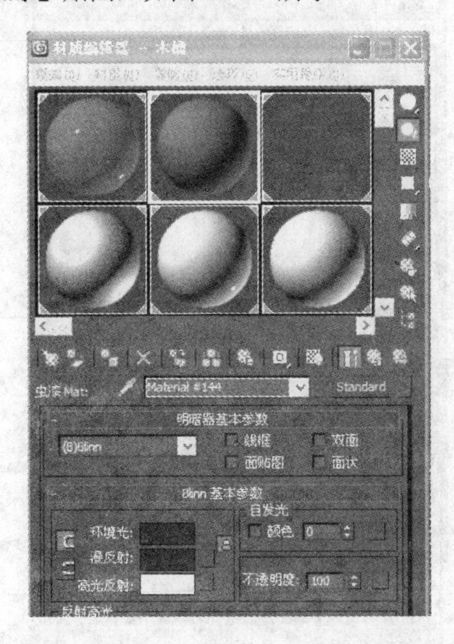

图 11-55 给【虫漆】材质添加【光线跟踪】贴图

步骤 4 在【光线跟踪基本参数】卷展栏中单击【反射】选项的贴图按钮，添加一个【衰减】贴图，如图 11-56 所示。

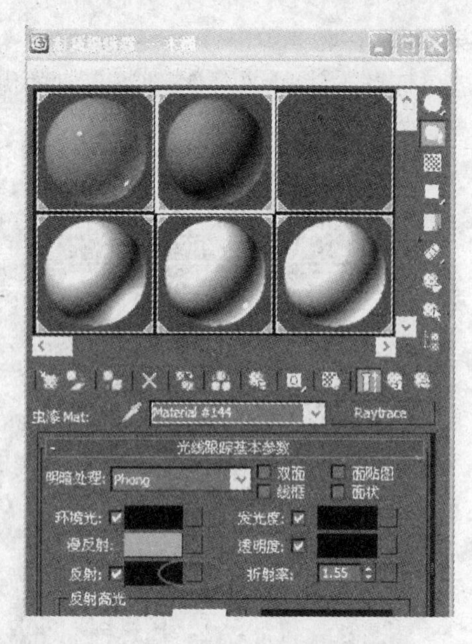
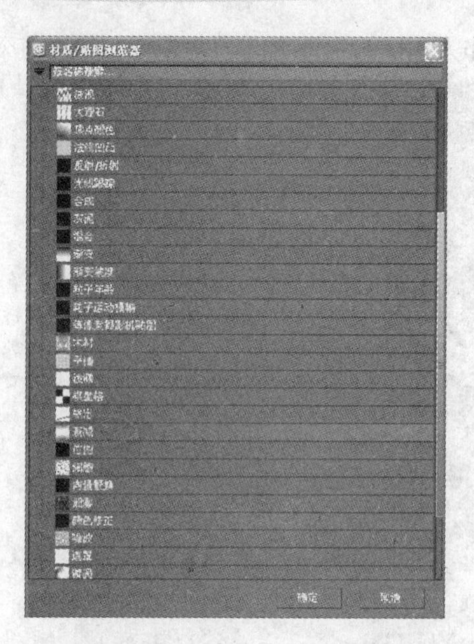

图 11-56　添加【衰减】贴图

步骤 5 现在木桶材质已经拥有了几层关系，在【衰减参数】卷展栏层中，将衰减的两个颜色进行调换，将衰减类型更改为 Fresnel 类型，如图 11-57 所示。

步骤 6 单击按钮，返回【光线跟踪基本参数】卷展栏．提高【高光级别】与【光泽度】的值，最后返回【虫漆基本参数】卷展栏，将【虫漆颜色混合】的值改为 50，如图 11-58 所示。

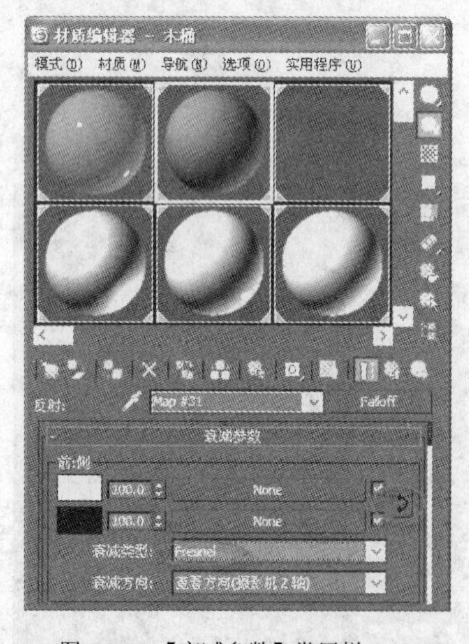

图 11-57 【衰减参数】卷展栏

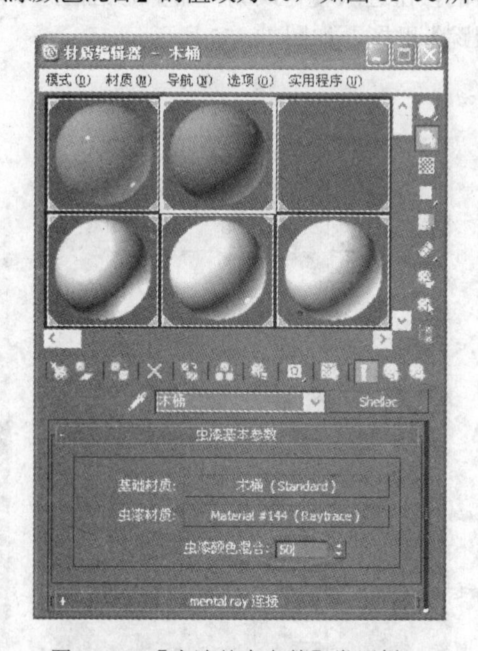

图 11-58 【虫漆基本参数】卷展栏

5．渲染图像

步骤 1 材质的调整基本完成，比较复杂的可能是制作木桶漆的材质，它有点类似于多维材质，是利用两个材质进行混合来实现最终效果的。

步骤 2 单击 按钮对场景进行渲染，效果如图 11-45 所示。

mental ray 的功能还是比较强大的，特别是在玻璃与金属材质方面拥有超凡的优势，无论是在制作方法上还是最终渲染利用的时间上都比一般的渲染器有优越性。

11.5 思考与练习

（1）mental ray 渲染器的基本参数卷展栏共有几个？分别是什么？

（2）mental ray 渲染器的光线跟踪功能反映了现实世界中光线的什么现象？

（3）mental ray 渲染器的焦散功能的设置有哪几个关键步骤？

（4）在现实生活中通过摄影机镜头观看周围环境时，远处的物体看上去要比近处的物体模糊。mental ray 渲染器的景深效果是怎样模拟这一现象的？

（5）简述怎样利用 mental ray 渲染器设置玻璃材质。

（6）简述怎样利用 mental ray 渲染器设置金属材质。

第 12 章　综合实例——制作楼梯效果图　12

在这个案例中，运用了一个真实光照的全局光渲染器——VRay 渲染器，其快速的渲染速度和极高的渲染质量取代了 3ds Max 默认的渲染器，正在被广大的设计师所应用。VRay 渲染器所实现的对于全局光照的真实模拟，能够在较短的渲染时间取得真正意义上的照片级图像。完全仿真且操作简便的太阳光和天光模拟系统可更好地体现出现实场景中的光影关系。同样，VRay 渲染器在次表面反射效果、焦散、动作模糊等方面也都有上佳的表现。下面通过一个案例来看看 VRay 渲染器在建筑设计表现图方面的精彩表现。

12.1　楼梯效果图模型的制作

运用 VRay 渲染器对场景进行渲染设置，VRay 渲染对场景模型的建模要求不是特别严格，模型可以进行交叉，在创建灯光时可以按照实际灯光的位置进行摆放。先进行主光源的设置和位置的摆放，再对室内整体灯光的光环境进行辅光源的设计，最终在渲染出图时对渲染场景中的参数进行设置，从而达到最佳效果，如图 12-1 所示。

步骤 1 单击【顶视图】，单击创建面板中的几何体命令，再单击 平面 创建地面，设置【长度】、【宽度】分别为 3800、10000，如图 12-2 所示。

图 12-1　效果图

图 12-2　绘制地面

步骤 2 绘制楼梯中间的墙体，单击【顶视图】，单击创建面板中的图形命令，再单击 弧 命令创建墙体，放置位置如图 12-3 所示。

图 12-3　绘制墙体

步骤 3 对绘制完的墙体抠方框，单击【顶视图】，单击创建面板中的几何体命令，再单击 长方体 按钮创建墙体，设置【长度】、【宽度】、【高度】分别为 90、150、1000，进行复制并按图 12-4 所示位置放置。

步骤 4 运用 布尔 运算命令对创建的方块进行剪切，如图 12-5 所示。

图 12-4 调整抠造型用长方体的位置

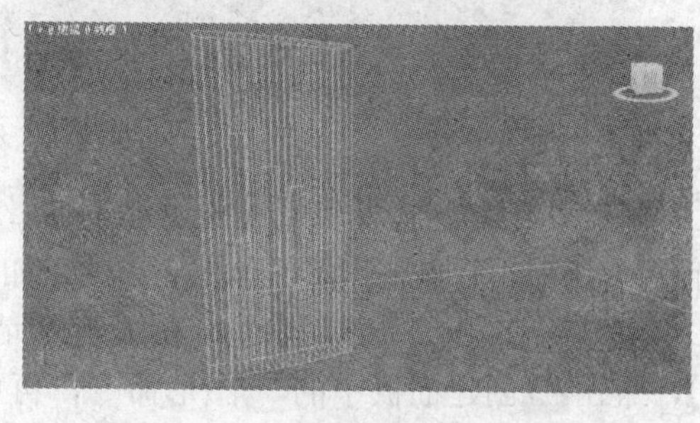

图 12-5 墙体抠方框

步骤 5 绘制第一层楼梯，单击【顶视图】，单击创建面板中的图形命令，再单击 矩形 命令创建楼梯面，设置【长度】、【宽度】分别为 900、380，使楼梯面与地面的高差为 200，放置位置如图 12-6 所示。

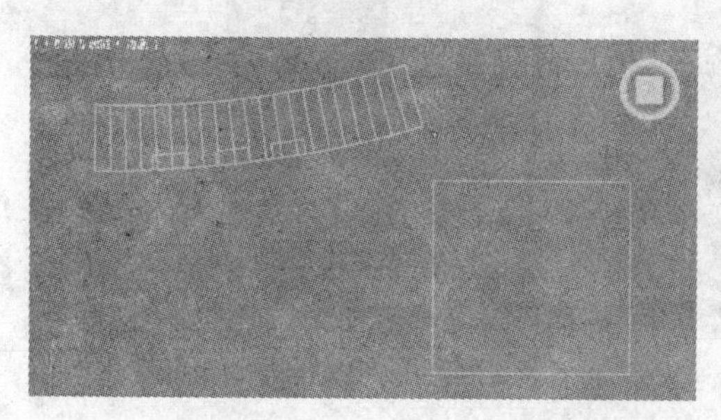

图 12-6 绘制第一层楼梯

步骤 6 单击矩形，单击修改命令面板，单击【修改器列表】中的【挤出】命令，在【参数】卷展栏下设置【数量】为 10，如图 12-7 所示。

步骤 7 制作收边条，单击【顶视图】，单击创建面板中的图形命令，再单击 矩形 命令创建楼梯面收边条，设置【长度】、【宽度】分别为 900、15，设置【挤出】的【数量】为 10，高度与楼地面对齐，如图 12-8 所示。

图 12-7 挤出楼梯踏步面的厚度

图 12-8 绘制收边条

步骤 8 用以上的方法和步骤绘制剩余的楼梯，在拐弯处的楼梯旋转 45°，其余不规则的楼梯按视图中的形状进行绘制，如图 12-9 所示。

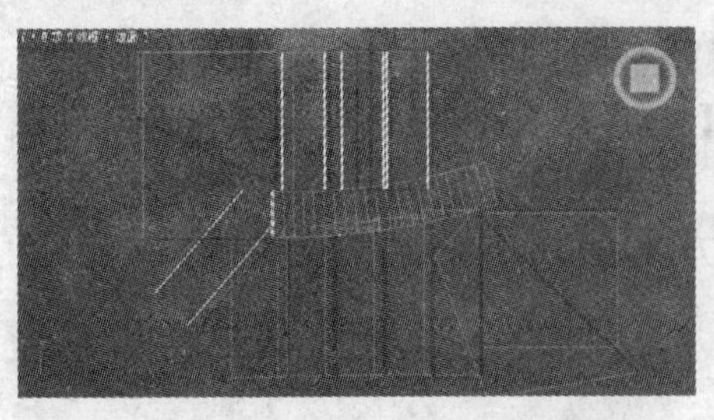
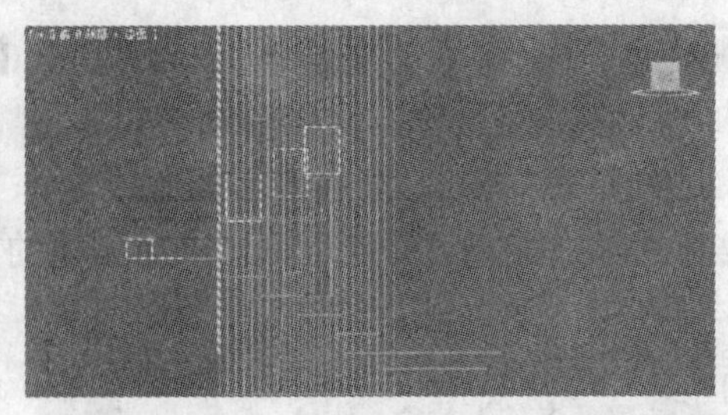

图 12-9　绘制剩余楼梯

图 12-10　楼梯透视效果

步骤 9 绘制完楼梯和墙体的透视效果，对于看不见的物体我们可以不做，只做在摄影机范围之内的，如图 12-10 所示。

步骤 10 在第 2 层楼梯边绘制弧形的墙体，单击【顶视图】，单击创建面板中的图形命令，再单击 弧 命令，将【弧】形【转化为可编辑样条线】，单击【可编辑样条线】的【轮廓】，设置【轮廓】为 100，并进行【挤出】，设置【挤出】的【数量】为 3100，如图 12-11 所示。

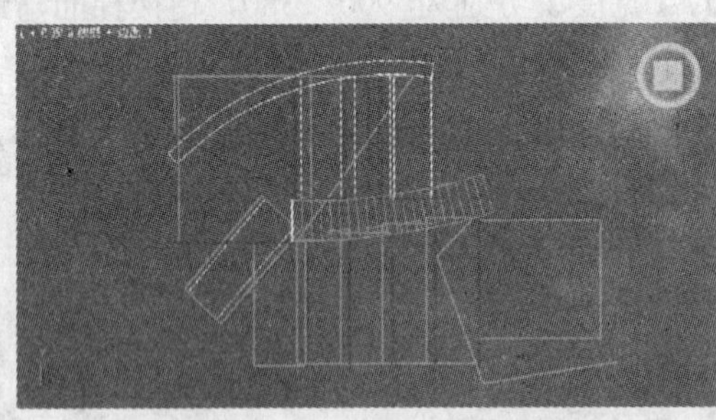
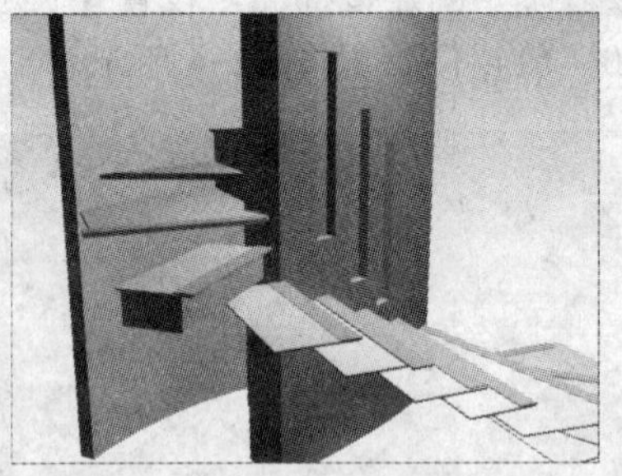

图 12-11　弧形墙体

步骤 11 按住〈Shift〉键和鼠标左键进行复制，按图 12-12 所示进行放置。

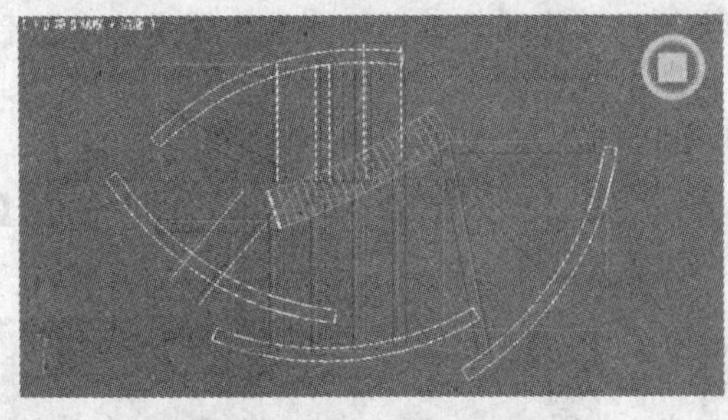

图 12-12　复制另外三个弧形墙体

12.2　楼梯效果图材质的调配

在设置材质之前先将 3ds Max 默认的线形渲染改为 VRay 渲染器，在材质编辑器中运用 VRay 自带的材质（VR...），VRay 材质在毛发、皮革、金属、液体等各类物体的质感表现非常优秀，可以与现实中的物体材质相媲美，更加真实。

步骤 1 单击第 1 层的楼梯，单击【工具栏】中的材质编辑器，单击 Standard ，在弹出的【材质/贴图浏览器】中单击【VRayMtl】，在【基本参数】卷展栏中单击【漫射】右边的█，在弹出的【材质/贴图浏览器】对话框中单击【位图】,再单击 确定 命令，在弹出的【选择位图图像文件】对话框中选择一个位图文件，此例可参见光盘中的“米黄色大理石.jpg”文件,如图 12-13 所示。

步骤 2 在【基本参数】卷展栏中设置【反射】的【光泽度】为 0.78，设置【菲涅耳折射率】为 1.6，如图 12-14 所示。

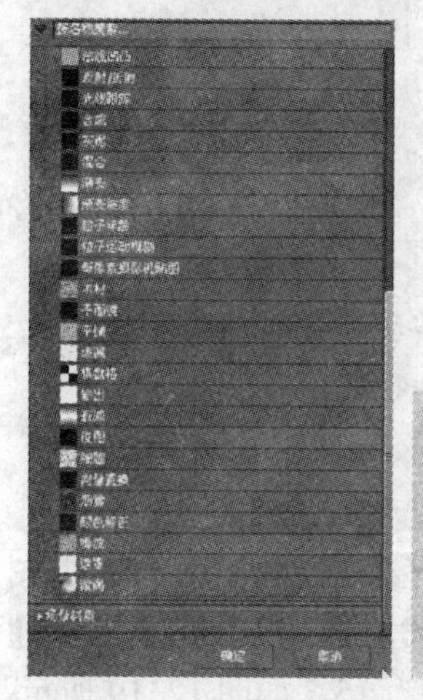

图 12-13 米黄色大理石

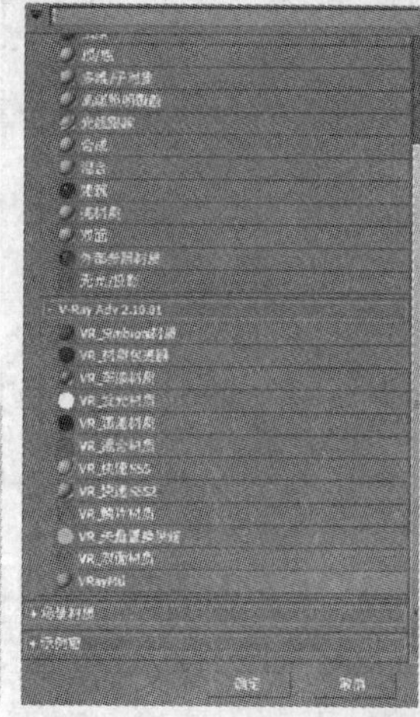

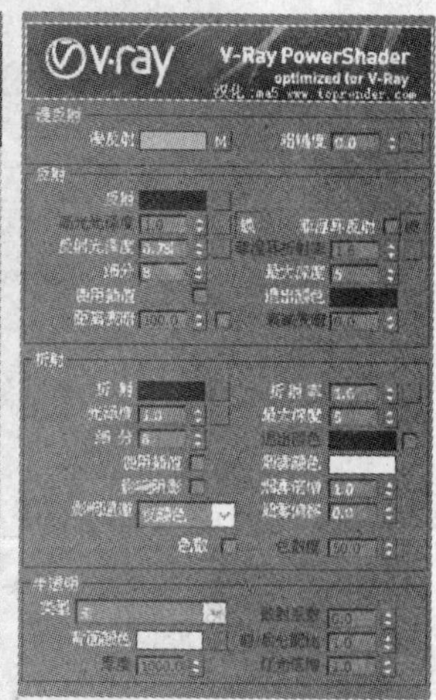

图 12-14 基本参数设置

步骤 3 制作楼梯收边，方法同步骤 12、13，设置【反射】的【光泽度】为 0.6，设置【菲涅耳折射率】为 1.1。【漫射】贴图选择一个位图文件，此例可参见光盘中的“黑色大理石.jpg”文件，如图 12-15 所示。

步骤 4 隐藏其他物体，只显示楼梯和收边条，将调好的材质赋予它们，如图 12-16 所示。

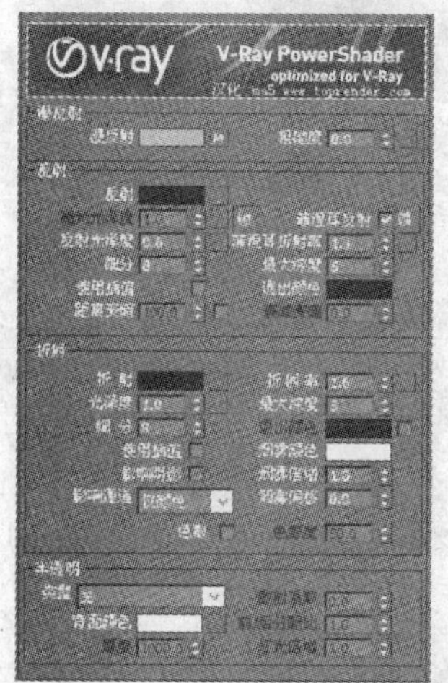

图 12-15 制作大理石收边

图 12-16 整体楼梯材质

步骤 5 制作楼梯间的墙体材质，单击【工具栏】中的材质编辑器，单击 Standard ，在弹出的【材质/贴图浏览器】中单击【VRayMtl】，在【基本参数】卷展栏中单击【漫射】右边的█，在弹出的【材质/贴图浏览器】对话框中单击【位图】，再单击 确定 命令，在弹出的【选择位图图像文件】对话框中选择一个位图文件，此例可参见光盘中的“木板.jpg”文件，如图 12-17 所示。

步骤 6 在步骤 16 的基础上，单击【反射】右边的色块，在弹出的【颜色选择器】中，设置【红】、【绿】、【蓝】的值为 15，设置【反射】中的【光泽度】为 0.6，设置【反射】、【折射】中【最大深度】的值为 25，如图 12-18 所示。

图 12-17　墙体贴图

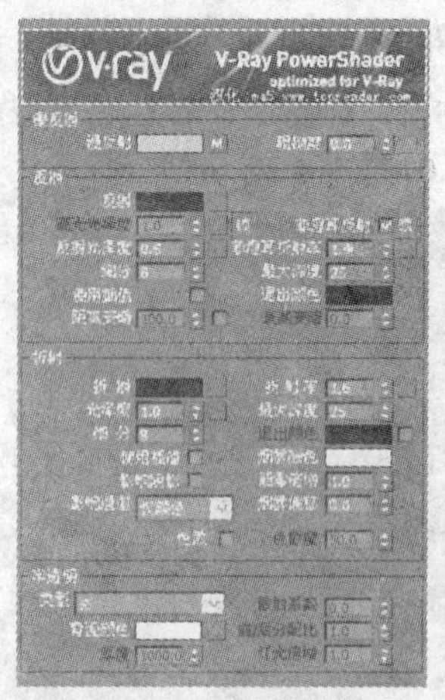

图 12-18　基本参数设置

步骤 7 单击【贴图】卷展栏下【反射光泽】右边的 None 选择一个位图文件，此例可参见光盘中的“木板黑白.jpg”文件。并设置参数为 60，拖动【漫射】贴图通道中的“木板黑白.jpg”至【凹凸】贴图通道，设置【凹凸】的数值为 15，如图 12-19 所示。

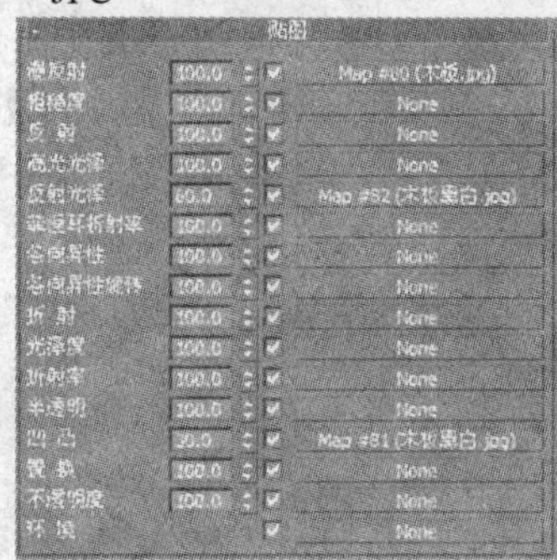

图 12-19　相关贴图

步骤 8 将制作好的地板材质赋予墙体左侧的木板墙，如图 12-20 所示。

步骤 9 制作墙板间圆柱材质，单击【工具栏】中的材质编辑器，单击 Standard，在弹出的【材质/贴图浏览器】中单击【VRayMtl】，在【基本参数】卷展栏中单击【漫射】右边的 ，在弹出的【材质/贴图浏览器】对话框中单击【位图】，再单击 确定 命令，在弹出的【选择位图图像文件】对话框中选择一个位图文件，此例可参见光盘中的“wall_022.jpg”文件，如图 12-21 所示。

图 12-20　左、右两侧的木板墙

图 12-21　材质效果

12.3　合并其他构件

合并构件是设计师快速完成设计作品的一个途径，在创建完整体的建筑结构后，其内部物体可以通过合并命令完成与场景的结合。合并物体使场景更丰富、更富有表现力，起到画龙点睛的作用，更重要的是可以节约设计者创建模型的时间，使创作过程更加流畅。

步骤 1 打开光盘中“/资源/12/楼梯”，选择【文件】→【导入】命令，此例可参见光盘中的“装饰.3ds”文件。

步骤 2 分别单击【漫反射】、【反射】右边的色块，设置【红】、【绿】、【蓝】的值都为240，设置【反射】右边的色块为208，设置【反射】的【光泽度】为0.95，设置【折射】的【光泽度】为0.6，设置【反射】、【折射】的【细分】为25，设置【折射率】为1.6，如图12-22所示。

步骤 3 制作装饰品贴图，方法同第步骤 18，此例可参见光盘中的“AS2_lollipop.jpg”文件。单击【漫射】右边的■，在弹出的【材质/贴图浏览器】对话框中单击【位图】，再单击 确定 命令，在弹出的【选择位图图像文件】对话框中选择，此例可参见光盘中的“AS2_lollipop.jpg”文件。将“AS2_lollipop.jpg”贴图拖到【半透明】贴图通道中，设置【半透明】的数值为100，如图12-23所示。

图12-22　设置装饰屏的玻璃材质

图12-23　装饰品贴图

12.4　楼梯摄影机、灯光的调整

设置摄影机，能增强场景的透视感，使视角更加理想。灯光是室内设计中最为关键，也是最出效果的，可以更好地营造场景气氛，体现物体轮廓和场景空间的表达方式。场景中的光源主要有主光源、环境光源和辅助光源来模拟全局光照，VRay 光源可以很好地模拟全局光，创建出真实的场景光感。在这个案例中我们运用 VRay 灯光来创建室内的灯光氛围，打造一个真实感的全局光照。

步骤 1 单击【顶视图】，单击■创建命令面板，单击■摄影机在【顶视图】中设置位置，单击■修改命令面板，单击【参数】卷展栏下的 24mm ，如图12-24所示。

步骤 2 创建楼梯踏板间的灯光，单击■创建命令面板中的■命令，单击【标准】右边的■，在出现的列表中单击【VRay】灯光，单击【对象类型】卷展栏下的 VR灯光 ，按图12-25所示位置进行放置。

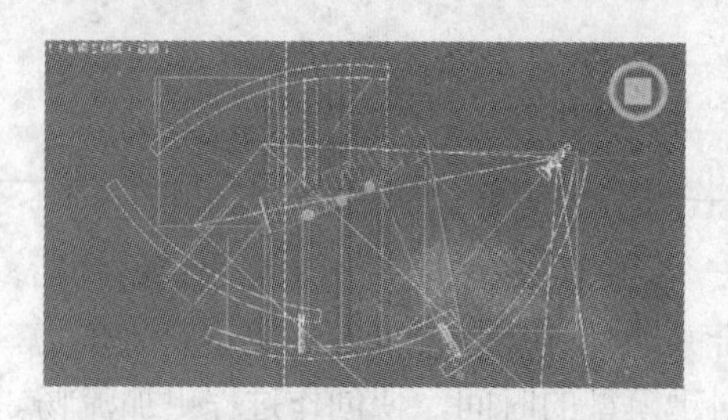
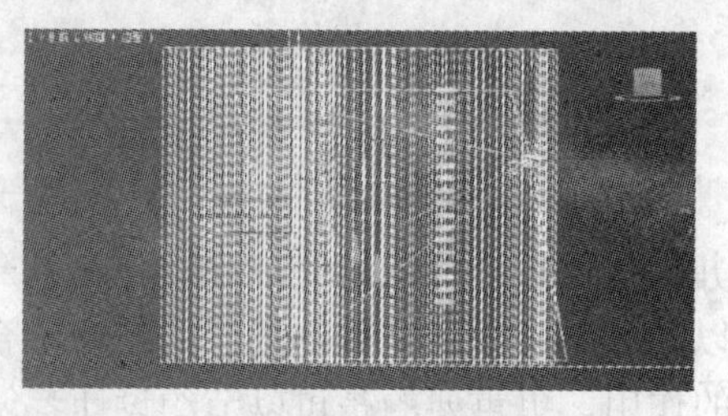

图 12-24　摄影机的位置

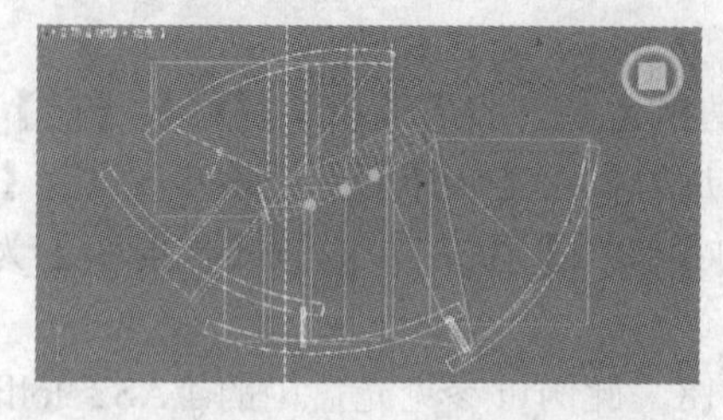
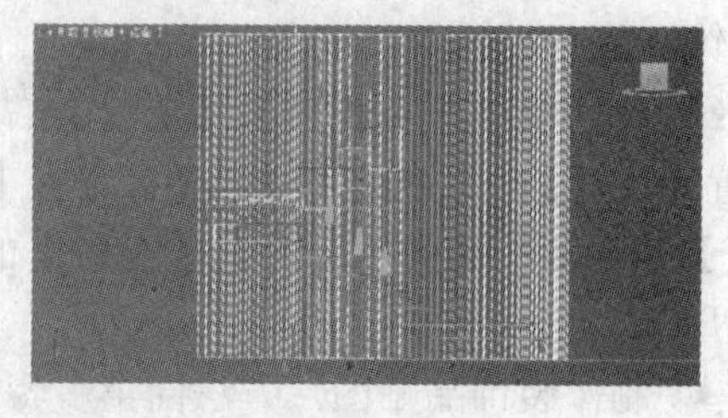

图 12-25　楼梯踏板间灯光

步骤 3 调整灯光的参数，单击修改命令面板，设置【参数】卷展栏下的【倍增器】值为 4。设置【半长】、【半宽】分别为 455，60，复制到上下楼梯间，如图 12-26 所示。

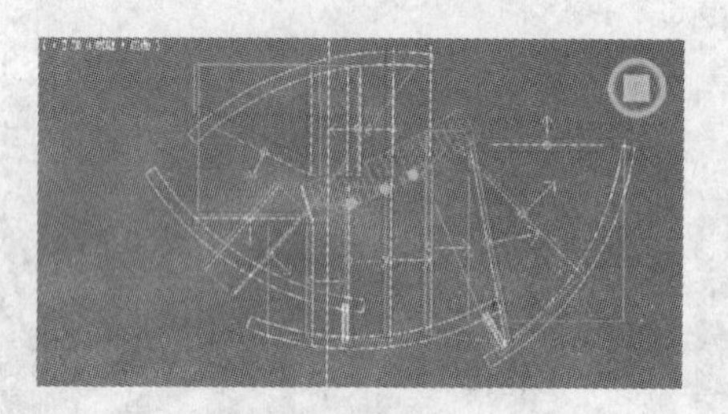

图 12-26　楼梯踏板间布灯光效果

步骤 4 创建墙体中间的射灯，单击创建命令面板中的命令，单击【标准】右边的，在出现的列表中单击【光度学】灯光，单击【对象类型】卷展栏下的 目标灯光，按图 12-27 所示位置放置。

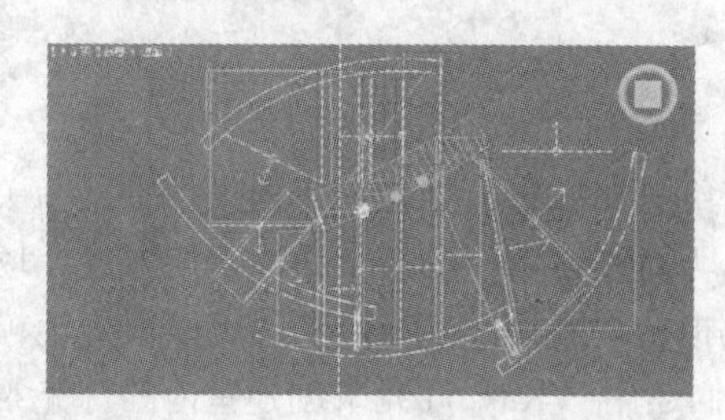
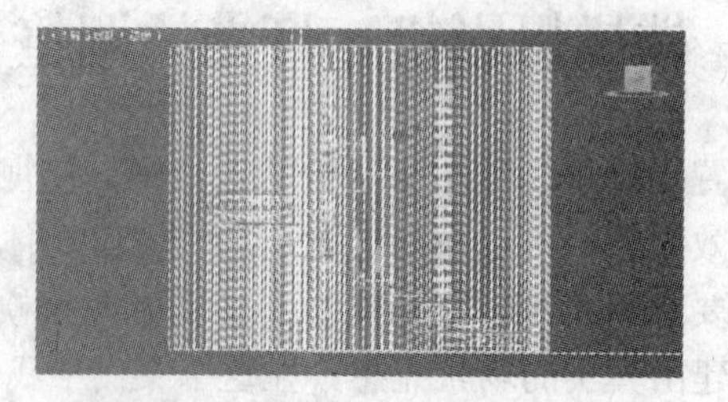

图 12-27　目标点光源

步骤 5 选择创建好的【目标点光源】，单击修改命令面板，设置【强度】、【颜色】、【分布】卷展栏下的【cd】为 150，单击【分布】右边的，在出现的列表选择【Web】，单击【Web 参数】卷展栏下的【Web 文件】右边的 <选择光度学文件>，在弹出的【打开光域网】对话框中选择一个光域网文件，此例可参见光盘中的“22223.IES”文件，如图 12-28 所示。

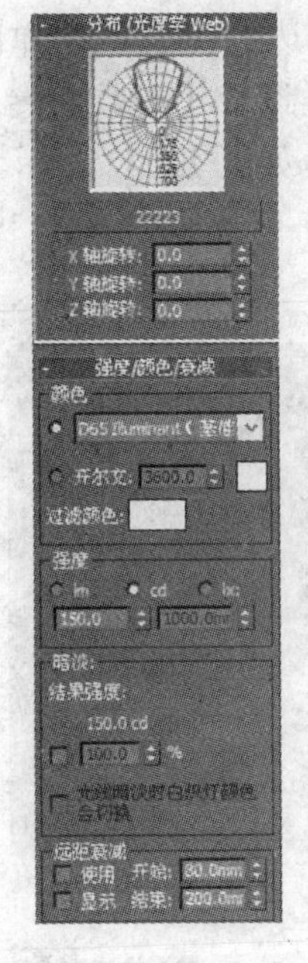

图 12-28　光域网 22223.IES

步骤 6 制作楼梯对面的射灯，按〈Shift〉键和鼠标左键复制已做好的射灯，并按错层墙体复制射光，如图 12-29 所示。

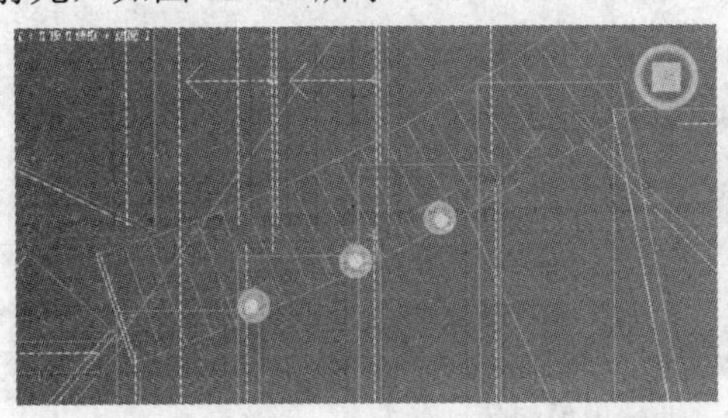

图 12-29　复制光域网

步骤 7 根据场景效果，再添加辅助灯光 1，单击【顶视图】，按图 12-30 所示位置旋转调整。

步骤 8 对放置好的光源进行设置，设置【参数】卷展栏下的【倍增器】值为“1”。设置【半长】、【半宽】分别为 2170、930，如图 12-31 所示。

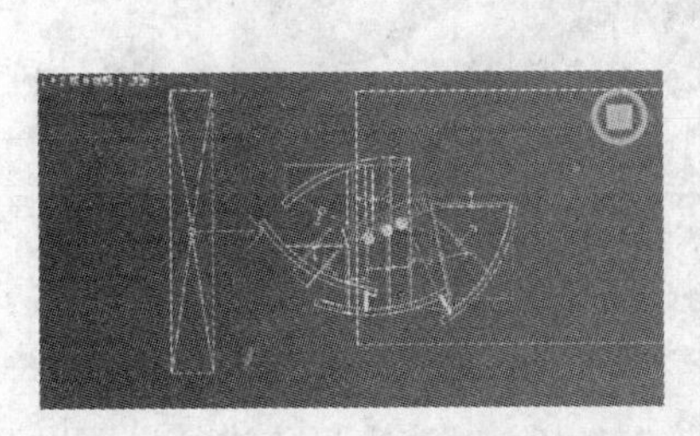

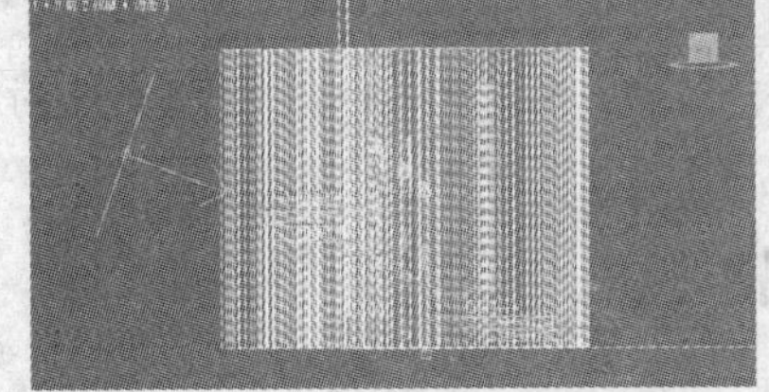

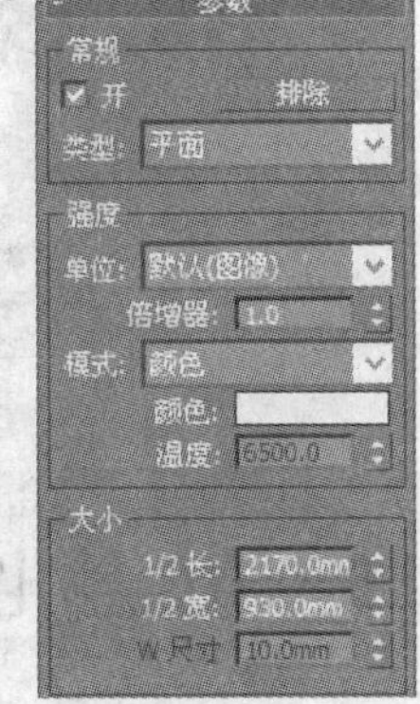

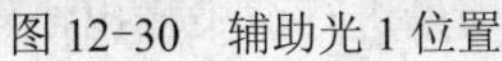

图 12-30　辅助光 1 位置　　　　图 12-31　辅助光 1 效果

步骤 9 对放置好的光源进行设置，单击【颜色】右边的色块，在弹出的【颜色选择器】中设置【红】、【绿】、【蓝】分别为 211、221、237，设置【参数】卷展栏下的【倍增器】值为 0.8，设置【半长】、【半宽】分别为 1900、1760，如图 12-32 所示。

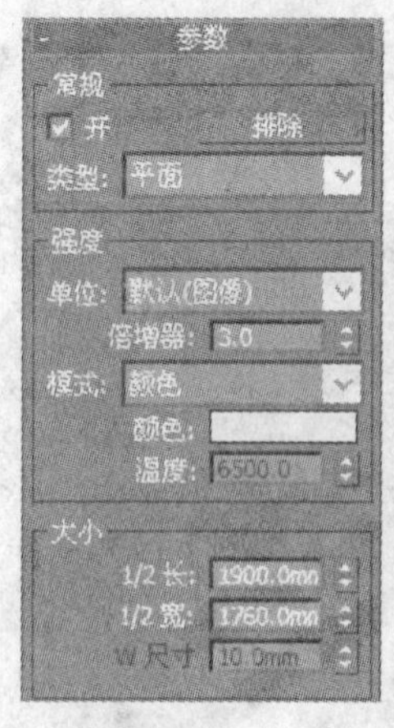

图 12-32　辅助光 2 效果

步骤 10 制作楼梯右面两曲线木板间的灯并单击创建命令面板中的命令，单击【标准】右边的，在出现的列表中选择【VRay】灯光，单击【对象类型】卷展栏下的 VR灯光 ，按图 12-33 所示位置放置。

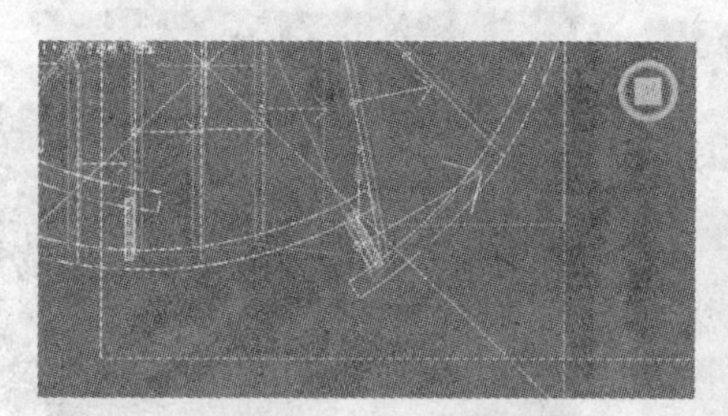

图 12-33　曲线木板间的灯

步骤 11 调整灯光的参数，单击修改命令面板，设置【参数】卷展栏下的【倍增器】值为 4。设置【半长】、【半宽】分别为 150、1500。复制到右边的墙板间，如图 12-34 所示。

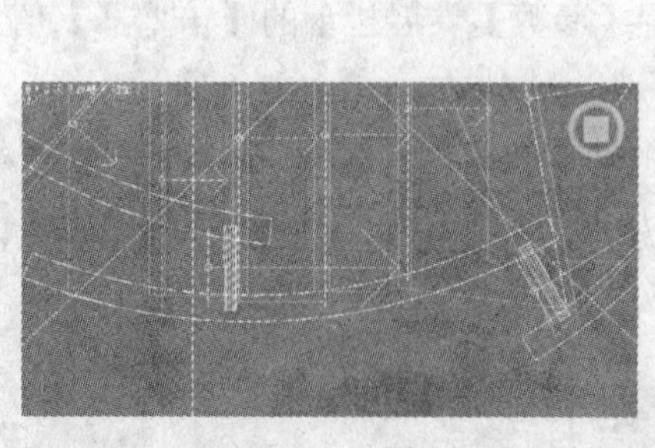

图 12-34　设置并复制好的灯光

12.5　渲染输出

创建完场景、材质、灯光以后，要对整个场景进行渲染输出，对渲染尺寸进行设置以及相关参数的调整。

步骤 1 单击【菜单】栏中的渲染场景对话框，在弹出的【渲染场景】对话框中进相关的参数设置，单击【公用】面板，在【公用参数】卷展栏下设置【输出大小】的【宽度】和【高度】分别为 1500、1050，如图 12-35 所示。

步骤 2 保存输出的效果图，单击【渲染输出】中的 文件... ，保存到相对应的文件夹中，如图 12-36 所示。

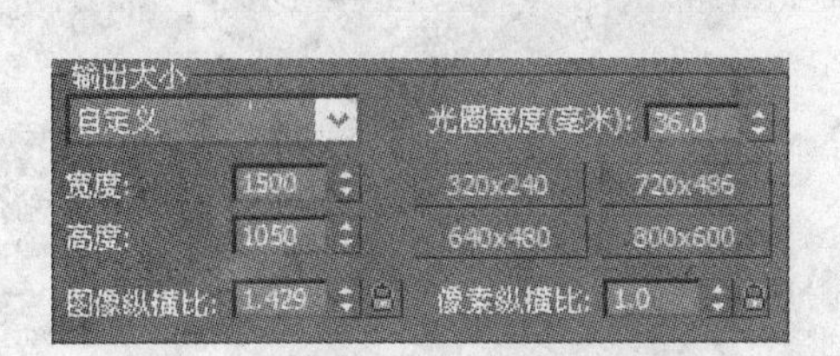

图 12-35 输出大小

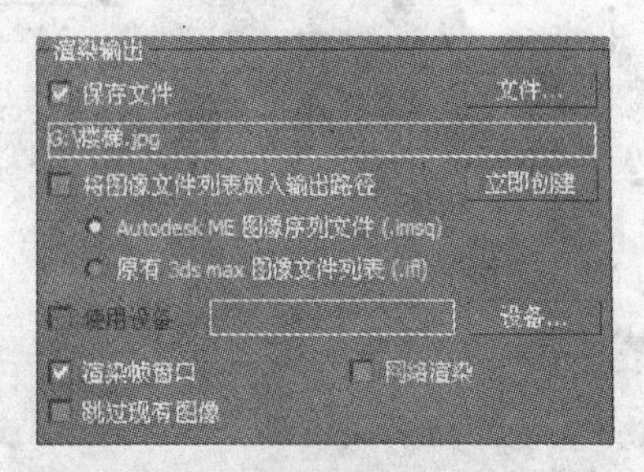

图 12-36 渲染输出的保存

步骤 3 单击【渲染器】面板，单击【V-Ray::图像采样（反锯齿）】卷展栏下【类型】中的【自适应准蒙特卡洛】，单击【抗锯齿过滤器】中的【Catmull-Rom】，如图 12-37 所示。

步骤 4 单击【V-Ray::间接照明（GI）】卷展栏,勾选【全局光散焦】中的【反射】、【折射】，将【首次反弹】中的【全局光引擎】设置为【准蒙特卡洛算法】，将【二次反弹】中的【全局光引擎】设置为【灯光缓冲】，如图 12-38 所示。

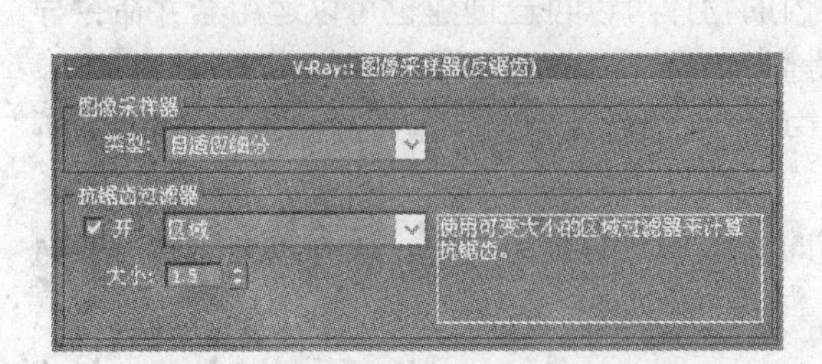

图 12-37 【V-Ray::图像采样（反锯齿）】

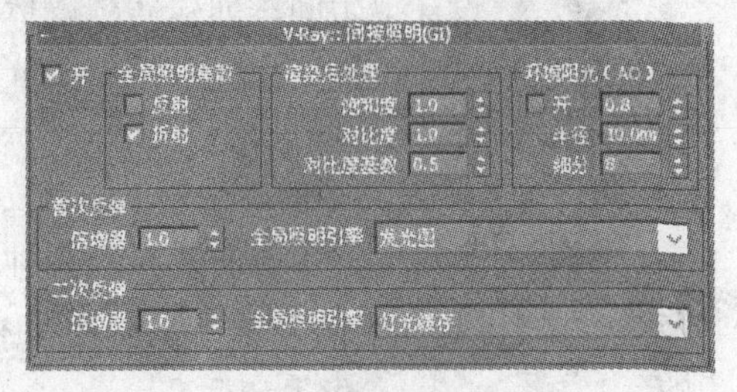

图 12-38 【V-Ray::间接照明（GI）】

步骤 5 单击【V-Ray::发光图（无名）】卷展栏，选择【当前预置】为【中】，将【基本参数】中的【半球细分】、【插值采样】分别设置为 40、30，并勾选【显示计算相位】、【显示直接光】，如图 12-39 所示。

步骤 6 单击【V-Ray::灯光缓存】卷展栏，选择【当前预置】为【中】，将【计算参数】中的【细分】设置为 1000，并勾选【显示计算相位】，如图 12-40 所示。

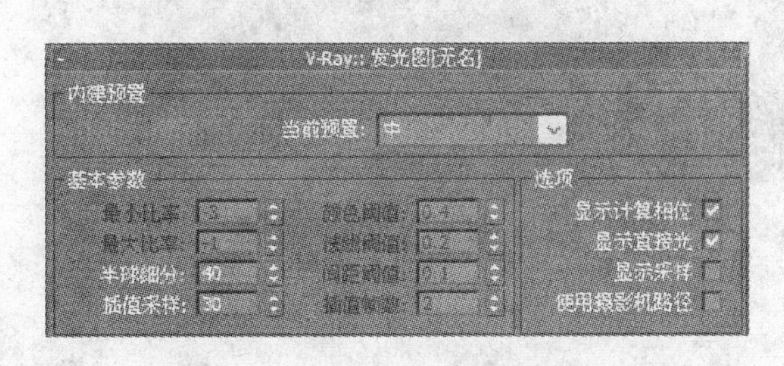

图 12-39 【V-Ray::发光图[无名]】

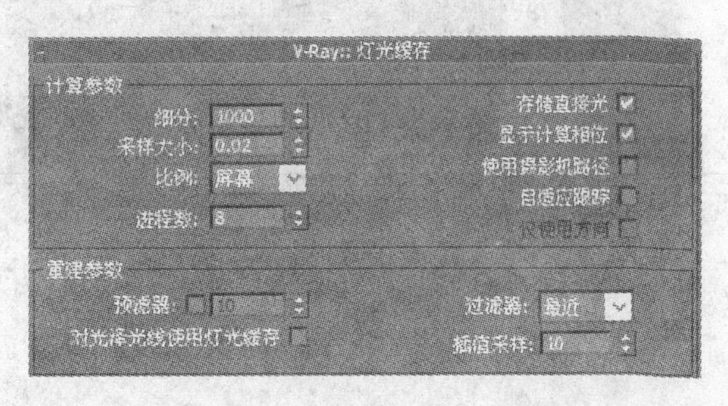

图 12-40 【V-Ray::灯光缓存】

-Ray:: 确定性蒙特卡洛采样器】卷展栏,设置【适应数量】为 0.85，设置
设置【最小采样值】为 9，设置【全局细分倍增器】为 1，如图 12-41

完各项参数后，单击 便可完成。此例可参见光盘中的“楼梯.jpg”文
图 12-42 所示。

图 12-41　V-Ray::确定性蒙特卡洛采样器

图 12-42　最终效果

12.6　思考与练习

步骤 1 设计卫生间，创建结构墙体，室内的物体可以自己创建也可以运用合并命令导入到室内，对物体的材质进行 V-Raymat 的调整，主要采用的光源为点光源和平行目标光，根据场景现有的光环境进行必要的辅助灯光，进行全局光的模拟。最终效果如图 12-43 所示。此例可参见光盘中的“佛堂.max”文件。

步骤 2 多角度、多方面的表现各种玻璃的质感和不锈钢的质感，最终效果如图 12-44 所示。此例可参见光盘中的“水果吧.max”文件。

图 12-43　佛堂.max

图 12-44　水果吧.max